自然言語処理のための
深層学習

Neural Network Methods for
Natural Language Processing

Yoav Goldberg ［著］

加藤恒昭・林　良彦・鷲尾光樹・中林明子 ［訳］

共立出版

Neural Network Methods for Natural Language Processing

by Yoav Goldberg

Original English language edition published by Morgan and Claypool Publishers

Copyright© 2017 Morgan and Claypool Publishers

All Rights Reserved Morgan and Claypool Publishers

Japanese language edition published by KYORITSU SHUPPAN CO., LTD.

まえがき

　自然言語処理 (Natural Language Processing: NLP) は，人間の言語に対する自動的な計算処理全般を意味する集合的な用語である．ここには，人間が産出したテキストを入力とするアルゴリズムと，自然なテキストを出力とするアルゴリズムの両方が含まれる．そのようなアルゴリズムへの要求は変わることなく増え続けている．人々は毎年ますます多くの量のテキストを産出し続けているし，自分自身の言語で対話できるようなコンピュータ操作を期待している．そして，自然言語処理は非常に困難でもある．人間の言語は本質的に曖昧で，変化し続け，適切に定義されていないためである．

　自然言語は生来的にシンボル的であるので，それを処理しようという最初の試みも，論理や規則やオントロジーに基づいたシンボル的なものであった．一方で，自然言語はとても曖昧で，ひどく定まらないものであったので，より統計的なアルゴリズムによるアプローチが必要とされた．実際，自然言語処理において昨今の支配的な手法は，全て**統計的機械学習** (statistical machine learning) に基づいている．ここ 10 年以上にわたって，核となる自然言語処理手法は，線形モデルによる教師あり学習というアプローチに席巻されていた．それらの中心には，パーセプトロン，線形サポートベクトルマシン，ロジスティック回帰があり，非常に高い次元を持つスパース（疎ら）な素性ベクトルによる訓練が行われていた．

　2014 年頃，この分野において，そのようなスパースな入力を扱う線形モデルから，密な入力を扱う**非線形ニューラルネットワーク** (nonlinear neural network models) への転換による成功例が散見されるようになった．いくつかのニューラルネットワーク技法は，線形モデルの単純な一般化で，ニューラルネットワークは線形分類器からの容易に取り替え可能な代替品として用いられた．一方で，より先進的で，考え方の変革を求め，新しいモデリングの可能性を提供するものもあった．特に，**再帰的ニューラルネ**

ットワーク (Recurrent Neural Networks: RNN) に基づく方法の一群は系列モデルで席捲していたマルコフ仮定への依存を軽減し，任意の長さの系列によって条件付けを行うことと，優れた素性抽出器を構成することとを可能にした．これらの進展は言語モデル，自動機械翻訳，そしてその他の様々な応用においてブレイクスルーをもたらした．

　ニューラルネットワークの手法は，強力ではあるが，様々な理由から，それに取り組み始めるのに比較的高い障壁がある．本書を通じて，NLP に従事している専門家と，そして入門者に向けて，基本的な背景，専門用語，ツール，方法論を提供しようと試みている．それにより，言語を扱うニューラルネットワークモデルの原理を理解し，それを彼ら自身の研究や仕事に応用できるようになるだろう．あわせて，機械学習やニューラルネットワークの専門家たちにも，言語データを効果的に扱うことを可能にするような，背景，専門用語，ツール，そして考え方を提供できればと思う．

　最後に，本書が，自然言語処理と機械学習のいずれについても専門知識を持たない人たちに対しても，その両方への親切な（いくぶん不完全かもしれないが）入門書となってくれればと望んでいる．

意図している読者層

　本書は，自然言語処理のためのニューラルネットワーク技法について速習しようという，計算機科学やその関連分野の技術的背景のある読者を対象としている．主たる読者対象は，自然言語処理と機械学習を学ぶ大学院生であるが，すでに実績を持つような，自然言語処理あるいは機械学習の研究者にとっても（上級の話題をいくつか含めることで），そして今まで機械学習や NLP に接したことのない人々にも（基礎を徹底的に論じることで）有用であるようにと努力している．もちろん，最後のグループは厳しい努力が必要である．

　本書は自己完結してはいるが，数学，特に大学生レベルの確率，代数，微積分，そして，アルゴリズムとデータ構造についての基本的な知識を前提としている．事前に機械学習に接していることは大きな助けとはなるが，必須ではない．

　本書は概説論文 [Goldberg, 2016] を発展させたもので，より徹底的な説明を与え，様々な理由から概説論文では扱えなかったいくつかのトピックを深く論じるために，大きく拡充するとともに，ある種の再構成を行っている．加えて，本書は，概説論文にはなかった，言語データに対するニューラルネットワークの応用についてのより具体的な例を含んでいる．本書が NLP や機械翻訳の背景を持たない人達にも有益となるように意図されているのに対し，概説論文はそれらの分野の知識を仮定したものとなっている．実際，およそ 2006 年から 2014 年に実践された，機械学習と線形モデルが重視された自然言語処理に詳しい読者は，概説論文の版の方が，早く読め，必要に応える優

れた構成となっていると感じるかもしれない．それでも，そのような読者も，単語埋め込みの章（第 10 章と第 11 章），RNN を用いた条件付き生成の章（第 17 章），そして，構造予測とマルチタスク学習 (Multi-Task Learning: MTL) の章（第 19 章と第 20 章）は読む価値があると思ってくれるかもしれない．

本書の焦点

　本書は自己完結であるように意図されており，様々な手法が統一的な記法と枠組みを用いて紹介されている．しかし，本書の主たる目的はニューラルネットワーク（深層学習）の仕組みとその言語データへの応用を紹介することであって，機械学習理論や自然言語技術の基礎について深い説明を提供することではない．それらが必要な場合には，外部の情報を参照するように指示している．

　同様に，本書はニューラルネットワークの仕組みについて，研究を進め，次なる進展を切り拓こうという人々にとっての網羅的な資源となることも意図していない（ただし，その良い入り口にはなるかもしれない）．むしろ，既存の有益な技術をとりあげ，それを関心のある言語処理の問題に，有益かつ創造的な方法で適用してみようというような興味を持つ読者に向けた著作である．

> **補足的文献**　ニューラルネットワーク，その背後にある理論，最適化手法，その他の上級のトピックについての深い，一般的な議論については，他の既存の資源を参照して欲しい．特に Bengio et al. [2016] による書籍を強くお薦めする．
>
> 　実用的な機械学習についての親しみやすいが厳格な入門としては，無償で入手できる Daumé III [2015] の書籍を強くお薦めする．機械学習をより理論的に扱っているものとしては，無償で入手できる Shalev-Shwartz and Ben-David [2014] の教科書と Mohri et al. [2012] の教科書を参照のこと．
>
> 　NLP への圧倒的な入門としては，Jurafsky and Martin [2008] を参照のこと．Manning et al. [2008] による情報検索の書籍も言語データを扱うために必要な情報を含んでいる．
>
> 　最後に，言語学的背景について速習しようと考えるのであれば，原著シリーズの Bender [2013] の書籍が簡潔でいて網羅的な内容であり，情報処理的な考え方になじんだ読者向けの記述となっている．Sag et al. [2003] の入門的な文法書の最初の章も読む価値がある．

　本書執筆の間も，ニューラルネットワークと深層学習の研究の進歩は恐ろしく速く，最先端は動く標的であり，最新最良のものに遅れないでいることを望むべくもない．そ

のため，本書は，様々な機会でうまく動作することがすでに証明されたような，より確立した頑健な手法を扱うことに焦点を置いている．さらに，完全に機能するかは明らかではないが，そのうち確立する，かつ/もしくは，含めるに値するほど期待できると筆者が考えて選んだ手法が含まれている．

2017 年 3 月
Yoav Goldberg

謝　　辞

　本書は，同じトピックについて私が著した概説論文 [Goldberg, 2016] から生まれたものである．そして，その概説論文は，私が学ぼうとした際，そして学生や協力者に教えようとした際，深層学習と自然言語処理とが交わる領域についての上手に構成された明快な素材がなかったという私の不満から生まれたものである．そのため，私は，概説論文に（最初のドラフトから出版後のコメントまで，様々な形式で）コメントをしてくれた沢山の人達に，そして，書籍のドラフトのいろいろな段階にコメントしてくれた数多くの人達に恩義がある．あるコメントは，直接伺ったし，あるものは電子メール経由で，そして，あるものはツイッターの入り乱れた会話の中でなされた．本書それ自体にはコメントしていない（実際，何人かは読んでさえいない）けれども，関連したトピックについて議論してくれた人達の影響も受けている．何人かは，深層学習の専門家，何人かはNLPの専門家，何人かは両者に詳しい．そして，その他はこれらのトピックについて学ぼうとしている人達であった．何人かは（多くはないが）本当に詳細なコメントをして寄与してくれた．その他の人は小さな細部について議論し，多くはその中間である．しかし，彼らの全員が本書の最終版に影響を与えている．彼らは，アルファベット順で，Yoav Artzi, Yonatan Aumann, Jason Baldridge, Miguel Ballesteros, Mohit Bansal, Marco Baroni, Tal Baumel, Sam Bowman, Jordan Boyd-Graber, Chris Brockett, Ming-Wei Chang, David Chiang, Kyunghyun Cho, Grzegorz Chrupala, Alexander Clark, Raphael Cohen, Ryan Cotterell, Hal Daumé III, Nicholas Dronen, Chris Dyer, Jacob Eisenstein, Jason Eisner, Michael Elhadad, Yad Faeq, Manaal Faruqui, Amir Globerson, Fréderic Godin, Edward Grefenstette, Matthew Honnibal, Dirk Hovy, Moshe Koppel, Angeliki Lazaridou, Tal Linzen, Thang Luong, Chris Manning, Stephen Merity, Paul Michel, Margaret Mitchell, Piero Molino, Graham

謝　辞

Neubig, Joakim Nivre, Brendan O'Connor, Nikos Pappas, Fernando Pereira, Barbara Plank, Ana-Maria Popescu, Delip Rao, Tim Rocktäschel, Dan Roth, Alexander Rush, Naomi Saphra, Djamé Seddah, Erel Segal-Halevi, Avi Shmidman, Shaltiel Shmidman, Noah Smith, Anders Søgaard, Abe Stanway, Emma Strubell, Sandeep Subramanian, Liling Tan, Reut Tsarfaty, Peter Turney, Tim Vieira, Oriol Vinyals, Andreas Vlachos, Wenpeng Yin, そして，Torsten Zesch.

　このリストにはもちろん，このトピックについてのその人たちの学術的著作を通じて私が会話した多くの研究者を含めていない．

　本書は，また，Bar-Ilan University の the Natural Language Processing Group（そして，その緩やかな広がり）との交流から多くを得ており，それによって形作られた．彼らは，Yossi Adi, Roee Aharoni, Oded Avraham, Ido Dagan, Jessica Ficler, Jacob Goldberger, Hila Gonen, Joseph Keshet, Eliyahu Kiperwasser, Ron Konigsberg, Omer Levy, Oren Melamud, Gabriel Stanovsky, Ori Shapira, Micah Shlain, Vered Shwartz, Hillel Taub-Tabib, そして，Rachel Wities. 多くの人はこれら二つのリストの両方に属するが，重複を省いてリストを短くしている．

　本書と概説論文の匿名の査読者の方達も，名前が出ないにも関わらず（そして時には煩わしかったと思われるが），信頼に足るコメント，示唆，訂正を行ってくれた．この最終作品が多くの面で劇的に改善されたのは間違いないと自信を持って言うことができる．誰であろうと，ありがとう．そして，Graeme Hirst, Michael Morgan, Samantha Draper, C.L. Tondo の組織力にも感謝する．

　いつも通り，全ての誤りは私自身の責任である．それでも，もし見つけたら知らせてほしい．もしあればだが，次の版ではそれらを一覧にするようにしたい．

　最後に，妻 Noa に感謝する．彼女は，私が執筆の大騒ぎの中に紛れ込んでしまった時でも，忍耐強く，協力的であった．両親 Esther と Avne，そして，兄弟 Nadav にも感謝する．彼らは，しばしば，私が書籍を執筆するという発想に私以上に興奮していた．そして，The Streets Cafe（King George 支店）と Shne'or Cafe のスタッフにも感謝する．彼らは，私の気を散らすことは最小限に留めつつ，執筆の期間を通じて私のお腹を良い具合に満たし，飲み物を提供してくれた．

2017 年 3 月
Yoav Goldberg

目　　次

第1章　導　　入 1
　1.1　自然言語処理の困難さ 1
　1.2　ニューラルネットワークと深層学習 3
　1.3　自然言語処理における深層学習 3
　　　1.3.1　成功事例 5
　1.4　本書で扱う内容とその構成 7
　1.5　本書で扱っていない内容 10
　1.6　用語に関する注意 11
　1.7　数学的記法について 11

第1編　教師あり分類とフィードフォワードニューラルネットワーク 13

第2章　機械学習の基礎と線形モデル 15
　2.1　教師あり学習とパラメータを持つ関数 15
　2.2　訓練セット，テストセット，検証セット 17
　2.3　線形モデル 19
　　　2.3.1　二クラス分類 19
　　　2.3.2　対数線形二クラス分類 23
　　　2.3.3　多クラス分類 24
　2.4　表現 25
　2.5　ワンホットベクトル表現と密ベクトル表現 26
　2.6　対数線形多クラス分類 28

	2.7	最適化としての訓練	28
		2.7.1　損失関数	29
		2.7.2　正則化	33
	2.8	勾配に基づく最適化	34
		2.8.1　確率的勾配降下法 (SGD)	36
		2.8.2　事例詳説	37
		2.8.3　SGD を超えて	39
第3章	線形モデルから多層パーセプトロンへ		41
	3.1	線形モデルの限界：排他的論理和問題	41
	3.2	非線形入力変換	42
	3.3	カーネル法	43
	3.4	訓練可能な写像関数	43
第4章	フィードフォワードニューラルネットワーク		45
	4.1	脳にヒントを得た比喩	45
	4.2	数学的記法による記述	47
	4.3	表現力	49
	4.4	一般的な非線形要素	50
	4.5	損失関数	52
	4.6	正則化とドロップアウト	52
	4.7	類似度と距離の層	53
	4.8	埋め込み層	54
第5章	ニューラルネットワークの訓練		57
	5.1	計算グラフによる抽象化	57
		5.1.1　前向き計算	59
		5.1.2　後向き計算（導関数と逆伝播）	60
		5.1.3　ソフトウェア	61
		5.1.4　実装方法	64
		5.1.5　ネットワークの合成	65
	5.2	実践豆知識	65
		5.2.1　最適化アルゴリズムの選択	66
		5.2.2　初期化	66
		5.2.3　リスタートとアンサンブル	67
		5.2.4　勾配消失と勾配爆発	67
		5.2.5　飽和ニューロンと死亡ニューロン	68
		5.2.6　シャッフリング	68

	5.2.7	学習率	68
	5.2.8	ミニバッチ	69

第2編　自然言語データの扱い 71

第6章　テキストデータのための素性 73
- 6.1　自然言語処理における分類問題のタイプ分け 74
- 6.2　自然言語処理問題のための素性 76
  - 6.2.1　直接観察できる属性 76
  - 6.2.2　推測される言語学的特徴 80
  - 6.2.3　核となる素性と組み合わせ素性 85
  - 6.2.4　n-グラム素性 86
  - 6.2.5　分布論的素性 87

第7章　事例研究：自然言語処理における素性 89
- 7.1　文書分類：言語同定 89
- 7.2　文書分類：トピック分類 90
- 7.3　文書分類：著者特定 91
- 7.4　文脈に埋め込まれた単語：品詞タグ付け 91
- 7.5　文脈に埋め込まれた単語：固有表現認識 93
- 7.6　文脈に埋め込まれた単語と言語学的素性：前置詞意味曖昧性解消 ... 95
- 7.7　文脈に埋め込まれた単語の間の関係：
      アークを単位としたパージング 98

第8章　テキストの素性から入力への変換 101
- 8.1　カテゴリ素性の符号化 101
  - 8.1.1　ワンホット符号化 102
  - 8.1.2　密な符号化（素性埋め込み）............................... 102
  - 8.1.3　密ベクトル表現とワンホット表現 104
- 8.2　密ベクトルの組み合わせ 105
  - 8.2.1　窓に基づく素性 105
  - 8.2.2　可変数の素性：連続的単語バッグ (CBOW) 106
- 8.3　ワンホットベクトルと密ベクトルの関係 107
- 8.4　諸事項 108
  - 8.4.1　距離素性と位置素性 108
  - 8.4.2　パディング，未知語，単語ドロップアウト 109
  - 8.4.3　素性の組み合わせ 111

8.4.4	ベクトル共有	112
8.4.5	次元数	112
8.4.6	埋め込みの語彙	113
8.4.7	ネットワークの出力	113
8.5	事例紹介：品詞タグ付け	113
8.6	事例紹介：アークを単位としたパージング	115

第9章 言語モデリング ... 119

9.1	言語モデリングタスク	119
9.2	言語モデルの評価：パープレキシティ	121
9.3	言語モデリングの古典的手法	121
9.3.1	補足的文献	123
9.3.2	古典的言語モデルの限界	123
9.4	ニューラル言語モデル	124
9.5	生成における言語モデルの利用	128
9.6	副産物：単語表現	129

第10章 事前学習された単語表現 ... 131

10.1	無作為初期化	131
10.2	タスクに固有の教師あり事前学習	132
10.3	教師なし事前学習	132
10.3.1	事前学習された埋め込みの利用	133
10.4	単語埋め込みアルゴリズム	134
10.4.1	分布仮説と単語表現	135
10.4.2	ニューラル言語モデルから分散表現へ	140
10.4.3	二つの世界の関係	144
10.4.4	その他のアルゴリズム	145
10.5	文脈の選択	146
10.5.1	窓に基づく方法	146
10.5.2	文，パラグラフ，文書	147
10.5.3	統語的な窓	147
10.5.4	多言語	149
10.5.5	文字に基づく表現とサブワード表現	149
10.6	連語と屈折の扱い	151
10.7	分布に基づく手法の限界	152

第11章 単語埋め込みの利用 ... 155

11.1	単語ベクトルの獲得	155

11.2	単語の類似度	156
11.3	単語のクラスタリング	156
11.4	類義語の発見	157
	11.4.1 語群との類似度	157
11.5	仲間外れ探し	158
11.6	短い文書の類似度	158
11.7	単語の類推	159
11.8	レトロフィッティングと射影	160
11.9	実践における落し穴	161

第12章　事例研究：文の意味推論のためのフィードフォワードアーキテクチャ　163

12.1	自然言語推論とSNLIデータセット	164
12.2	テキストの類似性を判定するネットワーク	165

第3編　特別なアーキテクチャ　169

第13章　n-グラム検出器：畳み込みニューラルネットワーク　173

13.1	基本的な畳み込みとプーリング	175
	13.1.1 テキストについての1次元畳み込み	176
	13.1.2 ベクトルプーリング	178
	13.1.3 変種	181
13.2	代替法：素性ハッシュ	181
13.3	階層的畳み込み	182

第14章　再帰的ニューラルネットワーク：系列とスタックのモデリング　187

14.1	RNN抽象化	188
14.2	RNNの訓練	191
14.3	一般的なRNNの利用方法	191
	14.3.1 受理器（アクセプタ）	191
	14.3.2 符号化器（エンコーダ）	192
	14.3.3 変換器（トランスデューサ）	193
14.4	双方向RNN (biRNN)	194
14.5	多層RNN（積み上げRNN）	196
14.6	RNNによるスタックの表現	197
14.7	文献を読む際の注意	199

第15章　RNNの具体的な構成　201

15.1	RNNとしてのCBOW	201

15.2	単純RNN		202
15.3	ゲート付きアーキテクチャ		202
	15.3.1	LSTM	204
	15.3.2	GRU	206
15.4	その他の変種		207
15.5	RNNにおけるドロップアウト		208

第16章 RNNを用いたモデリング ... 211

16.1	受理器（アクセプタ）	211
	16.1.1 感情分類	212
	16.1.2 主語動詞一致についての文法性判定	214
16.2	素性抽出器としてのRNN	216
	16.2.1 品詞タグ付け	216
	16.2.2 RNN-CNN文書分類	218
	16.2.3 アークを単位とした依存構造パージング	219

第17章 条件付き生成 ... 221

17.1	RNN生成器	221
	17.1.1 生成器の訓練	222
17.2	条件付き生成（符号化器復号化器）	223
	17.2.1 系列-系列モデル	225
	17.2.2 応用	225
	17.2.3 その他の条件付けの文脈	229
17.3	文の類似度の教師なし学習	230
17.4	アテンションあり条件付き生成	231
	17.4.1 計算の複雑さ	235
	17.4.2 解釈のしやすさ	235
17.5	自然言語処理におけるアテンションに基づくモデル	236
	17.5.1 機械翻訳	236
	17.5.2 形態論的屈折	238
	17.5.3 統語パージング	238

第4編 追加的な話題 ... 239

第18章 RecNNによる木構造のモデリング ... 241

18.1	形式的定義	242
18.2	拡張と変種	245

18.3	木構造ニューラルネットワークの訓練	245
18.4	シンプルな代替案：木を線条化する	246
18.5	今後の見通し	247

第19章　構造を持つ出力の予測　249

19.1	探索に基づく構造予測	249
	19.1.1　線形モデルによる構造予測	250
	19.1.2　非線形な構造予測	250
	19.1.3　CRFによる確率的目的関数	252
	19.1.4　近似探索	253
	19.1.5　再ランキング	254
	19.1.6　さらなる参照	255
19.2	貪欲法による構造予測	255
19.3	構造を持つ出力の予測としての条件付き生成	256
19.4	例	258
	19.4.1　探索に基づく構造予測: 一次の依存構造パージング	258
	19.4.2　固有表現認識のためのニューラルCRF	259
	19.4.3　ビーム探索による近似的NER-CRF	263

第20章　モデルのカスケード接続，マルチタスク学習，半教師あり学習　265

20.1	モデルのカスケード接続	266
20.2	マルチタスク学習	270
	20.2.1　マルチタスクの設定における訓練	272
	20.2.2　選択的共有化	272
	20.2.3　マルチタスク学習としての単語埋め込みの事前学習	273
	20.2.4　条件付き生成におけるマルチタスク学習	274
	20.2.5　正則化としてのマルチタスク学習	274
	20.2.6　いくつかの警告	274
20.3	半教師あり学習	275
20.4	様々な例	276
	20.4.1　視線予測と文圧縮	276
	20.4.2　アークへのラベル付けと統語パージング	278
	20.4.3　前置詞の意味曖昧性解消と翻訳	279
	20.4.4　条件付き生成：多言語機械翻訳，パージング， 画像キャプション生成	280
20.5	今後の見通し	282

第21章　結　論　283

21.1　これまでの進展 283
　　　21.2　これからの課題 283

文献一覧 285
訳者あとがき 311
略語一覧 314
索　引 315

第1章

導　入

1.1 自然言語処理の困難さ

　自然言語処理 (NLP) とは，構造化されていない自然言語データを入力として受け取る，あるいは出力として産出するような手法とアルゴリズムを設計するという分野である．人間の言語はひどく曖昧で（文 *I ate pizza with friends* の意味を考え，それを *I ate pizza with olives* と比較してみるとよい）そして多様である（*I ate pizza with friends* で伝えられるメッセージの核は *friends and I shared some pizza* によっても表現することができる）．さらにそれらは変化し，進化し続けている．人々は，言語を産出し，言語を理解することに卓越していて，大変精巧で，ニュアンスに溢れた意味を表現し，受け取り，そして解釈することができる．このように人間は言語の素晴らしい**使い手** (user) ではあるのだが，その一方で，その言語を**支配** (govern) している規則を形式的に理解したり記述したりすることについては，まったく不得手なのである．

　そのため，計算機を用いて言語を理解し産出することは大変困難である．実際，言語データを扱うための最もよく知られた一連の手法は，**教師あり機械学習** (supervised machine learning) のアルゴリズムを用いるもので，これは事前に注釈付けられた入力と出力の対から使用のパターンや規則性を推論しようとする試みである．一例として，スポーツ (SPORTS)，政治 (POLITICS)，ゴシップ (GOSSIP)，経済 (ECONOMY) の四つの分野のいずれかに文書を分類するというタスクを考えてみよう．明らかに，文書中の単語は強力な手がかりを提供してくれる．しかし，どの単語がどんな手がかりを与えてくれるだろうか．このタスクのための規則を記述することはかなり困難である．しかし，読み手は簡単に文書をそのトピックに応じて分類することができるので，それぞれの分類ごとに数百の例を人間が分類し，それに基づいて，教師あり機械学習アルゴリズ

ムに文書の分類を助けている単語の使用のパターンを獲得させることができる．機械学習の手法は，良い規則の集合を定義するのは非常に困難であるが，与えられた入力に対して期待される結果を注釈することは比較的容易であるような問題領域において秀でている．

うまく定義されておらず記述もされていない規則集合を持った体系において，曖昧で多様な入力を扱うという困難さに加えて，自然言語は，機械学習を含む計算手法をさらに難しくする特徴をあわせて持っている．それは**離散的** (discrete) で，**構成的** (compositional) で，**スパース**（疎ら，sparse）なのである．

言語はシンボル的（記号的）で離散的である．書き言葉の基本要素は文字である．文字は単語を形成し，単語が物や概念や出来事や行為や思考を指し示す．文字も単語も離散的なシンボルである．"hamburger" や "pizza" という単語は我々の中にある心的な表現（表象）を喚起するが，それらは個別のシンボルで，その意味はそれらの外側にあり，我々の頭で解釈されるようにとっておかれている．"hamburger" と "pizza" の間には本来的な関係はなく，それらのシンボルそれ自体からも，それらを構成しているそれぞれの文字からも，何も推論できない．画像処理でよく用いられる色や音響信号のような概念と比較してみよう．これらの概念は連続的で，例えば，単純な数学的操作でフルカラーからグレースケールに変化させることができるし，色相や強度のような本来的な属性に基づいて二つの異なる色を比較することもできる．これを単語について行うのは容易ではない．巨大な参照表や辞書を利用する以外に，"red" から "pink" へと変化させるような単純な操作は存在しない．

言語は構成的でもある．文字が単語を形作り，単語が句や文を形作る．句の意味は，それを構成する個々の単語の意味より大きくなりえ，複雑な規則の集合に従う．そのため，テキストを解釈するためには，文字や単語のレベルを超えた作業が必要で，文のような単語の長い系列や，文書全部を眺める必要がある．

これらの特徴の組み合わせがデータのスパースネス (data sparseness) という問題を導く．（離散的なシンボルである）単語が結合して意味を作り出していく仕方には実質的に無限の種類がある．適切でありうる文の数は膨大であり，それらを列挙することは望みえない．どれでもよいから本を開いてみよう．その中の文の大部分はあなたがこれまで見たことも聞いたこともないものである．それどころか，その文に現れる 4 単語の系列の多くさえあなたにとって目新しいものだというのもありそうなことである．たった 10 年前のものでも昔の新聞を見ることになったとしたら，あるいは，10 年後の新聞を想像してみれば，多くの単語，特に，人名やブランド名や会社名，そして，俗語や技術用語も，やはりあなたにとって目新しいものであろう．それらの意味，これは我々には観察できないのであるが，に依存することなく，ある文から別の文への一般化を行うような方法，文の間の類似度を定義する方法は明らかではない．事例からの学習を行

うとき，このことが大きな課題となる．巨大な事例の集合であっても，その中で生じておらず，そこで生じている全ての事例とは全く異なるような事象が見つけ出せることだろう．

1.2 ニューラルネットワークと深層学習

深層学習 (deep learning) は機械学習の一分野であり，ニューラルネットワークの新しいブランド名である．ニューラルネットワークは，歴史的には頭脳の中で行われる計算の仕方に示唆を得たもので，パラメータを持つ微分可能な数学的関数の学習として特徴付けることができるような学習技法の一族である[1]．深層学習という名称は，この微分可能な関数の多くの層が連なって一つとなっていることが多いという事実に由来している．

全ての機械学習は，過去の観測に基づいた予測を行うための学習として位置付けることができるが，深層学習のアプローチでは，予測だけではなく，データを正しく表現する (correctly represent) ことも学習するように働く．入力と出力の期待される対応付けの大きな集合を与えると，深層学習のアプローチでは，データをネットワークに読み込み，そのネットワークが入力に対して次々と変換を行っていって，出力を予測する最終的な変換を得るように働く．ネットワークによって得られるそれぞれの変換は，求めているラベルにデータを関係付けることがより容易になるようにと，与えられた入力と出力の対応付けから学習されていく．

人間の設計者は，ネットワークアーキテクチャと訓練手順の設計，適切な入出力集合の提供，入力データを適切に符号化（エンコード，encode）することに責任を持つが，正しい表現を学習するという重労働は，ネットワークのアーキテクチャに支援され，ネットワークによって自動的に行われる．

1.3 自然言語処理における深層学習

ニューラルネットワークは強力な学習の仕組みであり，それを自然言語の問題において用いることは大変魅力的である．言語のためのニューラルネットワークにおける重要な構成要素は埋め込み層 (embedding layer) の利用で，これが離散的なシンボルから比較的低次元である空間の連続ベクトルへの写像を行う．単語の埋め込みによって，個別で別個のシンボルであったものが処理可能な数学的対象物に変換される．特にベクトル間の距離は単語間の距離と同一視することができ，ある単語の振る舞いを他の単語に一

---

[1] 本書では，頭脳にヒントを得たということより数学的な見方の方を採用する．

般化することが容易になる．この単語のベクトルとしての表現は，訓練過程の一部としてネットワークによって学習される．階層を上がっていくと，ネットワークは，単語ベクトルを，予測にとって有益となるように組み合わせていく．この能力が，ある程度まで，離散的でデータがスパースであるという問題を緩和してくれる．

2種類の代表的なニューラルネットワークアーキテクチャがあり，これらが様々に組み合わされて用いられる．フィードフォワードネットワーク (feed-forward network) と再帰的 (recurrent)/木構造 (recursive) ネットワークである．

フィードフォワードネットワーク，特に多層パーセプトロン (Multi-Layer Perceptron: MLP) は，固定長の入力もしくは，要素の間の順序を無視することができる可変の長さの入力を扱うことができる．入力の構成要素の集合を読み込ませたとき，ネットワークはそれらを意味のあるように組み合わせることを学習する．MLP は，それまで線形モデルが用いられていた場所であれば，どこにでも用いることができる．このネットワークの非線形性は，事前学習された単語埋め込みを簡単に組み込めることとあいまって，より優った分類性能をもたらす．

畳み込み (convolutional) フィードフォワードネットワークは，データの局所的なパターンを抽出することを得意とする特別なアーキテクチャである．それらは任意の長さの入力を読み込み，そこから意味のある局所的パターンを抽出する．それらのパターンでは，入力のどこに現れたかには関わらず，そこに含まれる単語の順序が考慮される．これらは長い文章や文書において一定の長さまでの特徴的な句や慣用句を同定することに優れている．

再帰的ニューラルネットワーク (Recurrent Neural Network: RNN) は系列データのための特別なアーキテクチャである．項目の系列を入力として受け取るネットワーク構成要素があり，その系列を要約したような固定長のベクトルを生成する．何が "系列の要約" であるかはタスクごとに異なるので（例えば，文の感情分類に関する質問に回答するための情報は，その文の文法性に関する質問に回答するための情報とは異なる），再帰的ネットワークはそれだけで独立した構成要素として用いられることは稀で，その能力は，他のネットワーク構成要素に情報を提供するための，訓練可能な構成要素として活かされ，それらと連携して動くよう訓練される．例えば，再帰的ネットワークの出力が，ある値を予測しようとするフィードフォワードネットワークに読み込まれることがある．再帰的ネットワークは，その上で動作するフィードフォワードネットワークのために有益な表現を生成するように訓練される入力変換器として用いられる．再帰的ネットワークは，系列のための非常に素晴らしいモデルで，言語処理に対するニューラルネットワークの寄与の中でもほぼ間違いなく最も衝撃的なものである．それらにより，自然言語処理に何十年ものあいだ席捲していたマルコフ仮定 (Markov assumption) を捨て去ることができるようになり，系列全体を条件とし，必要である場合は単語の順序

を考慮に入れることもでき，しかも，データのスパースネスに起因する統計的推定の問題の悪影響をあまり受けないようなモデルを設計することが可能となった．この能力は，言語モデリングにおいて驚くべき進展をもたらした．**言語モデリング** (language-modeling) は，系列において次の単語の確率を（もしくは，それと等価であるが，系列そのものの確率を）予測するというタスクであり，多くの自然言語処理応用の要となるものである．**木構造ネットワーク**は，系列から木へと再帰的ネットワークを拡張したものである．

自然言語における多くの問題は**構造を持って** (structured) おり，系列や木など，複雑な出力構造を要求する．ニューラルネットワークは，この要求にも，線形モデルのための**構造予測** (structured-prediction) アルゴリムを適用することによって，あるいは，**系列-系列モデル** (sequence-to-sequence model)（符号化器復号化器モデル，encoder-decoder model）のような新しいアーキテクチャを用いることによって，応えることができる．なお，系列-系列モデルを，本書では**条件付き生成モデル** (conditioned generation model) と呼ぶことにする．そのようなモデルは最先端の機械翻訳における中核となっている．

最後に，言語に関する多くの予測タスクは，お互いに関連しあっている．それらの一つの実行の仕方がわかれば，別のものの実行における学習の助けになる．加えて，**教師となる**（ラベル付きの）訓練データが不足しているときでも，生テキスト（ラベルなしデータ）は豊富に提供されるかもしれない．関連するタスクや注釈なしのデータから学習することはできないだろうか．ニューラルネットによる方法は，これら，**MTL**（マルチタスク学習 (Multi-Task Learning)，関連する問題からの学習）と**半教師あり学習** (semi-supervised learning)（外部の，あるいは注釈なしデータからの学習）についても，興味深い手法を提供している．

1.3.1 成功事例

全結合のフィードフォワードニューラルネットワーク (MLP) は，多くの場合，線形学習器が用いられていた場面で，それの取り替えが容易な代替品のように用いることができる．そこには，二クラス分類問題，多クラス分類問題に加えて，より複雑な構造予測問題が含まれる．ネットワークの非線形性が，事前学習された単語埋め込みを簡単に組み込めることとあいまって，しばしば，より高い分類性能を導いている．単に，パーザの線形モデルを全結合のフィードフォワードニューラルネットワークに置き換えただけで，統語パージングの結果を向上させることに成功したという一連の研究[2]がある．分類器の代替としての，単純なフィードフォワードネットワークの応用（普通は，事前

---

2) Chen and Manning [2014]; Durrett and Klein [2015]; Pei et al. [2015]; Weiss et al. [2015].

学習された単語ベクトルがあわせて用いられる）は，多くの言語処理タスクに有効で，それらのタスクには，本当の基本問題である言語モデリング[3]，CCG（Combinatory Categorial Grammer，組み合わせ範疇文法）スーパータグ付け[4]，対話状態追跡[5]，統計的機械翻訳のための事前並び替え[6]が含まれている．Iyyer et al. [2015] は，多層のフィードフォワードネットワークが感情分類とファクトイド型質問応答において，従来技術と同等の性能を得たと報告している．Zhou et al. [2015] と Andor et al. [2016] はそれらをビーム探索による構造予測システムと統合し，統語パージングや系列タグ付けやその他のタスクで際立った性能を達成している．

　ある種の分類タスクでは，あるクラスに属することに関する有力な手がかりは局所的なものであり，それを見つけ出すことが期待されるが，その手がかりは入力の様々な位置に出現するようなものであったりする．畳み込み・プーリング層を有するネットワークはそのような分類タスクに有効である．例えば，文書分類タスクでは，一つのキーフレーズ（あるいは n-グラム）が文書のトピックを決定することの助けとなる [Johnson and Zhang, 2015]．特定の単語の系列がトピックの良い指標であること，しかしそれらが文書のどこに現れているかは気にする必要がないことを学習したい．畳み込み・プーリング層によって，モデルは，そのような，場所によらない，局所的な指標を見つけ出すことを学習できる．畳み込みとプーリングのアーキテクチャは多くのタスクで期待の持てる結果を出している．文書分類[7]，短文テキストの分類[8]，感情分類[9]，事物間の関係分類[10]，事象同定[11]，パラフレーズ同定[12]，意味役割ラベル付け[13]，質問応答[14]，批評家のレビューに基づいた映画の興行収入の予測[15]，テキストの面白さのモデリング[16]，文字系列と品詞タグの間の関係のモデリング[17]が，それらに含まれる．

　自然言語においては，系列や木など，任意の大きさとなり，構造を持ったデータを扱うことがしばしばである．そのような構造の規則性を獲得したり，それらの構造の間

---

3) 第 9 章．あわせて Bengio et al. [2003]; Vaswani et al. [2013] を参照のこと．
4) Lewis and Steedman [2014].
5) Henderson et al. [2013].
6) de Gispert et al. [2015].
7) Johnson and Zhang [2015].
8) Wang et al. [2015a].
9) Kalchbrenner et al. [2014]; Kim [2014].
10) dos Santos et al. [2015]; Zeng et al. [2014].
11) Chen et al. [2015]; Nguyen and Grishman [2015].
12) Yin and Schütze [2015].
13) Collobert et al. [2011].
14) Dong et al. [2015].
15) Bitvai and Cohn [2015].
16) Gao et al. [2014].
17) dos Santos and Zadrozny [2014].

の類似性をモデリングすることが必要になる．再帰的アーキテクチャと木構造アーキテクチャは，多くの構造的情報を保ちつつ，系列や木を扱うことを可能にする．再帰的ネットワーク [Elman, 1990] は系列をモデリングするために設計されたもので，木構造ネットワーク [Goller and Küchler, 1996] は木を扱えるようにと一般化された再帰的ネットワークである．言語モデリング[18]，系列タグ付け[19]，機械翻訳[20]，統語パージング[21]に加え，その他，ノイズを含んだテキストの正規化[22]，対話状態追跡[23]，応答生成[24]，文字系列と品詞タグの間の関係のモデリング[25]をはじめとする多くのタスクで，再帰的モデルは著しく優れた結果を出している．

構成要素木[26]や依存構造木[27]の再ランキング，談話パージング[28]，意味関係分類[29]，構文木に基づく政治イデオロギ同定[30]，感情分類[31]，対象に依存した主観評価分類[32]，そして，質問応答[33]において，木構造モデルは，最先端のあるいはそれに近い結果を出せることが示されている．

1.4　本書で扱う内容とその構成

本書は 4 編構成となっている．第 1 編では，教師あり機械学習，MLP，勾配に基づく訓練，そして，ニューラルネットワークを実装し訓練するための計算グラフによる抽象化，という本書全体を通じて用いていく学習の基本的な仕組みを紹介する．第 2 編では，第 1 編で導入した仕組みを言語データと結びつける．そこでは，言語データを扱う際に利用できる情報が主にどこから得られるかが紹介され，それらをニューラルネットワークの仕組みとどのように統合していくかが説明される．単語埋め込みのアル

---

18) 注目すべき研究として，Adel et al. [2013]; Auli and Gao [2014]; Auli et al. [2013]; Duh et al. [2013]; Jozefowicz et al. [2016]; Mikolov [2012]; Mikolov et al. [2010, 2011].
19) Irsoy and Cardie [2014]; Ling et al. [2015b]; Xu et al. [2015].
20) Cho et al. [2014b]; Sundermeyer et al. [2014]; Sutskever et al. [2014]; Tamura et al. [2014].
21) Dyer et al. [2015]; Kiperwasser and Goldberg [2016b]; Watanabe and Sumita [2015].
22) Chrupala [2014].
23) Mrkšić et al. [2015].
24) Kannan et al. [2016]; Sordoni et al. [2015].
25) Ling et al. [2015b].
26) Socher et al. [2013a].
27) Le and Zuidema [2014]; Zhu et al. [2015a].
28) Li et al. [2014].
29) Hashimoto et al. [2013]; Liu et al. [2015].
30) Iyyer et al. [2014b].
31) Hermann and Blunsom [2013]; Socher et al. [2013b].
32) Dong et al. [2014].
33) Iyyer et al. [2014a].

ゴリズムと分布仮説，そして，言語モデリングのためのフィードフォワードの方法も，あわせて議論される．第3編では，特別なアーキテクチャとその言語データへの応用が扱われる．n-グラムを扱うための1次元(1D)の畳み込みネットワークと，系列とスタックをモデリングするためのRNNである．RNNはニューラルネットワークを言語データへと適用する際に導入された革新的技術であるので，第3編のほとんどをこれに費やし，これを活用した強力な条件付き生成の枠組みやアテンションに基づくモデルを含めて説明する．第4編は上級向けのトピックをいくつか集めたものである．木をモデリングするための木構造ネットワーク，構造予測モデル，マルチタスク学習が説明される．

ニューラルネットワークの基礎を扱う第1編は，四つの章からなる．第2章では，教師あり機械学習，パラメータを持つ関数，線形モデルと対数線形モデル，正則化と損失関数，最適化としての訓練，勾配に基づく訓練法，という基本的な概念が紹介される．基礎から始め，その後の章で必要になる素材を提供していく．学習の基本理論と勾配に基づく学習に精通している読者はこの章を読み飛ばすことを考えてもよい．第3章では，線形モデルの主たる限界を詳しく説明し，非線形モデルの必要性を動機付け，多層ニューラルネットワークの基礎とその動機を示す．第4章では，フィードフォワードニューラルネットワークとMLPを導入する．多層ネットワークの定義，その理論上の能力，そして，非線形性や損失関数のような一般的な部分要素を議論する．第5章はニューラルネットワークの訓練を扱う．任意のネットワークに対して自動で勾配計算（逆伝播アルゴリズム）ができるようになる計算グラフによる抽象化を紹介し，あわせて，ネットワークの効率的な訓練のためのたくさんの豆知識と小技を提供する．

言語データの紹介をする第2編は，七つの章からなる．第6章は，一般的な言語処理の問題をタイプ分けし，言語データを用いる際に我々が利用できる情報（素性）をどこから入手できるかを議論する．第7章は具体的な事例研究で，前章で述べた素性が様々な自然言語処理タスクでどのように用いられるかを示す．言語処理に詳しい読者はこの二つの章を読み飛ばして構わない．第8章で，第6章と第7章の内容がニューラルネットワークと関連付けられ，言語に関する素性をニューラルネットワークの入力として符号化する様々な方法が議論される．第9章は，言語モデリングのタスクと，フィードフォワードニューラルネットワークによる言語モデルアーキテクチャを紹介する．この章は後に続く章でなされる事前学習された単語埋め込みについての議論への準備ともなっている．第10章は，単語の意味の表現についての，分散および分布に基づく方法論を紹介する．分布意味論における単語文脈行列の方法を紹介し，あわせて，GLOVEやWORD2VECなど，ニューラルネットに基づく言語モデリングに由来する単語埋め込みアルゴリズムも紹介し，それらと分布に基づく手法との関連を議論する．第11章は，ニューラルネットワークとは異なる文脈での単語埋め込みの利用を扱う．最

後に，第12章では，タスクに特定化したフィードフォワードネットワークの事例研究を示す．これは自然言語推論タスクのために仕立てられたものである．

畳み込みアーキテクチャと再帰的アーキテクチャという特別なアーキテクチャを紹介する第3編は，五つの章からなる．第13章は畳み込みネットワークを扱う．これは情報となる n-グラムパターンを学習することに特化したものである．その代替となるハッシュカーネル法もあわせて議論する．第3編の残りの部分，第14〜17章は，RNNに費やされる．第14章では系列とスタックをモデリングするためのRNNの抽象化を述べる．第15章では，RNNの具体的な実現として，単純RNN（Elman RNNとしても知られる）と，長短期記憶ユニット (Long Short-Term Memory: LSTM) とゲート付き再帰ユニット (Gated Recurrent Unit: GRU) のゲート付きアーキテクチャを説明する．第16章はRNNの抽象化を用いたモデリングの例を提示し，具体的な応用におけるそれらの利用を示す．最後に，第17章では条件付き生成の枠組みを紹介する．これは，最先端の機械翻訳だけでなく，教師なしの文モデリングやその他の先進的応用において，主たるモデリングの技法となっているものである．

第4編には，上級向けトピックと周辺的なトピックとが含まれており，これは三つの章からなっている．第18章では木をモデリングするための木構造を持った木構造ネットワークを紹介する．大変魅力的ではあるのだが，このモデルの一族は未だ研究段階で，説得力のある成功事例を示せていない．とはいえ，現状の最先端を超えてモデリングの技法を推し進めようとする研究者にとっては知っておくべき重要なモデルの一族である．成熟した頑健な技術が主たる興味であるような読者はこの章を読み飛ばしても差し支えはない．第19章は構造予測の問題を扱う．ここは技術的に高度な章であるので，構造予測に特に興味のある読者，線形モデルや言語処理における構造予測の技法にすでに詳しい読者は，その内容を認め，評価してくれると思う．それ以外の読者については読み飛ばしても全く問題ない．最後の第20章は，マルチタスク学習，半教師あり学習について述べている．ニューラルネットワークはマルチタスク学習や半教師あり学習で活用される可能性を豊富に有している．これらは，まだ研究段階にある重要な技術であるが，既存の技法は比較的容易に実装できて，実際に性能を上げることに貢献する．この章は技術的に難しいものではないので，全ての読者に読むことをお薦めする．

依存関係 ほとんどの部分において，各章はそれ以前の章に依存している．例外は，第2編の最初の二つの章で，前の章の内容には依存しておらず，どちらを先に読んでも構わない．一部の章や節は，他の概念や内容の理解を大きく妨げることなく，読み飛ばすことができる．以下，そのような部分として，10.4節と第11章は，単語埋め込みアルゴリズムの詳細とニューラルネットワーク以外での単語埋め込みの利用について述べている．第12章はStanford自然言語推論 (Stanford Natural Language Inference:

SNLI) データセットに挑戦するための特有なアーキテクチャを述べている．第 13 章は畳み込みネットワークの説明である．再帰的ネットワークの議論の中では，第 15 章はある特殊なアーキテクチャの詳細を扱っており，比較的安全に読み飛ばすことが可能である．第 4 編の三つの章はそのほとんどがお互いに独立で，読み飛ばしてもよいし，好きな順序で読んで構わない．

1.5 本書で扱っていない内容

　本書で焦点を当てたのは，自然言語処理タスクへのニューラルネットワークへの応用である．しかし，ニューラルネットワークを用いた言語処理の一部の下位分野についてはわざと本書の範囲から外してある．特に，本書では書き言葉の処理に焦点を当てたので，音声データや音響データの扱いは取り扱われていない．書き言葉のなかでも，比較的低いレベル，しっかりと定義されたタスクに留まっていて，対話システム，文書要約，質問応答など，広く開かれた問題であると筆者が考える分野は扱っていない．もちろん，本書で示された技法はこれらのタスクを進める際に利用することができるが，これらのタスクを例としてあげたり，直接かつ陽に議論することはしていない．意味パージングも同様に本書が扱う範囲の外である．言語データをその他のモダリティ，例えば画像やデータベースに繋げるマルチモーダル応用も本当に簡単に言及されているだけである．最後に，議論はほとんどが英語を中心に進められており，より豊かな形態論の体系を持つ言語や，計算資源が少なく十分でないような言語については，本当に簡単に触れているに過ぎない．

いくつかの**重要な基礎**も述べられていない．特に，言語処理における優れた研究のために欠かせない二つの項目に，**適切な評価** (proper evaluation) と**データ注釈** (data annotation) がある．この二つのトピックは共に本書が扱う範囲の外にあるが，読者はそれらが存在することを意識すべきである．

　適切な評価には，与えられたタスクにおける性能評価での正しい評価指標の選択，最良実践例，他の研究との公正な比較，誤り解析の実施，そして統計的有意さの評価，が含まれる．

　データ注釈は自然言語処理システムの基礎基盤である．データなしでは，教師あり学習のモデルを訓練することはできない．研究者として，我々は，誰かほかの人が作成した"標準的な"注釈データを用いることがしばしばである．それでも，そのデータの由来を知り，それの生成過程からの含意を考慮することが重要である．データ注釈はとても広大なトピックである．まず，注釈タスクの適切な構成と注釈ガイドラインの作成がそこに含まれる．そして，注釈データの元データ，その範囲と分類ごとの比率，適切な

訓練セットとテストセットへの分割などの決定もある．さらに，注釈作業者との共同作業，意見や決定の整理，注釈者と注釈の質の確認，そして様々な類似したトピックもそこに含まれる．

1.6 用語に関する注意

"素性 (feature)" という用語は，具体的で言語学的な入力，例えば，単語，接尾辞，品詞タグなどを指すものとする．例えば，一階の品詞タグ付け器において，素性は，"現在の単語，直前の単語，直後の単語，直前の品詞" でありうる．用語 "入力ベクトル (input vector)" は，ニューラルネットワーク分類器に読み込まれる実際の入力を指す．同様に，"入力ベクトル項目 (input vector entry)" は入力の特定の値を指す．このような用法はニューラルネットワークを扱う多くの文献と対照的である．そこでは，用語 "素性" は二つの用法を課されて，しかも第一義としては入力ベクトル項目を指すように用いられている．

1.7 数学的記法について

太字の大文字 ($\boldsymbol{X}, \boldsymbol{Y}, \boldsymbol{Z}$) は行列を表す．太字の小文字 ($\boldsymbol{b}$) はベクトルを表す．一連の関連する行列あるいはベクトルがある場合（例えば，それぞれの行列がネットワークのそれぞれの層に対応する場合），上付きの添字が用いられる ($\boldsymbol{W}^1, \boldsymbol{W}^2$)．稀ではあるが，行列やベクトルのべき乗を表現したいときには，指数演算の引数となる項目がカッコの対で囲まれる．つまり，$(\boldsymbol{W})^2, (\boldsymbol{W}^3)^2$ となる．[] はインデキシング演算子として用いる．$\boldsymbol{b}_{[i]}$ はベクトル $\boldsymbol{b}$ の i 番目の要素で，$\boldsymbol{W}_{[i,j]}$ は行列 $\boldsymbol{W}$ の i 行 j 列の要素である．曖昧でないときは，より標準的な数学的記法を採用し，b_i でベクトル $\boldsymbol{b}$ の i 番目の要素を，同様に，$w_{i,j}$ で行列 $\boldsymbol{W}$ の i 行 j 列の要素を表す．内積の演算子には $\cdot$ を用いる．つまり $\boldsymbol{w} \cdot \boldsymbol{v} = \sum_i w_i v_i = \sum_i \boldsymbol{w}_{[i]} \boldsymbol{v}_{[i]}$ となる．ベクトルの系列 $\boldsymbol{x}_1, \ldots, \boldsymbol{x}_n$ を表現するのに，$\boldsymbol{x}_{1:n}$ を用い，同様に，$x_{1:n}$ は項目の系列 $x_1, \ldots, x_n$ である．$\boldsymbol{x}_{n:1}$ は逆順の系列を示し，$\boldsymbol{x}_{1:n}[i] = \boldsymbol{x}_i, \boldsymbol{x}_{n:1}[i] = \boldsymbol{x}_{n-i+1}$ である．$[\boldsymbol{v}_1; \boldsymbol{v}_2]$ はベクトルの連結 (concatenation) を表す．

正統からいくらか外れるが，特にそうでないと述べない限り，ベクトルは行ベクトルを仮定する．行ベクトルを用いるという選択により行列はそれに右側から乗じられることになる ($\boldsymbol{xW} + \boldsymbol{b}$)．これは，ある意味では標準的ではない．多くのニューラルネットに関する文献では，列ベクトルが用いられ，行列は左側から乗じられる ($\boldsymbol{Wx} + \boldsymbol{b}$)．読

者は，それらの文献を読む際には列ベクトルの記法に適応できるものと信じている[34]．

---

34) 行ベクトルを用いるという選択は以下の利点からの発想である．文献でしばしば描かれる，入力ベクトルとネットワーク図と一致している（入力ベクトルが左でネットワークは右）．階層的あるいは多層のネットワーク構造に対して見通しが良くなる．つまり，入力は埋め込まれるのではなく，左端の変数となる．それによって，全結合層の次元は，$d_{out} \times d_{in}$ ではなく，$d_{in} \times d_{out}$ となる．ネットワークを numpy のような行列ライブラリを使ってプログラムコードとして実装する仕方との対応付けがより良いものになる．

第 1 編

教師あり分類と
フィードフォワード
ニューラルネットワーク

第 2 章

機械学習の基礎と線形モデル

本書のトピックであるニューラルネットワークは，教師あり機械学習アルゴリズムに分類される．

本章では，教師あり機械学習の用語とその実践方法を簡単に紹介し，また二クラス分類と多クラス分類のための対数線形モデルについて説明する．

本章はまた，以降の章の基礎として位置付けられ，以降の章で用いられる記法を紹介する．線形モデルの知識がある読者は次の章まで読み飛ばしてもよいが，そのような読者にも 2.4 節および 2.5 節は参考になるだろう．

教師あり機械学習の理論と線形モデルは非常に大きなトピックであり，本章で包括的に対応することは難しい．これらのトピックについてより詳しくは，Daumé III [2015]; Shalev-Shwartz and Ben-David [2014] や Mohri et al. [2012] を参照のこと．

2.1　教師あり学習とパラメータを持つ関数

教師あり機械学習の優れた点は，事例を観察してその一般化を生成できるようなメカニズムを作ることにある．具体的には，あるタスク ("スパムメールとスパムではないメールを分類する") を実行するためのアルゴリズムを設計するのではなく，ラベル付きの事例群 ("この一群のメールはスパムであり，別の一群のメールはスパムではない") を入力すると，具体的事例（メール）を受け取って望ましいラベル（スパムかスパムではないか）を生成するような関数（またはプログラム）を出力するアルゴリズムを設計する．得られた関数は，訓練に現れなかった具体的事例に対しても正しいラベルを予測することが期待される．

考えられる全てのプログラム（または考えられる全ての関数）の集合を探索するこ

とは非常に難しい（そして，適切に定義することができない）問題である．そのため，d_{in} 次元の入力を持ち，d_{out} 次元の出力をする全ての線形関数の空間や，d_{in} 個の変数に対する全ての決定木の空間など，特定の関数の族に限定して探索することが多い．このような関数の族を**仮説クラス** (hypothesis classes) と呼ぶ．特定の仮説クラスに限定することで，**帰納的バイアス** (inductive bias)，つまり望ましい解の形に関する前提の集まりを学習器に与えることになり，あわせて，解を効率的に探索できるようになる．主なアルゴリズム族とその前提に関する概要を幅広く紹介した読みやすい文献として，Domingos [2015] が参考になる．

仮説クラスはまた，学習器によって何が表現でき，何が表現できないかを決定する．一般的な仮説クラスの一つに，次のような形で表される高次元の線形関数がある[1]．

$$f(\boldsymbol{x}) = \boldsymbol{x}\boldsymbol{W} + \boldsymbol{b} \tag{2.1}$$

$$\boldsymbol{x} \in \mathbb{R}^{d_{in}} \quad \boldsymbol{W} \in \mathbb{R}^{d_{in} \times d_{out}} \quad \boldsymbol{b} \in \mathbb{R}^{d_{out}}.$$

ここでは，ベクトル $\boldsymbol{x}$ が関数への入力 (input) であり，行列 $\boldsymbol{W}$ とベクトル $\boldsymbol{b}$ がパラメータ (parameters) である．学習器の目標は，入力値 $\boldsymbol{x}_{1:k} = \boldsymbol{x}_1,\ldots,\boldsymbol{x}_k$ とこれに対応する望ましい出力 $\boldsymbol{y}_{1:k} = \boldsymbol{y}_i,\ldots,\boldsymbol{y}_k$ の集まりに対して，関数が期待どおりに動作するよう，パラメータ $\boldsymbol{W}$ と $\boldsymbol{b}$ の値を設定することである．したがって，関数の空間を探索するタスクは，パラメータの空間を探索するタスクに還元される．関数のパラメータは一般的に Θ と表し，線形モデルでは $\Theta = \boldsymbol{W},\boldsymbol{b}$ となる．関数がパラメータを持つことを明示したい場合は，$f(\boldsymbol{x};\boldsymbol{W},\boldsymbol{b}) = \boldsymbol{x}\boldsymbol{W} + \boldsymbol{b}$ のように関数の定義にパラメータを含めた記法を用いる．

以降の章で述べるように，線形関数という仮説クラスにはやや制約があり，表現できない関数も多く存在する（実際，線形の関係に限定される）．対照的に，第4章で紹介する隠れ層を持つフィードフォワードニューラルネットワーク (feed-forward neural networks with hidden layers) もまたパラメータを持つ関数であるが，非常に強力な仮説クラスを構成する．これらは**万能近似器** (universal approximators) であり，いかなるボレル可測関数 (Borel-measurable function) をも表現することが可能である[2]．とはいえ，線形関数は制約があると同時に，好ましい性質も持ち合わせている．線形モデルは容易に，また効率的に訓練でき，結果的に凸最適化を目的関数とすることが多い．また訓練されたモデルはある程度まで解釈することができ，実用において，非常に効果的であることが多い．統計的自然言語処理の分野において，線形モデルと対数線形モデルは10年以上主要なアプローチとして用いられており，以降の章で紹介するより強力

---

[1] 1.7節で述べたように，一般的ではないが，本書ではベクトルを列ベクトルではなく行ベクトルであると仮定する．
[2] 詳細は4.3節を参照のこと．

な非線形のフィードフォワードネットワークの基礎的な構成要素となっている．

2.2 訓練セット，テストセット，検証セット

　線形モデルの詳細に入る前に，機械学習の問題における一般的な設定を確認したい．入力となる k 個の事例 $\boldsymbol{x}_{1:k}$ とこれに対応する正解ラベル $\boldsymbol{y}_{1:k}$ から構成されるデータセットが与えられたとき，訓練セットが示している事例に従って，入力 $\boldsymbol{x}$ を出力 $\hat{\boldsymbol{y}}$ に正しく写像する関数 $f(\boldsymbol{x})$ を生成することが目標である．この生成された関数 $f()$ が実際に優れていることをどのように判断できるだろうか．訓練事例 $\boldsymbol{x}_{1:k}$ に $f()$ を適用して解 $\hat{\boldsymbol{y}}_{1:k}$ を記録し，解と期待されるラベル $\boldsymbol{y}_{1:k}$ と比較することで**精度**（正解率，accuracy）[3]を測ることもできるが，この方法はあまり参考にならない．求めているのは未知の事例に対する $f()$ の一般化の能力である．記憶された範囲で入力 $\boldsymbol{x}$ を検索し，事例が見つかった場合は対応する値 $\boldsymbol{y}$ を，その他の場合は無作為に値を返すような，表参照の形で実装された関数 $f()$ を考えてみる．このような関数は，上で述べたテストに対しては完全なスコアを得るが，一般化能力がなく，明らかに優れた分類関数とは言えない．むしろ一部の訓練事例に対しては正しくない値を得ても，未知の事例に対して正しい値を得ることのできる関数 $f()$ が必要である．

一個抜き (leave-one out)　訓練した関数の精度の評価では，訓練に現れなかった事例を使用する必要がある．その方法の一つが**一個抜き交差検定** (Leave-one-out cross-validation) である．一個ずつ異なる入力事例 $\boldsymbol{x}_i$ を取り置き，k 個の関数 $f_{1:k}$ を訓練する．そして，生成した関数 $f_i()$ が $\boldsymbol{x}_i$ を予測する能力について評価を行う．その後，訓練セット全体 $\boldsymbol{x}_{1:k}$ に対してもう一つ別の関数 $f()$ を訓練する．訓練セットが母集団を代表する事例であると仮定すると，関数 $f_i()$ が取り置いた事例について正しい予測をした割合は，新しい入力に対する $f()$ の精度の良い近似となる．しかしながら，この方法は計算時間の観点からコストが高く，注釈付けられた事例の数 k が非常に小さい（100個以下）の場合にのみ用いられる．一方，言語処理のタスクでは，事例数が 10^5 個を超える訓練セットを扱うことが多い．

ヘルドアウト・セット (held-out set)　計算時間の観点からは，訓練セットを二つのサブセットに分割する方法がより効率的である．例えば，訓練セットを 80% と 20% に分割し，より大きなサブセット（**訓練セット** (training set)）を使ってモデルを訓練し，より小さなサブセット（**ヘルドアウト・セット** (held-out set)）を使って精度を試験する．こうすることで訓練した関数の精度の推定は理にかなったものになり，少なく

---

[3] 訳注：本書では "精度" を "accuracy" の訳語として用いる．これは "precision" とは異なる．

とも複数の訓練モデルの品質を比較するのに用いることができるようになる．しかし，この方法では訓練事例がやや無駄になってしまう．セット全体に対してモデルを再訓練することもできるが，訓練に使用するデータ数が実質的に増加することになるため，より少ないデータを使って訓練したモデルに基づいた誤りの推定が正確ではなくなる可能性がある．ただ，訓練データが多い方がむしろ予測器の精度が上がるので，一般的にはこれはありがたい問題ではある[4]．

分割する際に注意すべき点がある．一般的には，訓練セットとヘルドアウト・セットの事例の分布を均等にする（例えば，二つのセットにおける正解ラベルの割合を近いものにしておく）ために，事例を分割する前にシャッフルすることが推奨される．しかし無作為な分割が適していない場合もある．例えば数ヶ月にわたって収集したニュース記事を入力として使用し，新しい記事に対して予測を行う場合，無作為に分割するとモデルの品質は過大評価される．訓練事例とヘルドアウトの事例が同じ時期からとられた記事となり，実際よりも類似した記事になるためであるが，そのようなことは現実では起こりえない．この場合，訓練セットに古い時期のニュース記事を使用し，ヘルドアウト・セットに新しい時期のニュース記事を使用することで，訓練されたモデルを実際に使用する状況に可能な限り近づけることができる．

三分割 (three-way split)　一つのモデルを訓練し，その品質を評価したい場合は，訓練セットとヘルドアウト・セットへの分割で対応できる．しかし実際には，複数のモデルを訓練し，その品質を比較して最も良いものを選択することが多い．このような場合，二つのセットに分割する方法は十分ではない．例えばヘルドアウト・セットの精度に基づいてモデルを選択すると，モデルの品質を過度に楽観的に評価することになる．選択した分類器の設定が一般的に良いものなのか，あるいはヘルドアウト・セットに含まれる特定の事例に対して良い結果を出しただけであるのか，判断ができない．またヘルドアウト・セットで誤り分析を行い，観察された誤りに基づいてモデルの素性やアーキテクチャを変更することはさらに不適切である．ヘルドアウト・データに基づいて加えた変更が，新しい事例に適用できるものなのかどうかが判断できないためである．このような場合，データを訓練，検証（**開発 (development)** とも呼ばれる），テストの三つのセットに分割する方法が適切である．これによって，**検証セット (validation set)**（**開発セット (development set)** とも呼ばれる）と**テストセット (test set)** の二つのヘルドアウト・セットが利用できる．実験，微調整，誤り分析，モデルの選択は，全て検証セットに基づいて実施し，最終的に得られたモデルをテストセットに

---

[4] しかしながら，特に学習率と正則化の重みなど，訓練における一部の設定は訓練セットの大きさの影響を受けることがあるため，あるデータを用いてチューニングを行い，同じ設定でより大きなデータを用いてモデルを再訓練すると，最適ではない次善の結果を生んでしまうことがある．

対して1回だけ実行することで，未知の事例に対して期待される品質を適切に推定することができる．テストセットには可能な限り手を触れず，それを用いた実験回数を最小限に抑えることが重要である．モデルの設計にバイアスがかからないよう，テストセットに含まれる事例を事前に眺めることもすべきではないと主張する人もいる．

2.3 線形モデル

ここまでいくつかのアプローチを確認した．ここで，二クラス（二値）分類 (binary classification) と多クラス分類 (multi-class classification) のための線形モデルの説明に戻ることにする．

2.3.1 二クラス分類

線形分類問題では一つの値を出力するため，式 (2.1) を $d_{out} = 1$ に限定し，$\boldsymbol{w}$ はベクトルに，b はスカラーになる．

$$f(\boldsymbol{x}) = \boldsymbol{x} \cdot \boldsymbol{w} + b. \tag{2.2}$$

式 (2.2) の線形関数の値域は $[-\infty, +\infty]$ となる．二クラス分類に使用するため，$f(\boldsymbol{x})$ の出力に **sign** 関数（符号関数）を適用し，負の値を -1（負のクラス）に，負ではない値を $+1$（正のクラス）に写像するのが一般的である．

物件の価格と広さを基に，ある賃貸物件が二つの地域のうちどちらに位置するかを予測するタスクを考える．図 **2.1** はいくつかの賃貸物件の分布を2次元に描画したものであり，x 軸は月々の賃貸価格（米ドル），y 軸は広さ（平方フィート）を示している．○はワシントン D.C. のデュポン・サークル，×はバージニア州のフェアファックスに位置する物件であることを示す．描画された分布を見ると，二つの地域を直線で分割できることがわかる．つまりデュポン・サークルの賃貸物件は，フェアファックスの同じ広さの賃貸物件と比べてより価格が高い傾向がある[5]．このデータセットは**線形分離可能** (linearly separable) であり，つまり二つのクラスは直線で分割することができる．

それぞれのデータ点（賃貸物件）は2次元 (2D) のベクトル $\boldsymbol{x}$ で表現できる．$\boldsymbol{x}_{[0]}$ は賃貸物件の広さで，$\boldsymbol{x}_{[1]}$ は価格である．これにより，以下の線形モデルを得ることができる．

$$\hat{y} = \text{sign}(f(\boldsymbol{x})) = \text{sign}(\boldsymbol{x} \cdot \boldsymbol{w} + b)$$
$$= \text{sign}(広さ \times w_1 + 価格 \times w_2 + b),$$

---

[5] ここで留意すべきは，広さまたは価格のみだけでは二つのグループに分割できないということである．

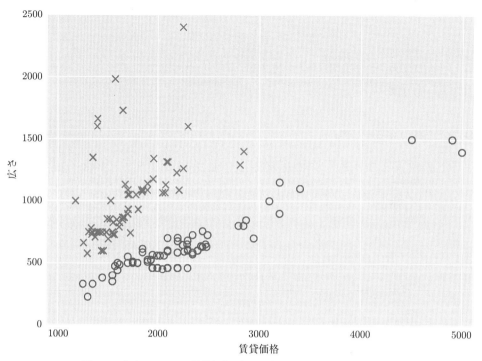

図 2.1 住宅のデータ：賃貸価格（米ドル）と広さ（平方フィート）．
出典：Craigslist ads（2015 年 6 月 7 日〜15 日に収集）．

ここで・は内積演算，b および $\bm{w} = [w_1, w_2]$ は自由パラメータである．$\hat{y} \geq 0$ の場合はフェアファックス，それ以外の場合はデュポン・サークルに位置すると予測する．訓練の目標は，観察する全てのデータ点に対して正しい予測ができるような，w_1 と w_2，b の値を設定することである[6]．訓練については 2.7 節で説明するが，ここでは訓練によって w_1 には大きい（正の）値が，w_2 には小さい（負の）値が設定されると考える．モデルの訓練が完了すると，新しいデータ点にこの方程式を適用して，分類することができる．

直線（高次元では線形超平面）ではデータ点を分離できない場合もある．このような場合，データセットは**線形分離不可能** (nonlinearly separable) であるといい，線形分類の仮説クラスの範囲を超えているので，より高次元（より多くの素性を扱う）で対応するか，仮説クラスをより豊かにするか，分類の誤りを一部許容することとなる[7]．

---

[6] 幾何学的には，与えられた $\bm{w}$ に対して $\bm{x} \cdot \bm{w} + b = 0$ を満たす点 $\bm{x}$ は，空間を二つの領域に分離する超平面 (hyperplane)（2 次元では線に対応する）を定義する．よって訓練の目標は，正確な分類ができるような超平面を見つけ出すことである．

[7] 一部の事例において分類の誤りを許容することが良いと考えられる場合もある．例えば，一部のデータ点が外れ値 (outlier)，つまり，あるクラスに属しているにもかかわらず，誤って他のクラスに属するようにラベル付けされた事例であると信じる根拠がある場合がそうである．

素性表現 上記の例で，それぞれのデータ点は広さと価格の測定値の対であった．これらの属性はそれぞれ，データ点を分類するための**素性** (feature) であると考えられる．この場合は非常に扱いやすい例であるが，ほとんどの場合，データ点は直接素性のリストの形式で与えられず，現実世界の事物として与えられることが多い．例えば賃貸物件の例では，分類対象となる物件のリストが与えられるだろう．そこで分類タスクにおいて効果的な素性となりうるような，測定可能な物件の属性を意識的に決定して選択する必要がある．このタスクでは，価格と広さを用いることで効果的に分類できることが証明されているが，他の属性，例えば部屋の数や天井の高さ，床の材質，地理的な位置座標などを考慮することもできる．属性のセットを決定すると，次に現実世界の事物（例えば物件）を測定可能な数値（価格と広さ）のベクトルに写像する**素性抽出** (feature extraction) 関数を作成する．この測定可能な数値のベクトルがモデルの入力となる．素性の選択は高い分類精度を得るために非常に重要であり，素性の情報量や手に入りやすさに基づいて取捨選択される（地理的な位置座標を使うと，価格と広さを利用する場合よりもより正確に地域を予測できる可能性があるが，過去の取引のリストだけが利用できて，地理的な位置の情報を手に入れることができないかもしれない）．素性の数が二つである場合は，データをグラフに描くことで，潜在的な構造を容易に確認することができる．しかし，実際には次に示す例のように三つ以上の素性を用いることが多いため，グラフを描いて正確な根拠を得ることは困難である．

本書で主に取り上げる線形モデルの設計において中心となるのは，素性関数の設計（一般的に**素性エンジニアリング** (feature engineering) と呼ばれる）である．深層学習では，モデルの設計者は，核となる，または基本となる，もしくは"自然な"小規模の素性の集合を指定するだけでよい．訓練可能なニューラルネットワークアーキテクチャがこれらを組み合わせてより多くの意味を持つ高いレベルの素性，つまり**表現** (representation) を得るため，素性エンジニアリングのプロセスが大きく簡略化される．とはいえ，核となる適切な素性の集合を特定し，これを適切なアーキテクチャと組み合わせる必要はある．テキストデータにおける一般的な素性については第 6, 7 章で述べる．

通常，素性の数は三つ以上である．言語に関連する問題を取り上げることとし，英語で書かれた文書とドイツ語で書かれた文書を分類するタスクを考える．このタスクにおいては，文字の頻度が予想の手がかり（素性）として適切である．文字バイグラム

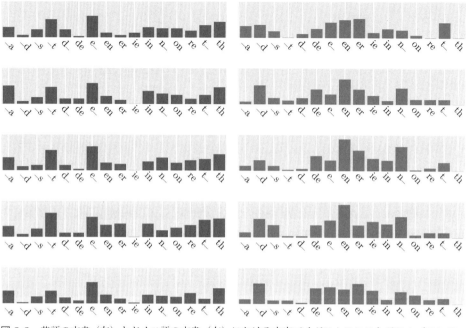

図 2.2 英語の文書（左）とドイツ語の文書（右）における文字バイグラムのヒストグラム（アンダースコアは空白を表す）．

(bigram)，つまり連続した文字の対の数はさらに多くの情報量を持つ[8]．アルファベットが 28 文字あると仮定し（a～z，空白，そして句読点を含むその他全ての文字を表す特殊記号），文書を 28×28 次元のベクトル $\boldsymbol{x} \in \mathbb{R}^{784}$ で表現する．それぞれのエントリ $\boldsymbol{x}_{[i]}$ は，文書の大きさで正規化した，文書における特定の文字の組み合わせの出現回数を表す．例えば，文字バイグラム ab に対応する $\boldsymbol{x}$ の要素は x_{ab} と表記され，次のようになる．

$$x_{ab} = \frac{\#_{ab}}{|D|}, \qquad (2.3)$$

$\#_{ab}$ は文書中にバイグラム ab が現れる回数を示し，$|D|$ は文書中のバイグラムの総数（文書の大きさ）を示す．

図 **2.2** はいくつかのドイツ語と英語のテキストにおける，バイグラムのヒストグラムを示している．読みやすいよう，頻度の高い文字バイグラムのみを表示し，素性ベクトルの全体は表示していない．左手が英語のテキストに現れるバイグラムで，右手がドイツ語のテキストに現れるバイグラムである．データには明確なパターンがあり，次の

---

[8] 単語も予測の手がかりとして適切であると考えるだろう．しかし文字，あるいは文字バイグラムの方がより頑強である．訓練セットで観察した単語が全く現れない新しい文書に出会うのはありそうなことであるが，特徴的なバイグラムが現れない文書を見ることはほとんどありえない．

ような新しい項目が与えられると，

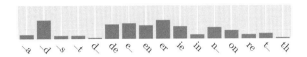

これが英語よりもドイツ語のグループに近いということができるだろう．しかしここで留意すべきは，"th が含まれていれば英語" や "ie が含まれていればドイツ語" といった一つの明確な規則では判断することができないということである．英語に比べてドイツ語のテキストには th が現れる回数はかなり少ないが，それでも現れる可能性はあり，また実際現れている．同様に，ie の組み合わせは英語のテキストにも現れる．どちらの言語で書かれたテキストかを判断するためには，様々な要素に相対的な重み付けをする必要がある．この問題を機械学習の設定において定式化してみよう．

ここでも線形モデルを利用することができ，次のように表される．

$$\hat{y} = \text{sign}(f(\boldsymbol{x})) = \text{sign}(\boldsymbol{x} \cdot \boldsymbol{w} + b) \\ = \text{sign}(x_{aa} \times w_{aa} + x_{ab} \times w_{ab} + x_{ac} \times w_{ac} \ldots + b). \quad (2.4)$$

$f(\boldsymbol{x}) \geq 0$ ならば文書は英語で書かれており，それ以外はドイツ語で書かれていると考えられる．学習においては，英語により一般的に現れる文字の対（例えば，th）に関連する $\boldsymbol{w}$ の項目には大きな正の値を，ドイツ語により一般的に現れる文字の対 (ie, en) には負の値を割り当て，そして両言語で同じ程度に一般的な，あるいはどちらにもほとんど現れない文字の対には，0 に近い値を割り当てるべきであろうことが直観的にわかる．

ここで留意すべきは，この問題は，物件のデータ（価格と広さ）に関する 2 次元の場合と違って，データ点や決定境界を簡単に視覚化することができず，幾何学的な直観が働きにくいということである．一般的にほとんどの人にとって，3 次元を超えると，空間における配置を思い描くのは困難である．そのため，線形モデルについて考える際，素性に重みを割り当てると捉えることをお勧めする．その方が想像しやすく，推論もしやすい．

2.3.2 対数線形二クラス分類

出力 $f(\boldsymbol{x})$ の値域は $[-\infty, \infty]$ であり，これを $sign$ 関数で二つのクラス $\{-1, +1\}$ のいずれかに写像する．これは割り当てるクラスにのみ関心がある場合に適した方法である．決定の信頼性，あるいは分類器がそれぞれのクラスに割り当てる確率に関心がある場合は，次のように出力にシグモイド (sigmoid) 関数 $\sigma(x) = \frac{1}{1+e^{-x}}$ などのスカッシン

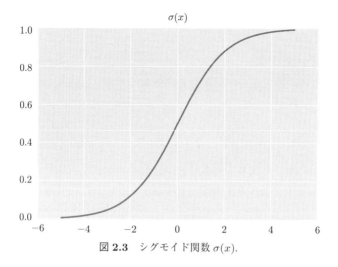

図 2.3 シグモイド関数 $\sigma(x)$.

グ (squashing) 関数を適用することで，値を $[0,1]$ の範囲に写像することができる．

$$\hat{y} = \sigma(f(\boldsymbol{x})) = \frac{1}{1+e^{-(\boldsymbol{x}\cdot\boldsymbol{w}+b)}}. \tag{2.5}$$

図 2.3 はシグモイド関数を描いている．単調に増加するこの関数は，値を $[0,1]$ の範囲に写像し，0 を $\frac{1}{2}$ に写像する．適切な **損失関数** (loss function)（2.7.1 節）と合わせて用いることで，**対数線形モデル** (log-linear model) による二クラスの予測は，$\boldsymbol{x}$ が正のクラスに属するというクラス所属確率の推定値 $\sigma(f(\boldsymbol{x})) = P(\hat{y}=1 \mid \boldsymbol{x})$ として解釈できる．また，$P(\hat{y}=0 \mid \boldsymbol{x}) = 1 - P(\hat{y}=1 \mid \boldsymbol{x}) = 1 - \sigma(f(\boldsymbol{x}))$ も得る．あるクラスに属することを推定する上で，値が 0 または 1 に近いほどモデルはそのことについて確信を持っており，値が 0.5 である場合は不確かであることを示す．

2.3.3 多クラス分類

これまで割り当てるクラスの候補が二つの場合，つまり二クラス分類の例を扱った．二クラス分類が用いられる場合もあるが，多くの分類問題は，ある事例を k 個の異なるクラスのいずれかに割り当てる多クラス分類の性質を持つ．例えば，文書が与えられ，これを六つの言語の候補，つまり英語，フランス語，ドイツ語，イタリア語，スペイン語，その他のうちの一つに分類する．各言語に対して一つずつ，合計六つの重みベクトル $\boldsymbol{w}^{\mathrm{EN}}, \boldsymbol{w}^{\mathrm{FR}}, \ldots$ と，同じく六つのバイアスを考慮し，最もスコアが高くなる言語を予測とする方法が考えられる[9]．

---

[9] 多クラス分類のモデリングには二クラスから多クラスへの還元 (binary-to-multi-class reduction) など多くの手法がある．これらは本書の範囲外であるが，概要については Allwein et al. [2000] が参考になる．

$$\hat{y} = f(\boldsymbol{x}) = \underset{L \in \{\text{En,Fr,Gr,It,Sp,O}\}}{\operatorname{argmax}} \boldsymbol{x} \cdot \boldsymbol{w}^L + b^L. \tag{2.6}$$

六つのパラメータの集まり $\boldsymbol{w}^L \in \mathbb{R}^{784}$ と b^L を，行列 $\boldsymbol{W} \in \mathbb{R}^{784 \times 6}$ とベクトル $\boldsymbol{b} \in \mathbb{R}^6$ として配列し，次のように式を書き換えることができる．

$$\hat{\boldsymbol{y}} = f(\boldsymbol{x}) = \boldsymbol{x}\boldsymbol{W} + \boldsymbol{b}$$
$$\text{予測} = \hat{y} = \underset{i}{\operatorname{argmax}} \, \hat{\boldsymbol{y}}_{[i]}. \tag{2.7}$$

ここで $\hat{\boldsymbol{y}} \in \mathbb{R}^6$ は各言語に割り当てられたスコアのベクトルを示す．$\hat{\boldsymbol{y}}$ の要素に対して argmax をとることで予測とする言語を決定する．

2.4 表現

ある文書に訓練したモデルの式 (2.7) を適用した結果として出力されるベクトル $\hat{\boldsymbol{y}}$ について考える．このベクトルは，異なる言語のスコアなど文書の重要な性質を捉えており，文書の**表現** (representation) であると考えることができる．表現 $\hat{\boldsymbol{y}}$ は予測 $\hat{y} = \operatorname{argmax}_i \hat{\boldsymbol{y}}_{[i]}$ より多くの情報を含んでいる．例えば $\hat{\boldsymbol{y}}$ は，主にドイツ語で書かれているが，フランス語の単語をある程度多く含むような文書を区別するために利用することもできる．モデルが割り当てたベクトル表現に基づいて文書をクラスタリングすることで，地域の方言で書かれた文書や，多言語を話す著者によって書かれた文書を特定することもできるだろう．

ベクトル $\boldsymbol{x}$ は文書における正規化された文字バイグラム数を含むが，これも文書を表現したものであり，ベクトル $\hat{\boldsymbol{y}}$ と同様の情報を含んでいるということができる．しかし，$\hat{\boldsymbol{y}}$ はよりコンパクトで（項目数は 784 ではなく 6），言語の予測という目的により特化している（ベクトル $\boldsymbol{x}$ を用いてクラスタリングすると，文書の類似度を計ることができるだろう．しかしこの類似は，文書のトピックや書き方のスタイルによるもので，言語の特定の組み合わせによるものではない）．

訓練によって得た行列 $\boldsymbol{W} \in \mathbb{R}^{784 \times 6}$ もまた，学習された表現を含んでいると考えることができる．図 **2.4** で示すように，$\boldsymbol{W}$ は二つの観点，つまり行と列として見ることができる．$\boldsymbol{W}$ の六つの列はそれぞれ特定の言語と対応しており，文字バイグラムのパターンから見た，この言語の 784 次元のベクトル表現であると考えられる．そしてそれらの類似度に基づいて，六つの言語を分類することができる．同様に，$\boldsymbol{W}$ の 784 行はそれぞれ特定の文字バイグラムと対応しており，それが思い起こさせる言語という観点から見た，文字バイグラムの 6 次元のベクトル表現である．

表現は深層学習において重要である．実際，深層学習の優れた点は良い表現を学習できる能力にあるといえる．線形のモデルの場合，表現ベクトルの各次元に意味のある

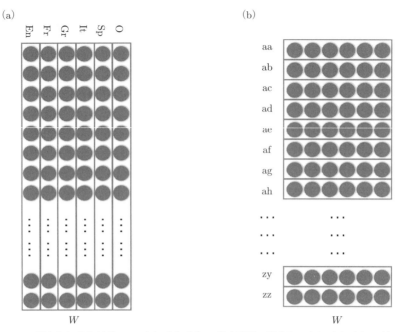

図 2.4 二つの観点から見た行列 W. (a) それぞれの列は言語に対応し，(b) それぞれの行は文字バイグラムに対応する．

解釈を与えることができる（例えば，各次元が特定の言語や文字バイグラムに対応している）という意味で，表現は**解釈可能** (interpretable) であるが，これは深層学習においては一般的に成り立たない．深層学習のモデルでは，目の前の問題を最も良くモデリングするため，入力の表現を順々に上に積み重ねていく形で学習するが，これらの表現は多くの場合解釈できない．つまり，入力のどの性質を捉えているのかわからない．しかし，これらの表現は予測をすることについては非常に効果的である．さらにモデルの両端，つまり入力と出力においては，入力（各文字バイグラムのベクトル表現）と出力（各出力クラスのベクトル表現）の特定の側面に対応する表現を得る．この点については，ニューラルネットワークやカテゴリ素性の密ベクトルとしての符号化について述べた後，8.3 節で説明する．8.3 節を読んだ後に，ここで述べたことをもう一度確認することを推奨する．

2.5 ワンホットベクトル表現と密ベクトル表現

言語分類の例における入力ベクトル x は文書 D に含まれるバイグラムの数を正規化したものである．このベクトルは，それぞれが文書中の位置 i に対応する $|D|$ 個のベクトルの平均と考えることができる．

$$\boldsymbol{x} = \frac{1}{|D|} \sum_{i=1}^{|D|} \boldsymbol{x}^{D_{[i]}}, \tag{2.8}$$

ここで $D_{[i]}$ は文書中の位置 i に存在するバイグラムで，それぞれのベクトル $\boldsymbol{x}^{D_{[i]}} \in \mathbb{R}^{784}$ はワンホット (one-hot) ベクトルである．つまり，文字バイグラム $D_{[i]}$ に対応する要素のみ 1 であり，そのほかの要素は全て 0 である．

結果として現れるベクトル $\boldsymbol{x}$ は一般的に**平均バイグラムバッグ** (averaged bag of bigrams)（より一般的には **平均単語バッグ** (averaged bag of words)，または単純に**単語バッグ**（バッグ・オブ・ワーズ，Bag of Words: BOW））と呼ばれる．単語バッグ (BOW) 表現は，文書に含まれる全ての"単語"（ここではバイグラム）それ自身の情報を，その順序を考慮せずに保持している．ワンホットベクトル表現は一つの単語のバッグと考えることができる．

行列 $\boldsymbol{W}$ の行を文字バイグラムの表現として眺めることで，式 (2.7) の文書表現ベクトル $\hat{\boldsymbol{y}}$ を計算する方法を，別の観点から捉えることができる．バイグラム $D_{[i]}$ に対応する $\boldsymbol{W}$ の行を $\boldsymbol{W}^{D_{[i]}}$ と記すとして，文書 D の表現 $\boldsymbol{y}$ は，文書に含まれる文字バイグラム表現の平均と捉えることができる．

$$\hat{\boldsymbol{y}} = \frac{1}{|D|} \sum_{i=1}^{|D|} \boldsymbol{W}^{D_{[i]}}. \tag{2.9}$$

この表現は，単語表現の合計から構成されるため，**連続的単語バッグ** (Continuous Bag of Words: CBOW) と呼ばれることが多い．ここでの"単語"表現は，それぞれが低次元の連続値ベクトルである．

式 (2.9) と式 (2.7) の項 $\boldsymbol{xW}$ は等価である．その理由を以下に示す．

$$\begin{aligned}
\boldsymbol{y} &= \boldsymbol{xW} \\
&= \left(\frac{1}{|D|} \sum_{i=1}^{|D|} \boldsymbol{x}^{D_{[i]}}\right) \boldsymbol{W} \\
&= \frac{1}{|D|} \sum_{i=1}^{|D|} (\boldsymbol{x}^{D_{[i]}} \boldsymbol{W}) \\
&= \frac{1}{|D|} \sum_{i=1}^{|D|} \boldsymbol{W}^{D_{[i]}}.
\end{aligned} \tag{2.10}$$

言い換えると，連続的単語バッグ (CBOW) 表現は，単語表現ベクトルの合計を求めることでも，単語バッグベクトルに，各行が密な単語表現に対応するような行列（このような行列は**埋め込み行列** (embedding matrices) とも呼ばれる）を乗じることでも得ることができる．この点については，第 8 章（特に 8.3 節）で深層学習モデルの素性表

現について説明するときに再度確認する．

2.6 対数線形多クラス分類

二クラス分類においては，線形の予測にシグモイド関数を適用することで確率推定に変換し，対数線形モデルを得た．同様に多クラス分類においては，スコアのベクトルにソフトマックス (softmax) 関数を適用する．

$$\mathrm{softmax}(\boldsymbol{x})_{[i]} = \frac{e^{\boldsymbol{x}_{[i]}}}{\sum_j e^{\boldsymbol{x}_{[j]}}}. \tag{2.11}$$

結果は次の通りである．

$$\hat{\boldsymbol{y}} = \mathrm{softmax}(\boldsymbol{x}\boldsymbol{W} + \boldsymbol{b})$$
$$\hat{\boldsymbol{y}}_{[i]} = \frac{e^{(\boldsymbol{x}\boldsymbol{W}+\boldsymbol{b})_{[i]}}}{\sum_j e^{(\boldsymbol{x}\boldsymbol{W}+\boldsymbol{b})_{[j]}}}. \tag{2.12}$$

ソフトマックス変換によって $\hat{\boldsymbol{y}}$ は正の値になり，その合計は 1 になる．これにより，$\hat{\boldsymbol{y}}$ を確率分布として解釈することができる．

2.7 最適化としての訓練

教師あり学習の入力は n 個の訓練事例 $x_{1:n} = x_1, x_2, \ldots, x_n$ とこれに対応するラベル $y_{1:n} = y_1, y_2, \ldots, y_n$ から構成される訓練セットであった．一般性を失わないよう，期待される入力と出力はベクトルであると仮定し，これらを $\boldsymbol{x}_{1:n}$，$\boldsymbol{y}_{1:n}$ とする[10]．

アルゴリズムの目標は，入力事例をこれに対応する期待されるラベルに正しく写像する関数 $f()$，つまり訓練セットに対して正しい予測 $\hat{\boldsymbol{y}} = f(\boldsymbol{x})$ を行う関数を返すことである．これをより厳密に示すため，**損失関数** (loss function) の概念を導入する．損失関数は，正解ラベル $\boldsymbol{y}$ に対して $\hat{\boldsymbol{y}}$ を予測した際に発生する損失を数値化する．形式的には，損失関数 $L(\hat{\boldsymbol{y}}, \boldsymbol{y})$ は，期待される正解の出力を $\boldsymbol{y}$ としたとき，予測した出力 $\hat{\boldsymbol{y}}$ に対して数値のスコア（スカラー）を割り当てる．損失関数は，下に有界である必要があり，その最小値は予測が正しい場合にのみ与えられる．

訓練によって，関数のパラメータ（行列 $\boldsymbol{W}$ とバイアスのベクトル $\boldsymbol{b}$）は，複数の訓練事例に対する損失 L を最小にするように設定される（一般的には，最小化されるのは，複数の訓練事例に対する損失の合計である）．

---

[10] 多くの場合，期待される出力はベクトルではなくスカラー（クラスへの割り当て）であると考えることは自然である．このような場合，$\boldsymbol{y}$ は単に，割り当てに対応するワンホットベクトルであり，$\mathrm{argmax}_i \boldsymbol{y}_{[i]}$ によって対応するクラスへの割り当てが得られる．

2.7 最適化としての訓練

具体的には，ラベル付きの訓練セット $(\boldsymbol{x}_{1:n}, \boldsymbol{y}_{1:n})$ と，事例単位の損失関数 L と，パラメータを持つ関数 $f(\boldsymbol{x}; \Theta)$ が与えられたとき，パラメータ Θ に関するコーパス全体の損失は全ての訓練事例の損失の平均であると定義する．

$$\mathcal{L}(\Theta) = \frac{1}{n}\sum_{i=1}^{n} L(f(\boldsymbol{x}_i; \Theta), \boldsymbol{y}_i). \tag{2.13}$$

この観点では，訓練事例は固定されており，パラメータの値が損失を決定する．学習アルゴリズムの目標は，$\mathcal{L}$ の値が最小となるようにパラメータ Θ の値を決定することである．

$$\hat{\Theta} = \operatorname*{argmin}_{\Theta} \mathcal{L}(\Theta) = \operatorname*{argmin}_{\Theta} \frac{1}{n}\sum_{i=1}^{n} L(f(\boldsymbol{x}_i; \Theta), \boldsymbol{y}_i). \tag{2.14}$$

式 (2.14) ではなんとしてでも損失を最小にしようと試みるが，その場合，訓練データに対して**過学習** (overfitting) となる可能性がある．これに対処するため，多くの場合，解の形にソフトな制約を設ける．これは関数 $R(\Theta)$ を用いて行われる．この関数 $R(\Theta)$ はパラメータを入力として受け取り，パラメータの "複雑さ" を表すスカラーを出力するが，このスカラー値を小さく抑えるようにする．目的関数に R を追加することで，この最適化問題では損失を小さくすることと複雑さを小さくすることとのバランスをとる必要が加わる．

$$\hat{\Theta} = \operatorname*{argmin}_{\Theta} \left(\overbrace{\frac{1}{n}\sum_{i=1}^{n} L(f(\boldsymbol{x}_i; \Theta), \boldsymbol{y}_i)}^{\text{損失}} + \overbrace{\lambda R(\Theta)}^{\text{正則化}} \right). \tag{2.15}$$

関数 R は**正則化項** (normalization term) と呼ばれる．損失関数と正則化の基準の組み合わせが異なると，異なる帰納的バイアスを持つ異なる学習アルゴリズムとなる．

この後，一般的な損失関数について説明し（2.7.1 節），続いて正則化および正則化関数について説明する（2.7.2 節）．2.8 節では，最小化問題を解くためのアルゴリズムを紹介する（式 (2.15)）．

2.7.1 損失関数

損失関数は二つのベクトルを一つのスカラーに写像する任意の関数である．最適化の実用的な目的を考慮し，本書では**勾配** (gradients)（または**劣勾配** (sub-gradients)）を容易に計算できるような関数に限定することとする[11]．多くの場合，独自の損失関数

---

[11] k 個の変数を持つ関数の勾配は，それぞれが一つの変数に関する偏導関数 k 個からなる集まりとなる．勾配に関する詳細は 2.8 節を参照のこと．

を定義するより,一般的な損失関数の利用で十分であり,これらを使用することが賢明である.二クラス分類における損失関数の詳細および理論的な扱いについては Zhang [2004] を参照のこと.ここでは,線形モデルや自然言語処理におけるニューラルネットワークにおいて一般的に使用される損失関数を紹介する.

二クラスヒンジ損失 (hinge loss (binary)) 二クラス分類の問題では,分類器の出力は一つのスカラー $\tilde{y}$ であり,期待される出力 y は $\{+1, -1\}$ のいずれかである.分類規則は $\hat{y} = \text{sign}(\tilde{y})$ であり,$y \cdot \tilde{y} > 0$,つまり y と $\tilde{y}$ が同じ符号を持てば分類が正しいと考える.ヒンジ損失は,またマージン損失 (margin loss) や **SVM 損失** (SVM loss) とも呼ばれ,次のように定義される.

$$L_{\text{hinge(binary)}}(\tilde{y}, y) = \max(0, 1 - y \cdot \tilde{y}). \tag{2.16}$$

y と $\tilde{y}$ が同じ符号を持ち,$|\tilde{y}| \geq 1$ であれば損失は 0 となる.そのほかの場合,損失は線形である.言い換えると二クラスのヒンジ損失では,小さくとも 1 というマージン(ゆとり,margin)を残して,正しい分類をしようと試みる.

多クラスヒンジ損失 (hinge loss (multi-class)) Crammer and Singer [2002] はヒンジ損失を多クラスの設定に応用した.$\hat{\boldsymbol{y}} = \hat{\boldsymbol{y}}_{[1]}, \ldots, \hat{\boldsymbol{y}}_{[n]}$ を分類器が出力したベクトル,$\boldsymbol{y}$ を正解の出力クラスに対するワンホットベクトルとする.

分類規則は,最も高いスコアを持つクラスを選択することと定義することができる.

$$\text{予測} = \underset{i}{\text{argmax}}\, \hat{\boldsymbol{y}}_{[i]}. \tag{2.17}$$

正解クラスを $t = \text{argmax}_i\, \boldsymbol{y}_{[i]}$,$k \neq t$ であるような最も高いスコアのクラスを $k = \text{argmax}_{i \neq t}\, \hat{\boldsymbol{y}}_{[i]}$ と表すと,多クラスのヒンジ損失は次のように定義できる.

$$L_{\text{hinge(multi-class)}}(\hat{\boldsymbol{y}}, \boldsymbol{y}) = \max(0, 1 - (\hat{\boldsymbol{y}}_{[t]} - \hat{\boldsymbol{y}}_{[k]})). \tag{2.18}$$

多クラスのヒンジ損失では,小さくとも 1 のマージンを持って,正解クラスに他のクラスより高いスコアが与えられるように試みられる.

二クラスのヒンジ損失も多クラスのヒンジ損失も線形の出力において使用することが想定されている.これらは,ハードな決定ルールが必要であって,あるクラスに属する確率をモデリングする必要はない場合に有用である.

対数損失 (log loss) 対数損失はヒンジ損失を変形した一般的な関数で,無限のマージンを持たせた"ソフトな"ヒンジ関数と考えることができる [LeCun et al., 2006].

$$L_{\log}(\hat{\boldsymbol{y}}, \boldsymbol{y}) = \log(1 + \exp(-(\hat{\boldsymbol{y}}_{[t]} - \hat{\boldsymbol{y}}_{[k]}))). \tag{2.19}$$

二クラス交差エントロピー損失 (binary cross entropy loss)　二クラス交差エントロピーはロジスティック損失 (logistic loss) と呼ばれることもあり，条件付き確率を出力とする二クラス分類に用いられる．0と1のラベルがつけられた二つの目標クラスがあると仮定して，正解ラベルを $y \in \{0, 1\}$ とする．分類器の出力 $\tilde{y}$ はシグモイド（ロジスティックとも呼ばれる）関数 $\sigma(x) = 1/(1 + e^{-x})$ によって $[0, 1]$ の範囲に変換され，これは条件付き確率 $\hat{y} = \sigma(\tilde{y}) = P(y = 1|\boldsymbol{x})$ として解釈することができる．予測規則は次の通りである．

$$予測 = \begin{cases} 0 & \hat{y} < 0.5 \\ 1 & \hat{y} \geq 0.5. \end{cases}$$

ネットワークはそれぞれの訓練事例 $(\boldsymbol{x}, y)$ に対し，条件付き確率の対数 $\log P(y = 1|\boldsymbol{x})$ が最大になるように訓練される．ロジスティック損失は次のように定義される．

$$L_{\text{logistic}}(\hat{y}, y) = -y \log \hat{y} - (1 - y) \log(1 - \hat{y}). \tag{2.20}$$

ロジスティック損失は，二クラス分類問題においてクラスに属する条件付き確率を出力するネットワークを必要としている場合に有効である．ロジスティック損失を用いる場合，出力層はシグモイド関数を用いて変換されているものと仮定される．

カテゴリ的交差エントロピー損失 (categorical cross-entropy loss)　カテゴリ的交差エントロピー損失（負の対数尤度 (negative log likelihood) とも呼ばれる）は，スコアを確率的に解釈しようとする場合に用いられる．

$\boldsymbol{y} = \boldsymbol{y}_{[1]}, \ldots, \boldsymbol{y}_{[n]}$ はラベル $1, \ldots, n$[12]に関しての真の多項分布を表すベクトルであるとする．そして $\hat{\boldsymbol{y}} = \hat{\boldsymbol{y}}_{[1]}, \ldots, \hat{\boldsymbol{y}}_{[n]}$ は，ソフトマックス関数（2.6節）によって変換された線形分類器の出力であり，あるクラスに属する条件付き確率 $\hat{\boldsymbol{y}}_{[i]} = P(y = i|\boldsymbol{x})$ を表す．カテゴリ的交差エントロピー損失は正解であるラベルの分布 $\boldsymbol{y}$ と予測されたラベルの分布 $\hat{\boldsymbol{y}}$ の相違の度合を測り，交差エントロピーとして次のように定義される．

$$L_{\text{cross-entropy}}(\hat{\boldsymbol{y}}, \boldsymbol{y}) = -\sum_i \boldsymbol{y}_{[i]} \log(\hat{\boldsymbol{y}}_{[i]}). \tag{2.21}$$

それぞれの訓練事例に一つの正解クラスのみが割り当てられているようなハードな分類問題では，$\boldsymbol{y}$ は正解クラスを表すワンホットベクトルとなる．このような場合，交差エントロピーは次のように簡略化することができる．

$$L_{\text{cross-entropy(hard classification)}}(\hat{\boldsymbol{y}}, \boldsymbol{y}) = -\log(\hat{\boldsymbol{y}}_{[t]}), \tag{2.22}$$

---

[12] この定式化では，ある事例はある程度の確率で複数のクラスに属することができると仮定している．

t は正解クラスへの割り当てを示す．この式は正解クラス t に割り当てる確率質量を 1 にしようとする．スコア $\hat{\boldsymbol{y}}$ は，ソフトマックス関数によって負ではなく，また合計が 1 になるように変換されているため，正解クラスへ割り当てる質量が増加することは，他の全てのクラスに割り当てる質量が減少することを意味する．

交差エントロピー損失は，対数線形モデルおよびニューラルネットワークの文献において非常に一般的で，最も適したクラスのラベルだけではなく，可能性があるラベルに対する分布も予測する多クラス分類器を得るのに用いられる．交差エントロピー損失を用いる場合，分類器の出力はソフトマックス変換によって変換されているものと仮定される．

ランキング損失 (ranking loss) ラベルを教師として用いず，正解である項目と不正解である項目の対 $\boldsymbol{x}$ と $\boldsymbol{x}'$ が与えられ，正解の項目に対して不正解の項目より高いスコアをつけることが目標となる場合がある．このような訓練の状況は，正例のみが与えられているような場合に生じ，負例は，正例を誤った方向に変化させて作られる．この場合，マージンに基づくランキング損失 (margin-based ranking loss) が有効で，正解と不正解の事例の対に対して次のように定義される．

$$L_{\text{ranking(margin)}}(\boldsymbol{x}, \boldsymbol{x}') = \max(0, 1 - (f(\boldsymbol{x}) - f(\boldsymbol{x}'))), \tag{2.23}$$

$f(\boldsymbol{x})$ は入力ベクトル $\boldsymbol{x}$ に対して分類器が割り当てたスコアで，正解の入力に対して不正解の入力よりも小さくとも 1 のマージンを持って大きなスコア（ランク）を割り当てることを目的とする．

ランキング損失の対数をとった変種が一般的に使用される．

$$L_{\text{ranking(log)}}(\boldsymbol{x}, \boldsymbol{x}') = \log(1 + \exp(-(f(\boldsymbol{x}) - f(\boldsymbol{x}')))). \tag{2.24}$$

ランキングヒンジ損失（マージンに基づくランキング損失）を言語タスクに適用した例には，事前学習された単語埋め込みを得ることを補助タスクとした同時学習（10.4.2 節）がある．正しい単語の系列と誤った単語の系列が与えられたとき，正しい系列に対して，誤った系列よりも高いスコアをつけることが目標となる [Collobert and Weston, 2008]．同様に，Van de Cruys [2014] は選択選好のタスクでランキング損失を利用している．正解の動詞と目的語の対に対して，自動生成した不正解の対よりも高いランクを与えるようにネットワークを訓練している．Weston et al. [2013] は情報抽出において，正解の三つ組 (head, relation, tail) に対して，不正解のものよりも高いスコアを与えるようにモデルを訓練している．ランキング対数損失の利用例は Gao et al. [2014] に見られる．dos Santos et al. [2015] は，ランキング対数損失の変種として，正のクラスと負のクラスに異なるマージンを適用したものを用いている．

2.7.2 正則化

式 (2.14) の最適化問題を考える．複数の解が許され，特に高次元である場合，過学習に陥る可能性がある．例として前述の言語同定の問題において，訓練セットの文書の一つ（$\boldsymbol{x}_\circ$ とする）が外れ値である場合，つまりドイツ語の文書であるにも関わらず，フランス語とラベル付けされている場合を考える．損失を低く抑えるために，学習器は他のドイツ語の文書にあまり見られない $\boldsymbol{x}_\circ$ の素性（文字バイグラム）を特定し，（実は不正解であるが）これらにフランス語のクラスに寄った大きな重みを与える．そうすると，これらの素性を持つ他のドイツ語の文書は誤ってフランス語に分類される可能性があるため，学習器はドイツ語に現れる他の文字バイグラムを見つけてその重みを増やし，これらの文書がドイツ語に分類されるようにする．これは学習の問題においてあまり良い解ではない．どこか間違ったことを学習しているため，$\boldsymbol{x}_\circ$ と共通の単語を多く持つテスト用のドイツ語の文書が誤ってフランス語に分類される可能性がある．それよりも，いくつかの事例が他の多くの事例にうまく適合できない場合，これらが誤って分類されることを許容し，そして，これらの事例に誤って導かれることなく，自然な解に至るような制御を行いたいと直観的に考えるだろう．

そこで最適化の目的関数に**正則化項** (regularization term) R を追加することで，パラメータの値の複雑さを制御して過学習を防ぐ．

$$\begin{aligned}\hat{\Theta} &= \underset{\Theta}{\operatorname{argmin}}\, \mathcal{L}(\Theta) + \lambda R(\Theta) \\ &= \underset{\Theta}{\operatorname{argmin}}\, \frac{1}{n}\sum_{i=1}^{n} L(f(\boldsymbol{x}_i; \Theta), \boldsymbol{y}_i) + \lambda R(\Theta).\end{aligned} \quad (2.25)$$

正則化項はパラメータの値を考慮し，これらの複雑さにスコアを与える．そして損失と複雑さが小さくなるようなパラメータの値を求める．**ハイパーパラメータ** (hyperparameter)[13] λ は，損失が小さいモデルより単純なモデルを好むか，あるいはその逆か，など正則化のレベルを制御するために用いられる．λ の値は開発セットの分類性能に基づいて手動で設定する必要がある．式 (2.25) は全てのパラメータに対して一つの同じ正則化関数と λ の値を持つが，Θ のそれぞれの項目に対して異なる正則化関数を与えることも可能である．

実際には，正則化関数 R は大きな重みを複雑さとみなし，パラメータの値を小さく抑えようとする．つまり正則化関数 R は，パラメータ行列のノルム (norm) を計測し，ノルムが小さくなるような解へと訓練を促す．一般的に R には L_2 ノルム，L_1 ノルム，elastic-net が用いられる．

---

[13] ハイパーパラメータは最適化のプロセスの一部として訓練されず，手動で設定する必要のあるモデルのパラメータである．

L_2 正則化 L_2 正則化では，R はパラメータの L_2 ノルムの 2 乗の形をとり，パラメータ値の 2 乗の合計を小さく抑えようとする．

$$R_{L_2}(\boldsymbol{W}) = ||\boldsymbol{W}||_2^2 = \sum_{i,j}(\boldsymbol{W}_{[i,j]})^2. \tag{2.26}$$

L_2 正則化関数はまた，ガウスプライア (Gaussian prior) や重み減衰 (weight decay) とも呼ばれる．

L_2 正則化のモデルはパラメータの大きな重みに対して大きな罰則を与えるが，値がほぼゼロに近づくと，その影響は無視できるほどになる．この場合，モデルは，すでに比較的小さな重みを持つ 10 個のパラメータの値を 0.1 ずつ下げるより，大きな重みを持つ一つのパラメータの値を 1 下げる方を好む．

L_1 正則化 L_1 正則化では，R はパラメータの L_1 ノルムの形をとり，パラメータの絶対値の合計を小さく抑えようとする．

$$R_{L_1}(\boldsymbol{W}) = ||\boldsymbol{W}||_1 = \sum_{i,j}|\boldsymbol{W}_{[i,j]}|. \tag{2.27}$$

L_2 と比べると，L_1 は低い値と高い値に対して一様に罰則を与え，ゼロではないパラメータの値全てをゼロに近づけようとする．そのため，スパースな解，つまり多くのパラメータがゼロの値を持つようなモデルを促す．L_1 正則化関数は，スパースプライア (sparse prior) または **lasso** [Tibshirani, 1994] とも呼ばれる．

Elastic-Net elastic-net 正則化 [Zou and Hastie, 2005] は，L_1 正則化と L_2 正則化の組み合わせである．

$$R_{\text{elastic-net}}(\boldsymbol{W}) = \lambda_1 R_{L_1}(\boldsymbol{W}) + \lambda_2 R_{L_2}(\boldsymbol{W}). \tag{2.28}$$

ドロップアウト 以上の他に，ニューラルネットワークに非常に効果的な正則化としてドロップアウト (dropout) がある．これは 4.6 節で説明する．

2.8 勾配に基づく最適化

モデルを訓練するためには，式 (2.25) の最適化問題を解く必要があるが，そこでは**勾配に基づく方法** (gradient-based method) が一般的に用いられる．大きくまとめると，勾配に基づく方法は訓練セットに対して損失 $\mathcal{L}$ の推定値を繰り返し計算し，その損失の推定値に対するパラメータ Θ の勾配を計算して，そしてその勾配の逆方向にパラメータを動かす．誤差推定の計算方法，そして "勾配の逆方向に動かす" ことの定義が異なることで，様々な最適化の方法が存在する．本書では，基本的なアルゴリズムで

ある確率的勾配降下法 (Stochastic Gradient Descent: SGD) について説明し，他の手法についても簡単に触れて，参考文献を紹介する．

勾配に基づく最適化の動機付け　関数 $y = f(x)$ を最小にするようなスカラーの値 x を求めるタスクを考える．標準的なアプローチでは，関数の一次導関数 $f'(x)$ を求め，$f'(x) = 0$ を解いて極値点を求める．仮にこの方法が使用できなかったとする（実際，複数の変数を持つ関数でこの方法を使うことは難しい）．その場合，代わりに数値計算法を用いることができる．つまり，まず一次導関数 $f'(x)$ を求め，最初に推定の初期値 x_i から始め，$u = f'(x_i)$ を評価することで，修正を加える方向を得る．$u = 0$ であれば，x_i は最適点である．その他の場合は，$x_{i+1} \leftarrow x_i - \eta u$ として，u の逆方向に動かす．このとき η は学習率を決めるパラメータ (rate parameter) である．η が十分小さな値であれば，$f(x_{i+1})$ は $f(x_i)$ よりも小さな値となる．このプロセスを（η の値を適当に小さくしていきながら）繰り返すと最適点 x_i を求めることができる．関数 $f()$ が凸である場合は大局的な最適値を得ることができるが，それ以外の場合はこのプロセスは局所的な最適値を求めることしか保証しない．

　勾配に基づく最適化は，複数の変数を持つ関数が扱えるようにこの発想を一般化しただけのものである．k 個の変数を持つ関数の勾配は，それぞれが各変数に関しての偏微分であるような k 個の偏微分導関数の集まりである．入力を勾配の方向に動かすと関数の値が増加し，逆方向に動かすと値が減少する．損失 $\mathcal{L}(\Theta; \boldsymbol{x}_{1:n}, \boldsymbol{y}_{1:n})$ を最適化するときは，パラメータ Θ を関数の入力と考え，訓練事例は定数として扱われる．

凸性　勾配に基づく最適化では，一般的に凸 (convex)（あるいは凹 (concave)）関数と凸ではない (non-convex)（凹ではない (non-concave)）関数を区別する．凸関数 (convex function) は，その二次導関数が常に非負であるような関数であり，その帰結として，凸関数は一つの最小点を持つ．同様に凹関数 (concave function) は，その二次導関数が常に負または 0 である関数であり，そのため一つの最大点を持つ．凸（凹）関数は，勾配に基づく最適化を用いて最大化（最小化）しやすいという特徴を持つ．つまり，勾配に従うことで極値点に到達し，一度極値点に達するとそれが大局的な極値点となる．一方，凸関数でも凹関数でもない関数は，勾配に基づく最適化を用いると局所的な極値点に収束してしまい，大局的な極値点に到達できない可能性がある．

2.8.1 確率的勾配降下法 (SGD)

SGD アルゴリズム [Bottou, 2012; LeCun et al., 1998a]，またはその変種によって，線形モデルを効果的に訓練することができる．SGD は一般的な最適化アルゴリズムで，パラメータ Θ を持つ関数 f と，損失関数 L，望ましい入力と出力の対 $\boldsymbol{x}_{1:n}, \boldsymbol{y}_{1:n}$ を受け取り，訓練事例における f の累積的な損失が小さくなるようにパラメータ Θ を設定しようとする．その処理の流れをアルゴリズム 2.1 に示す．

アルゴリズム 2.1 オンライン確率的勾配降下法学習．

入力:
- パラメータ Θ を持つ関数 $f(\boldsymbol{x}; \Theta)$
- 入力 $\boldsymbol{x}_1, \ldots, \boldsymbol{x}_n$ と期待される出力 $\boldsymbol{y}_1, \ldots, \boldsymbol{y}_n$ からなる訓練セット
- 損失関数 L

1: **while** 停止条件が満たされない **do**
2:     訓練事例 $\boldsymbol{x}_i, \boldsymbol{y}_i$ をサンプリングする
3:     損失 $L(f(\boldsymbol{x}_i; \Theta), \boldsymbol{y}_i)$ を計算する
4:     $\hat{\boldsymbol{g}} \leftarrow L(f(\boldsymbol{x}_i; \Theta), \boldsymbol{y}_i)$ の Θ に関する勾配
5:     $\Theta \leftarrow \Theta - \eta_t \hat{\boldsymbol{g}}$
6: **return** Θ

アルゴリズムの目標は，訓練セットに対する損失の合計 $\mathcal{L}(\Theta) = \sum_{i=1}^{n} L(f(\boldsymbol{x}_i; \theta), \boldsymbol{y}_i)$ を最小化するように，パラメータ Θ を設定することである．訓練事例を繰り返しサンプリングし，事例における誤差の，パラメータ Θ に関する勾配を計算する（第 4 行）．つまり，入力と期待される出力は固定であると仮定し，損失はパラメータ Θ の関数として扱われる．そしてパラメータ Θ は，学習率 η_t の縮尺で，勾配と逆の方向に更新される（第 5 行）．学習率は訓練プロセスを通して固定することも，時間ステップ t の関数として減衰させることもできる[14]．学習率の設定について詳しくは，5.2 節を参照のこと．

第 3 行で計算される誤差は一つの訓練事例に基づくもので，最小化しようとしているコーパス全体の損失 $\mathcal{L}$ のおおまかな推定にしかすぎないことに留意してほしい．損失計算におけるノイズは不正確な勾配を引き起こす可能性がある．ノイズを削減する一般的な方法として，m 個の事例からなるサンプルに基づいて誤差と勾配を推定する方法がある．これを基にミニバッチ **SGD** (minibatch SGD) アルゴリズム（アルゴリズム 2.2）が生まれた．

---

[14] SGD の収束を証明するためには学習率の減衰が必要である．

2.8 勾配に基づく最適化

アルゴリズム 2.2 ミニバッチ確率的勾配降下法学習.

入力:
- パラメータ Θ を持つ関数 $f(\boldsymbol{x}; \Theta)$
- 入力 $\boldsymbol{x}_1, \ldots, \boldsymbol{x}_n$ と期待される出力 $\boldsymbol{y}_1, \ldots, \boldsymbol{y}_n$ からなる訓練セット
- 損失関数 L.

1: **while** 停止条件が満たされない **do**
2:     m 事例からなるミニバッチ $\{(\boldsymbol{x}_1, \boldsymbol{y}_1), \ldots, (\boldsymbol{x}_m, \boldsymbol{y}_m)\}$ をサンプリングする
3:     $\hat{\boldsymbol{g}} \leftarrow 0$
4:     **for** $i = 1$ to m **do**
5:         損失 $L(f(\boldsymbol{x}_i; \Theta), \boldsymbol{y}_i)$ を計算する
6:         $\hat{\boldsymbol{g}} \leftarrow \hat{\boldsymbol{g}} + \frac{1}{m} L(f(\boldsymbol{x}_i; \Theta), \boldsymbol{y}_i)$ の Θ に関する勾配
7:     $\Theta \leftarrow \Theta - \eta_t \hat{\boldsymbol{g}}$
8: **return** Θ

第3～6行で，ミニバッチに基づいてコーパスの損失の勾配を推定している．繰り返しの後，$\hat{\boldsymbol{g}}$ は勾配の推定値となっており，パラメータ Θ は $\hat{\boldsymbol{g}}$ に従って学習率 η_t の縮尺で更新される．ミニバッチは $m=1$ から $m=n$ までの様々な大きさで実行できる．この値が大きくなるとコーパス全体の勾配をより良く推定できるようになり，小さくなるとより多くの更新が行われ，その結果，より早く収束させることができる．ミニバッチのアルゴリズムによって，勾配の推定精度を改善することだけでなく，より効率的に訓練を行うことができる．（GPU などの）計算アーキテクチャを使えば，適度な大きさの m に対して第3～6行の計算を並列化して実装し，効率化できるためである．学習率を適切に減少させれば，凸関数において，SDG は大局的な最適解に収束することが保証されている．線形および対数線形モデルに，本章で説明した損失関数と正則化項を組み合わせた場合はこれにあたる．それにとどまらず，SDG は多層ニューラルネットワークのような凸ではない関数の最適化に使用することもできる．大局的な最適解を見つける保証はないが，このアルゴリズムは頑健で，実用において高い性能を上げることが証明されている[15]．

2.8.2 事例詳説

例として，ヒンジ損失を用いた多クラス分類の線形分類器を考える．

---

[15] ニューラルネットワークの最近の研究では，ネットワークは凸となってないが，その特徴として，局所的な極小点ではなく鞍点が多いことが主張されている [Dauphin et al., 2014]．このことは，局所的な探索手法を用いているにも関わらず，ニューラルネットワークの訓練が成功していることを説明するだろう．

$$\hat{y} = \operatorname*{argmax}_{i} \hat{\boldsymbol{y}}_{[i]}$$

$$\hat{\boldsymbol{y}} = f(\boldsymbol{x}) = \boldsymbol{x}\boldsymbol{W} + \boldsymbol{b}$$

$$L(\hat{\boldsymbol{y}}, \boldsymbol{y}) = \max(0, 1 - (\hat{\boldsymbol{y}}_{[t]} - \hat{\boldsymbol{y}}_{[k]}))$$

$$= \max(0, 1 - ((\boldsymbol{x}\boldsymbol{W} + \boldsymbol{b})_{[t]} - (\boldsymbol{x}\boldsymbol{W} + \boldsymbol{b})_{[k]}))$$

$$t = \operatorname*{argmax}_{i} \boldsymbol{y}_{[i]}$$

$$k = \operatorname*{argmax}_{i} \hat{\boldsymbol{y}}_{[i]} \quad i \neq t.$$

損失が最小となるようにパラメータ $\boldsymbol{W}$ と $\boldsymbol{b}$ を設定したい.そのためには値 $\boldsymbol{W}$ と $\boldsymbol{b}$ に関する損失の勾配を計算する必要がある.勾配はそれぞれの変数に関する偏導関数の集まりである.

$$\frac{\partial L(\hat{\boldsymbol{y}}, \boldsymbol{y})}{\partial \boldsymbol{W}} = \begin{pmatrix} \frac{\partial L(\hat{\boldsymbol{y}}, \boldsymbol{y})}{\partial \boldsymbol{W}_{[1,1]}} & \frac{\partial L(\hat{\boldsymbol{y}}, \boldsymbol{y})}{\partial \boldsymbol{W}_{[1,2]}} & \cdots & \frac{\partial L(\hat{\boldsymbol{y}}, \boldsymbol{y})}{\partial \boldsymbol{W}_{[1,n]}} \\ \frac{\partial L(\hat{\boldsymbol{y}}, \boldsymbol{y})}{\partial \boldsymbol{W}_{[2,1]}} & \frac{\partial L(\hat{\boldsymbol{y}}, \boldsymbol{y})}{\partial \boldsymbol{W}_{[2,2]}} & \cdots & \frac{\partial L(\hat{\boldsymbol{y}}, \boldsymbol{y})}{\partial \boldsymbol{W}_{[2,n]}} \\ \vdots & \vdots & \ddots & \vdots \\ \frac{\partial L(\hat{\boldsymbol{y}}, \boldsymbol{y})}{\partial \boldsymbol{W}_{[m,1]}} & \frac{\partial L(\hat{\boldsymbol{y}}, \boldsymbol{y})}{\partial \boldsymbol{W}_{[m,2]}} & \cdots & \frac{\partial L(\hat{\boldsymbol{y}}, \boldsymbol{y})}{\partial \boldsymbol{W}_{[m,n]}} \end{pmatrix}$$

$$\frac{\partial L(\hat{\boldsymbol{y}}, \boldsymbol{y})}{\partial \boldsymbol{b}} = \begin{pmatrix} \frac{\partial L(\hat{\boldsymbol{y}}, \boldsymbol{y})}{\partial \boldsymbol{b}_{[1]}} & \frac{\partial L(\hat{\boldsymbol{y}}, \boldsymbol{y})}{\partial \boldsymbol{b}_{[2]}} & \cdots & \frac{\partial L(\hat{\boldsymbol{y}}, \boldsymbol{y})}{\partial \boldsymbol{b}_{[n]}} \end{pmatrix}.$$

より具体的には,値 $\boldsymbol{W}_{[i,j]}$ と $\boldsymbol{b}_{[j]}$ のそれぞれに関する損失の導関数を計算する.最初に損失計算の項を展開する[16].

$$L(\hat{\boldsymbol{y}}, \boldsymbol{y}) = \max(0, 1 - (\hat{\boldsymbol{y}}_{[t]} - \hat{\boldsymbol{y}}_{[k]}))$$

$$= \max(0, 1 - ((\boldsymbol{x}\boldsymbol{W} + \boldsymbol{b})_{[t]} - (\boldsymbol{x}\boldsymbol{W} + \boldsymbol{b})_{[k]}))$$

$$= \max\left(0, 1 - \left(\left(\sum_{i} \boldsymbol{x}_{[i]} \cdot \boldsymbol{W}_{[i,t]} + \boldsymbol{b}_{[t]}\right) - \left(\sum_{i} \boldsymbol{x}_{[i]} \cdot \boldsymbol{W}_{[i,k]} + \boldsymbol{b}_{[k]}\right)\right)\right)$$

$$= \max\left(0, 1 - \sum_{i} \boldsymbol{x}_{[i]} \cdot \boldsymbol{W}_{[i,t]} - \boldsymbol{b}_{[t]} + \sum_{i} \boldsymbol{x}_{[i]} \cdot \boldsymbol{W}_{[i,k]} + \boldsymbol{b}_{[k]}\right)$$

$$t = \operatorname*{argmax}_{i} \boldsymbol{y}_{[i]}$$

$$k = \operatorname*{argmax}_{i} \hat{\boldsymbol{y}}_{[i]} \quad i \neq t.$$

まず,$1 - (\hat{\boldsymbol{y}}_{[t]} - \hat{\boldsymbol{y}}_{[k]}) \leq 0$ であれば損失および勾配は 0 となる(max 演算の導関数は

---

[16] より高度な微分の手法を用いれば,行列とベクトルを直接操作できるが,ここでは高校レベルの手法のみを利用する.

最大値の導関数である）ことが観察される．その他の場合は，$\frac{\partial L}{\partial \boldsymbol{b}_{[i]}}$ の導関数を考える．
この偏導関数の場合，$\boldsymbol{b}_{[i]}$ は変数，それ以外は定数として扱われる．$i \neq k, t$ の場合，
項 $\boldsymbol{b}_{[i]}$ は損失に影響せず，その導関数は 0 となる．$i = k$ と $i = t$ の場合，次のように
なるのは自明である．

$$\frac{\partial L}{\partial \boldsymbol{b}_{[i]}} = \begin{cases} -1 & i = t \\ 1 & i = k \\ 0 & \text{otherwise.} \end{cases}$$

同様に $\boldsymbol{W}_{[i,j]}$ についても，$j = k$ と $j = t$ のみが損失に影響する．したがって，以下を得る．

$$\frac{\partial L}{\partial \boldsymbol{W}_{[i,j]}} = \begin{cases} \frac{\partial(-\boldsymbol{x}_{[i]} \cdot \boldsymbol{W}_{[i,t]})}{\partial \boldsymbol{W}_{[i,t]}} = -\boldsymbol{x}_{[i]} & j = t \\ \frac{\partial(\boldsymbol{x}_{[i]} \cdot \boldsymbol{W}_{[i,k]})}{\partial \boldsymbol{W}_{[i,k]}} = \boldsymbol{x}_{[i]} & j = k \\ 0 & \text{otherwise.} \end{cases}$$

以上が勾配計算に関する説明である．

簡単な演習問題として，ヒンジ損失や L_2 正則化を用いた多クラス線形モデルの勾配と，交差エントロピー損失を用いた，ソフトマックス出力変換を行う多クラス分類の勾配を計算することを推奨する．

2.8.3 SGD を超えて

SGD アルゴリズムは良い結果を出すことができ，また多くの場合実際に良い結果を出しているが，より高度なアルゴリズムも存在する．*SGD+Momentum* [Polyak, 1964] と *Nesterov Momentum* [Nesterov, 1983, 2004; Sutskever et al., 2013] は SGD を変化させたアルゴリズムで，以前の勾配を蓄積し，これを現在の更新に反映させる．AdaGrad [Duchi et al., 2011]，AdaDelta [Zeiler, 2012]，RMSProp [Tieleman and Hinton, 2012]，Adam [Kingma and Ba, 2014] などの**適応型学習率** (adaptive learning rate) アルゴリズムはミニバッチごとに（場合によってはパラメータごとに）学習率を選択するように設計されている．学習率はスケジューリングして調整する必要があるが，これらのアルゴリズムではこの必要性を減じることができる可能性がある．これらのアルゴリズムの詳細については，それぞれの論文，または Bengio et al. [2016] の 8.3 節，8.4 節を参照のこと．

第 3 章

線形モデルから
多層パーセプトロンへ

3.1 線形モデルの限界：排他的論理和問題

　線形（および対数線形）モデルにおける仮説クラスには大きな制約がある．例えば，線形モデルでは次のような排他的論理和 (XOR) 関数を表すことができない．

$$\mathrm{xor}(0,0) = 0$$
$$\mathrm{xor}(1,0) = 1$$
$$\mathrm{xor}(0,1) = 1$$
$$\mathrm{xor}(1,1) = 0.$$

つまり，次を満たすパラメータ $\boldsymbol{w} \in \mathbb{R}^2, b \in \mathbb{R}$ は存在しない．

$$(0,0) \cdot \boldsymbol{w} + b < 0$$
$$(0,1) \cdot \boldsymbol{w} + b \geq 0$$
$$(1,0) \cdot \boldsymbol{w} + b \geq 0$$
$$(1,1) \cdot \boldsymbol{w} + b < 0.$$

　その理由を理解するために，排他的論理関数を描いた次頁の図を考える．○が正のクラス，×が負のクラスを示す．
　二つのクラスを分離する直線を引くことができないのは明らかである．

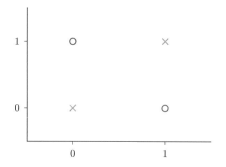

3.2 非線形入力変換

しかし,それぞれの点に非線形の関数 $\phi(x_1, x_2) = [x_1 \times x_2, x_1 + x_2]$ を適用して変換することで,排他的論理和問題は線形分離可能となる.

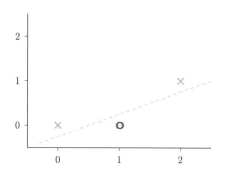

関数 ϕ は,データを線形分離に適した表現へと写像する.ϕ を使用すれば,簡単に線形分類器を訓練して排他的論理和問題を解くことができる.

$$\hat{\boldsymbol{y}} = f(\boldsymbol{x}) = \phi(\boldsymbol{x})\boldsymbol{W} + \boldsymbol{b}.$$

一般的には,データを線形分離可能な表現に写像するような関数を定義し,出力された表現に対して線形分類器を訓練することで,線形分離不可能なデータセットに対しても線形分類器を用いて分類を行うことができる.排他的論理和問題の例では,変換後のデータは元のデータと同じ次元数を持つが,データを線形で分離できるようにするためには,多くの場合,より高次元の空間に写像する必要がある.

しかしながら,この解には顕著な問題が一つある.関数 ϕ を人手で定義する必要があり,その作業は個々のデータセットに依存し,人間の直観に強く頼ることになる.

3.3 カーネル法

カーネルサポートベクトルマシン (Support Vectors Machine: SVM) [Boser et al., 1992] や一般的なカーネル法 (Kernel Method) [Shawe-Taylor and Cristianini, 2004] は，一般的な写像の一群を定義して用いることで，この問題に取り組んでいる．それぞれの写像はデータを高次元の空間，時には無限次元の空間に写像するもので，変換後の空間で線形分類が行われる．分類を非常に高い次元の空間で行うことで，適切な線形分離線を求めることができる確率が非常に大きくなる．

多項式写像 (polynomial mapping), $\phi(\boldsymbol{x}) = (\boldsymbol{x})^d$ がそのような関数の例である．$d = 2$ の場合，$\phi(x_1, x_2) = (x_1x_1, x_1x_2, x_2x_1, x_2x_2)$ を得る．これにより二つの変数の全ての組み合わせを得ることができ，パラメータの数は多項式的に増加するが，線形分類器を用いて排他的論理和問題を解くことができるようになる．この排他的論理和問題では，写像により入力の次元数を（そして結果的にパラメータの数も）2 から 4 へと増加させた．前述の言語同定の例においては，入力の次元数を 784 から $784^2 = 614{,}656$ に増加させることになる．

高次元の空間での処理は，計算コストを非常に高くする危険を持つが，カーネル法が素晴らしいのは**カーネルトリック** (kernel trick) [Aizerman et al., 1964; Schölkopf, 2001] の利用であり，これによって変換された表現を計算することなく，変換された空間で処理を行うことができる．数多くの一般的な写像が様々な一般的事例に対応できるように設計されており，ユーザは，多くの場合試行錯誤を通じて，タスクに適した写像を選択する必要がある．このアプローチの欠点は，カーネルトリックを適用することで，SVM の分類処理が訓練セットの大きさに線形に依存し，ある程度大きな訓練セットに対して使用するとコストが非常に高くなるという点である．高次元の空間においては，過学習のリスクが増加するという難点もある．

3.4 訓練可能な写像関数

異なる方法として，**訓練可能な** (trainable) 非線形の写像関数を定義し，線形分類器と同時に訓練するというものがある．つまり，適切な表現を求めることまでが学習アルゴリズムの役割に加えられる．例えば，写像関数は，パラメータを持つ線形モデルに，その出力の次元それぞれに適用されるような非線形の活性化関数 g を繋げた形をとるものとする．

$$\hat{\boldsymbol{y}} = \phi(\boldsymbol{x})\boldsymbol{W} + \boldsymbol{b}$$
$$\phi(\boldsymbol{x}) = g(\boldsymbol{x}\boldsymbol{W}' + \boldsymbol{b}'). \tag{3.1}$$

$g(x) = \max(0, x)$ と $\boldsymbol{W}' = \begin{pmatrix} 1 & 1 \\ 1 & 1 \end{pmatrix}$, $\boldsymbol{b}' = \begin{pmatrix} -1 & 0 \end{pmatrix}$ とすれば，観察点 (0,0), (0,1), (1,0), (1,1) に対して $(x_1 \times x_2, x_1 + x_2)$ と同等の写像を得ることができ，排他的論理和問題をうまく解くことができる．全体の表現 $g(\boldsymbol{x}\boldsymbol{W}' + \boldsymbol{b}')\boldsymbol{W} + \boldsymbol{b}$ は（凸ではないが）微分可能であるため，モデルの訓練に勾配に基づく手法を取り入れて，表現を得るための関数とこれに対する線形分類器の関数を同時に訓練することができる．これが，深層学習とニューラルネットワークの中心的な思想である．実際，式 (3.1) は，**多層パーセプトロン** (Multi-Layer Perceptron: MLP) と呼ばれる非常に一般的なニューラルネットワークのアーキテクチャを表している．ニューラルネットワークに至る動機を説明したところで，この後，複数層のニューラルネットワークをより詳細に紹介したい．

第4章

フィードフォワード
ニューラルネットワーク

4.1 脳にヒントを得た比喩

　その名が示唆するように，ニューラルネットワークは，ニューロンという計算ユニットを持つ脳の計算メカニズムにヒントを得ている．実際には人工的なニューラルネットワークと脳の関連性はわずかではあるが，包括的に説明するために，ここでもこの比喩を繰り返すことにする．この比喩においてニューロンは，複数のスカラーの入力および一つのスカラーの出力を持つ計算ユニットである．それぞれの入力には重みが関連付けられている．ニューロンは入力に重みを乗じ，それを合計し[1]，その結果に非線形の関数を適用し，これを出力に渡す．このようなニューロンを示したのが図4.1である．

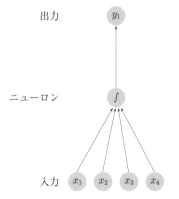

図 4.1　四つの入力を持つ一つのニューロン．

---

[1] 合計が最も一般的な操作ではあるが，max などの他の関数を用いることも可能である．

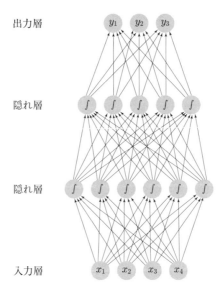
図 4.2　二つの隠れ層を持つフィードフォワードニューラルネットワーク．

ニューロンはお互いに結合されており，ネットワークを構成する．つまりあるニューロンの出力は，他の一つまたは複数のニューロンの入力として取り込まれている．このようなネットワークは非常に有能な計算装置であることが証明されている．重みが適切に設定されれば，十分な数のニューロンと非線形活性化関数を持つニューラルネットワークは，非常に幅広い数学的関数を近似することができる（詳細は後述する）．

典型的なフィードフォワードニューラルネットワークを図 4.2 に示す．それぞれの円がニューロンを示し，これに入る矢印がニューロンの入力，外へ向かう矢印がニューロンの出力を示す．それぞれの矢印にはその重要度を反映するような重みが設けられている（図には示されていない）．ニューロンは情報の流れを反映した層の形に配置されている．最下位の層にはこれに入る矢印がなく，ネットワークの入力であることを示す．最上位の層にはここから出る矢印がなく，ネットワークの出力であることを示す．他の層は "隠れている" と考える．中間層のニューロンの中に描かれたシグモイド状の形は非線形の関数（例えば，ロジスティック関数 $1/(1 + e^{-x})$）を表し，出力に渡す前に，これをニューロンの値に適用する．図ではそれぞれのニューロンは次の層の全てのニューロンと結合されており，これを**全結合層** (fully connected layer) または**アフィン層** (affine layer) と呼ぶ．

脳を用いた比喩は神秘的で興味を引くが，数学的には紛らわしく扱いにくいため，立ち戻ってより簡潔な数学的記法を用いて記述することとする．すぐ後で示すように，図 4.2 に表されるようなフィードフォワードネットワークは，非線形の関数によって分離された線形モデルが重ねられたものである．

ネットワークを構成するニューロンのそれぞれの行の値は，ベクトルであると考えることができる．図 4.2 において，入力層は 4 次元のベクトル ($\boldsymbol{x}$) で，その上の層は 6 次元のベクトル ($\boldsymbol{h}^1$) である．この全結合層は 4 次元から 6 次元への線形変換であると考えることができ，ベクトルと行列の乗算 $\boldsymbol{h} = \boldsymbol{xW}$ で実現できる．ここで，入力行の i 番目のニューロンから出力行の j 番目のニューロンへの結合の重みが $\boldsymbol{W}_{[i,j]}$ となる[2]．次の層の入力として渡される前に，$\boldsymbol{h}$ のそれぞれの値に非線形の関数 g が適用され，値が変換される．入力から出力までの全体の計算は $(g^2(g^1(\boldsymbol{xW^1}))\boldsymbol{W^2})\boldsymbol{W^3}$ と表すことができる．ここで $\boldsymbol{W}^i$ は第 i 層の重みを表し，g^i がその後に適用される非線形の関数を表す．このように見ると，図 4.1 のそれぞれのニューロンは，バイアス項のないロジスティック（対数線形）二クラス分類器 $\sigma(\boldsymbol{x} \cdot \boldsymbol{w})$ と等価である．

4.2 数学的記法による記述

以降，脳を用いた比喩から離れ，ネットワークをベクトルと行列の操作として表す．最も単純なニューラルネットワークはパーセプトロン (perceptron) と呼ばれ，これは次のような単純な線形モデルである．

$$\mathrm{NN}_{\mathrm{Perceptron}}(\boldsymbol{x}) = \boldsymbol{xW} + \boldsymbol{b} \tag{4.1}$$

$$\boldsymbol{x} \in \mathbb{R}^{d_{in}}, \quad \boldsymbol{W} \in \mathbb{R}^{d_{in} \times d_{out}}, \quad \boldsymbol{b} \in \mathbb{R}^{d_{out}},$$

ここで，$\boldsymbol{W}$ は重みの行列で，$\boldsymbol{b}$ はバイアス項である[3]．線形関数を超えるために，非線形の隠れ層（図 4.2 のネットワークはこのような層が二つある）を導入する．それによって一つの隠れ層を持つ**多層パーセプトロン** (Multi-Layer Perceptron: MLP) となる．一つの隠れ層を持つフィードフォワードニューラルネットワークは次の形をとる．

$$\mathrm{NN}_{\mathrm{MLP1}}(\boldsymbol{x}) = g(\boldsymbol{xW^1} + \boldsymbol{b^1})\boldsymbol{W^2} + \boldsymbol{b^2} \tag{4.2}$$

$$\boldsymbol{x} \in \mathbb{R}^{d_{in}}, \quad \boldsymbol{W^1} \in \mathbb{R}^{d_{in} \times d_1}, \quad \boldsymbol{b^1} \in \mathbb{R}^{d_1}, \quad \boldsymbol{W^2} \in \mathbb{R}^{d_1 \times d_2}, \quad \boldsymbol{b^2} \in \mathbb{R}^{d_2}.$$

ここで $\boldsymbol{W^1}$ と $\boldsymbol{b^1}$ は，入力に対する第一の線形変換に用いられる行列とバイアス項であり，g はそれぞれの要素に適用される非線形の関数（**非線形要素** (nonlinearity) または**活性化関数** (activation function) とも呼ばれる），$\boldsymbol{W^2}$ と $\boldsymbol{b^2}$ は第二の線形変換に用いられる行列とバイアス項である．

分解すると，まず，$\boldsymbol{xW^1} + \boldsymbol{b^1}$ が入力 $\boldsymbol{x}$ に対する d_{in} 次元から d_1 次元への線形変換

---

[2] これを示すため，$\boldsymbol{h}$ における j 番目のニューロンの i 番目の入力の重みを $\boldsymbol{W}_{[i,j]}$ と表してみる．$\boldsymbol{h}_{[j]}$ の値は $\boldsymbol{h}_{[j]} = \sum_{i=1}^{4} \boldsymbol{x}_{[i]} \cdot \boldsymbol{W}_{[i,j]}$ である．
[3] 図 4.2 のネットワークにはバイアス項がない．自身に入る繋がりがなく，値が常に 1 であるニューロンを追加することで，各層にバイアス項を追加することができる．

である．その後，d_1次元の要素それぞれにgが適用され，その結果を行列$\boldsymbol{W^2}$とバイアスのベクトル$\boldsymbol{b^2}$がd_2次元の出力ベクトルに変換する．このネットワークは複雑な関数を表すことができる．非線形の活性化関数gはそのための重要な役割を果たしており，gの非線形性がなければネットワークは入力の線形変換しか表現することができない[4]．第3章での見方に従うと，第一層でデータを適切な表現に変換し，第二層でその表現に線形分類器を適用していることになる．

さらに線形変換と非線形性を追加することができて，それにより，次のような二つの隠れ層を持つMLPとなる（図4.2のネットワークはこの形をとっている）．

$$\mathrm{NN_{MLP2}}(\boldsymbol{x}) = (g^2(g^1(\boldsymbol{xW^1} + \boldsymbol{b^1})\boldsymbol{W^2} + \boldsymbol{b^2}))\boldsymbol{W^3}. \tag{4.3}$$

より深いネットワークに対しては，中間的な変数を用いて次のように記述した方が，わかりやすいだろう．

$$\begin{aligned}
\mathrm{NN_{MLP2}}(\boldsymbol{x}) &= \boldsymbol{y} \\
\boldsymbol{h^1} &= g^1(\boldsymbol{xW^1} + \boldsymbol{b^1}) \\
\boldsymbol{h^2} &= g^2(\boldsymbol{h^1W^2} + \boldsymbol{b^2}) \\
\boldsymbol{y} &= \boldsymbol{h^2W^3}.
\end{aligned} \tag{4.4}$$

それぞれの線形変換で出力されるベクトルは**層** (layer) と呼ばれる．最も外側にある線形変換によって生成される層は**出力層** (output layer) で，その他の線形変換によって生成される層は**隠れ層** (hidden layer) である．それぞれの隠れ層には非線形の活性化関数が適用される．この例の最後の層に見られるように，バイアスベクトルを0とする（"ドロップする"）場合もある．

線形変換の結果得られる層は**全結合** (fully connected) または**アフィン** (affine) と呼ばれることが多い．層は他のアーキテクチャを持つ場合もあり，特に画像認識問題は**畳み込み** (comvolutional) 層や**プーリング** (pooling) 層を活用する．このような層は言語処理でも用いられており，それらについては第13章で説明する．複数の隠れ層を持つネットワークは**深い** (deep) ネットワークと呼ばれ，ここから**深層学習** (deep learning) の名前が由来している．

ニューラルネットワークについて記述するときには，層と入力の**次元** (dimension) を明示する必要がある．一つの層はd_{in}次元のベクトルを入力として受け取り，d_{out}次元のベクトルに変換する．出力の次元が，その層の次元となる．入力次元数がd_{in}で，出力次元数がd_{out}である全結合層$l(\boldsymbol{x}) = \boldsymbol{xW} + \boldsymbol{b}$では，$\boldsymbol{x}$の次元は$1 \times d_{in}$で，$\boldsymbol{W}$

---

[4] 理由として，線形変換の系列は線形変換に留まることを思い出してほしい．

の次元は $d_{in} \times d_{out}$, $\boldsymbol{b}$ の次元は $1 \times d_{out}$ となる.

　線形モデルの場合と同様に，ニューラルネットワークの出力は d_{out} 次元のベクトルである．$d_{out} = 1$ の場合，ネットワークの出力はスカラーとなる．このようなネットワークは，出力の値を利用した回帰（あるいはスコアづけ）のために，もしくは出力の符号に基づく二クラス分類のために用いることができる．$d_{out} = k > 1$ のネットワークは，各次元とクラスを関連付けて，最大値を持つ次元を求めることで，k クラス分類のために使用することができる．同様に，出力ベクトルの全ての項目が正で，それらの合計が 1 になる場合は，出力をクラス割り当ての分布として解釈することができる（このような出力の正規化は，一般に，出力層にソフトマックス変換を適用することで得られる．2.6 節を参照のこと）．

　線形変換を定義する行列とバイアス項がネットワークのパラメータ (parameters) である．線形変換の場合と同様に，一般に，全てのパラメータの集まりを Θ で参照する．入力と，このパラメータがネットワークの出力を決定する．そしてネットワークの予測が正しくなるように，学習アルゴリズムがそれらのパラメータの値を設定する．線形モデルとは異なり，多層のニューラルネットワークの損失関数はそのパラメータに関して凸ではなく[5]，そのために，最適なパラメータ値を見つけ出すことは困難である．しかし 2.8 節で説明した勾配に基づく最適化手法を適用することで，実際には非常に良いパフォーマンスを得ることができる．ニューラルネットワークの訓練については第 5 章で詳しく説明する．

4.3 表現力

　表現力について，Hornik et al. [1989] と Cybenko [1989] は一つの隠れ層を持つ多層パーセプトロン MLP1 が万能近似器であることを示した．つまり MLP1 が，$\mathbb{R}^n$ の閉じた有界の部分集合における全ての連続関数と，有限次元の離散な空間から別の空間へと写像を行う全ての関数とを含む関数の一族を，0 以外の任意の望まれた誤差の量で近似できることを示した[6]．このことは，MLP1 を超える，より複雑なアーキテクチャを採用する理由がないことを示唆しているかもしれない．しかし，理論的な結論では，ニューラルネットワークの学習可能性は議論されていない（それはそのような表現が存在するとは述べているか，訓練データとある特定の学習アルゴリズムに基づいてそのよう

---

[5] 狭義の凸関数はただ一つの最適解を持つため，勾配に基づく方法を用いて容易に最適化できる．
[6] 特に，線形の出力層と，"スカッシング" 活性化関数を用いた隠れ層を少なくとも一つ持つフィードフォワードネットワークは，有限次元の空間から別の空間への写像を行ういかなるボレル可測関数をも近似できる．後に Leshno et al. [1993] によって ReLU 関数 $g(x) = \max(0, x)$ を含むより広範囲の活性化関数でも同じことが成り立つと証明された．

なパラメータを設定することがどれほど簡単かあるいは難しいかを言っていない）．訓練アルゴリズムによって，訓練データを生成する正しい関数が見つけられることも保証していない．さらに，隠れ層がどの程度の大きさとなるのかも示していない．実際，Telgarsky [2016] は，有限の大きさを持った多層のニューラルネットワークにおいて，その層を指数関数的に大きくしない限り，より少ない数の層のネットワークでは近似できないものが存在することを示している．

　実用の場面では，比較的小さな量のデータに対して，確率的勾配降下の変種など局所探索法を用いてニューラルネットワークを訓練し，隠れ層についても比較的中規模（数千まで）の大きさのものを用いる．万能近似定理 (universal approximation theorem) は，このような，理想的ではない現実世界の条件の下では，何の保証もしないので，MLP1 より複雑なアーキテクチャを試す価値は間違いなくある．ただし，多くの場合，MLP1 は実際に良い結果を出している．フィードフォワードネットワークの表現力について詳しくは Bengio et al. [2016] の 6.5 節を参照のこと．

4.4　一般的な非線形要素

　非線形要素 g は様々な形をとることができる．現在のところ，どの状況にどの非線形要素を適用するべきかといった優れた理論は存在しないので，与えられたタスクに対して適切な非線形要素を選択することは経験に基づくところが多い．本書では，文献から一般的な非線形要素，シグモイド，双曲線正接 (tanh)，ハード双曲線正接 (hard tanh)，ReLU を選び，紹介する．NLP 研究者の中には，キューブ (cube) や双曲線正接キューブ (tanh-cube) など，これら以外の非線形要素を試している場合もある．

シグモイド (sigmoid)　シグモイド活性化関数 $\sigma(x) = 1/(1 + e^{-x})$ は，ロジスティック関数とも呼ばれ，S 形をした関数で，x のそれぞれの値を $[0, 1]$ の範囲に変換する．シグモイドは，ニューラルネットワークが提案されて以来標準的な非線形要素として用いられてきたが，現在ではニューラルネットワークの内部層での利用は推奨されないと考えられており，以下に示す選択肢がより良い結果を残すことが経験的に証明されている．

双曲線正接 (tanh)　双曲線正接活性化関数 $\tanh(x) = \frac{e^{2x}-1}{e^{2x}+1}$ は S 形をした関数で，値 x を $[-1, 1]$ の範囲に変換する．

ハード双曲線正接 (hard-tanh)　ハード双曲線正接活性化関数は $\tanh$ 関数の近似で，双曲線正接関数より高速に計算が行え，その導関数もより速く求めることができる．

$$\text{hardtanh}(x) = \begin{cases} -1 & x < -1 \\ 1 & x > 1 \\ x & \text{otherwise.} \end{cases} \tag{4.5}$$

ReLU　ReLU（正規化線形, rectified linear unit）活性化関数は整流 (rectifier) 活性化関数 [Glorot et al., 2011] としても知られているが，非常に単純な活性化関数で，扱いやすく，良い結果を生むことが多く示されてきた[7]．ReLU 関数は $x < 0$ の値を全て 0 に揃える．単純な関数ではあるが，多くのタスクにおいて，特にドロップアウト正則化技法（4.6 節）と組み合わせると，良い性能を出す．

$$\text{ReLU}(x) = \max(0, x) = \begin{cases} 0 & x < 0 \\ x & \text{otherwise.} \end{cases} \tag{4.6}$$

経験則としては，ReLU 関数も双曲線正接関数も非常に良い性能を出し，その性能は大きくシグモイド関数を上回る．ReLU 関数と双曲線正接関数はそれぞれ異なる設定で良い性能を発揮する可能性があるため，両方の活性化関数を用いて実験してみるとよいだろう．

図 **4.3** にそれぞれの活性化関数の形と，その導関数の形を示す．

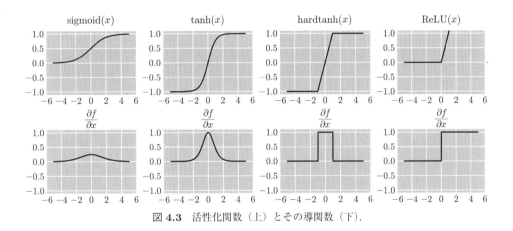

図 **4.3**　活性化関数（上）とその導関数（下）．

---

[7] ReLU 関数がシグモイド活性化関数や双曲線正接活性化関数より技術的に優れている点として，計算コストが高い関数を用いず，さらに重要な点として，飽和しないということが挙げられる．シグモイドや双曲線正接による活性化の上限は 1 となり，そうなる範囲での勾配はほぼ 0 となるため，全体の勾配が 0 に近づく．一方，ReLU 活性化関数はこのような問題はなく，そのため特に，飽和するような関数で訓練したときには勾配消失の影響を受けやすい，多層のネットワークに適している．

4.5 損失関数

ニューラルネットワークの訓練を行う際は（訓練についての詳細は第5章を参照），線形分類器の訓練と同様，損失関数 $L(\hat{\boldsymbol{y}}, \boldsymbol{y})$ を定義し，これが，正しい出力が $\boldsymbol{y}$ であるときに $\hat{\boldsymbol{y}}$ を予測した場合の損失を表すようにする．訓練の目的は，様々な訓練事例に対してこの損失を最小にすることである．損失 $L(\hat{\boldsymbol{y}}, \boldsymbol{y})$ は，期待される正しい出力 $\boldsymbol{y}$ と，ネットワークの出力 $\hat{\boldsymbol{y}}$ に対して，数値のスコア（スカラー）を割り当てる．2.7.1 節で述べた線形モデルのための損失関数は，ニューラルネットワークにおいても用いることができ，実際，広く用いられている．ニューラルネットワークにおける損失関数について詳しくは，LeCun and Huang [2005]; LeCun et al. [2006] と Bengio et al. [2016] を参照のこと．

4.6 正則化とドロップアウト

多層のニューラルネットワークは規模が大きくなり，多くのパラメータを持つ可能性があるため，特に過学習に陥りやすい．このため，深いニューラルネットワークにおいては，線形モデルと同様に，あるいはそれ以上にモデルの正則化が重要である．2.7.2 節で紹介した，L_2 や L_1，elastic-net といった正則化関数はニューラルネットワークにおいても使用できる．特に L_2 正則化は**重み減衰** (weight decay) とも呼ばれ，多くの場合において効果的で良い汎化性能を得ている．このとき正則化の強さ λ の調整を行うことが望ましい．

ニューラルネットワークが訓練データに対して過学習することを防ぐ効果的な技法として，この他に**ドロップアウト訓練** (dropout training)[Hinton et al., 2012; Srivastava et al., 2014] がある．ドロップアウトはニューラルネットワークが特定の重みに依存した学習となってしまうことを防ぐためのもので，確率的勾配訓練の際，訓練事例に対して無作為にネットワーク（あるいは特定の層）の半分のニューロンを落とす（0 にする）．例として，2層の隠れ層を持つ多層のパーセプトロン (MLP2) を考える．

$$\mathrm{NN}_{\mathrm{MLP2}}(\boldsymbol{x}) = \boldsymbol{y}$$
$$\boldsymbol{h^1} = g^1(\boldsymbol{x}\boldsymbol{W^1} + \boldsymbol{b^1})$$
$$\boldsymbol{h^2} = g^2(\boldsymbol{h^1}\boldsymbol{W^2} + \boldsymbol{b^2})$$
$$\boldsymbol{y} = \boldsymbol{h^2}\boldsymbol{W^3}.$$

ドロップアウト訓練を MLP2 に適用する場合，訓練を回す度にいくつかの $\boldsymbol{h^1}$ と $\boldsymbol{h^2}$ の値を無作為に 0 にする．

$$\begin{aligned}
\mathrm{NN}_{\mathrm{MLP2}}(\boldsymbol{x}) &= \boldsymbol{y} \\
\boldsymbol{h^1} &= g^1(\boldsymbol{xW^1} + \boldsymbol{b^1}) \\
\boldsymbol{m^1} &\sim \mathrm{Bernouli}(r^1) \\
\boldsymbol{\tilde{h}^1} &= \boldsymbol{m^1} \odot \boldsymbol{h^1} \\
\boldsymbol{h^2} &= g^2(\boldsymbol{\tilde{h}^1 W^2} + \boldsymbol{b^2}) \\
\boldsymbol{m^2} &\sim \mathrm{Bernouli}(r^2) \\
\boldsymbol{\tilde{h}^2} &= \boldsymbol{m^2} \odot \boldsymbol{h^2} \\
\boldsymbol{y} &= \boldsymbol{\tilde{h}^2 W^3}.
\end{aligned} \quad (4.7)$$

ここでは $\boldsymbol{m^1}$ と $\boldsymbol{m^2}$ が，それぞれ $\boldsymbol{h^1}$ と $\boldsymbol{h^2}$ の次元数を持つ無作為なマスキングベクトル (masking vector) で，$\odot$ は要素ごとの乗算である．マスキングベクトルの要素の値は 0 か 1 で，パラメータ r（通常は $r = 0.5$）のベルヌーイ分布 (Bernouli (r)) に従って得られる．隠れ層 $\boldsymbol{h}$ は次の層へ渡される前に，$\boldsymbol{\tilde{h}}$ に置き換えられるが，その際，マスキングベクトルの 0 に対応する値が 0 となる．

Wager et al. [2013] は，ドロップアウト法と L_2 正則化の間に強い関連性があることを示した．ドロップアウトとモデル平均化 (model averaging) やアンサンブル技法とを関連付ける見方もある [Srivastava et al., 2014]．

画像分類タスクにおいて，ニューラルネットワークによる手法が非常に良い結果を残したが，ドロップアウトの技法はこれを支える主要な要因の一つである [Krizhevsky et al., 2012]．特にドロップアウトの技法と ReLU 活性化関数との組み合わせは良い結果を出している [Dahl et al., 2013]．ドロップアウトの技法は，NLP にニューラルネットワークを適用する場合においても非常に効果的である．

4.7 類似度と距離の層

二つのベクトルからその間の**類似度** (similarity)，**適合性** (compatibility)，または**距離** (distance) などを反映するようなスカラー値を計算したい場合もあるだろう．例えば，二つの MLP の出力層がベクトル $\boldsymbol{v_1} \in \mathbb{R}^d$ と $\boldsymbol{v_2} \in \mathbb{R}^d$ であったとき，ある訓練事例に対しては類似したベクトルを出力し，その他の訓練事例に対しては類似していないベクトルを出力するように訓練したいことがある．

二つのベクトル $\boldsymbol{u} \in \mathbb{R}^d$ と $\boldsymbol{v} \in \mathbb{R}^d$ をとり，スカラーを返すような一般的な関数を以下に紹介する．これらの関数は，フィードフォワードニューラルネットワークに組み込むことができ，すでに組み込まれていることも多い．

ドット積 一般的には，ドット積（内積）が非常によく使用される．

$$\text{sim}_{\text{dot}}(\boldsymbol{u}, \boldsymbol{v}) = \boldsymbol{u} \cdot \boldsymbol{v} = \sum_{i=1}^{d} \boldsymbol{u}_{[i]} \boldsymbol{v}_{[i]} \tag{4.8}$$

ユークリッド距離 ユークリッド距離もまた，一般的に使用される．

$$\text{dist}_{\text{euclidean}}(\boldsymbol{u}, \boldsymbol{v}) = \sqrt{\sum_{i=1}^{d}(\boldsymbol{u}_{[i]} - \boldsymbol{v}_{[i]})^2} = \sqrt{(\boldsymbol{u} - \boldsymbol{v}) \cdot (\boldsymbol{u} - \boldsymbol{v})} = ||\boldsymbol{u} - \boldsymbol{v}||_2 \tag{4.9}$$

ただし，これは類似度ではなく距離の指標である．小さな（0に近い）値は類似したベクトルを示し，大きな値は類似していないベクトルを示す．平方根は省略されることが多い．

訓練可能な関数 上記のドット積とユークリッド距離は固定された関数である．パラメータを持つ関数を利用し，ベクトルの特定の次元に注目して，望ましい類似度（あるいは非類似度）の値を出力するように訓練したい場合もあるだろう．訓練可能な類似度関数は，一般的に**双線形形式** (bilinear form) となる．

$$\text{sim}_{\text{bilinear}}(\boldsymbol{u}, \boldsymbol{v}) = \boldsymbol{u}\boldsymbol{M}\boldsymbol{v} \tag{4.10}$$

$$\boldsymbol{M} \in \mathbb{R}^{d \times d}$$

ここで，行列 $\boldsymbol{M}$ が訓練が必要なパラメータである．

同様に，訓練可能な距離関数として次を用いることができる．

$$\text{dist}(\boldsymbol{u}, \boldsymbol{v}) = (\boldsymbol{u} - \boldsymbol{v})\boldsymbol{M}(\boldsymbol{u} - \boldsymbol{v}) \tag{4.11}$$

また，二つのベクトルの連結を入力として与えることで，一つの出力ニューロンを持つ多層のパーセプトロンを，二つのベクトルからスカラーを得るために使用することもできる．

4.8 埋め込み層

第8章で詳しく述べるように，ニューラルネットワークの入力に記号的なカテゴリ素性（例えば，閉じた語彙の中の単語など，k 個の異なる記号のうちの一つをとる素性など）を含む場合，とりうる素性の値（つまり語彙の各単語）を適当な次元数 d のベクトルに関連付けることが一般的である．そして，これらのベクトルは，モデルのパラメータとして扱われ，他のパラメータと一緒に訓練される．例えば "単語番号1249" といった記号的な素性値から d 次元のベクトルへの写像は，**埋め込み層** (embedding layer)（参照層 (lookup layer) とも呼ばれる）で行われる．埋め込み層のパラメータは単純な行列 $\boldsymbol{E} \in \mathbb{R}^{|vocab| \times d}$ であり，それぞれの行が語彙のそれぞれの単語に対応する．参照 (lookup) の操作は，単純にインデクシング $v_{1249} = \boldsymbol{E}_{[1249,:]}$ である．記号的な素性がワンホットベクトル $\boldsymbol{x}$ として符号化されている場合，呼び出し操作は乗算 $\boldsymbol{xE}$ として実装できる．

単語ベクトルは次の層に渡される前にお互いに連結されることが多い．埋め込み層については，第 8 章におけるカテゴリ素性の密な表現，第 10 章における事前学習された単語表現に関する説明において，詳しく議論される．

第5章

ニューラルネットワークの訓練

　線形モデルと同様，ニューラルネットワークは微分可能な，パラメータを持つ関数であり，勾配に基づく最適化（2.8節）を用いて訓練する．非線形のニューラルネットワークの目的関数は凸ではなく，勾配に基づく方法では極小値に留まってしまう可能性がある．それでも，実際には勾配に基づく方法によって良い結果を得ることができる．

　この方法においては，勾配計算が重要な役割を果たす．ニューラルネットワークにおける勾配計算の数学は，線形モデルのものと同様であり，単純に微分の連鎖律に従っていけばよい．しかし複雑なネットワークに対しては，このプロセスは骨の折れるもので，誤りが起こりやすい．幸い，勾配は逆伝播アルゴリズム (backpropagation algorithm) [LeCun et al., 1998b; Rumelhart et al., 1986] を用いて効率的かつ自動的に計算することができる．逆伝播アルゴリズムは，中間結果をキャッシュしながら，連鎖律を用いて複雑な式の導関数を系統的に計算していくことに付けられたしゃれた名称で，より一般的には，それはリバースモード（トップダウン型）自動微分アルゴリズムの特別な場合である [Neidinger, 2010, 7節], [Baydin et al., 2015; Bengio, 2012]．次節では，計算グラフ (computation graph) による抽象化の観点からリバースモード自動微分について説明する．その後の節ではニューラルネットワークを実際に訓練するための実践的な豆知識を紹介する．

5.1 計算グラフによる抽象化

　ネットワークの様々なパラメータの勾配を手動で計算してプログラムコードとして実装することもできるが，そのプロセスは厄介で，誤りが起こりやすい．ほとんどの目的において，それよりも，勾配計算のための自動化ツール [Bengio, 2012] を使うことの

方が望ましい．計算グラフによる抽象化によって，任意のネットワークを簡単に構築することができ，与えられた入力に対する予測を評価したり（前向きパス），任意のスカラーの損失に関するパラメータの勾配を計算したりする（後向きパス）ことが可能となる．

計算グラフ (computation graph) は任意の数学計算をグラフとして表現したものである．ノード (node) が数学演算や（束縛された）変数に対応し，エッジ (edge) がノードの間の中間値の流れに対応する**有向非巡回グラフ** (Directed Acyclic Graph: DAG) である．グラフの構造が，それぞれの構成要素の間の依存関係を通じて，計算の順序を定義する．ある一つの演算の結果がその後に続く複数の演算の入力となりうるため，グラフは DAG であって木ではない．例として，$(a*b+1)*(a*b+2)$ の計算グラフを考える．

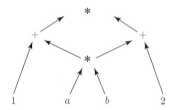

$a*b$ の計算が共有されている．本書では，計算グラフが連結されている場合に議論を限定する（非連結グラフにおいては，それぞれの連結部分は独立した関数であり，ほかの連結部分から独立して評価や微分を行うことができる）．

ニューラルネットワークは本質的には数式であるため，計算グラフで表すことができる．例として，図 **5.1**(a) に，一つの隠れ層を持ち，出力をソフトマックス関数で変換する MLP の計算グラフを示す．ここでは，楕円のノードは数学演算または関数を示し，網掛けの四角のノードはパラメータ（束縛変数）を示す．ネットワークへの入力は定数として扱われ，周りを楕円で囲むことなく表示する．入力やパラメータのノードにはそこに入るエッジはなく，出力のノードにはそこから出るエッジはない．各ノードからの出力は行列で，ノードの上部にその次元数を示す．

図 5.1(a) のグラフは不完全である．入力が指定されていないので，出力を計算することができない．図 5.1(b) は，三つの単語を入力として受け取り，三つ目の単語の品詞に関する分布を予測する MLP の完全なグラフを示す．このグラフの出力は（スカラーではなく）ベクトルであり，グラフは正しい解や損失の項を考慮していないため，予測に使用することはできるが，訓練に使用することはできない．そして最後に図 5.1(c) が，特定の訓練事例についての計算グラフを示す．入力は単語 "the", "black",

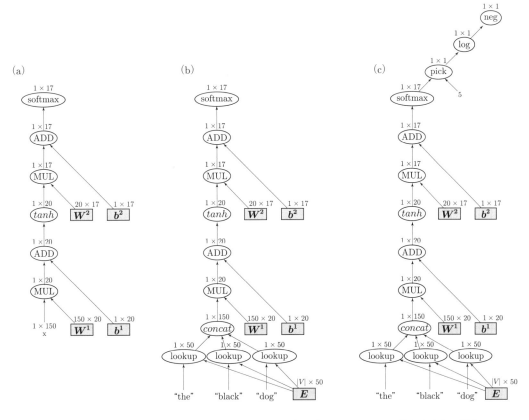

図 5.1 (a) 非束縛の入力を持つグラフ．(b) 具体的な入力を持つグラフ．(c) 具体的な入力，期待される出力，最終的な損失ノードを持つグラフ．

"dog"（の埋め込み表現）で，期待される出力が"名詞"（そのインデックスを 5 としている）である．$pick$ ノードでは，ベクトルとインデックス（ここでは 5）を受け取り，対応するベクトルの要素を返すという，インデキシングによる要素の選択を行っている．

グラフが構築されると，後は単純で，次に示すように前向き計算（計算の結果を計算する），または後向き計算（勾配を計算する）を行う．またグラフの構築は大変な作業であるように見えるが，これに特化したソフトウェアライブラリや API を用いると実際は非常に容易に行うことができる．

5.1.1 前向き計算

前向きのパスはグラフのノードの出力を計算する．それぞれのノードの出力は，そのノードとそこに入るエッジにしか依存しないため，トポロジカル順序でノードをトラバースしてゆき，先行するノードのすでに計算した出力に基づいてそれぞれのノードの

出力を計算していくことで，全てのノードの出力を容易に計算できる．

より形式的には，N 個のノードを持つグラフにおいて，トポロジカル順序に基づいてそれぞれのノードにインデックス i を関連付ける．そしてノード i において計算する関数（例えば，乗算 (multiplication) や加算 (addition) など）を f_i とする．$\pi(i)$ をノード i の親ノードとし，$\pi^{-1}(i) = \{j \mid i \in \pi(j)\}$ をノード i の子ノード（これらは関数 f_i の引数である）とする．ノード i の出力を $v(i)$ と表す．これは，引数 $\pi^{-1}(i)$ のその時点の出力に f_i を適用したものである．変数ノードと入力ノードでは，f_i は定数関数であり，$\pi^{-1}(i)$ は空である．計算グラフの前向きパスでは，全ての $i \in [1, N]$ に対して値 $v(i)$ を計算する（アルゴリズム 5.3）．

アルゴリズム 5.3　計算グラフの前向きパス．

1: **for** i = 1 to N **do**
2: 　　$a_1, \ldots, a_m = \pi^{-1}(i)$ とする
3: 　　$v(i) \leftarrow f_i(v(a_1), \ldots, v(a_m))$

5.1.2　後向き計算（導関数と逆伝播）

後向きのパスは，スカラー (1×1) を出力するノード N を損失ノードとして指定し，このノードまで前向き計算を実行することから始められる．後向き計算では，このノードの値に関するパラメータの勾配を計算する．$d(i)$ が値 $\frac{\partial N}{\partial i}$ を表している．全てのノード i に対して値 $d(i)$ を計算するために逆伝播アルゴリズムを使用する．後向きのパスでは，アルゴリズム 5.4 に示されてるように値 $d(1), \ldots, d(N)$ の表が埋められる．

アルゴリズム 5.4　計算グラフの後向きパス（逆伝播）．

1: $d(N) \leftarrow 1$ 　　　　　　　　　　　　　　　　　　　　　　　　$\triangleright \ \frac{\partial N}{\partial N} = 1$
2: **for** i = N-1 to 1 **do**
3: 　　$d(i) \leftarrow \sum_{j \in \pi(i)} d(j) \cdot \frac{\partial f_j}{\partial i}$ 　　　　　　　　$\triangleright \ \frac{\partial N}{\partial i} = \sum_{j \in \pi(i)} \frac{\partial N}{\partial j} \frac{\partial j}{\partial i}$

逆伝播アルゴリズム（アルゴリズム 5.4）は基本的に微分の連鎖律に従っている．$\frac{\partial f_j}{\partial i}$ の値は，引数 $i \in \pi^{-1}(j)$ に関する $f_j(\pi^{-1}(j))$ の偏微分である．この値は関数 f_j と，前向きパスで計算された関数の引数の値 $v(a_1), \ldots, v(a_m)$（ここで $a_1, \ldots, a_m = \pi^{-1}(j)$）に依存する．

したがって，新しい種類のノードを定義するためには，二つの方法を定義する必要がある．ノードの入力に基づいて前向きの値 $v(i)$ を計算する方法と，$x \in \pi^{-1}(i)$ であるそれぞれの x に対して $\frac{\partial f_i}{\partial x}$ を計算する方法である．

> **"非数学" 関数の導関数** log や + といった数学関数に対して $\frac{\partial f_i}{\partial x}$ を定義すること
> は簡単だが，ベクトルの 5 番目の要素を選択する $pick(\boldsymbol{x}, 5)$ といった操作の導関
> 数は容易ではないと考える人もいるだろう．このような場合は，計算に対する影響
> という観点から考えればよい．ベクトルの i 番目の要素を選択した後は，その要素
> のみがその後に残された計算に影響する．よって，$pick(\boldsymbol{x}, 5)$ の勾配は，$\boldsymbol{g}_{[5]} = 1$
> であり，$\boldsymbol{g}_{[i \neq 5]} = 0$ であるような，$\boldsymbol{x}$ と同じ次元数を持つベクトル $\boldsymbol{g}$ である．同様
> に，関数 $\max(0, x)$ では，$x > 0$ の時勾配の値は 1 となり，その他の場合は 0 とな
> る．

自動微分に関して詳しくは，Neidinger [2010, 7 節] や Baydin et al. [2015] を参照のこと．逆伝播アルゴリズムと計算グラフ（フローグラフ (flow graph) とも呼ばれる）に関するより詳細な説明は，Bengio et al. [2016, 6.5 節] と Bengio [2012]; LeCun et al. [1998b] が参考になる．Chris Olah のプレゼンテーションスライド http://colah.github.io/posts/2015-08-Backprop/ は技術的であるが広く利用されている．

5.1.3 ソフトウェア

計算グラフモデルを実装しているソフトウェアパッケージはいくつか存在する．例えば Theano[1][Bergstra et al., 2010]，TensorFlow[2][Abadi et al., 2015]，Chainer[3]，DyNet[4][Neubig et al., 2017] などである．これらのパッケージは全て，幅広いニューラルネットワークのアーキテクチャを定義するために必要な基本的な要素（ノードタイプ）を提供しており，本書で紹介しているすべての構成に加え，その他の構成にも対応することができる．演算子の多重定義を用いることで，グラフとその記述はほぼ一対一に対応し，グラフの作成を直接的に行うことができる．これらのフレームワークでは，グラフのノード（一般的に式 (expression) と呼ばれる）を表現する型，入力ノードとパラメータノードを構築するメソッド，式を入力として受け取りより複雑な式を出力する一連の関数と数学演算を定義する．例として，DyNet のフレームワークを使用して図 5.1(c) の計算グラフを実装する python のコードを次頁に示す．

このコードには様々な初期化が含まれている．1 番目のブロックで異なる計算グラフの間で共有されるモデルパラメータを定義する（それぞれのグラフが特定の訓練事例に対応していることを思い出してほしい）．2 番目のブロックでモデルパラメータをグラフのノード（式）に変換する．3 番目のブロックで入力単語の埋め込み表現に対する式

---

[1] http://deeplearning.net/software/theano/
[2] https://www.tensorflow.org/
[3] http://chainer.org
[4] https://github.com/clab/dynet

```python
import dynet as dy
# モデルの初期化.
model = dy.Model()
mW1 = model.add_parameters((20,150))
mb1 = model.add_parameters(20)
mW2 = model.add_parameters((17,20))
mb2 = model.add_parameters(17)
lookup = model.add_lookup_parameters((100, 50))
trainer = dy.SimpleSGDTrainer(model)

def get_index(x):
    pass # 内容は省略.
         # 単語を数値のインデックスに写像する.

# 以下で計算グラフの構築と実行を行い,
# パラメータを更新する.
# 一つのデータ点だけを示している. 実際には, 以下が
# 入力データ読み込みのループの中で実行されることになる.

# 計算グラフの構築.
dy.renew_cg() # create a new graph.
# モデルのパラメータをグラフのノードとする.
W1 = dy.parameter(mW1)
b1 = dy.parameter(mb1)
W2 = dy.parameter(mW2)
b2 = dy.parameter(mb2)
# 埋め込み層の生成.
vthe   = dy.lookup[get_index("the")]
vblack = dy.lookup[get_index("black")]
vdog   = dy.lookup[get_index("dog")]

# 葉ノードをつないで完全なグラフを得る.
x = dy.concatenate([vthe, vblack, vdog])
output = dy.softmax(W2*(dy.tanh(W1*x+b1))+b2)
loss = -dy.log(dy.pick(output, 5))

loss_value = loss.forward()
loss.backward()   # 勾配が計算され,
                  # 対応するパラメータに蓄積される
trainer.update()  # 勾配に基づいたパラメータの更新
```

を受け取る. そして, 4番目のブロックでグラフが作成される. グラフの作成とその数学的な記述がほぼ一対一に対応しており, グラフの作成は直接的に行うことができる. 最後のブロックは前向きパスと後向きパスを示している. TensorFlow パッケージで同じ内容を実装したコードを次頁に示す[5]).

---

5) TensorFlow のコードは Tim Rocktäschel による. Tim の協力に感謝する.

```python
import tensorflow as tf

W1 = tf.get_variable("W1", [20, 150])
b1 = tf.get_variable("b1", [20])
W2 = tf.get_variable("W2", [17, 20])
b2 = tf.get_variable("b2", [17])
lookup = tf.get_variable("W", [100, 50])

def get_index(x):
    pass # 内容は省略.

p1 = tf.placeholder(tf.int32, [])
p2 = tf.placeholder(tf.int32, [])
p3 = tf.placeholder(tf.int32, [])
target = tf.placeholder(tf.int32, [])

v_w1 = tf.nn.embedding_lookup(lookup, p1)
v_w2 = tf.nn.embedding_lookup(lookup, p2)
v_w3 = tf.nn.embedding_lookup(lookup, p3)

x = tf.concat([v_w1, v_w2, v_w3], 0)
output = tf.nn.softmax(
    tf.einsum("ij,j->i", W2, tf.tanh(
        tf.einsum("ij,j->i", W1, x) + b1)) + b2)
loss = -tf.log(output[target])
trainer = tf.train.GradientDescentOptimizer(0.1).minimize(loss)

# グラフ定義が完了し,この後,これをコンパイルし,具体的なデータを入力する.
# 一つのデータ点だけを示している.実際には,以下が
# 入力データ読み込みのループの中で実行されることになる.
with tf.Session() as sess:
    sess.run(tf.global_variables_initializer())
    feed_dict = {
        p1: get_index("the"),
        p2: get_index("black"),
        p3: get_index("dog"),
        target: 5
    }
    loss_value = sess.run(loss, feed_dict)
    # 更新を行う.後向きの呼び出しは不要.
    sess.run(trainer, feed_dict)
```

DyNet(およびChainer)とTensorFlow(およびTheano)の主な違いは,前者は**動的なグラフ構築** (dynamic graph construction) を使用しているが,後者は**静的なグラフ構築** (static graph construction) を使用している点である.動的なグラフ構築では,ホスト言語のコードを用いて,それぞれの訓練事例に対して異なる計算グラフを一から作成する.そしてこのグラフに対して,前向きおよび後向きの伝播が適用される.

一方，静的なグラフ構築では，グラフの形状を定義する API を使用して，計算が開始される時点で一度だけ計算グラフの形状を定義する．その際，入力と出力の値はプレースホルダーとなる変数で示される．最適化グラフコンパイラが最適化された計算グラフを生成し，それぞれの訓練事例が（一つの同じ）最適化されたグラフに渡される．静的ツールキット（TensorFlow と Theano）におけるグラフのコンパイルのステップには良いところもあるが，悩ましい点もある．一度コンパイルを行うと，大規模なグラフでも効率的に CPU または GPU で実行できるため，固定した構造を持つ大規模なグラフに対しては理想的で，訓練事例ごとに入力が変更されるだけである．しかしコンパイルステップそのものはコストがかかり，インターフェースの作業が扱いにくいものとなっている．一方で動的なパッケージは，大規模で動的な計算グラフを構築し，これらをコンパイルせずに"すぐに"実行できる点において強みを持つ．静的なツールキットと比較して実行スピードにおいては劣る可能性があるが，実際には動的なツールキットも静的なツールキットに劣らないスピードで実行できる．動的ツールキットは，第 14 章，第 18 章で紹介する再帰的ネットワークおよび木構造ネットワークを実装する際，そして第 19 章で紹介する構造予測で用いる際に，特に有効である．これらの場合では，それぞれのデータ点におけるグラフが異なる形をしているためである．動的および静的なアプローチの違いについて，またそれぞれのツールキットにおける処理速度のベンチマークについては Neubig et al. [2017] を参照のこと．また，Keras[6]のようなパッケージは，Theano や TensorFlow といったパッケージの上に高位レベルのインターフェースを提供している．ネットワークのアーキテクチャが明確になっており，さらに，このような高位レベルのインターフェースで十分な場合，これらのパッケージを利用することにより，複雑なニューラルネットワークの定義や訓練をより少ないコード量で実装することができる．

5.1.4　実装方法

　計算グラフによる抽象化と動的グラフ構築を用いた，ネットワーク訓練アルゴリズムの擬似コードをアルゴリズム **5.5** に示す．

　ここで，build_computation_graph はユーザ定義の関数で，与えられた入力，出力およびネットワークの構成に対する計算グラフを構築し，一つの損失ノードを返す．update_parameters は最適化の手法によって定まる更新規則である．この実装は，それぞれの訓練事例に対して新しいグラフが作成されていることを示している．これは，例えば第 14〜18 章で紹介する再帰的および木構造ニューラルネットワークのように，ネットワークの構成が訓練事例ごとに異なるケースに対応したものとなっている．MLP の

---

[6] https://keras.io

> アルゴリズム 5.5　計算グラフ抽象化を用いたニューラルネットワークの訓練（ミニバッチの大きさは 1 としている）．
>
> 1: ネットワークパラメータ parameters の定義．
> 2: **for** iteration = 1 to T **do**
> 3: 　　**for** データセット中の訓練事例 x_i, y_i **do**
> 4: 　　　　loss_node ← build_computation_graph(x_i, y_i, parameters)
> 5: 　　　　loss_node.forward()
> 6: 　　　　gradients ← loss_node().backward()
> 7: 　　　　parameters ← update_parameters(parameters, gradients)
> 8: **return** parameters．

ように固定された構成を持つネットワークに対しては，基本となる計算グラフを一つ作成し，入力と期待される出力だけを事例ごとに変える方が効率が良いだろう．

5.1.5　ネットワークの合成

ネットワークの出力がベクトル（$1 \times k$ の行列）である限り，あるネットワークの出力を別のネットワークの入力として，任意のネットワークを構築していくことは容易である．これは，計算グラフによる抽象化によって明確に示されている．計算グラフのあるノードは，それ自身が指定された出力ノードを持つ計算グラフであってもよいからである．任意の深さと複雑さを持ったネットワークを設計し，自動前向き計算および勾配計算によって，容易に評価して訓練することができる．これによって，第 14〜16 章および第 18 章で紹介する複雑な再帰的および木構造ネットワークや，第 19, 20 章で紹介する構造を持つ出力を得るためのネットワークや複数の目的を持つ訓練を，容易に定義して訓練することが可能となる．

5.2　実践豆知識

勾配計算が実行されると，ネットワークは SGD やその他の勾配に基づく最適化アルゴリズムを用いて訓練される．最適化しようとしている関数は凸ではないため，長い間，ニューラルネットワークの訓練は限られた人にしか実行できない "黒魔術" であると考えられてきた．実際，最適化のプロセスには多くのパラメータが影響し，これらのパラメータを注意深く調節する必要がある．本書はニューラルネットワークの訓練を成功させるための包括的なガイドを提供しようとするものではないが，いくつかの顕著な問題について指摘しておく．ニューラルネットワークの最適化技術およびアルゴリズムの詳細については，Bengio et al. [2016] の 8 章を参照のこと．理論的な議論や分析については Glorot and Bengio [2010] を，様々な実践的な豆知識や提案については

Bottou [2012]; LeCun et al. [1998a] を参照のこと.

5.2.1 最適化アルゴリズムの選択

SDG アルゴリズムは効果的であるが,収束に時間がかかる場合がある. 2.8.3 節に代替となる,より高度な確率的勾配アルゴリズムをいくつか示している.これらのアルゴリズムはほとんどのニューラルネットワークのソフトウェアフレームワークにおいて実装されているため,容易に異なるアルゴリズムを試すことができるし,また多くの場合,試すだけの価値はあるだろう.筆者らの研究グループは,大規模なネットワークを訓練するときに Adam アルゴリズム [Kingma and Ba, 2014] が非常に効果的で,学習率の選択に対して比較的頑健であることを確認している.

5.2.2 初期化

目的関数が凸ではないということは,最適化において極小値や鞍点に留まってしまうということがあり,初期値が異なれば(例えば,パラメータに与える無作為値が異なれば)結果も異なる可能性があるということである.様々な無作為の初期値を用いて訓練を何度か再実行し,開発セットでの結果に基づいて最も良いものを選択することを推奨する[7].無作為に初期値を選択することによる結果の分散の大きさは,ネットワークの構成やデータセットによって異なるため,事前に予測することはできない.

無作為値の大きさは,訓練の成功に非常に大きく影響する. Glorot and Bengio [2010] では効果的な方法が提案されている. Glorot のファーストネームより,**xavier 初期化** (xavier initialization) と呼ばれるこの方法では,重み行列 $W \in \mathbb{R}^{d_{in} \times d_{out}}$ を次のように初期化することを推奨する.

$$W \sim U\left[-\frac{\sqrt{6}}{\sqrt{d_{in}+d_{out}}}, +\frac{\sqrt{6}}{\sqrt{d_{in}+d_{out}}}\right], \tag{5.1}$$

ここで,$U[a,b]$ は $[a,b]$ の範囲で一様サンプリングした無作為値である.これは,双曲線正接 (tanh) 活性化関数の性質に基づくもので,多くの場合効果的であり,デフォルトの初期化手法として多く用いられている.

He et al. [2015] の分析によれば, ReLU 非線形関数を用いるときは,平均が 0, 標準偏差が $\sqrt{\frac{2}{d_{in}}}$ であるガウス分布からサンプリングして重みを初期化する必要がある. He et al. [2015] は,この初期化が特に深いネットワークを用いた画像分類タスクにおいて, xavier 初期化より効果があることを見い出している.

---

7) デバッグをする際,また結果を再現できるようにするためには,固定した無作為値を使用することが推奨される.

5.2.3 リスタートとアンサンブル

複雑なネットワークの訓練を行う場合，無作為の初期値が異なることによって得られる最終結果が異なり，異なる精度を示す可能性がある．計算資源に余裕がある場合は，訓練過程をそれぞれ異なる無作為の初期値で複数回実施し，開発セットにおいて最も良い結果を示すものを選択することが望ましい．この手法はランダムリスタート (random restart) と呼ばれる．無作為の初期値から得られたモデルの平均精度は，プロセスの安定性を示すヒントとなるため，これも重要な値である．

モデルの初期化に使用する無作為の初期値を"調節"する必要があるということは，手間がかかることではあるが，その一方で，同じタスクが実行できる異なるモデルを簡単に得られることに繋がり，モデルアンサンブル (model ensembles) が容易となる．複数のモデルが利用できるようになると，一つのモデルだけではなく，モデルの全体（アンサンブル）を基に予測を行うことができるようになる（例えば，様々なモデルの多数決をとる，あるいは出力ベクトルの平均をとり，これをアンサンブルモデルの出力ベクトルとする）．モデルアンサンブルを使用すると，予測を複数回実行する必要があるが（各モデルごとに1回ずつ），多くの場合，予測の精度は向上する．

5.2.4 勾配消失と勾配爆発

深いニューラルネットワークにおいては，計算グラフ上を後向きに伝播していくにつれて，誤差の勾配が消失する（ほぼ0に近づく），または発散する（非常に大きい値となる）ことが一般的に生じる．この問題はネットワークがより深くなるほど深刻になり，特に木構造および再帰的ネットワークにおいて大きな問題となる [Pascanu et al., 2012]．勾配消失 (vanishing gradients) の問題への対応は，未だ解決されていない研究課題である．対応策として，ネットワークをより浅くする，ステップごとの訓練を実施する（補助的な出力信号に基づいて最初の層をまず訓練し，そこを固定してから，実タスクの信号に基づいて，ネットワーク全体の上位層を訓練する），バッチ正規化を行う [Ioffe and Szegedy, 2015]（それぞれのミニバッチに対して，ネットワークのそれぞれの層ごとに，入力の平均が0，分散が1となるよう，入力を正規化する），勾配の伝播を支援するよう設計された，専用のアーキテクチャ（例えば，再帰的ネットワークにおいては，第15章で紹介するLSTMやGRU）を用いるなどが考えられている．**勾配爆発** (exploding gradients) への対応としては，勾配のノルムが閾値を超えた場合に勾配をクリッピングする方法が，単純ではあるが効果的である．ネットワークにおける全てのパラメータの勾配を $\hat{g}$ とし，$\|\hat{g}\|$ をその L_2 ノルムとする．Pascanu et al. [2012] は，$\|\hat{g}\| > \text{threshold}$（閾値）の場合に，$\hat{g} \leftarrow \frac{\text{threshold}}{\|\hat{g}\|} \hat{g}$ とすることを推奨している．

5.2.5 飽和ニューロンと死亡ニューロン

tanh 活性化関数と シグモイド 活性化関数を持つ層は飽和してしまう，つまり，その層の出力値が全て活性化関数の上限である 1 に近づいてしまうことがある．ニューロンが飽和すると，勾配は非常に小さくなるため，この状況は避ける必要がある．ReLU 活性化関数を持つ層は飽和することはないが，"死亡" する可能性がある．つまり，ほとんどまたは全ての値が負の値となり，そのため全ての入力が 0 にクリッピングされ，その層の勾配が 0 となる．ネットワークの訓練がうまく行われない場合はネットワークを監視し，多くの飽和ニューロンまたは死亡ニューロンを含む層を探すことを推奨する．飽和ニューロン (saturated neuron) はその層へ入力される値が大きすぎる場合に発生する．このような場合，初期化の変更，入力値の範囲の調整，学習率の変更によって対応できる可能性がある．死亡ニューロン (dead neuron) はその層へ入力される値が負の値となることで発生する（これは，例えば，大きく勾配を更新した後に発生する）．この状況は，学習率を小さくすることによって改善できるだろう．飽和した層に対して，例えば，$g(\boldsymbol{h}) = \tanh(\boldsymbol{h})$ の代わりに $g(\boldsymbol{h}) = \frac{\tanh(\boldsymbol{h})}{\|\tanh(\boldsymbol{h})\|}$ を使用して，活性化の後に飽和した層の値を正規化する方法もある．層の正規化は飽和に対する効果的な対策ではあるが，勾配の計算の観点からはコストが高い．関連する手法として，Ioffe and Szegedy [2015] によるバッチ正規化 (batch normalization) がある．ミニバッチ全体の平均が 0，分散が 1 となるように，それぞれの層で活性化された値を正規化する．このバッチ正規化の手法は，コンピュータ・ビジョンにおいて深いネットワークを効果的に訓練するための主要な構成要素となっている．本書を執筆した時点では，自然言語への応用ではあまり一般的ではない．

5.2.6 シャッフリング

ネットワークが訓練事例を処理する順序は重要である．前述（2.8.1 節）の SGD の構成では，毎回無作為に事例を選択することを指定している．実際には，ほとんどの実装で訓練事例全体を通して無作為に処理をし，基本的には，無作為非復元サンプリングを行う．データを処理する前に毎回訓練事例をシャッフリング (shuffle) しておくことが望ましい．

5.2.7 学習率

学習率の選択は重要である．学習率が大きすぎるとネットワークは効果的な解へ収束しにくくなり，小さすぎると収束するまでに時間がかかる．経験則としては，学習率はまず，例えば 0.001, 0.01, 0.1, 1 などの [0,1] の範囲の値で実験するとよい．時間に伴うネットワークの損失の変化を監視し，ヘルドアウト開発セットにおいて損失の改善が見られなくなったら，学習率を減少させる．**学習率のスケジューリング** (learning rate scheduling) は，観察されたミニバッチの数の関数として学習率を減少させる．一般的なスケジューリングでは，初期学習率を繰り返し回数で除する．Bottou [2012] は，$\eta_t = \eta_0(1 + \eta_0 \lambda t)^{-1}$ という形の学習率を使用することを推奨している．ここで η_0 は初期学習率で，η_t は t 番目の訓練データに使用する学習率，λ は付加的なハイパーパラメータを示す．さらに，データセット全体に対して実行する前に，小規模なデータサンプルを基に η_0 に適した値を決定することを推奨している．

5.2.8 ミニバッチ

それぞれの訓練事例（大きさ1のミニバッチ）ごと，あるいは k 個の訓練事例ごとにパラメータが更新される．より大きなミニバッチで実行することで効果がある問題もある．計算グラフによる抽象化の観点からは，k 個の訓練事例それぞれに計算グラフを一つずつ作成し，平均をとるノードの配下にそれら k 個の損失ノードを関連付け，このノードの出力をミニバッチの損失とすることもできる．ベクトル・行列の演算を行列・行列の演算で置き換えるので，GPU といった特化した計算アーキテクチャにおいては，大きなミニバッチによる訓練は，計算の効率性の観点から効果があるだろう．これを詳しく述べることは，本書の対象範囲を超えている．

第2編

自然言語データの扱い

第6章

テキストデータのための素性

　ここまでの章では，一般的な学習アルゴリズムを議論し，いくつかの機械学習モデルとそれらを訓練するためのアルゴリズムを見てきた．これらのモデルは全て，ベクトル x を入力としてとり，予測を作り出す．ここまでベクトル x は所与であると仮定してきた．言語処理では，ベクトル x はテキストデータから，そのテキストの様々な言語学的特徴を反映するように導かれる．テキストデータから実数値ベクトルへのこの写像は，**素性抽出** (feature extraction) あるいは**素性表現** (feature representation) と呼ばれ，**素性関数** (feature function) によって行われる．素性を正しく決定することは，機械学習のプロジェクトを成功させるために不可欠である．深層ニューラルネットワークは素性エンジニアリングの必要性の多くを減じてくれているとはいえ，核となる素性の集合は適切に決定する必要がある．このことは，離散的なシンボルの系列という形式を持つ言語データにおいて，特に成り立つ．この系列は，何らかの方法で，数値ベクトルに変換されなければならないが，その方法は自明というわけではない．

　我々は，ここで，訓練の仕組みから離れ，言語データにおいて利用される素性関数について議論する．この後の数章がこのトピックにあてられる．

　本章では，テキスト言語データを扱う際に素性として用いることができる，一般的な情報源についての概要を提示する．第7章では，具体的な NLP 問題をいくつか取り上げ，そこでの素性選択を議論する．第8章はニューラルネットワークに取り込まれる入力ベクトルへと素性を符号化することを扱う．

6.1 自然言語処理における分類問題のタイプ分け

一般的に言って，自然言語の分類問題は，分類される項目に応じて，いくつかの大きなカテゴリに分けることができる（ただし，自然言語処理の問題のいくつかは分類という枠組みにうまく落とし込むことができない．例えば，文やそれより長いテキストを生成するような問題，文書要約や機械翻訳，がそうである．これらについては第 17 章で議論する）．

単語 これらの問題では，"dog"，"magnificent"，"magnificant"，"parlez" などの単語を前にして，それについて何かを述べる必要がある．それは生き物を意味しているのか，どの言語に属する単語なのか，どの程度一般的なのか，それに似た他の単語は何か，別の単語の綴り誤りではないか等々．単語は周りから切り離されて現れることはめったになく，多くの単語の解釈はその単語が使われた文脈に依存するので，このような問題は実際には極めて稀である．

テキスト これらの問題においては，句であれ，文であれ，パラグラフであれ，文書であれ，ともかくテキストに向かいあい，それについて何かを述べることなる．スパムかそうでないのか，政治とスポーツのどちらに関するものなのか，皮肉を含んでいるか，（ある問題について）肯定的，否定的，中立のいずれであるのか，誰が著したのか，信頼できるか，ある決まった意図の集合の中でどれを反映したものか（もしくはいずれも反映していないか），このテキストは 16 歳から 18 歳までくらいの男性に好まれそうか等々．これらのタイプ問題はとても一般的で，それらをまとめて**文書分類** (document classification) 問題と呼ぶこととする．

テキスト対 これらの問題では，単語もしくはより長いテキストの対を与えられ，その対について何かを述べる必要がある．単語 A と単語 B は同義語であるか，単語 A は単語 B の適切な翻訳であるか，文書 A と文書 B は同じ著者によって書かれたものか，文 A の意味は文 B から推論できるか．

文脈に埋め込まれた単語 ここでは，一片のテキストと，その中の特定の単語（あるいは句や文字など）とが与えられ，そのテキストを文脈として与えられた単語を分類する．例えば，*I want to book a flight* における単語 *book* は名詞，動詞，形容詞のいずれであるか，与えられた文脈において単語 *apple* は企業と果物のいずれを表しているか，*I read a book on London* において前置詞 *on* を用いるのは適切か，与えられたピリオドは文境界と省略のいずれを示すものであるか，与えられた単語は人名，場所名，組織名のいずれの一部であるか，等々．これらのタイプの問題はより大きな問題を文脈として現れることが多い．例えば，文に品詞を注釈付ける，文書を文に分割

する，テキスト中の全ての固有表現を見つけ出す，与えられた事物に言及している全ての文書を見つけ出す等々．

二つの単語の関係　より大きな文書を文脈として，二つの単語あるいは句が与えられ，それら二つの関係について何か述べることを求められる．与えられた文において単語 A は動詞 B の主語であるか，与えられた文において単語 A と単語 B の間に "purchase" の関係が成り立っているか等々．

これらの分類の事例の多くは**構造問題** (structured problems) へと拡張されうる．そこでは，ある決定への回答が他に影響するなど，相互に関連する複数の分類の判断を行うことが関心となる．これらについては第 19 章で論じる．

単語とは何か　単語 (word) という用語を大雑把に使っている．"何が単語であるか" という質問は言語学者の中での議論の対象であり，その答えは常に明確というわけではない．

一つの定義（本書はおおよそこれに沿っている）は，単語とは空白で区切られた文字の系列であるというものである．この定義は単純すぎる．そもそも英語の句読点は空白で区切られないので，この定義に従うと，dog, dog?, dog., そして dog) も全て異なる単語ということになる．ということで修正された定義では，単語は空白あるいは句読点で区切られる．**トークン化** (tokenization) と呼ばれる処理が，テキストを空白や句読点に基づいて**トークン** (token) （これを本書では単語と呼んでいる）に分割する．分割すべきでない，略語 (I.B.M) や敬称 (Mr.) などを考慮しなければならないとはいえ，英語におけるトークン化の仕事は全く単純なものである．その他の言語では問題はより複雑になりうる．ヘブライ語やアラビア語では，ある単語は空白なしで次の単語と接するようになる．中国語には空白が全くない．これらはいくつかの例に過ぎない．

英語やそれに類似した言語（本書ではそれらを仮定している）を処理する場合，空白と句読点によるトークン化は（いくつかの境界事例を扱うとはいえ）単語について良い近似を与えてくれる．とはいえ，単語のこの定義は完全に技巧的なものにとどまり，物事を書き記す仕方から導かれたものである．もう一つの一般的な（そしてより良い）定義は，単語を "意味の最小単位" とするものである．この定義に従うと，我々の空白に基づく定義が問題のあるものであることが見えてくる．空白と句読点によって分割をした後でも，don't のような系列は一単語として残されるが，これは実際には do not という二つの単語が一つのシンボルへとまとまったものである．英語のトークン化処理はこれらを同様に一単語として処理するの

が普通である．catとCatは同じ意味を持ったシンボルであるが，これらは同じ単語であろうか．より興味深い例として，New Yorkのようなものを考えてみよう．これは二つの単語だろうかそれとも一つの単語だろうか．ice creamはどうだろう．それはice-creamやicecreamと同じだろうか．そして，kick the bucketのような慣用句はどうだろう．

一般には，単語 (word) とトークン (token) は区別される．トークン化処理の出力がトークンと呼ばれ，意味を運ぶ単位が単語と呼ばれる．あるトークンは複数の単語から構成されることもあるし，複数のトークンが一つの単語となることもありうる．そして，時には異なるトークンが同じ単語に基づいていて，同じ単語を表す場合もある．

以上のことを述べた上で，本書では，単語という用語を，極めて大雑把に使い，トークンと相互交換可能であるとする．とはいえ，実際の物語はそれより複雑であると心に留めておくことは重要である．

6.2　自然言語処理問題のための素性

以下では，前節に示した問題に対して用いられる一般的な素性を説明していく．単語や文字は離散的なものなので，素性は指標と計数の形式をとることが多い．**指標素性** (indicator feature) はある条件を満たすかによって，0 もしくは 1 の値をとる（例えば，ある素性は，単語 dog が文書中に一度以上現れたときに1の値をとり，そうでなければ0となる）．**計数** (count) はある出来事が生じた回数に従った値となる．テキスト中に単語 dog が現れた回数を示すような素性である．

6.2.1　直接観察できる属性

一つの単語の素性　文脈を持たない単語に注目した場合，主な情報源はその単語を構成する**文字** (letters) とその順序になる．あわせて，それらから導かれる単語の長さ，その綴りに関する形態（最初の文字は大文字か，全ての文字が大文字か，その単語はハイフンを含んでいるか，数字を含んでいるか，等々），単語の**接頭辞** (prefix)，**接尾辞** (suffix)（un で始まっているか，ing で終わっているか）も素性となる．

外部の情報源との関係で単語を見ることもできる．大規模テキスト集合にその単語が何回現れているか，米国の一般的な人名一覧にその単語が含まれているかなどである．

レンマとステム（語幹，stem）　単語のレンマ (lemma)（辞書見出し語）に着目することも多い．$booking, booked, books$ などの語形が共通のレンマである $book$ に写像さ

れる．このような写像は普通レンマ辞書と形態素解析器によって実行される．これらは多くの言語で入手できる．ある単語のレンマが何であるかには曖昧性があるので，レンマ化 (lemmatizing) は，単語がその文脈と共に与えられた場合に，より正確に行われる．レンマ化は言語学的に定義された処理であるので，レンマ化辞書にないものや綴り誤りを含むものに対してはうまく処理が行われないこともある．レンマ化より粗い処理はステミング (stemming) と呼ばれ，こちらは文字の任意の系列を扱うことができる．ステミングを行うステマーは文字の系列を，言語に依存したヒューリスティクスを用いて，異なった屈折を持つものが同じ系列になるように，より短い系列に写像する．ステミングの結果として得られる系列は必ずしも適正な単語ではない．picture, pictures, pictured はいずれも pictur にステミングされる．様々なステマが存在し，それらがどの程度のまとめ上げを行うかも様々である．

語彙資源 単語の語形についての追加的な情報源として**語彙資源** (lexical resources) がある．これらは本質的には辞書であるが，人間に読まれるためよりも，プログラムに従って機械に検索されるためのものである．語彙資源は，典型的には，他の単語と関係付けることや補助的な情報を提供すること，あるいはその両方によって，単語に関する情報を表している．

例えば，多くの言語で，屈折した語形からその形態論的分析を与えてくれる辞書が存在する（ある単語が女性名詞の複数形か動詞の過去完了形かを教えてくれる）．そのような辞書はレンマについての情報も含んでいるのが普通である．

英語における大変よく知られた語彙資源が **WordNet** [Fellbaum, 1998] である．WordNet は，非常に大きな人手によって企画構築されたデータセットで，単語についての概念的意味的知識を獲得することを目的としている．それぞれの単語は一つあるいは複数の **synset**（同義語集合）に属し，この synset が認知的な概念を表現する．例えば，単語 *star* は，*astronomical celestial body, someone who is dazzlingly skilled, any celestial body visible from earth*，そして *an actor who plays a principle role* など，多くの synset に属する名詞である．このうち，第二の synset には他に *ace, adept, champion, sensation, maven, virtuoso* などの単語が含まれている．synset は，上位関係 (hypernymy) や下位関係 (hyponymy)（より一般的な単語やより限定的な単語）などの意味関係によってお互いに結び付けられている．例えば，*star* の第一の synset は，下位語 (hyponym) として *sun* や *nova* を，上位語 (hypernym) として *celestial body* を含むだろう．WordNet におけるそのほかの意味関係として，反義語 (antonym)（反対の単語）や，全体語 (holonym), 部分語 (meronym)（部分全体関係と全体部分関係）が含まれる．WordNet は，名詞，動詞，形容詞，副詞の情報を含んでいる．

FrameNet [Fillmore et al., 2004] と VerbNet [Kipper et al., 2000] は，人手によって企画構築された語彙資源で，動詞の周りに焦点を当て，多くの動詞についてそれがとる項（例えば，*giving* は，核となる項として，提供者 (Donor)，受領者 (Recipient)，対象 (Theme)（授受されたもの）を含み，核でない項として，時 (Time)，目的 (Purpose)，場所 (Place)，そして様態 (Manner) などを含む）が列挙されている．

The Paraphrase Database (PPDB) [Ganitkevitch et al., 2013; Pavlick et al., 2015] は，巨大で，自動構築された言い換えのデータセットである．単語と句が列挙されており，それぞれについて，ほぼ同じ内容を意味するとして使うことができる単語や句の一覧が提供されている．

これらのような語彙資源は多くの情報を含んでおり，素性の優れた情報源としての役割を果たすことができる．しかし，このようなシンボル的な情報を効率的に利用する方法はタスクに依存し，多くの場合，簡単ではないエンジニアリング的尽力や創意工夫，あるいはその両方を必要とする．このため，それらは現状ではニューラルネットワークモデルでそう頻繁には活用されていない．ただし，状況は変化するかもしれない．

分布論的素性 もう一つの重要な単語に関する情報源は，分布論的 (distributional) なもので，別のどの単語がテキスト中においてそれと同じように振る舞うかを表している．これらは独立に扱うべきものであるので，後の 6.2.5 節で議論することとする．11.8 節では，ニューラルネットワークアルゴリズムによって導かれた分布論的単語ベクトルに知識を注入するために語彙資源をどのように用いることができるかを議論する．

テキストの素性 文，パラグラフ，文書について考えるとき，観察できる素性はそのテキストに含まれる文字や単語の出現数と順序である．

単語バッグ 文や文書についての素性抽出の本当に一般的な手続きは，単語バッグ (Bag of Words: BOW) と呼ばれる方法である．この方法は，テキスト中の単語のヒストグラムを見る．つまり，それぞれの単語の出現数を素性として考慮する．単語を"基本要素"へと一般化して考えれば，2.3.1 節の言語同定の例で用いた文字バイグラムのバッグも単語バッグ手法の一例である．

文字の数や単語の数で測った文の長さ (length) のような，単語や文字から直接導かれるような量も計算することができる．個々の単語を考える際には，もちろん，前述の単語に関する素性も用いることができる．文書中に含まれる特定の接頭辞，接尾辞を持つ単語の出現数がその例となるし，文書に含まれる短い単語（その長さが与えられた長さより短い単語）と長い単語の比率を計算することもできる．

重み付け 前述の場合と同様に，外部の情報に基づく統計量と組み合わせることもできる．例えば，外部の文書集合では比較的少数回しか現れないのに，与えられた文書では多くの回数出現している単語に注目する（これによって，全ての文書で一般的であるためにその文書でも出現数の多い，a や for のような単語を，その文書のトピックに関連して出現数が大きくなっている単語から区別することができる）．単語バッグの手法の場合，**TF-IDF** (Term Frequency-Inverse Document Frequency) の重み付け [Manning et al., 2008, 6 章] を用いるのが一般的である．比較的大きなコーパス D の一部であるような文書 d を考える．d に含まれるそれぞれの単語 w を文書中での正規化した出現数 $\frac{\#_d(w)}{\sum_{w' \in d} \#_d(w')}$ （単語頻度，TF）で表現するのではなく，代わりに TF-IDF 重み付けである $\frac{\#_d(w)}{\sum_{w' \in d} \#_d(w')} \times \log \frac{|D|}{|\{d \in D : w \in d\}|}$ でそれを表現する．ここで第二項は逆文書頻度 (IDF) で，この単語が出現するコーパス中の文書の数の逆数である．これにより，その文書に特徴的な単語が強調される．

単語だけでなく，連続した単語の対や三つ組を見ることもできる．これらは **n-グラム** (n-gram) と呼ばれる．n-グラム素性については 6.2.4 節で深く議論される．

文脈中の単語の素性 文や文書の中に現れる単語について考えたとき，単語の直接観察できる素性としては，文中でのその位置や，それを取り巻く単語や文字が挙げられる．対象となる単語のより近くにある単語は，遠く離れた単語よりも，それについての情報を多く持っていることが多い[1]．

窓 この理由から，ある単語を取り巻く窓 (window)（つまり，それぞれの側に k 語，k の典型的な値は 2, 5, 10 である）を考えることで，その単語の直近の文脈に焦点を当てて，窓の中に含まれる単語それ自体を素性とする（つまり，"対象となる単語の周りの 5 語の窓の中に単語 X が現れた" ことが素性となる）ことがしばしば一般的である．例えば，文 *the brown fox jumped over the lazy dog* を考え，対象となる単語が *jumped* であったとする．それぞれの側に 2 語の幅の窓は，{ word=brown, word=fox, word=over, word=the } という素性集合を作り出す．この窓による方法は，一種の単語バッグと考えられるが，扱う範囲を小さな窓の中に限定しているのである．

固定された幅の窓では，順序を考慮しないという単語バッグの仮定を緩和して，窓の中での相対的な位置を考慮に入れることも可能となる．これによって，"単語 X が対象となる単語の 2 語左に現れた" というような**相対的位置素性** (relative-positional

---

[1] ただし，これは大雑把な一般化であることは記憶しておいてほしい．多くの場合，言語では，単語の間に長距離の依存が現れる．あるテキストの末尾の単語がそのテキストの先頭の単語に影響されていることも十分にありうるのである．

features) が得られる．例えば，上の例で位置付き窓の方法をとれば，{ word-2=brown, word-1=fox, word+1=over, word+2=the } のような素性集合が得られる．

窓に基づく素性をベクトルに符号化することについては，8.2.1 節で議論される．第 14, 16 章では，biRNN アーキテクチャを紹介するが，これは，柔軟で，調節や訓練が可能な窓を提供することで窓素性を一般化するものである．

位置 単語の文脈の他に，文中での絶対的位置 (position) が関心となることがある．"対象となる単語は文の中で 5 番目の単語である" ということを素性としてもよいし，これをより粗く分類して表現する区間（ビン，bin）を用いて，それが最初の 10 語に含まれるか，10 語から 20 語の間に含まれるかなどを素性としてもよい．

単語関係の素性 文脈中の二つの単語を考えるとき，それぞれの位置やそれらを取り巻く単語以外に，それらの語の間の**距離** (distance) や，それらの間に現れる単語そのもの (identity) も素性として見ることができる．

6.2.2 推測される言語学的特徴

自然言語における文は，それらを構成する単語の線形順序を超えた構造を持っている．この構造は込み入った規則の集まりに従っているが，この規則は我々にとって直接観察できないものである．これらの規則はまとめて，**統語** (syntax) と呼ばれる．そして，自然言語におけるこれらの規則と規則性の性質が，言語学の研究対象である[2]．言語の精密な構造はまだ謎に包まれており，多くのより込み入ったパターンを支配する規則は探求されていないか，言語学者の間での議論が続いているかであるが，言語を支配する現象の一部については，丁寧に記述され，深く理解されている．それらには，単語のクラス（品詞タグ）のような概念や，形態論，統語論，さらには意味論の一部が含まれている．

テキストにおける言語学的特徴は，文に含まれる単語の表層形やそれらの順序からは直接観察することはできないが，文を構成する単語列から推測することはできる．ただし，その正確さの程度は様々である．それぞれに正確さの程度は異なるが，品詞，構文木（統語構造），意味役割，談話関係，そしてそれ以外の言語学的特徴を予測するために特化したシステムが存在し，それらの予測は，その後の分類問題の有益な素性として利用されることが多い[3]．

---

[2] この最後の文は，もちろん，凄まじい簡単化である．言語学は統語論よりずっと大きな広がりを持ち，統語以外にも人間の言語的振る舞いを規則付けるようなシステムが存在する．とはいえ，本書のような入門書においては，この簡単化した見方で十分であろう．より深い全体像については，本節の末尾にある補足的文献紹介を参照のこと．

[3] 実際のところ，多くの研究者にとって，これらの言語学的特徴の予測の正確さを向上させること自体が，解決すべき自然言語処理の問題なのである．

言語学的注釈 言語学的な注釈のいくつかの形式を眺めていくこととしよう. *the boy with the black shirt opened the door with a key* という文を考える. 最初のレベルの注釈では, それぞれの単語にその品詞 (part of speech) が割り当てられる.

the	boy	with	the	black	shirt	opened	the	door	with	a	key
DET	NOUN	PREP	DET	ADJ	NOUN	VERB	DET	NOUN	PREP	DET	NOUN

さらにこの連鎖を上に辿って注釈を続けていき, **統語的チャンク** (syntactic chunk) の境界を記すことになる. これによって *the boy* は名詞句であることが示される.

[$_{NP}$ the boy] [$_{PP}$ with] [$_{NP}$ the black shirt] [$_{VP}$ opened] [$_{NP}$ the door] [$_{PP}$ with] [$_{NP}$ a key]

opened が動詞チャンク (VP) と記されていることに注意してほしい. *opened* が動詞であることはすでにわかっているので, これはあまり有益には見えないかもしれない. しかし, VPチャンクは, *will open* や *did not open* のような場合がそうであるように, より多くの要素を含むことがある.

チャンクの情報は局所的で, より大局的な統語構造は**構成要素木** (constituency tree) で示される. これは, **句構造木** (phrase-structure tree) とも呼ばれる.

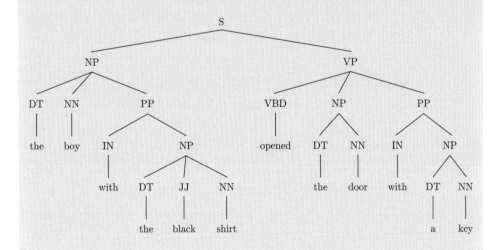

構成要素木は, 文に対する, 入れ子になったラベル付きの括弧付けに対応し, それぞれの統語的単位の階層を表現する. 名詞句 (NP) *the boy with the black shirt* は, 名詞句 *the boy* と前置詞句 (PP) *with the black shirt* から作られている. 後者はそれ自体が名詞句 *the black shirt* を含んでいる. *with a key* が NP *the door* の下

ではなく，VP の下で入れ子になっていることが，*with a key* がその名詞句を修飾する (*a door with a key*) のではなく，動詞 *opened* を修飾する (*opened with a key*) ことを伝えている．

別の種類の統語的な注釈として，**依存構造木** (dependency tree) がある．依存関係に基づく統語論では，文中のそれぞれの単語は別の単語の**修飾語** (modifier) である．修飾される方の単語は**主辞** (head) と呼ばれる．それぞれの単語は文中の別の単語がその主辞となるが，中心的な一語，通常は動詞であるが，だけは例外で，これは文の根（ルート，root）と呼ばれ，特殊なノード "root" がその主辞となる．

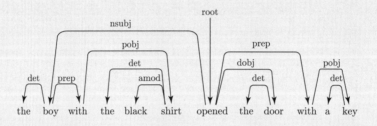

構成要素木が，単語をどのように句にまとめ上げるのかを明らかにするのに対し，依存構造木は**修飾関係** (modification relations) と，単語の間の**繋がり** (connections) を明らかにする．文の表層形では遠く離れている単語が，依存構造木では隣接していることがある．例えば，*boy* と *opened* は文の表層ではその間に四つの単語を挟んでいるが，依存構造木では，*nsubj* というアークがそれらを直接繋いでいる．

依存関係は統語的なもので，それらは文の構造に基づいて結ばれる．それ以外の関係はより意味的である．例えば，動詞 *open* の修飾語，動詞の**項** (argument) とも呼ばれるものであるが，を考えてみよう．統語的な木は，*the boy* (*with the black shirt*), *the door*, そして，*with a key* を項であると示し，特に *with a key* が *door* の修飾語ではなく，*open* の項であることを明らかにしている．しかし，それは，それらの項が動詞に対して持つ**意味役割** (semantic role) が何であるかを述べていない．例えば，*the boy* は行為を実行した動作主 (AGENT) であり，*a key* はその道具 (INSTRUMENT) である（これを *the boy opened the door with a smile* という文と比較してみるとよい．ここでこの文は同じ統語構造を持っているが，我々が魔法の世界にいるのではない限り，*a smile* は様態 (MANNER) であって，道具ではない）．**意味役割ラベル付け** (semantic role labeling) による注釈はこのような構造を明らかにする．

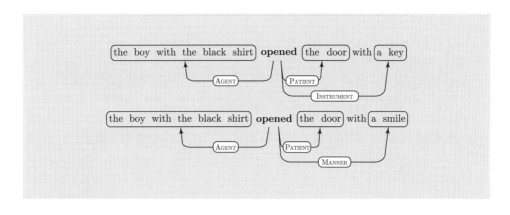

観察できる特徴（文字，単語，出現数，長さ，線形距離，頻度等々）だけでなく，単語や文や文書において，このような推測される属性に着目する（を利用する）ことができる．例えば，文書中の単語の品詞 (Part of Speech tag: POS)（それは名詞，動詞，形容詞，それとも限定詞であるのか）や，単語の統語的役割 (syntactic role)（それは動詞の主語となっているのか，それとも目的語か，文の主動詞であるのか，副詞的な修飾語として用いられているのか）や，その意味役割 (semantic role)（"the key opened the door" において key は道具として振る舞うが，"the boy opened the door" における boy は動作主である）に注目することができる．ある文の中の二つの単語が与えられた時，その文の統語的依存構造木 (syntactic dependency tree) を考えて，その木においてそれら二つの語を繋いでいる部分木やパス（経路）や，そのパスの属性を考えることができる．文の中で，多くの単語で隔てられているような二つの単語が，統語構造においては隣接していることもありうる．

文を超えたところに来てみると，詳細化 (ELABORATION)，反論 (CONTRADICTION)，因果 (CAUSEEFFECT) など，文を繋いでいる談話関係 (discourse relations) に注目したくなるかもしれない．これらの関係は，*moreover, however, and* などの談話接続詞によって表現されることが多いが，時にはそのような直接的な手がかりなしで表現されることもある．

もう一つの重要な現象は照応 (anaphora) に関するものである．*the boy opened the door with a key. It$_1$ wasn't locked and he$_1$ entered the room. He$_2$ saw a man. He$_3$ was smiling.* という文の系列を考えてみる．照応解決 (anaphora resolution)（共参照解決 (coreference resolution) とも呼ばれる）は，It$_1$ が（the key や the boy ではなく）the door を指し示しており，he$_2$ は the boy を指し示しており，he$_3$ は the man を指し示しているのが尤もらしいと教えてくれる．

品詞タグ，統語的役割，談話関係，照応などの概念は，言語学の理論に基づいたもので，それらは，言語学者によって長い時をかけられて，人間の本当に複雑で混乱したシ

ステムについて規則や規則性を獲得しようという目的で発展を続けられてきたものである．言語を支配する規則の多くの側面についてまだまだ議論が続いているし，その他についても，過度に厳格であるか，単純すぎるように見えるかもしれない．しかし，ここで述べた概念が（そしてそれ以外のものも），言語についての，広範囲にわたる一連の重要な一般性や規則性を獲得していることは間違いない．

言語学的概念は必要か 深層学習の支持者の一部は，推測されたり人手で設計されたりするような言語学的特徴は必要なく，ニューラルネットワークはそれらの中間的な表現を（もしくはそれと等価か，より優れたものを）自分自身で学習すると主張する．この主張についての審判はまだ下っていない．筆者の現在の個人的な信念は次のようなものである．十分な量のデータと，あわせてたぶん，正しい方向付けがあれば，ネットワークはそれ自身でこれら多くの言語学的概念を推論することができるだろう[4]．しかし，その他の多くの場合において，扱うべきタスクに関して十分な訓練データが存在していないし，そのような場合に，より明示的で一般的な概念をネットワークに提供することは極めて有益である．十分なデータを持っているときでさえ，単語などの表層形に加えて，それどころか，それに代えて，一般化された概念を与えることで，テキストのある側面にネットワークの関心を集中させたり，他を無視すべきであるというヒントを与えたりしたいこともあるかもしれない．最後に，これらの言語学的特徴を入力素性としては利用しないという場合でも，それらをマルチタスク学習の設定（第20章）における追加的な教師として用いることや，それらの特徴を持つ言語学的現象を学習するのにより適したネットワークのアーキテクチャや訓練の枠組みを設計することができ，それを通じてネットワークを正しい方向へ導くことを助けることもできる．このような全てを考慮すれば，言語学的概念の利用が言語理解や言語生成のシステムの改善の助けになるという証拠は十分あるといえよう．

補足的文献 自然言語テキストを取り扱う際には，文字や単語を超えた言語学的概念に気を配るべきであること，そして，現在，利用することができる多くの計算処理ツールについても知っておくよう助言しておく．本書はこのトピックについては，表面を撫でる程度でほとんど扱えていない．Bender [2013] は，言語学的概念について，情報科学的な考え方をする人達への，良質で簡潔な総論を提供してくれている．現在のNLPの手法やツールや資源については，Jurafsky and Martin [2008] を参照のこと．あわせて，原著シリーズにも多くの個別のテーマについての書籍がある[5]．

---

[4] 例えば，16.1.2 節の実験を参照のこと．そこではニューラルネットワークが英語における主語と動詞の一致の概念を，名詞，動詞，文法的数，そして，ある種の階層的な言語構造の推論を通じて，学習する．
[5] 統語的依存構造は Kübler et al. [2008] が，意味役割は Palmer et al. [2010] が，議論している．

6.2.3 核となる素性と組み合わせ素性

多くの場合，共に生じる素性の連言が関心の対象となる．例えば，二つの指標 "単語 *book* が窓の中に現れた" "品詞 VERB が窓の中に現れた" を知ることは，"品詞 VERB が割り当てられた単語 *book* が窓の中に現れた" を知るのに比べて，間違いなく情報が少ない．同様にそれぞれの指標素性に個別の重みを割り当てたとき（線形モデルの場合のように），二つの異なる指標素性 "位置 -1 の単語が *like* である" "位置 -2 の単語が *not* である" が生じることは，非常に特徴的な組み合わせ素性 "位置 -1 の単語が *like* であり，位置 -2 の単語が *not* である" に比べるとほとんど全く役に立たない．さらに同様に，ある文書に単語 *Paris* が含まれていることはその文書が旅行 (TRAVEL) カテゴリに属することの兆候であり，同じことが単語 *Hilton* についても成り立つ．しかし，もしその文書がこの二つの単語を共に含んでいるのであれば，それは TRAVEL カテゴリではなく，有名人 (CELEBRITY) あるいはゴシップ (GOSSIP) カテゴリに属することの兆候となる．

線形モデルにおいては，出来事の連言（X が生じ，かつ Y が生じ，かつ...）に，それぞれの出来事のスコア（得点）の合計以上のスコアを割り当てることはできない．それをするためには，その連言それ自身を一つの素性としてモデリングする必要がある．このため，線形モデルにおける素性設計においては，**核となる素性（核素性）** (core features) だけでなく，数多くの**組み合わせ素性** (combination features) を定義しなければならない[6]．組み合わせの集合の可能な候補は膨大であるので，情報量があり，かつ無駄が比較的少ないような組み合わせ素性の集合を構築することは，技能を持った人間が試行錯誤して初めて可能となる．実際，"位置-1 の単語が X であり位置+1 の単語が Y であるという形式の素性は含めるが，位置-3 の単語が X であり位置-1 の単語が Y であるという形式の素性は含めない" というような設計上の決定に，多くの努力が消えていっているのである．

ニューラルネットワークは非線形モデルを提供するために，この問題を回避できる．多層パーセプトロン（第 4 章）のようなニューラルネットワークを用いた場合，モデルの設計者は，核素性の集合を定義するだけでよく，重要な組み合わせ素性を取り出すことについては，ネットワークそれ自体の訓練過程に頼ることができる．このことは，モデル設計者の作業を非常に簡単なものにしてくれる．実際問題として，ニューラルネットワークは核素性だけに基づいて本当に優れた分類器を学習することができ，ときには，人手で設計した組み合わせ素性を用いた線形分類器の最も優れたものさえ上回る性能を出すことがある．とはいえ，多くの場合，人手でうまく作り上げた素性集合を用

---

6) このことは第 3 章で議論した排他的論理和問題の直接の現れであって，人手で定義した組み合わせ素性は，線形分離不可能であるような核素性のベクトルを，そこでは線形モデルでもデータをよりうまく分離できそうな高次元の空間へと写像するような写像関数 ϕ に相当する．

いた線形分類器を打ち負かすのはなかなか難しいことが多く，核となる素性を用いたニューラルネットワークはそのような線形モデルにかなり近づくが，それを超えることはできない．

6.2.4　n-グラム素性

与えられた長さの連続した単語の系列である n-グラム (n-gram) の素性は，組み合わせ素性の特殊な場合である．言語分類の事例（第2章）で，すでに文字バイグラム素性を見てきた．単語バイグラムや，文字や単語のトライグラム (trigram)（項目三つからなる系列）も一般的である．それを超えて，4-グラムや5-グラムも，文字については時々用いられる．ただし，スパースネスの問題から単語においてはその利用は稀である．個々の単語よりも単語のバイグラムがより多くの情報を持つことは直観的に明らかであるに違いない．例えば，*New York* や *not good*, *Paris Hilton* のような構造を獲得することができる．実際，バイグラムのバッグによる表現は，単語バッグによるものよりはるかに強力で，多くの場合，これに打ち勝つのは容易でないことが示されている．もちろん，全てのバイグラムが等しく情報を持つというわけではなく，*of the, on a, the boy* などのバイグラムは極めて一般的で，その個々の構成要素以上の情報を持たない．ただ，与えられたタスクにおいてどの n-グラムが有益であるかを事前に知ることはとても難しいため，一般的な解法としては，一定の長さまでの全ての n-グラムを素性に含めてしまい，モデルの調整において，非常に小さい重みを割り当てることで，興味のないものを切り捨てるということを行う．

基本的なニューラルネットワーク，例えば MLP は，一般的には，それ自身で，n-グラム素性を文書から推論することができない点に注意してほしい．文書の単語バッグ素性を読み込んだ多層パーセプトロンは，"単語 X が文書中に現れ，かつ単語 Y が文書中に現れた" というような組み合わせを学習することはできるが，"バイグラム X Y が文書中に現れた" ということは学習できない．このため，n-グラム素性は非線形分類の文脈においても重要である．

位置情報を付与した固定長の窓を利用すれば，多層パーセンプロトンは n-グラムを推論することができるようになる．"位置 −1 の単語が X である" と "位置 −2 の単語が Y である" との組み合わせは結果としてバイグラム XY となるからである．畳み込みネットワーク（第13章）のようなより特別なネットワークアーキテクチャは，可変長の単語の系列に対するタスクにおいて，情報となる n-グラム素性を見つけ出すように設計されている．双方向 RNN（第14, 16章）は n-グラムの概念をさらに推し進めて，情報となるような，可変長 n-グラム，さらには間にギャップを含むような n-グラムを感知することができる．

6.2.5 分布論的素性

ここまで，単語を離散的で相互に関連を持たないシンボルとして扱ってきた．処理のされ方に関して言えば，単語 *pizza, burger* そして *chair* はお互いに同じ程度に類似して（そして，同じ程度に異なって）いる．

単語を分類するいくつかの方法に基づくような一般化はすでに行ってきている．例えば，品詞や統語的な役割のようなより粗い分類への写像（"*the, a, an, some* は全て限定詞である"）や，屈折形からそのレンマへの一般化（"*book, booking, booked* は全て共通のレンマ *book* を持っている"）や，あるリストや辞書に含まれているかによる分類（"*John, Jack, Ralph* は一般的な米国人名リストに含まれている"）や，WordNet のような語彙資源を用いて，他の単語との関係を参照するなどを行ってきた．しかし，これらの方法は極めて限定的であり，非常に粗い分類しか与えてくれないか，そうでなければ人手で編纂された特定の辞書に依存するものであった．料理名だけを掲載した特別なリストがなければ，*pizza* が *chair* によりも *burger* に似ているということは学べない．そして，*pizza* が *icecream* によりも *burger* に似ていることを学ぶのはさらに困難である．

言語の**分布仮説** (distributional hypothesis) は，Firth [1957] と Harris [1954] によって提唱されたものだが，それは，単語の意味はそれが用いられる文脈から推論できると述べている．大量の文書にわたっての単語の共起パターンを観察することで，*burger* が現れる文脈が *pizza* が現れる文脈と大変よく似ており，*icecream* が現れる文脈とはそれほど似ていないし，*chair* が現れる文脈とは全く異なっていることを見つけ出せる．この特徴を利用して，単語がその中に現れる文脈に基づいて単語の一般化を学習しようと，長年にわたって，様々なアルゴリズムが考え出されている．それらは大きく二つに分類される．一つは，**クラスタリングに基づく手法** (clustering-based methods) で，類似した単語を同じクラスタに割り当て，クラスタに所属する度合によって，それぞれの単語を表現する．もう一つは**埋め込みに基づく手法** (embedding-based methods) で，これは，それぞれの単語をベクトルで表現し，類似した単語（つまり類似した分布を持つ単語）は類似したベクトルで表現される [Collobert and Weston, 2008; Mikolov et al., 2013b]．Turian et al. [2010] はこれらの手法について議論し，両者の比較を行っている．

これらのアルゴリズムは，単語の間の様々な類似性を明らかにし，単語の優れた素性を導くのに用いることができる．例えば，単語をそのクラスタ ID に置き換えることができる（例えば，単語 *June* と *Aug* がともにクラスタ 732 に置き換えられる）．稀な単語あるいは未知語を，それらと最もよく類似した一般的な単語に置き換えることもできる．もちろん，単語ベクトルそのものを単語の表現として利用することもできる．

ただし，これらの単語類似度の情報は意図しない帰結を招くことがあるので，注意す

る必要がある．例えば，いくつかの応用では，London と Berlin とは類似した単語として扱うことが有益であるが，それ以外の応用（例えば航空チケット予約や文書翻訳のような場合）では，それらを区別することが不可欠である．

単語埋め込みの手法と単語ベクトルの利用については第 10, 11 章でより詳細に議論する．

第7章

事例研究：
自然言語処理における素性

　自然言語テキストから素性を導出するために利用できる，様々な情報源について議論したので，ここからは，具体的な NLP 分類タスクの例を検討し，それらに適した素性を考えていく．ニューラルネットワークによって人手による素性エンジニアリングの必要が緩和されることが見込まれるが，それでもモデルの設計においては，これらの情報源を考慮に入れる必要は続いている．設計するネットワークがこれらの利用できる信号を効果的に用いることができるように配慮しなければならない．そのために，素性エンジニアリングによってそれらを直接参照できるようにしたり，必要な信号に接することができるようにネットワークアーキテクチャを設計したり，モデルの訓練においてそれらを損失信号に追加したりするのである[1]．

7.1　文書分類：言語同定

　言語同定 (language identification) のタスクにおいては，文書や文が与えられ，あらかじめ定められた言語の集合の中のいずれかにそれを分類することが求められる．第2章で見たように，**文字バイグラムのバッグ** (bag of letter-bigrams) は，このタスクにおける極めて強力な素性表現である．具体的にいうと，可能な文字バイグラム（もしくは，少なくとも一つの言語において最低 k 回以上現れるような文字バイグラム）のそれぞれを核となる素性（核素性）とする．ある文書におけるそれら核素性の値は，その

---

[1] 加えて言っておくと，人手で設計した素性に基づく線形モデルや対数線形モデルは，多くのタスクにおいて，効果的であり続けている．それは，ニューラルネットワークに比べて，精度においても十分対抗できる上，訓練は容易であるし，大規模化もできる．そしてその振る舞いについて推測することもデバッグも容易である．どのようなネットワークを設計しようと考えているにせよ，少なくとも，それらを強力なベースラインとして検討すべきである．

文書中に現れた素性，つまり文字バイグラム，の頻度である．

類似したタスクにテキストの文字符号化方式同定 (encoding detection) がある．ここでは，バイトバイグラムのバッグが優れた素性表現となる．

7.2 文書分類：トピック分類

トピック分類 (topic classification) のタスクでは，文書が与えられ，あらかじめ定められたトピックの集合（例えば，経済，政治，スポーツ，レジャー，ゴシップ，生活，その他）の中のいずれかにそれを分類することが求められる．

ここでは，文字のレベルはあまり情報を持たず，基本的な単位は単語となる．このタスクにおいて，語順はあまり情報を持たない（ただし，バイグラムのような隣接した単語の対は有用であるかもしれない）．そのため，優れた素性集合は，文書中の単語のバッグ (bag-of-words) ということになる．おそらく，それと一緒に単語バイグラムのバッグ (bag-of-word-bigrams) を用いるとよい（つまり，それぞれの単語とそれぞれの単語バイグラムが核素性となる）．

訓練事例が多量でない場合は，それぞれの単語をそのレンマに置き換えるような前処理を文書に施すことが有益かもしれない．単語の分布論的な素性，つまり，単語クラスタや単語埋め込みベクトルを，単語の情報に代えて，あるいはそれに加えて，用いることもできる．

線形分類器を用いるときは，単語の対を利用することを考えたくなるかもしれない．つまり，同じ文書中に現れた単語の対それぞれ（必ずしも隣接している必要はない）を核素性と考えることになる．これによって，核素性となる可能性があるものの数は膨大になってしまうので，ヒューリスティクスを用いた設計によってその数を削る必要がある．例えば，一定の数以上の文書に出現する単語の対だけを考慮に入れるなどである．非線形分類器はこの必要を軽減してくれる．

単語バッグを用いるとき，それぞれの単語が持つ情報の多さの割合に応じた重み付けを行うことが，しばしば有益となる．TF-IDF 重み付け（6.2.1 節）がその例である．ただし，学習アルゴリズムがそれ自体でそのような重み付けに到達できることもしばしばである．単語の出現数ではなく，単語の出現指標を用いることももう一つの選択肢である．つまり，文書中のそれぞれの単語（もしくは定めた数よりも多く現れた単語）を，文書中での出現数に関わらず，一つの素性として表現する．

7.3 文書分類：著者特定

著者特定 (authorship attribution) のタスク [Koppel et al., 2009] では，テキストを与えられて，その著者それ自身（候補となる著者の定められた集合から選択される），あるいは，性別や年齢や母語など，そのテキストの著者の特徴を推定する．

このタスクを解くために用いられる情報の種類は，トピック分類のそれとは大きく異なる．手がかりは微妙で，内容語ではなく文章のスタイルに関する特徴が含まれる．

したがって，素性の選択では，内容語を用いることはせず，むしろスタイルに関する特徴に集中することになる[2]．このタスクに適した集合としては，**品詞タグ**と**機能語** (function word) に注目することになる．機能語は *on, of, the, and, before* などのような単語で，それ自体では内容を伝達することはせず，内容を伝える単語を結びつけて，その構成に意味を割り当てる役割を持つ．代名詞（*he, she, I, they*, など）も含まれる．機能語を近似的に得る良い方法として，大規模コーパスでの最頻出現単語の上位300語程度を用いるというものがある．これらの属性に注目することで，著者に固有で捏造が難しい，著述のスタイルに関する微妙な情報を獲得するよう学習することができる．

著者特定タスクに適した素性集合には，機能語と代名詞のバッグ，品詞タグのバッグ，品詞のバイグラム，トライグラム，4-グラムのバッグが含まれる．加えて，機能語の密度 (density)（つまり，テキストの窓中に現れる機能語の数と内容語の数との比率），内容語を除いた後の機能語のバイグラムのバッグ，連続する機能語の間の距離の分布などを考慮するのもよいかもしれない．

7.4 文脈に埋め込まれた単語：品詞タグ付け

品詞タグ付け (parts-of-speech tagging) においては，文が与えられ，その文の中の単語それぞれに正しい品詞を割り当てていく．品詞は事前に定義された集合から選ばれる．例として，*Universal Treebank Project* [McDonald et al., 2013; Nivre et al., 2015] でのタグセットを用いるものと仮定する．このタグセットは17のタグからなる[3]．

品詞タグ付けは，普通，構造を持ったタスクとしてモデリングされる．最初の単語のタグが3番目の単語のタグに依存しているかもしれないからである．しかし，これ

---

[2] ある人の年齢や性別は，その人がそれについて書くトピックや用いる言語使用域 (register) と強い相関があるので，年齢や性別の同定に関しては，内容語の観察も有効であるとの主張もありうる．これは一般的に正しいが，ただ，もし犯罪に関わっていたり敵対的だったりする状況で，年齢や性別を隠したいという動機付けが著者にあるのであれば，内容語の素性には頼らない方がよい．それらは，スタイルに関する，より微妙である手がかりに比べて，捏造が比較的容易である．

[3] 形容詞，接置詞 (adposition)，副詞，助動詞，等位接続詞，限定詞，間投詞，名詞，数詞，不変化詞，代名詞，固有名詞，句読点，従属接続詞，記号，動詞，その他．

を，その両側それぞれ2単語の窓に基づいて，それぞれの単語を独立に品詞タグのいずれかに分類するようなタスクに近似しても，十分うまく働く．もしタグ付けを決まった順序で，例えば，左から右に行うのであれば，先に行われたタグ予測の結果をそれぞれのタグ予測の条件に含めることができる．素性関数は，単語 w_i を分類する際に，その文の全ての単語（と文字）に加えて，それまでのタグ付けの決定（つまり，単語 $w_1, \ldots, w_{i-1}$ に割り当てられたタグ）を参照することができる．ここでは，タグ付けを独立した分類タスクと考え，そこで用いられる素性を議論する．第19章で構造学習として扱う場合を議論するが，そこでも同じ素性の集合が用いられる．

品詞タグ付けタスクの情報源は，内在的な (intrinsic) 手がかり（単語それ自体に基づく），外来的な (extrinsic) 手がかり（その文脈に基づく）に分類される．内在的な手がかりには，単語それ自身（例えば，いくつかの単語はそれ以外のものに比べて名詞となりやすい），接頭辞，接尾辞[4]，単語の正書法に基づく形状（英語において，-edで終わる単語は動詞の過去形，un-で始まる単語は形容詞，大文字で始まる単語は固有名詞，であることが多い），そして，巨大なコーパスにおけるその単語の頻度（例えば，頻度が小さい稀な単語は，名詞であることが多い）などがある．外来的な手がかりには，現在の単語の周りにある単語の，単語それ自身，接頭辞，接尾辞，そして，これまでの単語の品詞予測が含まれる．

素性の重複 単語の語形である文字列が素性とされているときに，なぜ，接頭辞や接尾辞が必要なのであろうか．結局のところ，これらは単語そのものから決定論的に導かれるにもかかわらずである．その理由は以下のようなものである．訓練中に見たことのない単語（語彙に含まれない (out of vocabulary) 単語もしくは **OOV 単語**）や，訓練中にはほんの数回しか現れない単語（**稀な単語** (rare word)）に出会ったとき，単語の語形を素性としただけでは決定のために必要な十分頑健な情報が得られないかもしれない．そのような場合，接頭辞や接尾辞にバックオフするのがよくて，有用なヒントが提供される．訓練時に多数回観察される単語についても接頭辞や接尾辞を含めることで，学習アルゴリズムが，重みの調節をうまく行い，OOV 単語に出会ったときもそれらを適切に扱えるようになることが期待される．

品詞タグ付けのための核素性の集合として，優れた例は以下のようなものである．

- 単語が X である
- 2 文字接尾辞が X である
- 3 文字接尾辞が X である

---

[4] 訳注：ここでの接頭辞，接尾辞は形態素として認定されるものに限らず，単に単語を構成する文字列の先頭あるいは末尾の部分文字列を指す．

- 2文字接頭辞がXである
- 3文字接頭辞がXである
- 単語が大文字で始まっている
- 単語がハイフンを含んでいる
- 単語が数字を含んでいる
- Pが $[-2, -1, +1, +2]$ のそれぞれにおいて
  - 位置Pにある単語がXである
  - 位置Pにある単語の2文字接尾辞がXである
  - 位置Pにある単語の3文字接尾辞がXである
  - 位置Pにある単語の2文字接頭辞がXである
  - 位置Pにある単語の3文字接頭辞がXである
  - 位置Pにある単語が大文字で始まっている
  - 位置Pにある単語がハイフンを含んでいる
  - 位置Pにある単語が数字を含んでいる
- 位置 -1 にある単語の予測された品詞がXである
- 位置 -2 にある単語の予測された品詞がXである

これらに加えて，当該の単語と周辺の単語についての単語クラスタや単語埋め込みベクトルなどの分布論的素性も有益となりうる．これは訓練コーパス中で観察されない単語について特に言える．同じ品詞タグを持つ単語は，異なる品詞タグを持つ単語に選べて，類似した文脈に現れやすいからである．

7.5 文脈に埋め込まれた単語：固有表現認識

固有表現認識 (Named Entity Recognition: NER) タスクでは，文書を与えられて，そこに含まれる *Milan*, *John Smith*, *McCormik Industries*, そして *Paris* などの固有表現を見つけ出し，同時にそれらを事前に定義されたカテゴリの集合，例えば，場所 (LOCATION)，組織 (ORGANIZATION)，人物 (PERSON)，その他 (OTHER) のいずれかに分類することが求められる．このタスクは文脈依存であることに注意すべきで，例えば，Milan は場所（市）でもありうるし組織（"Milan played against Barsa Wednesday evening" でのようにスポーツチーム）でもありうる．また，Paris は市の名前の場合も人物の名前の場合もありうる．

この問題における典型的な入力は，次のような文である．

```
John Smith , president of McCormik Industries visited his niece Paris in
Milan , reporters say .
```

表 7.1 固有表現認識のための BIO タグ.

タグ	意味付け
O	固有表現の一部でない単語
B-PER	人名の最初の単語
I-PER	人名の 2 番目以降の単語
B-LOC	地名の最初の単語
I-LOC	地名の 2 番目以降の単語
B-ORG	組織名の最初の単語
I-ORG	組織名の 2 番目以降の単語
B-MISC	その他の固有表現の最初の単語
I-MISC	その他の固有表現の 2 番目以降の単語

そして，期待される出力は次のようになる．

[$_{PER}$ John Smith] , president of [$_{ORG}$ McCormik Industries] visited his niece [$_{PER}$ Paris] in [$_{LOC}$ Milan] , reporters say .

NER は系列セグメント分割タスク (sequence segmentation task)，つまり，系列中の重複のないような範囲にラベル付きの括弧付けを行うタスクであるが，それはしばしば，品詞タグ付けのような，系列タグ付けタスクとしてモデリングされる．分割をタグ付けで行うために，**BIO タグ** (BIO encoded tag) が用いられる[5]．表 **7.1** に示されたもので，それぞれの単語にこれらのタグのいずれかが割り当てられる．

前出への文へのタグ付けは次のようになる．

John/B-PER Smith/I-PER ,/O president/O of/O McCormik/B-ORG Industries/I-ORG visited/O his/O niece/O Paris/B-PER in/O Milan/B-LOC ,/O reporters/O say/O ./O

重複のないセグメントから BIO タグへの翻訳も，その逆も容易である．

品詞タグ付けと同様に，NER タスクも構造を持つ．それぞれの単語へのタグ付けは相互に影響しあう（連続した単語において，同じ固有表現タイプが連続することの方が，途中でそれが変わることよりも尤もらしい．"John Smith Inc." については，B-ORG I-ORG I-ORG の方が，B-PER I-PER B-ORG よりも尤もらしい）．しかし，ここでも，独立した分類決定を使うことへの近似が十分適切であると仮定する．

NER タスクのための核素性の集合は，品詞タグ付けのそれと似ている．そして注目

---

[5] BIO タグの枠組みのいくつかの変種について文献で議論されており，あるものは最初に提案されたものよりある程度優れていると述べられている．Lample et al. [2016]; Ratinov and Roth [2009] を参照のこと．

している単語の両側各 2 語の窓に含まれる単語を利用する．品詞タグ付けに用いられる素性の中で NER にも有効であるもの（例えば，-ville は場所を示す接尾辞であり，Mc- は人を示す接頭辞である）に加えて，その単語が同一テキスト中の別の場所にも現れていた場合にその周りの単語そのものや，その単語が，事前に作成した人名，地名，組織名のリストに含まれているかの指標素性なども考慮したくなるだろう．単語クラスタや単語ベクトルなどの分布論的素性も NER タスクには極めて有効である．NER のための素性に関する網羅的な議論については，Ratinov and Roth [2009] を参照のこと．

7.6 文脈に埋め込まれた単語と言語学的素性：前置詞意味曖昧性解消

前置詞，つまり，*on*, *in*, *with*, and *for* などの単語は，述語とその項や，名詞とその前置詞修飾語を結びつける述語として振る舞う．前置詞は一般的で曖昧性が高い．例として，次の文に含まれる単語 *for* を考えてみる．

(1) (a) We went there *for* lunch.
    (b) He paid *for* me.
    (c) We ate *for* two hours.
    (d) He would have left *for* home, but it started raining.

これらのそれぞれで単語 *for* は異なる役割を果たしている．(a) では目的 (PURPOSE)，(b) では受益者 (BENEFICIARY)，(c) では期間 (DURATION)，(d) では場所 (LOCATION) を示している．

文の意味を完全に理解するためには，そこに含まれる前置詞の正しい意味を知ることがほぼ間違いなく必要になる．**前置詞意味曖昧性解消** (preposition-sense disambiguation) タスクは，文脈に埋め込まれた前置詞に，有限の意味の目録の中から選択して，正しい意味を割り当てるものである．Schneider et al. [2015, 2016] はこのタスクを議論し，多くの前置詞を対象として意味の統一的な目録を提示するとともに，小規模な注釈付きコーパスを提供している．このコーパスは，オンラインレビューからの文からなるもので，4,250 回の前置詞の出現があり，それぞれにその意味が注釈されている[6]．

前置詞意味曖昧性解消タスクにとって良い素性集合とはどのようなものになるだろうか．ここでは，Hovy et al. [2010] の研究をヒントにした素性集合を見ていくことにする．

---

[6] 意味の目録と注釈付きコーパスは，これ以前にも作成されいてる．例えば，Litkowski and Hargraves [2005, 2007]; Srikumar and Roth [2013a] を参照のこと．

言うまでもなく，前置詞そのものは有益な素性である（例えば，前置詞 *in* が取りうる意味の分布は，*with* や *about* の意味の分布とは大きく異なる）．それ以外に，その単語が現れた文脈も観察する必要がある．とはいえ，前置詞の前後の固定長の窓は情報内容の観点で理想的とは言えない．次の文を考えてみる．

(2) (a) He liked the round object *from* the very first time he saw it.
(b) He saved the round object *from* him the very first time they saw it.

この二つの *from* の事例は異なる意味を持っているが，その単語の周りの窓の中のほとんどの単語は情報を持たないか，むしろ誤りに導くようなものとなっている．より情報のある内容を選択するための仕組みが必要である．一つの選択肢は，"左側の最初の動詞" と "右側の最初の名詞" のようなヒューリスティクスを用いるものである．これにより ⟨liked, from, time⟩ と ⟨saved, from, him⟩ のような三つ組が獲得でき，これは確かに前置詞の意味の要となるものが含まれている．言語学的に言うと，このヒューリスティクスは前置詞を支配する要素（**支配要素** (governor)）と前置詞の**目的語** (object) を獲得することに役立っている．人間であれば，前置詞そのものに加えてその支配要素と目的語がわかれば，多くの場合，単語のより細かい意味分類を用いた推論過程を通じて，前置詞の意味を推測することができる．この支配要素と目的語を抽出するヒューリスティクスの実現には，名詞と動詞を同定する品詞タグ付け器の利用が必要となる．ただ，このヒューリスティクスは頑健でなく，それが誤る場合を想像することは難しくない．規則を加えてこのヒューリスティクスを詳細化することも可能であるが，より頑健な方法は依存構造パーザを用いることであろう．依存構造木から支配要素と目的語の情報は簡単に読み取ることができ，複雑なヒューリスティクスの必要を減じてくれる．

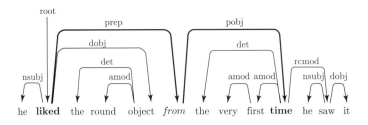

もちろん，依存構造木を生成するためのパーザも誤りを犯すかもしれない．頑健さを増すために，パーザによって抽出された支配要素と目的語と，ヒューリスティクスによって抽出された支配要素と目的語の両方を視野に入れ，それら四つ全てを素性の情報源として使うこともできる（つまり，`parse_gov=X, parse_obj=Y, heur_gov=Z, heur_obj=W`）．そして，学習過程にどちらの情報源がより信頼できるか，それらの間の

7.6 文脈に埋め込まれた単語と言語学的素性：前置詞意味曖昧性解消

バランスをどうとるのかを学習させるのである．

支配要素と目的語（おそらく，それらに加えてそれらと隣接する単語）を抽出した後，それらをさらなる素性抽出の基礎として用いることができる．それぞれの項目について，以下の情報を抽出することができる．

- その単語の実際の**表層形** (surface form)
- その単語のレンマ
- その単語の品詞
- その単語の**接頭辞**と**接尾辞**（*ultra-*, *poly-*, *past-* など，程度や数や順序の形容詞であることを示すものや，行為者動詞かそうでないかの区別を示すものなど）
- その単語の分布論的素性（単語クラスタまたは分散ベクトル）

もし外部の語彙資源の利用が許されて，素性空間が極端に大きくなることを気にしないのであれば，Hovy et al. [2010] は，**WordNet に基づく素性** (WordNet-based features) の利用も有効であることを見つけている．支配要素と目的語のそれぞれについて，以下のような WordNet の指標を抽出できる．

- その単語は WordNet の項目となっているか
- その単語の第一の synset の上位語
- その単語の全ての synset の上位語
- その単語の第一の synset の同義語
- その単語の全ての synset の同義語
- その単語の定義文に含まれる全ての単語
- その単語のスーパーセンス（スーパーセンス (super-sense) は，WordNet の技術用語で，辞書編纂者ファイル名 (lexicographer-files) とも呼ばれるものである．WordNet の階層の比較的高いレベルでの分類であり，概念が，動物であるか，体の一部であるか，情動であるか，食物であるか，などを示す）
- その他の様々な指標

この過程は，結果として，それぞれの前置詞の事例ごとに，何十もの，あるいは百を超える核素性を導くことになる．つまり，
hyper_1st_syn_gov=a, hyper_all_syn_gov=a, hyper_all_syn_gov=b,
hyper_all_syn_gov=c, ..., hyper_1st_syn_obj=x, hyper_all_syn_obj=y, ...,
term_in_def_gov=q, term_in_def_gov=w,
など．より詳しい細部については，Hovy et al. [2010] の研究を参照のこと．

前置詞意味曖昧性解消タスクは，高いレベルの意味分類の問題の一例である．そこでは，表層形から簡単には推論できないような素性の集合が必要となり，言語学的な前処

理（例えば，品詞タグ付けや統語パージング）や，あわせて，人手によって企画作成された意味辞書から選び出された情報が役に立つことになる．

7.7 文脈に埋め込まれた単語の間の関係：アークを単位としたパージング

依存構造パージング (dependency parsing) のタスクでは，文を受け取り，それについての統語的依存構造木 (syntactic dependency tree) を返却する必要がある．それは例えば，図7.1のようなものである．それぞれの単語に親となる単語が割り当てられる．ただし，文における中心的な単語については，その親は *ROOT* という特別なシンボルである．

依存構造パージングについてのさらなる情報，言語学的な基礎，解決手法については，Kübler et al. [2008] を参照のこと．

このタスクをモデリングする一つの方法は，アークを単位として (arc-factored) 考える方法 [McDonald et al., 2005] である．そこでは，n^2 個の可能な単語単語関係（アーク）にお互いに独立なスコアを割り当てる．そして，全体の合計スコアが最大となるような適正な木を見つけ出す．スコアの割り当ては，訓練されたスコア付与関数 ARC-SCORE$(h, m, sent)$ によって行われる．この関数は，文 $sent$ と，その中で付加の候補として検討される二つの単語のインデックス h と m（h が主辞となる単語の候補のインデックスであり，m が修飾語候補のインデックスである）を受け取る．探索過程においてスコア付与関数がうまく働くようにするための訓練については第19章で議論する．ここでは，スコア付与関数で用いられる素性に焦点を当てる．

n 単語 $w_{1:n}$ からなり，対応する品詞列が $p_{1:n}$ であるような文 $sent = (w_1, w_2, \ldots, w_n, p_1, p_2, \ldots, p_n)$ を仮定する．w_h と w_m の間のアークを考えるとき，次のような情報が利用できる．

まずは，常連の顔ぶれから始めよう．

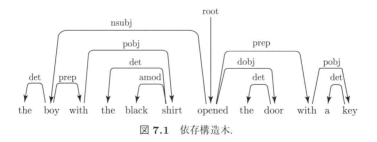

図 7.1　依存構造木.

- 主辞単語の語形（と品詞タグ）
- 修飾語の語形（と品詞タグ）（いくつかの単語は，それがどんな単語と繋がるにしても，主辞単語あるいは修飾語になりにくい．例えば，限定詞（"the", "a"）は，ほぼ常に修飾語であり，主辞単語にはなりえない）
- 主辞単語の両側2語ずつからなる窓に含まれる単語（品詞タグ），あわせてその相対位置
- 修飾語の両側2語ずつからなる窓に含まれる単語（品詞タグ），あわせてその相対位置（窓の情報は単語の文脈を与えるために必要である．単語は異なる文脈で異なる振る舞いをする）

単語の語形そのものに加えて，品詞を用いる．単語の語形は非常に特定的な情報を与えてくれる（例えば，*cake* は *ate* の目的語の良い候補である）が，品詞はより一般化された低いレベルの統語情報を与えてくれる（例えば，限定詞と形容詞は名詞にとって良い修飾語となり，名詞は動詞の良い修飾語である）．依存構造木の訓練コーパスは一般に比較的大きさが限られているので，単語を，単語クラスタであれ事前学習された単語埋め込みであれ，その分布論的な情報で補足するあるいは置き換えるのは良い発想である．それによって，類似した単語の一般性が獲得でき，訓練データ中に十分に現れていない（ちゃんとカバーされていない）単語も一般化して扱うことができる．

単語の接頭辞や接尾辞は見ない．それらはパージングのようなタスクには直接寄与しないからである．単語の接辞は重要な統語情報を運んでくれる（ある単語が名詞であるか，動詞の過去形であるか）が，その情報は品詞タグを通してすでに利用できている．もし品詞タグ素性を用いることなくパージングを行う（例えば，パーザがパージングと品詞タグ割り当てを同時に行う）のであれば，接辞の情報を含めるのが賢い選択だろう．

もちろん，もし線形分類器を用いるのであれば，素性の組み合わせについて配慮しなければならない．"主辞候補の単語がXであり，修飾語候補がYであり，主辞の品詞がZであり，修飾語の直前の単語がWである"というような素性である．実際，線形モデルに基づく依存構造パーザでは，このような素性の組み合わせを何百も持つのが一般的である．

これら常連の顔ぶれに加えて，以下について考えることでも情報が得られる．

- 文における単語 w_h と w_m の間の距離，つまり $dist = |h - m|$．ある距離は他と比べて依存関係が成り立ちやすい．
- 単語の間の方向．英語においては，w_m が限定詞（"the"），w_h が名詞（"boy"）だとしたとき，$m < h$ であれば，それらの間にアークが張られる可能性が高いが，$m > h$ の場合は，その可能性はほとんどない．

- 与えられた文において，主辞単語と修飾語との間に現れる全ての単語の語形（と品詞）．この情報は対立する可能性のある付加に関しての示唆を与えるため，有益である．例えば，w_m の限定詞は $w_{h>m}$ の名詞を修飾しやすいが，もし，両者の間の単語 w_k $(m < k < h)$ も限定詞であれば，その可能性は低くなる．主辞単語と修飾語との間の単語の数には原理的に上限はない（そして，事例ごとに様々である）ことに注意すべきで，様々な数の素性を符号化する方法が必要になる．そこでは，単語バッグの手法がヒントを与えてくれるだろう．

第8章

テキストの素性から入力への変換

　第2, 4章において，入力として素性ベクトルを受け入れるような分類器を議論したが，ベクトルの内容についての詳細には立ち入らなかった．一方，第6, 7章では，様々な自然言語タスクに対して核となる素性（核素性）となりうるような情報源について議論した．そこで，本章では，核素性の一覧から，分類器への入力となるような素性ベクトルへの変換の詳細を議論していくことにする．

　思い出してほしい．第2, 4章で，機械訓練可能なモデル（線形であれ，対数線形であれ，多層パーセプトロンであれ）を提示した．これらのモデルは，パラメータを持つ関数 $f(\boldsymbol{x})$ で，入力として，d_{in} 次元のベクトル $\boldsymbol{x}$ をとり，d_{out} 次元の出力ベクトルを産出する．この関数はしばしば分類器として用いられ，入力 $\boldsymbol{x}$ に，d_{out} 種類のクラスのうちの一つ，もしくはそれ以上にどの程度属するかの程度を割り当てる．関数は単純（線形モデルの場合）だったり，より複雑（任意のニューラルネットワークの場合）だったりする．本章では，入力 $\boldsymbol{x}$ に焦点を当てる．

8.1　カテゴリ素性の符号化

　自然言語を扱う際，ほとんどの素性は，単語や文字や品詞タグなど，離散的でカテゴリ的な特徴を表現する．このようなカテゴリ的なデータをどうやって，統計的分類器で利用することが受け入れられるように符号化するのだろうか．ワンホット符号化 (one-hot encodings) と密な埋め込みベクトル (dense embedding vectors) という二つの方法を説明し，それらの利害得失と相互関係について議論する．

8.1.1 ワンホット符号化

線形モデルと対数線形モデルは，$f(\boldsymbol{x}) = \boldsymbol{xW} + \boldsymbol{b}$の形をしているが，そこでは指標関数を使って考え，可能な素性それぞれに一つずつ固有の次元を割り当てるのが一般的である．例えば，語彙数が 40,000 の単語バッグ表現を考えると $\boldsymbol{x}$ は 40,000 次元のベクトルになり，次元番号 23,227（例えば）は単語 dog に，次元番号 12,425 は単語 cat に対応する．20 単語からなる文書は，たかだか 20 次元だけが非ゼロ値を持つような，非常にスパース（疎ら）な 40,000 次元のベクトルとして表現される．これに応じて，行列 $\boldsymbol{W}$ は 40,000 の行を持ち，それぞれの行が語彙中の特定の単語に対応する．対象単語を含んで周り 5 単語の窓（つまり，それぞれの側に 2 単語ずつ）に含まれる単語に，位置情報を加えたものを核素性としたとき（つまり，word-2=dog や word0=sofa という形式の素性となる），語彙数が 40,000 であれば，$\boldsymbol{x}$ は 200,000 次元のベクトルで，そのうち 5 項目が非ゼロ値を持つ．この場合，次元番号 19,234 が（例えば）word-2=dog に相当し，次元番号 143,167 が word0=sofa に対応する．この手法は，それぞれの次元が個別の素性に対応するので，ワンホット (one-hot) 符号化と呼ばれる．結果として得られる素性ベクトルは，一つの次元だけが値 1 をとり，そのほか全ての値がゼロであるような高次元の指標ベクトルの組み合わせと考えることができる．

8.1.2 密な符号化（素性埋め込み）

スパースな入力を持つ線形モデルからより深い非線形モデルへの移行に際して，おそらく最も大きな概念的飛躍は，ワンホット表現でのようにそれぞれの素性を個別の次元で表現することをやめて，その代わりに密なベクトルでそれらを表現するようにしたことである．つまり，核素性それぞれは，d 次元の空間に埋め込まれ (embedded)，その空間のベクトルとして表現される[1]．次元数 d はふつう素性の数より格段に少ない．つまり，40,000 項目の語彙のそれぞれの項目（40,000 次元のワンホットベクトルで符号化される）を，100 次元か 200 次元のベクトルで表現することができる．埋め込み（核素性それぞれのベクトル表現）はネットワークのパラメータとして扱われ，関数 f の他のパラメータと同様，訓練の対象となる．図 8.1 に素性表現の二つの方法を示している．

フィードフォワードニューラルネットワークに基づく自然言語処理分類システムの一般的な構造は以下のようになる．

1. 出力クラスを予測するために適切な，核となる言語学的素性の集合 $f_1, \ldots, f_k$ を抽出する．

---

[1] 異なる種類の素性は異なる空間に埋め込まれる．例えば，単語素性を 100 次元で，品詞素性を 20 次元で表現することができる．

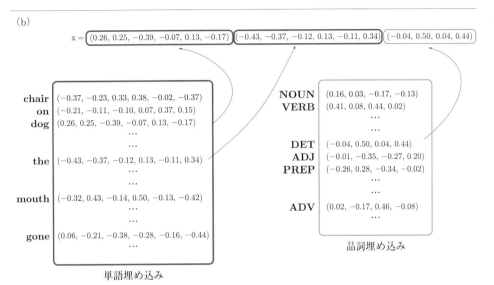

図 8.1 スパースな素性表現と密な素性表現．現在の単語が "*dog*" であり，直前の単語が "*the*" であり，直前の品詞タグが "*DET*" であるという情報の二つの符号化を示している．(a) スパースな素性ベクトル．それぞれの次元が素性を表現する．素性の組み合わせはそれ自身の次元を必要とする．素性の値は二値で，次元数は非常に高い．(b) 密な，埋め込みに基づく素性ベクトル．核となる素性それぞれがベクトルとして表現される．それぞれの素性が複数の入力ベクトル項目に対応する．素性の組み合わせは陽に符号化されない．次元数は低い．素性からベクトルへの写像は埋め込み表から得られる．

2. 興味のあるそれぞれの素性 f_i について，対応するベクトル $v(f_i)$ を検索する．
3. ベクトルを組み合わせて（連結 (concatenation) もしくは加算，あるいは両者の組み合わせによる），入力ベクトル $\boldsymbol{x}$ を作る．
4. $\boldsymbol{x}$ を非線形分類器（フィードフォワードニューラルネットワーク）に入力として与える．

線形分類器からより深い分類器への移行の際の，入力に関する最大の変化は，したがって，それぞれの素性がそれ自身で次元となっているようなスパースな表現から，それぞれの素性がベクトルに写像された密な表現への移行である．もう一つの違いは，**核素性** (core features) を抽出することだけが求められ，素性の組み合わせは必要がないことである．この二つの違いについて，以下に詳説する．

8.1.3 密ベクトル表現とワンホット表現

一意に定めた ID の代わりにベクトルによって素性を表現することの利点は何だろうか．素性は常に密なベクトルとして表現すべきだろうか．二つの表現について考えてみよう．

ワンホット　それぞれの素性がそれ自身の次元となる．
- ワンホットベクトルの次元数は区別されるべき素性の数に等しい．
- 素性はお互いに完全に独立で，"単語が 'dog' である" という素性は，"単語が 'thinking' である" と，それが "単語が 'cat' である" と似ていないのと同程度，似ていない．

密　それぞれの素性が d 次元のベクトルとなる．
- ベクトルの次元数は d．
- モデルの訓練により，類似した素性は類似したベクトルを持つようになる．類似した素性の間で情報が共有される．

密で低次元のベクトルを用いることの利点の一つは計算論的なものである．ニューラルネットワークツールキットのほとんどは，非常に高い次元のスパースなベクトルをうまく扱うことができない．ただ，これは単に技術的な課題であり，エンジニアリング的な努力によって解決することができる．

密な表現の主な利点は，むしろ，その一般化能力にある．いくつかの素性が類似した手がかりを提供できると信じられるならば，その類似性を獲得できる表現を与えることに意味がある．例えば，訓練中に，単語 *dog* は多数回現れたが，単語 *cat* は数えるほどしか，あるいは全く現れなかったと仮定しよう．単語それぞれがそれ自身の次元と関連付けられていたら，*dog* の出現は *cat* の出現について何も語ってくれない．しかし，密なベクトルによる表現においては，*dog* のために学習されたベクトルは *cat* のために学習されたベクトルと類似しているかもしれない．であれば，モデルはそれらの出現の間の統計的な関連の強さを共有できることになる．この議論は，単語 *cat* の出現が，そのベクトルが *dog* のそれに類似しているとわかるほど十分な回数観察できるか，もしくは，何らかの方法でそのような "良い" ベクトルが与えられることを仮定している．そのような "良い" 単語ベクトル（事前学習された埋め込み (pre-trained embeddings) とも呼ばれる）は，テキストの巨大なコーパスから，分布仮説を利用したアルゴリズムによって得ることができる．そのアルゴリズムは第 10 章でより深く議論する．

一つのカテゴリの中に比較的少数の素性しかなく，異なる素性の間に相互関係がないと信じられる場合は，ワンホット表現を使ってもよい．しかし，同じグループ中の異なる素性に相互関係がありそうであるのなら（例えば，品詞タグの場合，動詞の異なる活

用形 VB と VBZ は，あるタスクに関しては，似た振る舞いをするかもしれない），ネットワークにその相互関係を見つけ出させて，パラメータを共有することで統計的な強さを得させることには意味がある．素性空間が比較的小さく，訓練データが多量であるようなとき，もしくは，異なる単語の間で統計的な情報を共有したくないときなど，一定の状況の下では，ワンホット表現を利用することで得られるものがあるようなこともあるかもしれない．しかし，これもまだ結論の出ていない研究課題で，どちらが良いかの確たる証拠は得られていない．研究の多く（Chen and Manning [2014]; Collobert and Weston [2008]; Collobert et al. [2011] がその先駆となっている）が，密で，訓練可能な埋め込みベクトルを全ての素性に採用することを主張している．スパースなベクトルによる符号化に基づくニューラルネットワークを用いた研究としては，Johnson and Zhang [2015] を参照のこと．

8.2 密ベクトルの組み合わせ

それぞれの素性が密なベクトル一つに対応する．そして様々なベクトルが何からの形で組み合わされる必要がある．よく目につく選択肢としては，連結，加算（もしくは平均），そしてこの二つの組み合わせがある．

8.2.1 窓に基づく素性

位置 i にある注目している単語に対して，両側に k 単語の幅のある窓を符号化することを考える．$k = 2$ としてみよう．位置 $i-2, i-1, i+1, i+2$ の単語を符号化する必要がある．窓中に現れている項目が単語 a, b, c, d であり，それぞれに対応するベクトルを $\boldsymbol{a}, \boldsymbol{b}, \boldsymbol{c}, \boldsymbol{d}$ としよう．もし窓の中の単語の相対的な位置情報に注意を払わないのであれば，この窓を，和 $\boldsymbol{a} + \boldsymbol{b} + \boldsymbol{c} + \boldsymbol{d}$ によって符号化する．相対的位置を考慮するのであれば，連結 $[\boldsymbol{a}; \boldsymbol{b}; \boldsymbol{c}; \boldsymbol{d}]$ が用いられる．こうすれば，単語の持つベクトルが，窓におけるその位置に関わりなく同じものであっても，単語の位置の情報は連結における位置に反映される[2]．

順序については関心がないが，注目している単語から遠く離れたものは，それに近いものに比べて，考慮する度合いを下げたいということもあるだろう．その場合は重み付き和によって符号化すればよい．つまり，$\frac{1}{2}\boldsymbol{a} + \boldsymbol{b} + \boldsymbol{c} + \frac{1}{2}\boldsymbol{d}$ となる．

これらの符号化は，混ぜ合わせたり組み合わせたりすることができる．ある素性が注

---

[2] 代替案として，単語と位置の対ごとにそれぞれ埋め込みを用意することもできる．つまり，$\boldsymbol{a}^1$, $\boldsymbol{a}^{-2}$ を単語 a がそれぞれ相対位置 $+1, -2$ に現れた場合の表現とする．この方法であれば，$\boldsymbol{a}^{-2} + \boldsymbol{b}^{-1} + \boldsymbol{c}^{+1} + \boldsymbol{d}^{+2}$ という形で，加算を用いても，位置情報を保持できる．ただ，この方法では，同じ単語であっても異なる位置に現れた事例の間では情報を共有できず，外部で訓練された単語ベクトルを用いるのも困難である．

目している単語の前で生じたか，後で生じたかには関心があるが，窓の範囲に収まっていればその距離には関心がないという場合を考えてみる．そのような場合は，加算と連結の組み合わせを用いて，$[(\boldsymbol{a}+\boldsymbol{b});(\boldsymbol{c}+\boldsymbol{d})]$ のように符号化することができる．

記法についての注意　連結されたベクトル $\boldsymbol{x}, \boldsymbol{y}, \boldsymbol{z}$ を入力として受け取るネットワーク層を記述する際に，ある著者は連結を明示して，$([\boldsymbol{x};\boldsymbol{y};\boldsymbol{z}]\boldsymbol{W}+\boldsymbol{b})$ とし，別の著者はアフィン変換を用いて，$(\boldsymbol{x}\boldsymbol{U}+\boldsymbol{y}\boldsymbol{V}+\boldsymbol{z}\boldsymbol{W}+\boldsymbol{b})$ としている．アフィン変換された重み行列 $\boldsymbol{U}, \boldsymbol{V}, \boldsymbol{W}$ がお互いに異なるものであれば，これら二つの記法は等価である[3]．

8.2.2　可変数の素性：連続的単語バッグ (CBOW)

フィードフォワードネットワークは固定した次元数の入力を仮定している．このため，素性抽出関数が決まった数の素性を抽出する場合には簡単に対応できる．それぞれの素性をベクトルとして表現し，それらを連結すればよい．この場合，得られる入力ベクトルのそれぞれの領域が異なる素性に対応する．一方で，素性の数が事前に知られていないような場合もある（例えば，文書分類においては，与えられた文の全ての単語を素性とするのが一般的である）．このような場合は，数が限定されていない素性を固定長のベクトルで表現する必要がある．これを行う一つの方法は，**連続的単語バッグ** (continuous bag of words: CBOW) 表現 [Mikolov et al., 2013b] を用いるものである．CBOW は，古典的な単語バッグ表現と大変よく似ており，順序の情報を捨てて，対応する素性の埋め込みベクトルを加算したり平均したりすることで行う[4]．

$$\mathrm{CBOW}(f_1,\ldots,f_k) = \frac{1}{k}\sum_{i=1}^{k} v(f_i). \tag{8.1}$$

CBOW の単純な変種として，重み付き CBOW がある．そこではそれぞれのベクトルが異なる重みを受け取る．

$$\mathrm{WCBOW}(f_1,\ldots,f_k) = \frac{1}{\sum_{i=1}^{k} a_i}\sum_{i=1}^{k} a_i v(f_i). \tag{8.2}$$

ここでは，それぞれの素性 f_i は，素性の相対的な重要性を示す重み a_i と関連付けられている．例えば，文書分類タスクにおいて，素性 f_i は文書中の単語に対応するかもし

---

[3] 行列が異なっていなければならないというのは，一方の変更が他方に影響を及ぼさないという意味でである．これらの行列がたまたま同じ値を共有することは，もちろん問題ない．
[4] もし $v(f_i)$ が密な素性表現ではなくワンホットベクトルだった場合は，CBOW（式 (8.1)）と WCBOW（式 (8.2)）は古典的な（重み付き）単語バッグ表現に還元されることに注意してほしい．そうした場合，これはスパースな素性ベクトル表現であり，二値の指標素性それぞれが個々の"単語"に対応する．

れないが，その際，関連する重み a_i をその単語の TF-IDF 値とすることができる．

8.3 ワンホットベクトルと密ベクトルの関係

　素性を密なベクトルで表現することはニューラルネットワークの枠組みにおいて不可欠な部分であるので，その結果として，素性表現にスパースなベクトルと密なベクトルを使うことの違いは，最初にそう思えるものより，微細である．実際，スパースなワンホットベクトルを入力としても，結局，ネットワークの最初の層が，それぞれの素性の密な埋め込みベクトルを訓練データに基づいて学習することに費やされることになる．

　密なベクトルを用いた場合，カテゴリ的な素性のそれぞれの値 f_i が，密な d 次元のベクトル $v(f_i)$ に写像される．この写像は埋め込み層 (embedding layer) あるいは参照層 (lookup layer) を通じて行われる．単語数が $|V|$ の語彙で，各単語が d 次元の埋め込みとなっているとする．ベクトルの集まりは $|V| \times d$ 次元の埋め込み行列 $\boldsymbol{E}$ と考えることができ，この行列のそれぞれの行が埋め込まれた素性に対応する．$\boldsymbol{f_i}$ を素性 f_i のワンホット表現とする．つまり，i 番目の素性の値に対応するインデックスの部分の値だけが 1 で，それ以外は全て 0 であるような，$|V|$ 次元のベクトルとする．積 $\boldsymbol{f_i E}$ は $\boldsymbol{E}$ の対応する列を"選択"する．したがって，$v(f_i)$ は，$\boldsymbol{E}$ と $\boldsymbol{f_i}$ を用いて次のように定義できる．

$$v(f_i) = \boldsymbol{f_i E}. \tag{8.3}$$

そして，同様に

$$\text{CBOW}(f_1, \ldots, f_k) = \sum_{i=1}^{k} (\boldsymbol{f_i E}) = \left(\sum_{i=1}^{k} \boldsymbol{f_i} \right) \boldsymbol{E}. \tag{8.4}$$

したがって，ネットワークの入力は，ワンホットベクトルの集まりと考えられる．この定式化は優美で数学的にも整った定義となっているが，効率的な実装としては，普通，素性から対応する埋め込みベクトルへの写像を行うハッシュ表のようなデータ構造を用いるのが典型的であり，ワンホット表現を介在させることはない．

　"古典的な"スパースな表現を入力ベクトルとして用いるネットワークを考える．利用される素性の集合を V とし，k 件の素性 $f_1, \ldots, f_k, f_i \in V$ が"オン"であると仮定すると，ネットワークへの入力は

$$\boldsymbol{x} = \sum_{i=1}^{k} \boldsymbol{f_i} \qquad \boldsymbol{x} \in \mathbb{N}_+^{|V|} \tag{8.5}$$

そして，その場合，第一層（非線形の活性化は無視すると）は

$$xW + b = \left(\sum_{i=1}^{k} f_i\right) W + b \tag{8.6}$$

$$W \in \mathbb{R}^{|V| \times d}, \quad b \in \mathbb{R}^d.$$

この層は，x 中の入力素性に対応する W の列を選び出しそれらを加算する．その後，バイアス項を加える．W が埋め込み行列として振る舞うとすると，これは素性に関する CBOW 表現を作り出す埋め込み層に大変よく似ている．主な違いは，バイアスベクトル b の導入と，埋め込み層は典型的には非線形の活性化を経ず，直接第一層に繋げられるという点である．もう一つの違いは，この筋書きではそれぞれの素性が異なるベクトル（W の行）を受け取るように強いるのに対し，埋め込み層はより柔軟であることで，例えば，素性 "次の単語が dog である" と "前の単語が dog である" に同じベクトルを共有させることができる．とはいえ，これらの違いは小さく微細である．多層フィードフォワードネットワークにおいては，密な入力とスパースな入力との違いは，最初に眺めたときに感じるより小さいのである．

8.4 諸事項

8.4.1 距離素性と位置素性

文中の二つの単語の間の線形距離は，有効な素性となることがある．例えば，事象抽出 (event extraction) タスク[5]において，引き金語と項となる単語の候補とを与えられ，その候補が本当に引き金語の項であるかを予測するように求められるかもしれない．同様に，共参照解決 (coreference resolution) タスク（*he* や *she* などの代名詞が，それ以前に言及されたどの事物を参照しているか，もしくはどれも参照していないかを決定する）でも，（代名詞，候補単語）という対を与えられて，それらが共参照の関係にあるかを予測するよう求められる．引き金語と項との，そして，代名詞と候補単語との間の距離（もしくは相対的位置）は，これらの予測タスクにおいて強力な証拠となる．"古典的な" 自然言語処理の設定では，距離は普通それをいくつかの区間（ビン）に分割して（例えば，1, 2, 3, 4, 5-10, 10+,），それらのどれに属するかを，それぞれのビンをワンホットベクトルに関連付けて符号化する．ニューラルアーキテクチャでは，入力ベクトルは二値の指標素性からなる必要はないので，一つの入力項目を距離素性に

---

[5] 事象抽出タスクは，事前に与えられた事象タイプの集合の中から事象を同定する．例えば，"購入" 事象や "テロ攻撃" 事象などが同定される．それぞれの事象タイプは様々な引き金語 (trigger word)（通常は動詞である）によって引き起こされ，埋められるべきいくつかのスロット（項）を持つ（例えば，誰が購入したか，何が購入されたか，幾らでかなど）．

割り当て，その項目の数値を距離とするのが自然であると思うかもしれない．しかし実際にはこのような方法は取られない．そうではなく，距離素性はその他の素性タイプと同様に符号化される．つまり，それぞれのビンが d 次元のベクトルと関係付けられて，この距離の埋め込みベクトルが，ネットワークの普通のパラメータとして訓練される [dos Santos et al., 2015; Nguyen and Grishman, 2015; Zeng et al., 2014; Zhu et al., 2015a]．

8.4.2 パディング，未知語，単語ドロップアウト

パディング（埋め草） 素性抽出器が存在しないものを探そうとする場合がある．例えば，パース木（依存構造木）を扱う場合，与えられた単語の最左の依存要素を見つけて素性とするようなことがあるが，その単語は左側には全く依存要素を持たないかもしれない．あるいは，現在の単語より右側に位置する単語に着目するかもしれないが，実はその単語は系列の終端にあって，二つ右側は終端を超えてしまっているかもしれない．このような状況にどのように対処すべきであろうか．素性のバッグの方法（つまり，加算）を用いているのであれば，ただその素性を加算に含めないだけよい．連結を用いている場合は，その位置にゼロベクトルを与えるとよい．これらの二つの手法は，技法としてはうまく働くが，問題分野においては，最善とはならない場合がある．左側に修飾語がないと知ることが情報になることもあるためである．推奨される解法は，埋め込みの語彙に特別な記号（パディング記号 (padding symbol)）を加えて，これらの場合にそれに対応付けられたパディングベクトルを用いることである．扱っている問題によっては，異なる状況には異なるパディングベクトルを用いたくなること（例えば，左側に修飾要素がない場合と右側にない場合を区別したいかもしれない）もあるかもしれない．このようなパディングは高い予測性能を出すためには重要で，日常的に用いられる．不幸なことに，多くの研究論文で，これについて言及されなかったり，軽くしか扱われていなかったりすることが頻繁にある．

未知語 求められる素性ベクトルが存在しないもう一つの状況は，**語彙に含まれない** (Out of Vocabulary: OOV) 項目が現れた場合である．左側の単語を探していて，variational という値が得られるのであるが，その単語は訓練の際の語彙に含まれておらず，その単語の埋め込みベクトルを持っていないのである．この状況は，項目は存在するのだけれどそれが何かわからないということで，パディングの状況とは異なる．しかし，解法は類似していて，未知語を表現する特別な記号 UNK を用意しておき，そのような場合はそれを使えばよい．ここでも，異なる語彙に対して異なる未知記号を使いたい場合とそうでない場合とがある．いずれの場合でも，パディングベクトルと未知ベクトルは異なるものを用いることが推奨される．これらは全く異なる状況を反映した

ものだからである．

単語シグネチャ 未知語を扱うもう一つの方法は，語形から**単語シグネチャ** (word signature) へのバックオフである．未知語に U$_{\text{NK}}$ 記号を用いることは，全ての未知語を同一の単語シグネチャに後退させていることと本質的に等価である．しかし，解こうとしているタスクによっては，よりきめ細かい方略を考え出すことができる．例えば，*ing* で終わる未知語は *_ing* 記号で，*ed* で終わる未知語は *_ed* 記号で，*un* で始まる未知語は *un_* 記号で，数字は *NUM* で置き換えるなどである．このような写像の一覧はどのようなバックオフのパターンが情報を持つかを反映して人手で構築することになる．この方法は実際にはしばしば用いられるのであるが，深層学習の論文で言及されることは稀である．バックオフのパターンを人手で定義する必要をなくし，モデル学習の一部としてそのようなバックオフの振る舞いを自動的に学習させるという方法もありうる（10.5.5 節のサブワード単位の議論を参照）が，それらは多くの場合過剰な処理であり，人手によるパターン作成は同程度に効果的で，計算的にはより効率的である．

単語ドロップアウト 未知語のために特別な埋め込みベクトルを用意するだけでは十分ではない．もし訓練セットの全ての素性がそれ自身の埋め込みベクトルを持っているとしたら，訓練中には未知語が出現するという条件は観察されず，それに関連するベクトルは何の更新もされず，モデルは未知語の条件を扱うように調節されない．これでは，テストにおいて未知語に出会った時，単に無作為の乱数ベクトルを用いるのと等価である．モデルは訓練中に未知語の条件にさらされている必要がある．ありうる解法は，訓練中に低頻度の素性の全て（もしくは一部）を未知語記号に置き換える（つまり，前処理によって閾値よりも小さい頻度を持つ単語を *unknown* に置換する）ことである．この解法は機能するが，訓練データの一部を失ってしまうという難点がある．置換されてしまった低頻度語は何の信号も受け取ることができない．より良い解法は**単語ドロップアウト** (word-dropout) を用いるものである．訓練時の素性抽出において，無作為に単語を未知語記号と置き換える．置き換えは単語の頻度に基づいて行い，頻出するものに比べて，より稀な単語は未知語記号に置換される確率がより高くなるようにすべきである．無作為の置換は実行時に決定されるようにすべきで，一度落とされた（置換された）単語が次に（例えば，訓練データの異なる繰り返しの際に）現れた場合，それは落とされることもあれば，落とされないこともある．単語ドロップアウト率を決定する確立した定式はないが，筆者らの研究では，$\frac{\alpha}{\#(w)+\alpha}$ を使っている．ここで，α はドロップアウトの積極性を調節するためのパラメータである [Kiperwasser and Goldberg, 2016b]．

正則化としての単語ドロップアウト　単語ドロップアウトは未知語への適応以外でも有益で，モデルが，出現したある一つの単語に依存しすぎないようにすることで，過学習を防ぎ，頑健さを増加させる [Iyyer et al., 2015]．この観点で用いるのであれば，単語ドロップアウトは頻出語についても高頻度で行われるべきで，実際，Iyyer et al. [2015] は，頻度にかかわりなく確率 p のベルヌーイ試行に基づいて単語の出現を落とすことを提案している．単語ドロップアウトが正則化器として行われる場合，状況によっては，落とされた単語を未知語記号で置き換えることは望ましくない．つまり，単語が含まれなかったことにするだけで，その単語の代わりに未知語が含まれたとはしない方がよい．例えば，素性表現が文書全体の単語バッグであって，1/4 以上の単語を落とすようなとき，落とされた単語を未知語記号に置換してしまうと，それだけ多くの未知語が集中することはまずありえないので，得られる素性表現はテスト時には出会いそうもないものとなってしまう．

8.4.3　素性の組み合わせ

ニューラルネットワークを用いるという設定であれば，素性抽出の段階は核素性の抽出だけを扱えばよいことに注意してほしい．このことは，古典的な線形モデルに基づく NLP と対照的である．そこでは，素性設計者が関心の対象である核素性だけでなく，それらの間の交互作用までを人手で指定していかなければならない（例えば，"単語が X である" と述べる素性や "タグが Y である" と述べる素性だけでなく，"単語が X であり，タグが Y である" と述べる素性や，ときには "単語が X であり，タグが Y であり，直前の単語が Z である" という素性までが導入される）．線形モデルにおいて，組み合わせ素性は極めて重要で，これによって入力にさらなる次元が加えられ，そのデータ点が線形分離可能なものに近づくような空間に入力が変換される．一方で，可能な組み合わせの空間は大変広く，素性設計者は素性の組み合わせの効果的な集合を見つけ出すまでに長い時間を費やすことになる．非線形のニューラルネットワークモデルが有望であることの理由の一つは，核素性だけを定義すればよいことである．ネットワークの構造によって定義された分類器の非線形性が，特徴的な素性の組み合わせを見つけ出すことを行ってくれると期待でき，組み合わせ素性エンジニアリングの必要を軽減してくれる．

3.3 節で述べたように，カーネル法 [Shawe-Taylor and Cristianini, 2004]，特に多項式カーネル [Kudo and Matsumoto, 2003] は，素性設計者に核素性だけを指定することを可能としてくれ，素性組み合わせについては，学習アルゴリズムに任せることができる．しかも，ニューラルネットワークと違い，カーネル法は凸であり，最適化問題において厳密解を与えてくれる．しかし，カーネル法では，分類の計算的複雑さは訓練データの大きさに線形に比例する．このため，ほとんどの実用的な応用でこの手法は遅

すぎるし，大規模なデータセットでの訓練にも適していない．一方で，ニューラルネットワークを用いた分類の計算的複雑さは，訓練データの数には依存せず，ネットワークの大きさには線形に比例するだけである[6]．

8.4.4 ベクトル共有

同じ語彙を持った複数の素性がある場合を考えてみる．例えば，与えられた単語に品詞を割り当てていく場合，直前の単語に関する素性の集合と，直後の単語に関する素性の集合とがあるだろう．分類器の入力を構築する際，直前の単語のベクトル表現に直後の単語のベクトル表現を連結することになる．そうすると，分類器はこの二つの情報を区別することができ，これらを別々に扱う．ここで，二つの素性は同じベクトルを共有(share)すべきだろうか．"直前の単語がdogである"を表現するベクトルと"直後の単語がdogである"を表現するベクトルは同じであるべきだろうか．それとも，それらに異なるベクトルを割り当てるべきだろうか．これもまた，ほとんど経験論的に答えるべき質問である．異なる位置に現れた単語は異なる振る舞いをする（つまり，単語Xは直前の位置に現れた際は単語Yと似たように振る舞い，直後の位置では単語Zと似たように振る舞う）と信ずるのであれば，二つの異なる語彙を利用して，それぞれの素性タイプごとに異なるベクトルの集合を割り当てればよい．しかし，両方の場所で単語が似たような振る舞いをすると信じるのであれば，両方の素性タイプで語彙を共有することで得られるものがあるかもしれない．

8.4.5 次元数

それぞれの素性にどのくらいの次元数を割り振るのがよいか．不幸なことに，ここには理論的な制約も確立した最良実践例も存在しない．明らかに次元数はそのクラスの要素の数とともに大きくなるべきである（おそらく，品詞埋め込みに比べて単語埋め込みの方に多くの次元を割り当てたいと思うだろう）．ただ，どのくらいで十分なのだろう．昨今の研究では，単語埋め込みベクトルの次元数はおよそ50から数百に及んでおり，極端な場合では，数千となる．ベクトルの次元数は必要なメモリや処理時間に直接影響するので，良い経験則は，いくつかの異なる大きさで実験を行い，速度とタスク精度の適当なトレードオフを選ぶということである．

---

[6] もちろん，訓練においては，データセット全体を通して処理しなければならないし，時々はそれを何回も繰り返さなければならない．このため，訓練時間はデータセットの大きさに比例して長くなる．しかし，個々の事例は，訓練時でもテストにおいてでも，（与えられたネットワークについて）定数時間で処理が行われる．これは，カーネル分類器が個々の事例の処理にデータセットの大きさに線形に比例する時間を要することと対照的である．

8.4.6 埋め込みの語彙

全ての単語に埋め込みベクトルを割り当てるということはどういうことだろう．明らかに，全ての可能な値（単語）にそれを割り当てることはできない．有限の語彙からとられた値に限定する必要がある．この語彙は普通，訓練セットに基づく．もし事前学習された埋め込みを用いるのであれば，その事前学習された埋め込みを訓練する際の訓練に基づく．語彙には，その語彙に含まれない全ての単語を特別なベクトルに関連付けるような，U<small>NK</small> 記号を含めることが推奨される．

8.4.7 ネットワークの出力

k クラスの多クラス分類問題では，ネットワークの出力は k 次元のベクトルで，それぞれの次元が個々の出力クラスの強さを表現している．つまり，出力は古典的な線形モデルにとどまっていて，離散集合の項目にスカラー値のスコアが与えられる．しかし，第 4 章で見たように，出力層には $d \times k$ の行列が関与している．この行列の行は出力クラスの d 次元の埋め込みであると考えることができる．この k クラスのベクトル表現のベクトル類似度は，モデルが学んだ出力クラスの間の類似度を表している．

歴史に関する注 ニューラルネットワークの入力として単語を密なベクトルで表現することは，ニューラル言語モデルの文脈で，Bengio et al. [2003] の研究から一般に用いられるようになった．NLP タスクへは，Collobert, Weston, そして同僚らの先駆的な研究 [Collobert and Weston, 2008; Collobert et al., 2011] を通じて導入された[7]．単語にとどまらず任意の素性の表現で埋め込みを使うことが一般的になったのは，Chen and Manning [2014] の後からである．

8.5 事例紹介：品詞タグ付け

品詞タグ付けタスク（7.4 節）では，n 単語からなる文 $w_1, w_2, \ldots, w_n$ と，単語の位置 i を与えられて，w_i のタグを予測することを求められる．左から右にタグ付けを行っていくと仮定すると，そこまでのタグ予測 $\hat{p}_1, \ldots, \hat{p}_{i-1}$ も見ることができる．核素性の具体的な一覧は 7.4 節で示したので，ここではそれらを入力ベクトルに符号化することについて議論する．入力として，単語とこれまでに決定されたタグからなる文 s と入力位置 i を受け取り，素性ベクトル $\boldsymbol{x}$ を返すような，素性関数 $\boldsymbol{x} = \phi(s, i)$ が必

---

[7] Bengio, Collobert, Weston, そして同僚らは，この方法を一般的なものにしたが，それを用いた最初のものというわけではない．それ以前に，ニューラルネットワークへの単語入力を表現するために密な連続空間のベクトルを用いた研究者には Lee et al. [1992] と Forcada and Ñeco [1997] がいる．同様に Schwenk et al. [2006] によってすでに，連続空間の言語モデルが機械翻訳で用いられている．

要となる.単語 w の k 文字分の接尾辞を返す関数 $suf(w,k)$ と,同様に接頭辞を返す $pref(w,k)$ を仮定する.

真偽を問う三つの質問,単語は大文字を含んでいるか,単語はハイフンを含んでいるか,そして,単語は数字を含んでいるか,から始めよう.これらを符号化する最も自然な方法は,これらそれぞれの質問に一つずつ次元を割り当てることである.その条件が満たされればその値は 1,そうでない場合は 0 である[8].これらを単語 i に関連付けて,3 次元のベクトル $\boldsymbol{c}_i$ に入れる.

次に,窓の中の様々な位置の単語,接頭辞,接尾辞,そして品詞タグを符号化する.それぞれの単語 w_i を埋め込みベクトル $v_w(w_i) \in \mathbb{R}^{d_w}$ に関連付ける.同様に,それぞれの 2 文字接尾辞 $suf(w_i, 2)$ を埋め込みベクトル $v_s(suf(w_i, 2))$ に,3 文字接尾辞を $v_s(suf(w_i, 3))$, $v_s(\cdot) \in \mathbb{R}^{d_s}$ に関連付ける.接頭辞についても埋め込み $v_p(\cdot) \in \mathbb{R}^{d_p}$ を用いて同じ扱いをする.最後に,それぞれの品詞タグは埋め込み $v_t(p_i) \in \mathbb{R}^{d_t}$ を受け取る.それぞれの位置 i が,適切な単語情報(語形,接頭辞,接尾辞,真偽値素性)からなる次のベクトル $\boldsymbol{v}_i$ と関連付けられる.

$$\boldsymbol{v}_i = [\boldsymbol{c}_i; v_w(w_i); v_s(suf(w_i, 2)); v_s(suf(w_i, 3)); v_p(pref(w_i, 2)); v_p(pref(w_i, 3))]$$
$$\boldsymbol{v}_i \in \mathbb{R}^{3+d_w+2d_s+2d_p}.$$

入力ベクトル $\boldsymbol{x}$ は,結局,次のようなベクトルの連結である.

$$\boldsymbol{x} = \phi(s, i) = [\boldsymbol{v}_{i-2}; \boldsymbol{v}_{i-1}; \boldsymbol{v}_i; \boldsymbol{v}_{i+1}; \boldsymbol{v}_{i+2}; v_t(p_{i-1}); v_t(p_{i-2})]$$
$$\boldsymbol{x} \in \mathbb{R}^{5(3+d_w+2d_s+2d_p)+2d_t}.$$

議論 それぞれの位置の単語は同じ埋め込みベクトルを共有している,つまり,$\boldsymbol{v}_i$ や $\boldsymbol{v}_{i-1}$ を作り出すときには同じ埋め込み表から読み取られる.そして,ベクトル v_i は自分の相対的位置を"知らない"ことに注意してほしい.しかし,ベクトルの連結により,ベクトル $\boldsymbol{x}$ は,それぞれの $\boldsymbol{v}$ がどの相対位置に関連付けられているかをベクトル $\boldsymbol{x}$ の中の位置によって"知っている".このことによって,異なる位置に現れる単語の間である種の情報を共有することができる(単語 dog のベクトルは,それが位置 -2 に現れたときも位置 $+1$ に現れたときと同様に更新を受ける).それでいて,同時に,モデルからは,異なる位置に現れた場合に異なる扱いを受けることになる.それがネットワークの第一層の行列において異なる部分と積算されるためである.

これに替わる方法は,それぞれの単語と場所の対を固有の埋め込みに関連付けるものである.つまり,v_w の一つの表の代わりに五つの埋め込み表 $v_{w_{-2}}, v_{w_{-1}}, v_{w_0}, v_{w_{+1}}, v_{w_{+2}}$ を持ち,相対的な単語位置に応じて適切な一つを用いる.この方法はモデルにおけるパ

---
[8] 条件が否定される場合に値 -1 を用いるという選択もある.

ラメータの数をだいぶんと増加させ（5倍の埋め込みベクトルを学習する必要がある），異なる位置の間での共有は行われない．この方法は計算的にもいくらか不経済である．最初の方法では，文の中のそれぞれの単語について，v_i を一度だけ計算して，様々な位置 i に着目するときにそれを再利用することができたが，この方法では，着目している i それぞれに応じて，v_i を再計算する必要があるからである．最後に，事前学習されたベクトルは位置の情報を含んでいないので，この方法では，事前学習された単語ベクトルを利用することが難しくなる．とはいえ，この代替案は，それぞれの単語位置を，それを望む場合は，完全に独立したものとして扱うことを可能にしてくれるという特徴がある[9]．

もう一つの考慮すべき点は，大文字化である．単語 *Dog* と *dog* は異なる埋め込みを与えられるべきか．大文字であることは，タグ付けの重要な手がかりであるが，ここにおいては，単語 w_i が大文字で始まるかはすでに別の真偽値素性 c_i によって符号化されている．そのため，埋め込みを表を作ったりそれに問い合わせをする前に，語彙中の全ての単語を小文字化しておくのが得策である．

最後に，2文字接頭辞と3文字接頭辞はお互いに冗長である（一方が他方を包含する）し，これは接尾辞についても同様である．両方が必要だろうか．それらが情報を共有するようにできないだろうか．実際，接尾辞埋め込みの代わりに文字埋め込みを用いて，2種類の接尾辞埋め込みを，単語の最後の3文字の連結からなるベクトルに置き換えることは可能である．16.2.1節では，もう一つ別の方法を眺める．そこでは，文字レベルの再帰的ニューラルネットワーク (RNN) が，接頭辞，接尾辞，そして語形に関するその他様々な特徴を獲得するのに用いられる．

8.6 事例紹介：アークを単位としたパージング

アークを単位としたパージングタスク（7.7節）では，n 単語からなる文 $w_{1:n}$ とそれらの品詞 $p_{1:n}$ が与えられ，その依存構造木を予測することが求められる．ここでは，単語 w_h と単語 w_m の間に，w_h を主辞単語とし w_m を修飾語とするような付加が存在するかという判断のスコア付けを行うための素性について検討する．

核素性の具体的な一覧は7.7節に示しているので，ここではそれらを入力ベクトルに符号化することを議論する．単語と品詞タグからなる文と，主辞単語の位置 (h) と修飾

---

[9] 数学的には，この最後の利点も本当の意味での利点ではないことに注意してほしい．同じ埋め込みがニューラルネットワークへの入力として用いられたとしても，第一層は，位置 -1 でそれらが用いられたときには，埋め込みのある特定の次元だけに着目し，位置 $+2$ で使われたときには，それとは違う次元に着目することを学習するような潜在的能力がある．これによって代替案と同様の分類を達成することができる．したがって，最初の方法は，少なくとも理論上は，代替案と同じ表現力を有しているのである．

語の位置 (m) を受け取る素性関数 $\boldsymbol{x} = \phi(h, m, sent)$ を定義していく．

最初に，主辞単語とその品詞タグ，そして主辞単語の周りの5単語（それぞれの側に2単語ずつ）の幅を持つ窓の中の単語と品詞タグについて考えなければならない．語彙に含まれるそれぞれの単語 w は埋め込みベクトル $v_w(w) \in \mathbb{R}^{d_w}$ と関連付け，同様に品詞タグ p は埋め込みベクトル $v_t(p) \in \mathbb{R}^{d_t}$ と関連付ける．そして，位置 i の単語のベクトル表現を，この単語ベクトルと品詞ベクトルの連結，つまり，$\boldsymbol{v}_i = [v_w(w_i); v_t(p_i)] \in \mathbb{R}^{d_w+d_t}$ と定義する．

そして，主辞単語はその文脈の中での単語を表現するベクトル $\boldsymbol{h}$ に，同様に修飾語はベクトル $\boldsymbol{m}$ に関連づける．

$$\boldsymbol{h} = [\boldsymbol{v}_{h-2}; \boldsymbol{v}_{h-1}; \boldsymbol{v}_h; \boldsymbol{v}_{h+1}; \boldsymbol{v}_{h+2}]$$
$$\boldsymbol{m} = [\boldsymbol{v}_{m-2}; \boldsymbol{v}_{m-1}; \boldsymbol{v}_m; \boldsymbol{v}_{m+1}; \boldsymbol{v}_{m+2}].$$

これが素性の最初の塊り部分を扱っている．品詞タグ付けの場合と同様に，この符号化は文脈を構成しているそれぞれの単語の相対的位置の情報をも考慮に入れている．位置の情報に注意を払わないのであれば，その代わりに，主辞単語を $\boldsymbol{h}' = [\boldsymbol{v}_h; (\boldsymbol{v}_{h-2} + \boldsymbol{v}_{h-1} + \boldsymbol{v}_{h+1} + \boldsymbol{v}_{h+2})]$ のように表現する．こちらでは，文脈となっている単語は加算されて単語バッグを構成し，その位置情報が失われる．一方で，文脈となる単語と注目している単語とは連結されており，それらは区別される．

次に，距離と方向の素性に移る．距離を1次元としてそれを数値によって表現することもできるが，それよりも，距離を k 個の離散的なビン（例えば，1, 2, 3, 4-7, 8-10, 11+）に区分けし，それぞれのビンに d_d 次元の埋め込みを関連させる方が一般的である．方向は二値の素性で，それ自身を一つの次元で表現する[10]．ビンを用いた距離の埋め込みと方向の二値素性を連結したものを $\boldsymbol{d}$ で表すこととする．

最後に，主辞単語と修飾語の間に挟まれた単語と品詞タグを表現する必要がある．それらの数は上限がなく，それぞれの事例で変化するので，連結を用いることはできない．幸いにして，これら，間に挟まれた項目の相対的位置には注意を払わなくてよいので，単語バッグによる符号化を用いることができる．具体的には，挟まれた単語が構成する文脈を，挟まれたそれぞれの単語ベクトルと品詞ベクトルの和として次のように定義されるベクトル $\boldsymbol{c}$ で表現する．

---

[10] 方向のこの符号化は，大変自然なものであるが，Pei et al. [2015] は，彼らのパーザにおいて別の方法に従っている．おそらく，これは方向の情報の重要さに動機付けられたもので，彼らはそれを入力素性として表すことをせず，その代わりに，左から右へのアークにスコアを付与するものと，右から左へのアークにスコアを付与するものとの二つの異なるスコア付与関数を用いることとした．この方法によって，方向の情報は大きな力を持つことになるが，モデルのパラメータの数はだいぶんと増加する．

$$c = \sum_{i=h}^{m} \boldsymbol{v}_i.$$

この和は，主辞単語と修飾語の間に挟まれた項目の数を暗に獲得しているので，距離の素性は冗長になる可能性があることに注意されたい．

付加についての決定にスコアを付与する最終的な表現 $\boldsymbol{x}$ は，これらのざまざまな要素の連結として次のように符号化される．

$$\boldsymbol{x} = \phi(h, m, sent) = [\boldsymbol{h}; \boldsymbol{m}; \boldsymbol{c}; \boldsymbol{d}],$$

ここで

$$\boldsymbol{v}_i = [v_w(w_i); v_t(p_i)]$$
$$\boldsymbol{h} = [\boldsymbol{v}_{h-2}; \boldsymbol{v}_{h-1}; \boldsymbol{v}_h; \boldsymbol{v}_{h+1}; \boldsymbol{v}_{h+2}]$$
$$\boldsymbol{m} = [\boldsymbol{v}_{m-2}; \boldsymbol{v}_{m-1}; \boldsymbol{v}_m; \boldsymbol{v}_{m+1}; \boldsymbol{v}_{m+2}]$$
$$\boldsymbol{c} = \sum_{i=h}^{m} \boldsymbol{v}_i$$
$$\boldsymbol{d} = \text{ビンを用いた距離の埋め込み; 方向の指標}.$$

位置情報を維持した窓に基づく素性と単語バッグによる素性を単純な連結で組み合わせている仕方に注意してほしい．$\boldsymbol{x}$ の上に構成されるニューラルネットワークの層は，様々な窓の要素の間や，単語バッグで表現された様々な要素の間での素性の組み合わせや，それらの変換を推論していく．表現 $\boldsymbol{x}$ を作り出す過程，つまり，単語や品詞タグや距離のビンの埋め込み表や，様々な連結と加算も，ニューラルネットワークの一部である．これらが計算グラフの構成に反映され，それらのパラメータはネットワークと一緒に訓練されていく．

ネットワークにおいて素性を作り出す部分は，さらに複雑になることもありうる．例えば，単語とその品詞タグの間に相互作用や，文脈窓の中での相互作用が，異なる項目の要素の間の相互作用よりも重要であると信じる理由があるとする．その時は，それらの素性の符号化の過程に非線形の変換を加えて，入力の符号化にそれを反映させることができる．つまり，$\boldsymbol{v}_i$ を $\boldsymbol{v}'_i = g(\boldsymbol{v}_i \boldsymbol{W}^v + \boldsymbol{b}^v)$ で置き換え，$\boldsymbol{h}$ を $\boldsymbol{h}' = g([\boldsymbol{v}'_{h-2}; \boldsymbol{v}'_{h-1}; \boldsymbol{v}'_h; \boldsymbol{v}'_{h+1}; \boldsymbol{v}'_{h+2}]\boldsymbol{W}^h + \boldsymbol{b}^h)$ で置き換え，$\boldsymbol{x} = [\boldsymbol{h}'; \boldsymbol{m}'; \boldsymbol{c}; \boldsymbol{d}]$ とするのである．

第9章

言語モデリング

9.1 言語モデリングタスク

言語モデリング (language modeling) は，ある言語の文に確率を割り当てるタスクである（"文 *the lazy dog barked laudly* を見る確率はどのくらいか"）．それぞれの単語系列に確率を割り当てるだけでなく，言語モデルは，ある単語の系列の後に続いてある単語（もしくは単語の系列）が現れる尤もらしさについての確率を割り当てる（"系列 *the lazy dog* を見た後に単語 *barked* を見る確率はどのくらいか"）[1]．

言語モデリングにおける完璧な性能，つまり，次の単語を予測するのに必要な言い当ての回数が人間がそれに必要する回数と同等であるかそれ以下となることは，人間と同程度の知性の証であり[2]，それを近い将来に達成することは困難である．人間並みの

---

[1] ある単語の系列に続く単語についての確率 $p(w_{i_i}|w_1, w_2, \ldots, w_{i-1})$ を割り当てる能力と，単語の任意の系列に確率 $p(w_1, w_2, \ldots, w_k)$ を割り当てる能力とは同じものである．つまり，一方から他方を導出することができる．系列の確率をモデリングできたとしよう．そうすれば，単語の条件付き確率は二つの系列の商で表現することができる．

$$p(w_i|w_1, w_2, \ldots, w_{i-1}) = \frac{p(w_1, w_2, \ldots, w_{i-1}, w_i)}{p(w_1, w_2, \ldots, w_{i-1})}.$$

逆に，ある単語の系列に続く単語の確率をモデリングできたのであれば，連鎖規則を用いて，系列の確率を条件付き確率の積として表現することもできる．

$$p(w_1, \ldots, w_k) = p(w_1|<\text{s}>) \times p(w_2|<\text{s}>, w_1) \times p(w_3|<\text{s}>, w_1, w_2) \times \cdots \\ \times p(w_k|<\text{s}>, w_1, \ldots, w_{k-1}),$$

ここで，<s>は系列の始まりを示す特殊な記号である．

[2] 実際，あらゆる質問は，例えば，*the answer to question X is* ___ の形とすれば，次の単語を言い当てるタスクとして提出できる．尋常でないこのような場合を除いたとしても，テキストにおいて次の単語を予測することは，言語の統語的意味的規則の知識に加えて，大量の世界知識を必要とする．

性能が達成できなくても，言語モデリングは，機械翻訳や自動音声認識など，実世界の応用において不可欠な構成要素である．そこではシステムが多くの翻訳文や書き起こし（認識結果単語列）の仮説を作り出し，言語モデルがそれらにスコア（得点）を与えていく．このような理由から，言語のモデリングは，自然言語処理，人工知能，機械学習において，中心的な役割を果たしている．

形式的には，言語モデリングタスクは，任意の単語の系列 $w_{1:n}$ に確率を割り当てること，つまり，$P(w_{1:n})$ を推定することである．確率の連鎖規則を用いると，これは次のように書き換えられる．

$$P(w_{1:n}) = P(w_1)P(w_2 \mid w_1)P(w_3 \mid w_{1:2})P(w_4 \mid w_{1:3})\ldots P(w_n \mid w_{1:n-1}). \quad (9.1)$$

つまり，それぞれの単語が，それに先行する単語列に条件付けられて予測されるような，単語予測タスクの系列となる．その左側の文脈に基づいて一つの単語をモデリングするというタスクは，系列全体に確率値のスコアを割り当てることより扱いやすいようには見えるが，それでも，上の式の最後の項は $n-1$ 単語による条件付けを要求しており，これは系列全体をモデリングするのと同じ程度に困難である．この理由から，言語のモデリングにおいては，現在が与えられれば未来は過去には依存しないというマルコフ仮定 (markov-assumption) が利用される．より形式的に述べると，k 次のマルコフ仮定は，ある系列の次の単語は最近の k 単語にのみ依存すると仮定する．

$$P(w_{i+1} \mid w_{1:i}) \approx P(w_{i+1} \mid w_{i-k:i}).$$

これによって，その系列の確率の推定は次のようになる．

$$P(w_{1:n}) \approx \prod_{i=1}^{n} P(w_i \mid w_{i-k:i-1}), \quad (9.2)$$

ここで，$w_{-k+1},\ldots,w_0$ は特別なパディング記号として定義される．

これにより，このタスクは，大量のテキストに基づいて，$P(w_{i+1} \mid w_{i-k:i})$ を正確に推定することとなる．

どのような k を持ってきたとしても，k 次のマルコフ仮定は明らかに誤りである（文はいくらでも長い依存を持ちうる．簡単な例として，文の先頭が *what* であることと末尾が？であることとの間の強い依存関係を考えてみればよい）が，比較的小さな k を用いても結果として，強力な言語モデルを得ることができ，k 次のマルコフ仮定はここ数十年，言語モデリングの中心的な手法であった．本章では，この k 次の言語モデルについて議論する．第 14 章では，マルコフ仮定を置かない言語モデリングの技法について議論する．

9.2 言語モデルの評価:パープレキシティ

言語モデリングの方法を評価するには様々な指標がある.応用中心のものは,それらをより上位のタスクの性能という文脈で評価する.例えば,翻訳システムにおいて,言語モデリングの部分をモデル A からモデル B へと取り替えたときの翻訳品質の改善を測定する.

言語モデルのより内在的な評価は,未見の文に関するパープレキシティ (perplexity) を用いるものである.パープレキシティは情報理論からの指標で,確率モデルがある事例をどれだけうまく予測するかを計測する.低いパープレキシティがより良い一致を示す.n 単語からなるテキストコーパス $w_1,\ldots,w_n$(n は数百万になりうる)が与えられて,言語モデル関数 LM がその履歴に基づいてある単語にある確率を割り当てたとき,そのコーパスに対する LM のパープレキシティは次で表される.

$$2^{-\frac{1}{n}\sum_{i=1}^{n}\log_2 \mathrm{LM}(w_i|w_{1:i-1})}.$$

優れた言語モデル(つまり,現実の言語使用を反映したもの)は,コーパス中の事例に高い確率を割り当てるので,その結果,パープレキシティが低くなる.

パープレキシティは言語モデルの質の良い指標である[3].パープレキシティの値は評価に用いるコーパスに依存する.二つの言語モデルのパープレキシティは同じ評価コーパスに関してのみ比較することができる.

9.3 言語モデリングの古典的手法

言語モデリングの古典的な手法は,k 次のマルコフ性を仮定し,$P(w_{i+1}=m|w_{1:i}) \approx P(w_{i+1}=m|w_{i-k:i})$ についてモデリングを行う.したがって言語モデルの役割は良い推定 $\hat{p}(w_{i+1}=m|w_{i-k:i})$ を与えることとなる.推定は普通コーパスにおける頻度から導かれる.$\#(w_{i:j})$ を単語の系列 $w_{i:j}$ のコーパス中の頻度としよう.その場合,$\hat{p}(w_{i+1}=m|w_{i-k:i})$ の最尤推定 (Maximum Likelihood Estimate: MLE) は,次で得られる.

$$\hat{p}_{\mathrm{MLE}}(w_{i+1}=m|w_{i-k:i}) = \frac{\#(w_{i-k:i+1})}{\#(w_{i-k:i})}.$$

効率的ではあるが,ベースラインとしてのこの方法には大きな欠点がある.コーパス中

---

[3] ただし,多くの場合,パープレキシティの値の向上は,外来的な,タスクの質のレベルのスコアに結びつかないことに注意する必要がある.この意味では,パープレキシティ指標は,様々な言語モデルを,系列の規則性を取り出す能力という観点で比較することを得手とする指標であって,言語理解や言語処理タスクの進展を評価する優れた指標というわけではない.

で $w_{i-k:i+1}$ という事象が観察されないと（つまり $\#(w_{i-k:i+1}) = 0$ であると），それに割り当てられる確率は 0 となり，そのことによって，（そのような事象を含む）コーパス全体に確率 0 を割り当てるような結果となる．文の確率の計算が積算であるためである．確率ゼロは無限大のパープレキシティに対応し，これは大変悪い．ある事象が 1 回も現れないことは頻繁に起こる．トライグラムの言語モデルを考えてみる．たった 2 単語によって条件付けを行うものである．語彙を 10,000 語としてみよう（これは比較的小さい値である）．この場合，$10{,}000^3 = 10^{12}$ の可能な三つ組が存在する．訓練コーパスが，例えば 10^{10} 語を含んでいたとしたら，これらのうちの多くが観察されないのは明らかである．それらの事象のうち，多くはそれが理に反しているので生じないのだろうが，それ以外の多くは，たまたまそのコーパスでは生じていないというだけである．

確率がゼロとなる事象の存在を避ける一つの方法は**平滑化手法** (smoothing techniques) を用いることである．これは，全ての可能な事象に（普通は小さな）確率質量を分配することを保証する．最も簡単な例は，たぶん**加算平滑化** (additive smoothing)，**α 加算平滑化** (add-α smoothing) とも呼ばれるものであろう [Chen and Goodman, 1999; Goodman, 2001; Lidstone, 1920]．それは全ての事象が，コーパス中で観察された回数に加えて，少なくとも α 回は生じていると仮定する．これにより推定値は次のようになる．

$$\hat{p}_{\text{add-}\alpha}(w_{i+1} = m | w_{i-k:i}) = \frac{\#(w_{i-k:i+1}) + \alpha}{\#(w_{i-k:i}) + \alpha|V|},$$

ここで $|V|$ は語彙数で，$0 < \alpha \leq 1$ である．より洗練された平滑化手法も存在する．

一般的なもう一つの手法群は**バックオフ** (back-off) を用いるものである．もし k-グラムが観察されなければ，$(k-1)$-グラムに基づいて，その推定値を計算する．この手法群の代表的な例は **Jelineck Mercer 補間平滑化** (Jelinek Mercer interpolated smoothing)[Chen and Goodman, 1999; Jelinek and Mercer, 1980] である．

$$\hat{p}_{\text{int}}(w_{i+1} = m | w_{i-k:i}) = \lambda_{w_{i-k:i}} \frac{\#(w_{i-k:i+1})}{\#(w_{i-k:i})} + (1 - \lambda_{w_{i-k:i}})\hat{p}_{\text{int}}(w_{i+1} = m | w_{i-(k-1):i}).$$

最善の性能を得るためには，値 $\lambda_{w_{i-k:i}}$ を条件付けの文脈 $w_{i-k:i}$ の内容に依存して変化させるべきである．稀な文脈は頻出する文脈とは違った扱いを受けるようにするのがよい．

ニューラルネットワークを用いないもので，現時点での最先端の言語モデリング手法は，**修正 Kneser Ney 平滑化** (modified Kneser Ney smoothing) [Chen and Goodman, 1996] を用いるものである．この手法は Kneser and Ney [1995] によって提案されたものの変種である．詳しくは Chen and Goodman [1996] と Goodman [2001] を参照のこと．

9.3.1 補足的文献

言語モデルは大きな広がりを持つ話題で，数十年もの間，研究が続けられている．このタスクの定式化を含んだ素晴らしい概要と，パープレキシティ指標の背景にある動機については，Michael Collins の講義ノート[4]にまとめられている．Chen and Goodman [1999] と Goodman [2001] にも優れた概要と平滑化手法の実験に基づく評価が含まれている．Mikolov [2012] の博士論文の背景の章にも古典的な言語モデリング手法の概観が含まれている．ニューラルネットワークを用いない言語モデリングの最近の進展については Pelemans et al. [2016] を参照のこと．

9.3.2 古典的言語モデルの限界

平滑化を行った MLE 推定に基づく言語モデリング手法（"古典的な" 手法）は，訓練も容易で，巨大なコーパスに対応することができ，実用上もうまく働く．しかし，それらは多くの深刻な欠点を持っている．

平滑化手法は複雑で，より低い次数の事象へのバックオフ（後退）に基づいている．ここでは，どう次数を下げていくかの順序が固定であると仮定されており，それは人手で設計する必要があり，より "創造的" な条件付けの文脈を付け加えることは難しい（例えば，k 語前までの単語とテキストの分野を条件としたい場合，バックオフでは，最初に，k 語前の単語を捨てて，$k-1$ 語前までの単語と分野の変数で推定するのがよいだろうか，それとも分野の変数を捨てて，k 語前までの単語だけで推定するのがよいだろうか）．バックオフは順次的な性質を持っているので，長距離の依存を獲得するためにより長い n-グラムへと拡張していくことも困難である．次の単語と 10 語前の単語との依存関係を獲得するためには，テキストの適当な 11-グラムを利用する必要がある．実際にはそのような長い連鎖は非常に稀にしか生じないので，モデルはその長い歴史の連鎖から順々にバックオフしていくことになる．しかし，むしろ，間に挟まれた単語を捨てることで，そこからバックオフする方がより良い選択肢であったりするのである．つまり，途中に "穴" のあいた n-グラムが必要になる．しかし，生成モデルの確率的な枠組みを維持しながらこのようなものを定義するのは困難である[5]．

MLE に基づく言語モデルにとって，より長い n-グラムへと規模を大きくしていくことには，本質的問題がある．自然言語の性質と語彙の巨大な単語数は，より長い n-グラムの統計量がスパースになることにつながる．さらにより長い n-グラムは，メモリに対する要求という点でも非常に高くつく．語彙 V に関する可能な n-グラムの数は，

---

[4] http://www.cs.columbia.edu/~mcollins/lm-spring2013.pdf
[5] ただし，因子分解された言語モデルについての一連の研究（例えば，A. Bilmes and Kirchhoff [2003]）と，Rosenfeld [1996] から始まった最大エントロピー（対数線形）言語モデル，さらに Pelemans et al. [2016] の最近の研究も参照のこと．

$|V|^n$ で,次数が 1 大きくなると,その数は $|V|$ 倍となる.理論的に可能な n-グラムの全てが適正で,テキスト中に生じるというわけではないが,観察される事象の数は少なくとも n-グラムの長さが 1 大きくなることに対して倍数的に増加する.このことがより大きな条件付け文脈を扱うことの負担を大きくする.

最後に,MLE に基づく言語モデルは文脈をわたっての一般化が行えないという難点を持つ.*black car* や *blue car* を観察したとしても,それ自身を観察しない限り,*red car* という事象に関する推定は何の影響も受けない[6].

9.4 ニューラル言語モデル

非線形のニューラルネットワークは,古典的な言語モデルの欠点の一部を解消する.それらでは,条件付けの文脈の大きさがより大きくなってもパラメータの数は線形にしか増加しない.バックオフの順序を人手で設計する必要が軽減される.そして,異なる文脈をわたる一般化を可能とする.

本章で示すモデルの形式は,Bengio et al. [2003] によって一般的になったものである[7].

ニューラルネットワークへの入力は単語の k-グラム $w_{1:k}$ であり,出力は次の単語に関する確率分布である.文脈となる k 語の単語 $w_{1:k}$ は単語窓として扱われる.それぞれの単語 w は埋め込みベクトル $v(w) \in \mathbb{R}^{d_w}$ と関連付けられ,入力ベクトル $\boldsymbol{x}$ は k 単語を連結したものである.

$$\boldsymbol{x} = [v(w_1); v(w_2); \ldots; v(w_k)].$$

そして,この入力 $\boldsymbol{x}$ が一つあるいはそれ以上の隠れ層を持つ MLP に与えられる.

$$\begin{aligned}
\hat{\boldsymbol{y}} &= P(w_i|w_{1:k}) = LM(w_{1:k}) = \text{softmax}(\boldsymbol{hW^2} + \boldsymbol{b^2}) \\
\boldsymbol{h} &= g(\boldsymbol{xW^1} + \boldsymbol{b^1}) \\
\boldsymbol{x} &= [v(w_1); v(w_2); \ldots; v(w_k)] \\
v(w) &= \boldsymbol{E}_{[w]}
\end{aligned} \quad (9.3)$$

$w_i \in V \quad \boldsymbol{E} \in \mathbb{R}^{|V| \times d_w} \quad \boldsymbol{W^1} \in \mathbb{R}^{k \cdot d_w \times d_{\text{hid}}} \quad \boldsymbol{b^1} \in \mathbb{R}^{d_{\text{hid}}} \quad \boldsymbol{W^2} \in \mathbb{R}^{d_{\text{hid}} \times |V|} \quad \boldsymbol{b^2} \in \mathbb{R}^{|V|}$.

V は有限の語彙で,未知語のための特殊記号 UNK を含む.<s> は文の先頭のパディ

---

[6] クラスに基づく言語モデル [Brown et al., 1992] は,分布論的アルゴリズムによる単語のクラスタリングを用いて,この問題に挑戦している.単語の代わりにあるいは単語に加えて,帰納された単語のクラスが条件付けに用いられる.

[7] 同様のモデルが Nakamura and Shikano [1988] によって,すでに 1988 年に提示されていて,ニューラルネットワークを用いた単語クラスの予測に関する研究で用いられている.

ングで，</s>は文の末尾を示す．語彙数は $|V|$ で，10,000 から 1,000,000 くらいまでの幅があるが，一般的な大きさは 70,000 程度である．

訓練 訓練事例は単純で，コーパスから取られた単語の k-グラムである．先頭の $k-1$ 語そのものが素性として用いられ，最後の単語が分類の目標ラベルとして使われる．概念的には，モデルは交差エントロピー損失 (cross-entropy loss) を用いて訓練されることになる．交差エントロピー損失は非常にうまく働くが，コストの大きいソフトマックス (softmax) 演算を必要とし，巨大な語彙を扱うためにはこれが妨げになる．このため，代替の損失もしくは近似，あるいはその両方の利用が促されることになる．

記憶と計算の効率 k 語の入力単語のそれぞれが入力 $\boldsymbol{x}$ において，d_w 次元ずつを占めている．k から $k+1$ へと変わると重み行列 $\boldsymbol{W^1}$ の次元は $k \cdot d_\mathrm{w} \times d_\mathrm{hid}$ から $(k+1) \cdot d_\mathrm{w} \times d_\mathrm{hid}$ へと増加する．つまり，計数に基づく古典的な言語モデルの場合の多項式の増加に比べ，線形の小さなパラメータの増加をもたらすだけである．これが可能であるのは，素性の組み合わせが隠れ層で計算されているためである．次数 k の増加はおそらく d_hid の次元数の増加も必要とするが，これも，古典的なモデリングの場合と比べると，パラメータの数の増加は軽微である．より複雑な相互作用を獲得するために，追加の非線形層を加えることも比較的安価に行える．

語彙中の各単語は，d_w 次元のベクトル（$\boldsymbol{E}$ の 1 行）一つと，d_hid 次元のベクトル（$\boldsymbol{W^2}$ の 1 列）一つに関連付けられている．したがって，語彙に新しい単語が追加された場合は，パラメータの数は線形に増加することになる．この点も古典的な場合に比べて大きく優れている．とはいえ，入力語彙（行列 $\boldsymbol{E}$）は表参照処理を行うだけなので，計算速度に影響することなく増加させることができるが，出力語彙の大きさは計算時間に大きな影響を与える．出力層でのソフトマックス演算は，行列 $\boldsymbol{W^2} \in \mathbb{R}^{d_\mathrm{hid} \times |V|}$ に対して非常に高価な行列・ベクトル積算と，その後の $|V|$ 回の指数計算を必要とする．この計算は実行時間の大部分を占め，巨大な語彙での言語モデリングを妨げている．

巨大な出力空間 ニューラルネットワークによる確率的言語モデルでは巨大な出力空間を扱うこと（語彙全体に対する効率的なソフトマックス演算）が，訓練時とテスト時とで共に，障壁となっている．そのため，効率的に巨大な出力空間を扱うことが活発な研究の課題となっている．現時点での解決策には以下のようなものがある．

階層的ソフトマックス (Hierarchical softmax) [Morin and Bengio, 2005] は，一つの単語の確率を $O(|V|)$ ではなく，$O(\log |V|)$ で計算することができる．これはソフトマックス演算を木のトラバースとして，それぞれの単語の確率を枝を選択する決定の積として構造化することで達成される．（全ての単語をわたる確率分布を得たいのではなく）一つの単語の確率に興味があるとすれば，この手法は，訓練時とテスト時

とで共に明らかな利点をもたらす．

自己正規化手法　(self-normalizing aproaches) として，ノイズと対比した推定 (Noise-Contrastive Estimation: NCE) [Mnih and Teh, 2012; Vaswani et al., 2013] や訓練の目的関数に正規化項を加える方法 [Devlin et al., 2014] などがある．NCE は，交差エントロピーを目的関数とした訓練を二クラス分類問題の集まりに置き換えて，語彙全体ではなく無作為に選ばれた k 語の単語に割り当てられたスコアの評価を行えばよいようにすることで，訓練時の効率を上げている．この手法は，単語に対するモデルのスコアとして，確率の優れた代替物となるような "近似的に正規化された" 指数的なスコアを生成するようにモデルを促すことで，テスト時の予測も改善させている．同様に，Devlin et al. [2014] の正規化項の手法は，訓練の目的関数に，指数的なモデルスコアが加算して 1 になるように促す項を加えることで，テスト時の陽な加算を不必要にしている（この手法は訓練時の効率は改善しない）．

サンプリングによる手法　(sampling approaches) では，訓練時のソフトマックス演算を語彙の小さな部分集合について行うことで近似する [Jean et al., 2015]．

巨大な出力語彙を扱うこれらやその他の手法についての優れた概説と相互比較が Chen et al. [2016] にある．

これらと直交する方向の研究として，単語レベルではなく文字レベルで処理を行うことで，この問題を避けようとするものがある．

望ましい特徴　巨大な出力語彙を扱うことが難しいという問題を置いておくと，このモデルは極めて魅力的な特徴を有している．Kneset-Ney 平滑化モデルのような古典的な言語モデルの最先端よりも良いパープレキシティを達成するし，古典的なモデルで可能であるよりもはるかに高い次数へと拡大できる．これが達成可能であるのは，パラメータが，k-グラムではなく個々の単語と関連しているためである．さらに，異なる位置での単語がパラメータを共有することで，統計的な強さを共有する．モデルの隠れ層は意味のある単語の組み合わせを見つけ出すことを行い，少なくとも理論的には，いくつかの単語については，k-グラムの一部のみが情報を持つということまで学習できる．つまり，必要であれば，古典的モデルと同様，より短い k-グラムにバックオフすることを学ぶことができるし，さらにそれを文脈に依存して行うことができる．加えてスキップグラム (skip-gram) の学習，つまり，ある組み合わせについては，1, 2, 5 番目の単語だけを参照すべきで，3, 4 番目の単語は読み飛ばしてよいことの学習が可能である[8]．

k-グラムの次数の柔軟性以外に，もう一つのモデルの魅力的な特徴として，文脈についての一般化能力がある．例えば，*blue, green, red, black* などの単語が類似した文脈に

---

8) このようなスキップグラムについてはニューラル言語モデル以外でも検討されている．Pelemans et al. [2016] とその中の参考文献を参照のこと．

現れることを観察していれば，モデルは *green car* という事象が生じた場合，その組み合わせを訓練において観察していなくても，それに適切なスコアを割り当てることが可能である．*blue car* や *red car* を観察しているからである．

これらの特徴，つまり，条件付けの文脈の一部分のみを考慮することできる柔軟性と，見たことのない文脈への一般化を行う能力との組み合わせは，メモリと計算量の両方で条件付けの文脈の大きさに線形にしか依存しないこととあいまって，データのスパースネスや計算の効率の問題に煩わされないで，条件付けの文脈の大きさを増加させていくことを大変容易にしている．

ニューラル言語モデルが巨大で柔軟な条件付け文脈を容易に取り込むことができるということは，さらに，文脈の創造的な定義をも可能とする．例えば，Devlin et al. [2014] は，次の単語の確率が，生成された翻訳文の直前の k 単語に加えて，その部分の翻訳が基づいている原言語の m 単語に条件付けられるような機械翻訳のモデルを提案している．これによって，原言語中のトピックに固有な言い回しや複合表現をモデリングすることができて，実際に結果として得られる翻訳のスコアは大きく改善している．

限界 ここで紹介した形式のニューラル言語モデルはいくつかの限界を持っている．文脈中のある単語の確率を予測することでは，古典的な言語モデルを使うよりはるかに高価である．巨大な語彙数と巨大な訓練コーパスを扱うことができない．ただし，データの利用の仕方が良いことから，比較的小さな訓練セットからでも同等にほぼ近いパープレキシティを得ることができる．

機械翻訳の文脈に適用した際，ニューラル言語モデルは，古典的な Kneser-Ney 平滑化言語モデルに比べて翻訳の品質を必ずしも向上させない．しかし，古典的な言語モデルから得られる確率をニューラルのもので内挿することで，翻訳品質は向上する．これらのモデルは相補的に振舞っているようである．ニューラル言語モデルは未見の事象をうまく一般化するが，ときとしてこの一般化は性能に悪い影響を与えるため，古典的モデルの柔軟性のない厳格さの方が好まれる．一例として，上の色の例と逆の場合を考えてみよう．モデルが文 *red horse* に確率を割り当てることを求められたとしよう．古典的モデルは非常に低いスコアを与える．そのような事象は，仮にあったとしてもほんの数回しか観察されないだろうからである．一方で，ニューラル言語モデルは，*brown horse, black horse, white horse* を観察し，そしてそれとは別に，*black, white, brown,* そして *red* が似たような文脈で現れうることを学習しているかもしれない．そのようなモデルは事象 *red horse* にだいぶんと高い確率を割り当てているだろうが，これは望ましいことではない．

9.5 生成における言語モデルの利用

言語モデルは文の生成に利用することができる．与えられたテキストの集まりで言語モデルを訓練した後，そのモデルから，以下の手順を用いることで，それらの確率に従って無作為に文を生成（"サンプリング"）することができる．開始記号に条件付けられた最初の単語についての確率分布を予測する．予測された分布に従って無作為に単語を取り出す．次に，この最初の単語に条件付けられた第二の単語の確率分布を予測する．これを，系列終了記号 $</s>$ が予測されるまで繰り返す．この方法は，$k = 3$ ですでにまずまずのテキストを生成し，次数を上げれば品質はさらに向上する．

訓練された言語モデルからこの方法で復号化 (decoding)（文の生成）を行うとき，最も高いスコアを持つ予測（単語）を選んでもよいし，予測された分布に従って無作為に単語をサンプリングしてもよい．もう一つの選択肢は，大局的に高い確率を持つ系列を見つけ出すためにビーム探索 (beam search) を用いるものである（それぞれのステップで最も高い予測に従うことは，全体の確率としては最高でない系列に至ることがある．その過程が "自分自身を隅に追い込んで" しまい，低い確率しか持たない事象が後続するような，系列の先頭部分を導いてしまうのである，これはラベルバイアス (label-bias) 問題と呼ばれ，Andor et al. [2016] と Lafferty et al. [2001] で詳しく議論されている）．

多項分布からのサンプリング $|V|$ 件の要素についての多項分布では，それぞれの項目 $0 < i \leq |V|$ に対して確率値 $p_i \geq 0$ が関連付けられている．ここで，$\sum_{i=1}^{|V|} p_i = 1$ である．その確率に従って多項分布から無作為に項目をサンプリングするために，次のアルゴリズムが用いられる．

1: $i \leftarrow 0$
2: $s \sim U[0,1]$ ▷ 0 から 1 の間を一様分布する数値
3: **while** $s \geq 0$ **do**
4:     $i \leftarrow i + 1$
5:     $s \leftarrow s - p_i$
6: **return** i

このアルゴリズムは素朴なもので，その計算複雑性は語彙の大きさの線形 $O(|V|)$ となる．これは巨大な語彙を用いる際には許されないほど遅い．確率値の大小差が大きい分布であれば，確率の降順に値を並べておくことで，平均時間はかなり短くなる．**別名法** (alias method) [Kronmal and Peterson, Jr., 1979] は，巨大な語彙を持つ任意の多項分布からのサンプリングを効率的に行う手法で，線形時間を要する前処理の後は，$O(1)$ でサンプリングを行うことができる．

9.6 副産物：単語表現

　言語モデルは生のテキスト (raw text) を使って訓練することができる．次数 k の言語モデルを訓練するためには，$(k+1)$-グラムを一連のテキストから抽出して，$(k+1)$ 番目の単語を教師信号として扱えばよい．したがって，そのための訓練データは，実質的には無制限に作り出すことができる．

　最後のソフトマックス演算の前の行列 $\boldsymbol{W}^2$ を考えてみる．この行列のそれぞれの列は d_{hid} 次元のベクトルで，語彙項目と関連づいている．最後のスコア計算の間，$\boldsymbol{W}^2$ の各列は文脈の表現 $\boldsymbol{h}$ と積算され，それによって，語彙項目に対応したスコアが作り出される．直観的には，このことによって，似たような文脈に現れやすい単語が似たようなベクトルを持つようになる．分布仮説に従うと，似たような文脈に現れる単語は似たような意味を持つとされているので，似たような意味を持つ単語が似たようなベクトルを持つことになる．同じような議論を埋め込み行列 $\boldsymbol{E}$ の行についても行うことができる．言語モデリング過程の副産物として，有用な単語の表現を行列 $\boldsymbol{E}$ と行列 $\boldsymbol{W}^2$ の行と列にあわせて学習しているのである．

　次章では，生テキストから有用な単語の表現を学習するというトピックについてさらに探求していく．

第10章

事前学習された単語表現

ニューラルネットワークによる手法の主な構成要素は埋め込みの利用，つまり，それぞれの素性を低次元の空間のベクトルとして表現することである．しかし，それらのベクトルはどこからやってくるのか．本章ではその一般的な手法を概観していく．

10.1 無作為初期化

教師として用いることができる訓練データが十分に存在するのであれば，素性埋め込みをその他のモデルパラメータと同じように扱うこともできる．つまり，埋め込みベクトルを無作為の値に初期化し，ネットワークの訓練過程がそれらを"良い"ベクトルに調整するようにするのである．

無作為初期化 (random initialization) を行う方法については注意すべきことがある．WORD2VEC の効果的な実装 [Mikolov et al., 2013b,a] で用いられた手法では，$\left[-\frac{1}{2d}, \frac{1}{2d}\right]$ の範囲から一様に無作為値をサンプルして単語ベクトルを初期化している．ここで，d は次元数である．もう一つの選択肢は **xavier 初期化** (xavier initialization) (5.2.2 節) を用いるもので，$\left[-\frac{\sqrt{6}}{\sqrt{d}}, \frac{\sqrt{6}}{\sqrt{d}}\right]$ から一様にサンプルされた値で初期化を行う．

実際においては，品詞タグや個々の文字など頻繁に生じる素性の埋め込みベクトルの初期化については，無作為初期化という方法をとり，個々の単語の素性など，稀にしか生じない可能性のある素性の初期化には教師ありもしくは教師なしで事前学習された形式で初期化を行うことが多い．事前学習されたベクトルは，その後のネットワークの訓練過程の間，固定されている場合もあるが，より一般的には，無作為に初期化されたベクトルと同様に扱われ，現在扱っているタスクにそってさらにチューニングされる．

10.2 タスクに固有の教師あり事前学習

タスクA（例えば，統語パージング）に関心があるが，それには限られた量のラベル付きデータしかないとする．ここに，補助的なタスクB（例えば，品詞タグ付け）があり，それについてはより多くのラベル付きデータがあるとしよう．このような場合，単語ベクトルをタスクBでうまく働くように事前学習し，そのように学習されたベクトルをタスクAの訓練で用いたいと考えるだろう．このような方法によって，タスクBのために持っていた大量のラベル付きデータを活用することができる．タスクAの訓練においては，事前学習したベクトルを固定したままでもよいし，タスクAのためにさらに訓練してもよい．もう一つの選択肢は両方の目的関数での同時学習である．その詳細については第20章を参照のこと．

10.3 教師なし事前学習

より一般的なのは，十分な量の注釈付きデータを持つような補助的なタスクが存在しない（あるいは，その補助的なタスクについても，より良いベクトルで訓練することでその立ち上げを支援したいと思うような）場合である．このような場合には，膨大な量の注釈なしテキストで訓練を行うことができる，"教師なし"の補助的タスクに頼ることになる．

単語ベクトルを訓練する技法は本質的には教師あり学習のそれと同じである．ただ，関心を持っているタスクのための教師の代わりに，関心のある最終的なタスクと一致（あるいは十分近い）ことを期待して仮のタスクを作り出し，そのタスクの教師あり訓練事例を実質的には制限のない数だけ生テキストから作り出すことをする[1]．

教師なしの方法の鍵となる発想は，"類似した"単語に類似した埋め込みベクトルを持たせたいということである．単語の類似性は定義するのが難しく，普通タスクに大きく依存したものであるが，ここでの方法は分布仮説[Harris, 1954]から導かれたもので，そこでは類似した文脈に現れるのであれば，それらの単語は類似していると主張されている．様々な方法があるが，それらは全て，文脈から単語を予測すること，あるいは単語から文脈を予測することを目標として，その教師となる訓練事例を作り出している．

第9章の最後の節で，言語モデリングがその訓練の副産物として単語ベクトルを作り出す仕方を眺めた．実際，言語モデリングは，単語をそれに先行する k 個の単語という文脈に基づいて予測するという"教師なし"手法として扱うことができる．歴史

---

[1] 補助的な問題を生テキストから作り出すという解釈は，Ando and Zhang [2005a,b] にヒントを得た．

的に見ると，Collobert と Weston のアルゴリズム [Collobert and Weston, 2008; Collobert et al., 2011] や以下で述べる WORD2VEC の一連のアルゴリズム [Mikolov et al., 2013b,a] は，言語モデリングのこの特徴にその着想を得ている．WORD2VEC アルゴリズムは，言語モデリングでと同じ副作用を，より効率的でより柔軟な枠組みを用いて引き起こすよう設計されたものである．Pennington et al. [2014] の GLOVE アルゴリズムも同じ目的関数に沿ったものである．これらのアルゴリズムは同時に，NLP と IR（情報検索）のコミュニティで発展してきた別の一群である，行列因子分解に基づくアルゴリズムとも深く関連する [Levy and Goldberg, 2014]．単語埋め込みのアルゴリズムについては 10.4 節で議論する．

　単語埋め込みを大量の注釈なしデータで訓練することの重要な利点は，それによって，教師あり学習の訓練セット中には現れない単語のベクトル表現も与えられることである．理想的には，これらの単語の表現は訓練セットに現れている関連した単語の表現と類似したものになるはずで，それによってモデルが未見の事象に対してより一般化されることになる．そのためには，教師なしアルゴリズムで学習された単語ベクトルの類似性が，ネットワークが意図しているタスクの実行において有益であるような類似性と同じ側面を獲得していることが望ましい．

　ほぼ間違いなく，補助的問題の選択（どのような種類の文脈に基づいて，何を予測するか）は，そこで用いられる学習手法よりも，結果として得られるベクトルに大きな影響を与える．10.5 節でこの補助的問題の様々な選択について概観する．

　教師なし学習アルゴリズムによって導出された単語埋め込みは，ニューラルネットワークモデルにおける単語埋め込み層の初期化に用いられるだけでなく，NLP においていくつかの応用を持っている．これらについては第 11 章で議論する．

10.3.1　事前学習された埋め込みの利用

　事前学習された単語埋め込みを利用する際，いくつか決定すべき選択項目がある．最初の選択は，事前学習された単語ベクトルをそのまま使うべきか，単位長に正規化すべきかである．これはタスクに依存する．多くの単語埋め込みのアルゴリズムおいて，単語ベクトルのノルムは単語の頻度と関連する．単語を単位長に正規化することは頻度の情報を取り除くことである．これは，望ましい統一化となることもあれば，不幸な情報損失となることもある．

　次の選択は，事前学習されたベクトルをタスクのためにファインチューニング（微調整）するかである．語彙 V からの単語を d 次元のベクトルに関係付ける埋め込み行列 $\boldsymbol{E} \in \mathbb{R}^{|V| \times d}$ を考える．一般的な方法は $\boldsymbol{E}$ をモデルパラメータとして扱うことで，ネットワークの残りの部分と共にそれを変化させていく．これはうまく動くが，訓練データに含まれる単語の表現だけを変化させて，元となった事前学習されたベクトル $\boldsymbol{E}$ で

それらと近い位置にあったそれ以外の単語を変化させないことで，望ましくない効果が生まれる可能性がある．事前学習の過程で得ようとしていた一般化の特徴がこれによって失われてしまうかもしれない．代替案は事前学習されたベクトル E を固定したままにしておくことである．これにより一般化は維持されるが，モデルは，与えられたタスクに表現を適応させることができなくなってしまう．中庸の策として，E は固定したままとし，追加の行列 $T \in \mathbb{R}^{d \times d}$ を用いるものがある．E の行を見るのではなく，変換された行列 $E' = ET$ の行を見るようにする．変換行列 T はネットワークの一部として調整され，事前学習されたベクトルのいくつかの側面をタスクのために微調整することができる．このとき，このタスクに固有の適応は訓練において観察されたものにだけでなく，全ての単語に適用される線形変換の形式で行われるので，前述の問題を防ぐことができる．この方法の欠点は，ある単語の表現だけを変更して，他のものはそのままにしておくことができない点である（例えば，*hot* と *cold* が非常に似ているベクトルであったとすると，線形変換 T によってこれらを引き離すことは非常に困難である）．もう一つの選択肢は，E は固定のままとしておき，追加の行列 $\Delta \in \mathbb{R}^{|V| \times d}$ を用い，埋め込み行列を $E' = E + \Delta$ もしくは $E' = ET + \Delta$ とするものである．行列 Δ は 0 に初期化され，ネットワークと共に訓練される．これによって，特定の単語に対する追加的な変更を学習することができる．Δ に対して強い正則化でペナルティを課すことにより，微調整された表現が元のものの近くに留まるようにすることができる[2]．

10.4 単語埋め込みアルゴリズム

ニューラルネットワークのコミュニティは，分散表現 (distributed representations) [Hinton et al., 1987] という観点からの考察を伝統としてきた．これは局所的表現と対比される．局所的表現では，単語などの事物は離散的な記号（シンボル）として表現され，事物の相互関係は記号の間の離散的な関係の集まりとして符号化され，これらがグラフを構成する．これに対し，分散表現では，それぞれの事物が値のベクトル（"活性化のパターン"）として表現され，事物の意味と，他の事物との関係は，ベクトルの活性化や様々なベクトルの間の類似性として獲得される．言語処理の文脈では，このことは，単語（と文）が個別の次元に写像されるのではなく，むしろ共有された低次元の空間の中に写像されることを意味する．そこでは，それぞれの単語が d 次元ベクトルに

---

[2] 勾配に基づく訓練による更新は全て加算的である．したがって，正則化なしであれば，訓練中に E を更新することと，E を固定したままで Δ を更新し $E + \Delta$ を利用することとでは，結果として得られる埋め込みに違いはないことに注意してほしい．これらの方法の違いは正則化が適用されたときのみ生じることとなる．

関連付けられ，単語の意味は他の単語との関係やベクトル中の値の活性化によって獲得されている．

自然言語処理のコミュニティは，**分布意味論** (distributional semantics) という観点からの考察を伝統としてきた．これは，単語の意味をコーパス中でのその分布，つまり，それが用いられている文脈の集約から導くことができると考えるもので，類似した文脈に生じる単語は類似した意味を持つ傾向があるとする．

単語の表現についてのこれら二つの考え方，つまり，より大きなアルゴリズムという文脈において学習された活性化のパターンという観点と，他の単語や統語構造との共起のパターンという観点は，見かけ上は大きく異なる単語表現の見方を生じさせ，異なったアルゴリズム群や考え方を導いている．

10.4.1 節では，単語表現の分布論的な方法を検討する．10.4.2 節では，分散表現の方法を検討する．10.4.3 節で，これら二つの世界を関連付けて，はとんどの部分において，現在の最先端の単語の分散表現は，その重要な部分において分布論的な手がかりを利用していること，二つのアルゴリズム群は深く結びついていることを示す．

10.4.1 分布仮説と単語表現

言語と単語の意味に関する**分布仮説** (Distributional Hypothesis) は，同じ文脈に生じる単語は類似した意味を持ちやすいと述べている [Harris, 1954]．この考えは，Firth [1957] によって，"単語は，それが何を連れとしてしているかで理解することができる" ("you shall know a word by the company it keeps") という格言を通じて，一般に知られるようになった．*Marco saw a hairy little wampinuk crouching behind a tree* における *wampimuk* のような未知語を含んだ文に出会った際，人は，それが現れた文脈を元にその単語の意味を推論するということは直観にもあう．この考えは分布意味論という分野を生み出した．言語学的な事物の類似性を巨大なテキストコーパスにおける分布論的な特徴を用いて定量化することに関心を持つ研究分野である．分布仮説の言語学的，哲学的基礎については Sahlgren [2008] を参照のこと．

単語文脈行列

NLP においては，単語の分布論的な特徴を単語文脈行列を通じて獲得しようとする一連の研究が続けられていた[3]．**単語文脈行列** (word-context matrix) では，それぞれの行 i が単語を表現し，列 j は単語が生じる言語学的文脈を表現する．行列の要素 $M_{[i,j]}$ は，巨大なコーパスにおける単語と文脈の関連の強さを数値化したものである．言い換えると，それぞれの単語は高次元空間のスパースなベクトルとして表現され，それが生じた文脈の重み付きバッグとして符号化されている．文脈の定義の違いと，単語

---

[3] その概要については，Turney and Pantel [2010] と Baroni and Lenci [2010] を参照のこと．

と文脈との関連を測定する方法の違いとによって，様々な単語表現が生まれる．単語の間の意味的な距離を表すものとして，様々な距離関数がその単語に対応するベクトルの間の距離を測定するのに用いられる．

より形式的には，単語の集合（単語の語彙）を V_W で，可能な文脈の集合を V_C で表す．それぞれの単語と文脈がそのインデックスで同定できるとする．つまり，w_i は単語語彙中の i 番目の単語であり，c_j は文脈の語彙の j 番目の項目である．$\boldsymbol{M}^f_{[i,j]} = f(w_i, c_j)$ と定義することで，行列 $\boldsymbol{M}^f \in \mathbb{R}^{|V_W| \times |V_C|}$ が単語文脈行列となる．ここで，f は単語と文脈の関連の強さの指標である．

類似性の指標

一度単語がベクトルとして表現されると，単語の類似度は，それに対応するベクトルの間の類似度を計算することで求めることができる．一般的かつ強力な指標は**コサイン類似度** (cosine similarity) で，これはベクトルの間の角度を測定する．

$$\mathrm{sim}_{\cos}(\boldsymbol{u}, \boldsymbol{v}) = \frac{\boldsymbol{u} \cdot \boldsymbol{v}}{\|\boldsymbol{u}\|_2 \|\boldsymbol{v}\|_2} = \frac{\sum_i \boldsymbol{u}_{[i]} \cdot \boldsymbol{v}_{[i]}}{\sqrt{\sum_i (\boldsymbol{u}_{[i]})^2} \sqrt{\sum_i (\boldsymbol{v}_{[i]})^2}}. \tag{10.1}$$

よく用いられるもう一つの指標は**一般化 Jaccard 類似度** (generalized Jaccard similarity) で，次のように定義される[4]．

$$\mathrm{sim}_{\mathrm{Jacaard}}(\boldsymbol{u}, \boldsymbol{v}) = \frac{\sum_i \min(\boldsymbol{u}_{[i]}, \boldsymbol{v}_{[i]})}{\sum_i \max(\boldsymbol{u}_{[i]}, \boldsymbol{v}_{[i]})}. \tag{10.2}$$

単語文脈の重み付けと PMI

関数 f は通常巨大コーパスから得られる計数に基づく．コーパス D において，文脈 c での単語 w の生起回数を $\#(w, c)$ で表すとし，コーパスの大きさを $|D|$ とする（$|D| = \sum_{w' \in V_W, c' \in V_C} \#(w', c')$）．$f(w, c)$ の定義を生起回数 $f(w, c) = \#(w, c)$，あるいは正規化した生起回数 $f(w, c) = P(w, c) = \frac{\#(w,c)}{|D|}$ とするのが直観的なように思われる．しかし，これは非常に一般的な文脈を含むような単語文脈対に高い重みを割り当ててしまうという望ましくない効果を持つ（例えば，直前の単語を単語の文脈としてみよう．そうすると，cat のような単語について，*the cat* や *a cat* という事象が，*cute cat* や *small cat* よりも高いスコアを得てしまう．後者の方が情報を持っているにも関わらずである）．この効果を相殺するために，与えられた単語に関して情報のある文脈，つまり，他の単語と比べてその単語との共起が多い文脈を優先するように f を定義するのがよい．このような振る舞いを獲得する効果的な指標が**自己相互情報量** (Pointwise Mutual Information: PMI) である．これは情報理論における，異なる結果 x と y の間の関連の強さの指標で，次のように定義される．

---

4) $\boldsymbol{u}$ と $\boldsymbol{v}$ を集合と考えると，Jaccard 類似度は $\frac{|\boldsymbol{u} \cap \boldsymbol{v}|}{|\boldsymbol{u} \cup \boldsymbol{v}|}$ と定義される．

10.4 単語埋め込みアルゴリズム

$$\mathrm{PMI}(x,y) = \log \frac{P(x,y)}{P(x)P(y)}. \tag{10.3}$$

この場合，$\mathrm{PMI}(w,c)$ は，単語 w と文脈 c の間の関連を，それらの結合確率（それらが一緒に共起する頻度）とそれらの周辺確率（それらが個々に生起する頻度）との比の対数を計算することで測定している．PMI は，経験論的には，コーパスにおいて実際に観察される回数を考えることで推定される．

$$f(w,c) = \mathrm{PMI}(w,c) = \log \frac{\#(w,c) \cdot |D|}{\#(w) \cdot \#(c)}, \tag{10.4}$$

ここで，$\#(w) = \sum_{c' \in V_C} \#(w,c')$ と $\#(c) = \sum_{w' \in V_W} \#(w',c)$ は，それぞれ w と c のコーパスでの頻度である．NLP において関連の指標として PMI を用いることは Church and Hanks [1990] によって導入され，単語の類似性や分布意味論に関連するタスクで広く利用されている [Dagan et al., 1994; Turney, 2001; Turney and Pantel, 2010]．

PMI 行列を扱うことに関して，一つ計算論的な難点がある．M^{PMI} の行は，コーパス中で観察されなかった単語文脈対 (w,c) の項を数多く含んでいる．これらについては $PMI(w,c) = \log 0 = -\infty$ となる．一般的な解決策は，負の値の場合にそれを 0 と置き換える**正値 PMI** (Positive PMI: PPMI) を利用することである[5]．

$$\mathrm{PPMI}(w,c) = \max\left(\mathrm{PMI}(w,c), 0\right). \tag{10.5}$$

単語文脈行列の要素への様々な重み付けの枠組みの体系的な比較によると，PMI 指標は，そして PPMI 指標はさらに，様々な範囲の単度類似判定タスクにおいて最良の結果を出している [Bullinaria and Levy, 2007; Kiela and Clark, 2014]．

PMI の欠陥は，稀な事象に高い値を割り当てる傾向があることである．例えば，二つの事象が一度しか生じず，それが同時に生じたとすると，それらは高い PMI 値を得る．このため PMI 指標の利用の前に計数の閾値を設けておくか，もしくは稀な事象については割引を行うのが得策である．

[5) 単語の表現において，負の値を無視することには直観的な意味付けも行える．人間は正の連想（例えば，"Canada" と "snow"）は簡単に思いつくが，負の連想（"Canada" と "desert"）を思いつくことはそれよりはるかに難しい．このことから，二つの単語について認知される類似度は，それらが共有していない負の文脈よりもそれらが共有している正の文脈により大きく影響されることが示唆される．したがって，負の関連を持った文脈を切り捨てて，その代わりそれらに "情報なし"（0）という印をつけることは直観的にある程度意味をなしている．注目すべき例外は，統語的な類似度の場合である．例えば，全ての動詞は限定詞が前に来ることと強い負の関連があり，過去形の動詞は "be" 動詞や様相助動詞が前に来ることと強い負の関連がある．

行列因子分解による次元削減

それらが生じた文脈の集合そのもので単語を表現することの潜在的な障害はデータがスパースであることである．行列 M のいつくかの要素は十分なデータ点を観察できなかったという理由で不正確なものとなっているかもしれない．さらに，そのような直接の単語ベクトルは非常に高い次元数を持つ（文脈の定義によるが，可能な文脈の数は数十万や，数百万にさえなりうる）．

これらの問題は**特異値分解** (Singular Value Decomposition: SVD) のような次元削減 (dimensionality reduction) の手法を用いて，階数 (rank) の低いデータの表現を検討することで軽減される．

SVD では，行列 $M \in \mathbb{R}^{|V_W| \times |V_C|}$ を，単語行列 $W \in \mathbb{R}^{|V_W| \times d}$ と文脈行列 $C \in \mathbb{R}^{|V_C| \times d}$ という二つの縦に長い行列に**因子分解** (factorizing) し，$WC^\top = M' \in \mathbb{R}^{|V_W| \times |V_C|}$ が M に対する階数 d での最も良い近似となるようにする．ここで，最も良い近似とは，M' と M の間の L_2 距離が，M' 以外の階数 d のどの行列とのそれよりも短いという意味である．

階数の低い表現 M' は M を"平滑化"したものと見ることもできる．データ中の頑健なパターンに基づいて，測定値のいくつかを"修正"しているのである．これは，例えば，ある文脈にいくつかの単語が現れていた場合に，その文脈では見られないが，それらと共起するような単語を，その文脈に加えるような効果を持つ．さらに，行列 W はそれぞれの単語を $|V_C|$ 次元のスパースなベクトルではなく，d 次元の密なベクトルとして表現する．$d \ll |V_C|$（$50 < d < 300$ が典型的な選択である）であるので，この d 次元のベクトルは元となった行列における変化量の最も重要な方向を獲得している．類似度も，スパースな高次元のベクトルではなく密な d 次元のベクトルに基づいて計算することができる．

SVD の数学　特異値分解は，$m \times n$ の実数行列もしくは複素数行列 M を3つの行列に因子分解するという代数学の技法である．

$$M = UDV,$$

ここで U は $m \times m$ の実数行列もしくは複素数行列，D は，$m \times n$ の実数行列もしくは複素数行列，V は $n \times n$ 行列である．行列 U と $V^\top$ は正規直交 (orthonormal) している．つまり，それらの行は単位長でお互いに直交している．行列 D は対角行列であり，その対角要素は M の特異値で，降順に並んでいる．

この因子分解は厳密に成立する．SVD は，機械学習やその他の分野で様々に利用される．ここでの目的では，SVD は次元削減のために，つまり，高次元データに対して，その情報をほとんどを保ったままでの低次元表現を見つけ出すために使

われる.

積 $U\tilde{D}V$ を考える. ここで,$\tilde{D}$ は D の対角要素の最初の k 要素以外の全てを 0 で置き換えたような D の変種である. この場合,積によって 0 という結果しか生じないので, U の最初の k 行以外と V の最初の k 列以外の全ては, 0 と看做して構わない. これらの行と列を削除すると, $\tilde{U}$ $(m \times k)$, $\tilde{D}$ $(k \times k$, 対角), $\tilde{V}$ $(k \times n)$ という三つの行列が残る. それらの積

$$M' = \tilde{U}\tilde{D}\tilde{V}$$

は階数 k の $(m \times n)$ 行列である.

行列 M' は細長い行列 ($\tilde{U}$ と $\tilde{V}$, k は m や n と比べると非常に小さい) の積であり,M の低い階数での近似 (low rank approximation) と考えることができる.

Eckart-Young の定理 (Eckart-Young theorem) [Eckart and Young, 1936] によれば, 行列 M' は, L_2 損失において M の階数 k での最も良い近似 (the best rank-k approximation) である. つまり, M' は以下の最小化を満たすような行列である.

$$M' = \operatorname*{argmin}_{X \in \mathbb{R}^{m \times n}} \|X - M\|_2 \quad \text{ただし,} X \text{の階数は} k.$$

行列 M' は, データにおいて最も影響の大きい k 個の方向だけを用いているという意味で, M を平滑化した版と考えることもできる.

行間の距離の近似 $E = \tilde{U}\tilde{D}$ の低次元の行は, 元の行列 M の高次元の行の階数の低い近似である. E の行の間の内積を計算することが, 再構成された行列 M' の行の内積を計算することと等価 (equivalent) であるからで, つまり, $E_{[i]} \cdot E_{[j]} = M'_{[i]} \cdot M'_{[j]}$ が成り立つ.

その理由を見るために, $m \times m$ 行列 $S^E = EE^\top$ を考える. この行列の $[i,j]$ 要素は E における行 i と行 j の間の内積に等しい. つまり, $S^E_{[i,j]} = E_{[i]} \cdot E_{[j]}$ である. 同様に $S^{M'} = M'M'^\top$ が成り立つ.
$S^E = S^{M'}$ であることを示そう. $\tilde{V}$ が正規直交であるので, $\tilde{V}\tilde{V}^\top = I$ であることを思い出そう. さて, このため, 以下が導ける.

$$S^{M'} = M'M'^\top = (\tilde{U}\tilde{D}\tilde{V})(\tilde{U}\tilde{D}\tilde{V})^\top = (\tilde{U}\tilde{D}\tilde{V})(\tilde{V}^\top\tilde{D}^\top\tilde{U}^\top) =$$
$$= (\tilde{U}\tilde{D})(\tilde{V}\tilde{V}^\top)(\tilde{D}^\top\tilde{U}^\top) = (\tilde{U}\tilde{D})(\tilde{U}\tilde{D})^\top = EE^\top = S^E.$$

ここから, M' の高次元の行に替えて (そして, M の高次元の行に替えて), E の行を用いることができる (同様の議論によって, M' の列の代わりに

$(\tilde{D}\tilde{V})^\top$ の行を用いることができる).

単語の類似性のために SVD を用いた場合，M の行は単語に対応し，列は文脈に対応する．そして E の行を構成するベクトルは低次元の単語表現である．実用においては，$E = \tilde{U}\tilde{D}$ は使わず，代わりにより"バランスのとれた" $E = \tilde{U}\sqrt{\tilde{D}}$ を使うことが多い．さらには，特異値 $\tilde{D}$ を完全に無視して $E = \tilde{U}$ とすることさえある．

10.4.2 ニューラル言語モデルから分散表現へ

ここまで述べてきた，いわゆる計数に基づく手法 (count-based methods) に対して，ニューラルネットワークのコミュニティでは，単語の意味の分散表現 (distributed representations) の利用が提唱されてきた．分散表現においては，それぞれの単語は $\mathbb{R}^d$ のベクトルに関連付けられる．そこでは，あるタスクに関しての単語の"意味"はベクトル中の様々な次元の中に，そして他の単語の次元の中にも獲得される．分布に直接基づく表現では，それぞれの次元が，その単語が現れた特定の文脈に対応しているが，それとは異なり，分散表現の次元は解釈することができず，必ずしも特定の次元が特定の文脈に対応しているわけではない．表現が分散的性質を持っているとは，意味のある一つの側面が多くの次元の組み合わせとして獲得されて（分散して）おり，ある次元が意味の多くの側面の獲得に寄与しているかもしれないことを意味している[6]．

第 9 章の式 (9.3) に示した言語モデル獲得のためのネットワークを考える．単語の文脈は，それに先行する単語の k-グラムである．それぞれの単語はベクトルに関連付けられ，それらの連結が，非線形変換を通じて，d_{hid} 次元のベクトル h に符号化される．ベクトル h はその後，行列 W^2 を乗ぜられる．ここで，W^2 のそれぞれの列が単語に対応し，h と W^2 の列との相互作用がその文脈での様々な単語の確率を決定する．W^2 の列（同様に埋め込み行列 E の行も）が単語の分散表現となる．訓練過程が k-グラムの文脈において単語の確率推定を正しく行うように埋め込みの値を定めていき，これを通じて単語の"意味"がそれと対応する W^2 の列に獲得されていく．

Collobert と Weston

式 (9.3) で示されたネットワークの設計は言語モデリングタスクに導かれたものであり，そのため，二つの重要な要求条件を背負っている．一つは単語についての確率分布

---

[6] 分布に直接基づく表現も，色々な意味で，"分散的"であることを注意しておく．単語の意味の様々な側面がその単語が現れる文脈の一群として獲得されるし，ある文脈は意味の様々な側面に寄与することもありうる．さらに単語文脈行列に次元削減を行った後では，それぞれの次元はもはや簡単な解釈を持たない．

を生成するという必要で,もう一つは,文レベルの確率推定が可能となるように,確率の連鎖規則を用いて文脈を組み合わせられるような条件付けを行うという必要である.確率分布を生成しなければならないという必要は,出力語彙である全ての単語をわたっての高価な正規化項の計算の必要を生み出すし,連鎖規則に従った分解の必要は条件付けの文脈を先行する k-グラムに限定する.

もし表現を得ることだけが関心であれば,この二つの制約を緩和することができる.これが Collobert and Weston [2008] によって行われたことで,そのモデルは Bengio et al. [2009] によって詳細化されより詳しく論じられた.Collobert と Weston が持ち込んだ最初の変更は,単語の文脈を先行する k-グラム(その単語の左側の単語列)からそれを囲む単語窓に変更したことである(つまり,$P(w_5|w_1w_2w_3w_4\square)$ の代わりに $P(w_3|w_1w_2\square w_4w_5)$ を計算した).ちなみに,その他の種類の固定した幅の文脈 $c_{1:k}$ への一般化も簡単である.

Collobert と Weston が持ち込んだ第二の変更は,確率を出力するという要求を放棄したことである.与えられた文脈での対象となる単語の確率分布を計算する代わりに,彼らのモデルは,正しい単語のそれが誤った単語のそれより高くなるような,単なるスコアを割り当てようとする.このことによって,計算的に高価であるような出力語彙をわたった正規化を実行する必要がなくなり,計算時間を出力語彙の大きさに依存しないようにできた.このことはネットワークの訓練と実行を大変速くしただけでなく,実用的には無限と言える語彙までへの拡張を可能とした(語彙の増加による負担はメモリがそれに対して線形に増加することだけであった).

w を対象の単語,$c_{1:k}$ を文脈項目の順序付きリストとする.そして,$v_w(w)$ と $v_c(c)$ をそれぞれ単語と文脈を d_{emb} 次元のベクトルに写像する埋め込み関数とする(ここからは,単語ベクトルと文脈ベクトルは同じ次元数を持つと仮定する).モデルは,まず単語埋め込みと文脈埋め込みを連結してベクトル $\boldsymbol{x}$ とし,それを,1層の隠れ層を持ち,その唯一の出力が単語と文脈の組み合わせに割り当てられるスコアであるような MLP に入力して,単語文脈対のスコア $s(w, c_{1:k})$ を計算する.

$$
\begin{aligned}
s(w, c_{1:k}) &= g(\boldsymbol{xU}) \cdot \boldsymbol{v} \\
\boldsymbol{x} &= [v_c(c_1); \ldots ; v_c(c_k); v_w(w)] \\
\boldsymbol{U} &\in \mathbb{R}^{(k+1)d_{\mathrm{emb}} \times d_{\mathrm{h}}} \quad \boldsymbol{v} \in \mathbb{R}^{d_{\mathrm{h}}}.
\end{aligned}
\tag{10.6}
$$

ネットワークはマージンに基づくランキング損失によって,正しい単語文脈対 $(w, c_{1:k})$ が正しくない単語文脈対 $(w', c_{1:k})$ よりも少なくともマージン 1 でより高いスコアを得るように訓練される.与えられた単語文脈対の損失 $L(w, c_{1:k})$ は次によって与えられる.

$$L(w,c,w') = max(0, 1 - (s(w,c_{1:k}) - s(w',c_{1:k}))) \tag{10.7}$$

ここで w' は語彙から無作為に選ばれた単語である．訓練過程では，コーパスから単語文脈対が繰り返し取り出され，それぞれに対して無作為に単語 w' がサンプリングされ，その w' を用いて損失 $L(w,c,w')$ が計算され，損失を最小にするようにパラメータ U, v, そして単語と文脈の埋め込みが更新される．

最適化を進めるにあたって，正しくない単語文脈対である**負例** (negative sample) を作り出すために無作為にサンプルした単語を用いるという手法は，次に述べる WORD2VEC アルゴリズムの核心部でもある．

Word2Vec

広く知られている WORD2VEC のアルゴリズムは，Tomáš Mikolov と同僚らによって，一連の論文 [Mikolov et al., 2013b,a] を通じて開発された．Collobert と Watson のアルゴリズムと同様，WORD2VEC もニューラル言語モデルから始めて，より速く結果を生成するようにそれを修正している．WORD2VEC は一つのアルゴリズムではなく，二つの異なる文脈表現（**CBOW** とスキップグラム (skip-gram)）と二つの異なる最適化の目的関数（ネガティヴサンプリング (Negative-Sampling: NS) と**階層的ソフトマックス** (hierarchical softmax)）を実装したソフトウェアパッケージである．ここでは，ネガティヴサンプリング (NS) 目的関数に注目する．

Collobert と Weston のアルゴリズムと同様に，WORD2VEC の NS 版は，"良い" 単語文脈対を "悪い" 単語文脈対から区別するようにネットワークを訓練することで動作する．ただし，WORD2VEC ではマージン基づくランキング目的関数に換えて，確率的な目的関数を用いてる．正しい単語文脈対の集合 D と正しくない単語文脈対の集合 $\bar{D}$ を考える．アルゴリズムの目標は，単語文脈対が正しい集合 D から取られたものであるという確率 $P(D=1|w,c)$ を推定することである．この確率は D から取られた対では高く (1)，$\bar{D}$ から取られた対では低く (0) なければならない．確率であることの制約から $P(D=1|w,c) = 1 - P(D=0|w,c)$ が課される．確率関数はスコア $s(w,c)$ についてのシグモイドとしてモデリングされる．

$$P(D=1|w,c) = \frac{1}{1+e^{-s(w,c)}}. \tag{10.8}$$

コーパス全体でのアルゴリズムの目的関数は，データ $D \cup \bar{D}$ の対数尤度を最大化することである．

$$\mathcal{L}(\Theta; D, \bar{D}) = \sum_{(w,c) \in D} \log P(D=1|w,c) + \sum_{(w,c) \in \bar{D}} \log P(D=0|w,c). \tag{10.9}$$

正例 D はコーパスから生成される．負例 $\bar{D}$ はいくつかの方法で生成することができるが，WORD2VEC では以下の過程でそれを行っている．良い対 $(w, c) \in D$ それぞれについて，k 個の単語 $w_{1:k}$ をサンプリングし，それぞれから作られる (w_i, c) を負例として D に加える．これによって負例データ $\bar{D}$ は D の k 倍の大きさになる．負例の数 k はアルゴリズムのパラメータである．

負例を作る単語 w はそれらのコーパスでの頻度 $\frac{\#(w)}{\sum_{w'} \#(w')}$ に基づいてサンプリングすることもできるが，WORD2VEC の実装で行われたのは，正規化を行う前に計数を $\frac{3}{4}$ 乗したような平滑化した変種 $\frac{\#(w)^{0.75}}{\sum_{w'} \#(w')^{0.75}}$ に従ってサンプリングするものである．こちらの版は頻度が小さい単語に相対的に大きい重みを与え，実用での単語類似度ではより良い結果を出している．

CBOW 目的関数をマージンに基づくものから確率に基づくものに変更した以外に，WORD2VEC は単語文脈対のスコア付与関数 $s(w, c)$ の定義でも大きな簡単化を行っている．複数単語の文脈 $c_{1:k}$ において，WORD2VEC の CBOW 版は，文脈ベクトル $\boldsymbol{c}$ を，文脈を構成する要素の埋め込みベクトルの和として $\boldsymbol{c} = \sum_{i=1}^{k} \boldsymbol{c}_i$ と定義している．そして，スコアは単純に $s(w, c) = \boldsymbol{w} \cdot \boldsymbol{c}$ と定義される．つまり次が用いられる．

$$P(D = 1|w, c_{1:k}) = \frac{1}{1 + e^{-(\boldsymbol{w} \cdot \boldsymbol{c}_1 + \boldsymbol{w} \cdot \boldsymbol{c}_2 + ... + \boldsymbol{w} \cdot \boldsymbol{c}_k)}}.$$

CBOW 版は文脈要素の間の順序情報を失っている．その代償として，可変長の文脈を用いることができる．ただし，限られた長さの文脈であれば，CBOW は，文脈要素それ自身の一部として相対的位置を含めることで，順序情報を残すことができる．これは，異なる相対位置の文脈要素に異なる埋め込みを割り当てることなどで実現できる．

スキップグラム スキップグラム版の WORD2VEC のスコア付与では，文脈要素間の依存関係はさらに減じられている．文脈 $c_{1:k}$ の k 個の要素を，スキップグラム版は文脈中の c_i がお互いに独立であると仮定し，基本的に k 個の異なる文脈として扱う．つまり，単語文脈対 $(w, c_{i:k})$ は D において，k 個の異なる文脈 $(w, c_1), ..., (w, c_k)$ と表現される．スコア付与関数 $s(w, c)$ の定義は CBOW 版と似ているが，ここではそれぞれの文脈が一つの埋め込みベクトルとなる．

$$P(D = 1|w, c_i) = \frac{1}{1 + e^{-\boldsymbol{w} \cdot \boldsymbol{c}_i}}$$
$$P(D = 1|w, c_{1:k}) = \prod_{i=1}^{k} P(D = 1|w, c_i) = \prod_{1=i}^{k} \frac{1}{1 + e^{-\boldsymbol{w} \cdot \boldsymbol{c}_i}} \quad (10.10)$$
$$\log P(D = 1|w, c_{1:k}) = \sum_{i=1}^{k} \log \frac{1}{1 + e^{-\boldsymbol{w} \cdot \boldsymbol{c}_i}}.$$

文脈の要素の間に強い独立性の過程を持ち込んでいるが，スキップグラム版は実際面

で効率的で，広く利用されている．

10.4.3 二つの世界の関係

分布に関する"計数に基づく"方法も分散した"ニューラル"の方法も，分布仮説に基づいており，それが現れる文脈の間の類似性に基づいて単語の間の類似性を獲得しようとしている．実際，Levy and Goldberg [2014] はこれら二つの世界の結びつきが最初にそう見えるよりも深いことを示してる．

Word2Vec モデルの訓練は結果として二つの埋め込み行列を得る．$E^W \in \mathbb{R}^{|V_W| \times d_{\mathrm{emb}}}$ と $E^C \in \mathbb{R}^{|V_C| \times d_{\mathrm{emb}}}$ で，これらはそれぞれ単語と文脈を表現している．文脈の埋め込みは訓練の後破棄され，単語の埋め込みが用いられる．しかし，文脈の埋め込み行列 E^C も捨てずにおいて，積 $E^W \times E^{C^\top} = M' \in \mathbb{R}^{|V_W| \times |V_C|}$ を考えてみることにしよう．このように見ると，Word2Vec は暗黙の単語文脈行列 M' の因子分解である．行列 M' の要素は何だろうか．要素 $M'_{[w,c]}$ は単語と文脈の埋め込みベクトルの内積 $w \cdot c$ に対応する．文脈をスキップグラムとし，k 個の負例によるネガティヴサンプリングを目的関数としたとき，Word2Vec の大域的目的関数は $w \cdot c = M'_{[w,c]} = \mathrm{PMI}(w, c) - \log k$ とすることで最小化されることを，Levy と Goldberg は示している．つまり，Word2Vec は，よく知られた単語文脈 PMI 行列と密接に関連した行列を暗黙に因子分解したものなのである．おもしろいことに，この処理は行列 M' を陽に構築することなく実現されている[7]．

上記の分析は負例が単語のコーパスにおける頻度 $P(w) = \frac{\#(w)}{\sum_{w'} \#(w')}$ に従ってサンプリングされることを仮定している．すでに述べたように，Word2Vec の実装ではこれに替えて修正した分布 $P^{0.75}(w) = \frac{\#(w)^{0.75}}{\sum_{w'} \#(w')^{0.75}}$ が使われている．このサンプリングの枠組みの場合，目的関数を最小化する最適値は $\mathrm{PMI}^{0.75}(w,c) - \log k = \log \frac{P(w,c)}{P^{0.75}(w) P(c)} - \log k$ となる．実際，この修正した PMI をスパースで陽な分布ベクトルを構築する際に用いてみると，類似性についての性能も向上する．

Word2Vec アルゴリズムは実用上大変効果的で，大規模化にも適しており，極めて穏当なメモリ条件で，10 億語を超えるテキストを用いた巨大な語彙についての単語表現の訓練を数時間で行ってしまう．Word2Vec の SGNS（スキップグラム・ネガティヴサンプリング）版と単語文脈行列の因子分解による手法との関連は，ニューラルによる方法と古典的な"計数に基づく"方法とを結びつけるもので，"分布論"的な表現で

---

[7] もし最適割当が充足可能であれば，ネガティヴサンプリングによるスキップグラム (SGNS) の解は，単語文脈行列に対する SVD の解と同じになる．もちろん，w と c の次元数 d_{emb} が低いために，$w \cdot c = \mathrm{PMI}(w,c) - \log k$ を充足することが不可能となるかもしれず，このとき，最適化処理は，最適割り当てからの偏差によるペナルティを考慮して，達成できる最善の解を見つけ出そうとする．ここで，SGNS と SVD の目的関数が異なってくる．SVD はそれぞれの偏差に二次のペナルティを課すのに対し，SGNS はより複雑なものを用いている．

学んだ内容が "分散" 表現の研究にも移行でき，その逆も可能であることを，そして，これら二つのアルゴリズム群が深いところで等価であることを示唆している．

10.4.4 その他のアルゴリズム

WORD2VEC アルゴリズムの様々な変種が存在している．それらのいずれかが質的量的に決定的に優れた表現を作り出しているというわけではない．本節ではよく知られたもののいくつかを列挙する．

NCE Mnih and Kavukcuoglu [2013] のノイズと対比した推定 (noise-contrastive estimation: NCE) の方法は，WORD2VEC の SGNS 版に大変よく似ているが，$P(D = 1 \mid w, c_i)$ を式 (10.10) でのようにモデリングする代わりに，次のようなモデリングをする．

$$P(D = 1 \mid w, c_i) = \frac{e^{-\boldsymbol{w} \cdot \boldsymbol{c}_i}}{e^{-\boldsymbol{w} \cdot \boldsymbol{c}_i} + k \times q(w)} \tag{10.11}$$

$$P(D = 0 \mid w, c_i) = \frac{k \times q(w)}{e^{-\boldsymbol{w} \cdot \boldsymbol{c}_i} + k \times q(w)}, \tag{10.12}$$

ここで，$q(w) = \frac{\#(w)}{|D|}$ はコーパス中で観察された w のユニグラム頻度である．このアルゴリズムはノイズと対比した推定による確率モデリング手法 [Gutmann and Hyvärinen, 2010] に基づいている．Levy and Goldberg [2014] によれば，この目的関数は，その要素が条件付き確率の対数 $\log P(w|c) - \log k$ であるような単語文脈行列の因子分解と等価である．

GloVe GLOVE アルゴリズム [Pennington et al., 2014] では，単語文脈行列を陽に構築し，その後，単語ベクトル $\boldsymbol{w}$ と文脈ベクトル $\boldsymbol{c}$ を次を満たすように訓練する．

$$\boldsymbol{w} \cdot \boldsymbol{c} + \boldsymbol{b}_{[w]} + \boldsymbol{b}_{[c]} = \log \#(w, c) \quad \forall (w, c) \in D, \tag{10.13}$$

ここで，$\boldsymbol{b}_{[w]}$ と $\boldsymbol{b}_{[c]}$ はそれぞれ単語ごと，文脈ごとに訓練されるバイアスである．最適化の手続きでは観察される単語文脈対だけを利用し，頻度ゼロの事象は無視される．行列因子分解の言葉で言えば，もし $\boldsymbol{b}_{[w]} = \log \#(w)$，そして，$\boldsymbol{b}_{[c]} = \log \#(c)$ と固定すれば，単語文脈 PMI 行列の因子分解を $\log(|D|)$ だけずらしたものに非常によく似た目的関数を得る．ただ，GLOVE においてこれらのパラメータは学習され，固定されたものではないので，その点でさらなる自由度がある．最適化の目的関数は重み付きの最小二乗損失で，高頻度の項目を正しく再構成することにより重きをおいている．最後に，GLOVE モデルでは，単語と文脈の語彙が同じであれば，それぞれの語を，対応する語の埋め込みベクトルと対応する文脈の埋め込みベクトルとの和を用いて表現することを提案している．

10.5 文脈の選択

単語を予測する文脈として何を選ぶかは，結果として得られる単語ベクトルとそれらを通じて表現される類似性に重要な影響を持つ．

ほとんどの場合，単語の文脈はその周囲に現れる単語から選ばれる．それは，単語の周りの狭い窓に含まれる単語であったり，同一の文やパラグラフや文書に含まれる単語であったりする．ある場合には，テキストは統語パーザによって自動的にパージングされ，自動的に得られたパース木から導かれるような統語的な近傍から文脈が取り出されることもある．ときには，単語と文脈の定義は，接頭辞や接尾辞などの単語の部分を含むように変更されることもある．

10.5.1 窓に基づく方法

最も一般的な方法はスライドしていく窓によるものである．ここでは，以下に述べる補助的なタスクが $2m+1$ 単語の系列に着目して作成される．中央の単語は注目している単語（注目語）(focus word) と呼ばれ，それぞれの側の m 単語が文脈 (contexts) と呼ばれる．ここから，全ての文脈単語（CBOW [Mikolov et al., 2013b] あるいはベクトルの連結 [Collobert and Weston, 2008] を用いて表現される）に基づいて注目語を予測することを目的とする一つのタスクか，あるいは，それぞれの文脈単語を注目語と対にして，$2m$ 個の異なるタスクが作成される．後者の $2m$ 個のタスクによる方法は，Mikolov et al. [2013a] がスキップグラム (skip-gram) モデルと名付けて広く知られるようになった．スキップグラムに基づく方法は頑健で効率的であることが示されており [Mikolov et al., 2013a; Pennington et al., 2014]，しばしば最先端の結果を得ている．

窓の幅の効果 スライドしていく窓の幅は得られるベクトルの類似度に大きな影響を持つ．より広い窓はトピックの類似性に近いもの（例えば，"dog"，"bark"，"leash" が一つのグループとなる．"walked,"，"run"，"walking" も同様である）を作り出し，狭い窓は機能的統語的類似性（"Poodle"，"Pitbull"，"Rottweiler," や "walking"，"running"，"approaching" がそれぞれグループとなる）を作り出す傾向がある．

位置情報付き窓 文脈の表現に CBOW やスキップグラムを用いる場合は，窓の中の文脈単語は全て同一の扱いをうける．注目語に近い文脈単語であるか，遠い文脈単語であるかの違いはないし，同様に，注目語の前に現れた文脈単語と後に現れた文脈単語との違いもない．一方，そのような情報を組み入れることは，**位置情報付き文脈** (positional contexts) を用いることで簡単に実現できる．それぞれの文脈単語に注目語からの相対位置をあわせて示すのである（例えば，文脈単語が "the" であるとする代わりに，その単語が注目語の二つ左に現れたことを示すように "the:+2" とする）．比較的

狭い窓で位置情報付き文脈を用いるとより統語的な類似度が生成され，同じ品詞を持っていたり，意味的に同じ機能を持っていたりする単語を同じグループとする傾向が強くなる．位置情報付きのベクトルは，品詞タグ付けと統語的依存構造パージングにおけるネットワーク初期化での利用において，単純な窓に基づくベクトルよりも効果的であることが Ling et al. [2015a] によって示されている．

変種 窓に基づく方法に対して，様々な変種が可能である．学習の前に単語のレンマ化やテキストの正規化を行ったり，短すぎる，あるいは長すぎる文を取り除いたり，大文字をなくしたりすることもある（例えば，dos Santos and Gatti [2014] に示されている前処理を参照）．頻出しすぎる，あるいは極端に稀な注目語を持った窓からのタスクの生成を一定の確率で行わないようにして，コーパスからのサンプリングを一部減らすこともできる．ターンごとに異なる窓を用いて，窓の幅を動的に変更することもできる．窓の中の異なった位置に異なった重みを与え，正確な予測のために，離れたものよりも近い単語文脈対により注目するようにもできる．これらの選択それぞれは，訓練の前に人手で設定されるハイパーパラメータであり，結果として得られるベクトルに影響を与える．理想的には，取り組むタスクごとに調節すべきである．WORD2VEC の実装が良い性能を出していることの理由の大部分は，これらのハイパーパラメータのデフォルト値が良いものに指定されていることにある．これらのハイパーパラメータのいくつか（とそれ以外のハイパーパラメータ）は Levy et al. [2015] で詳しく議論されている．

10.5.2 文，パラグラフ，文書

スキップグラム（や CBOW）の方法を用いるとき，同一の文，パラグラフ，文書で，ある単語と一緒に現れる全ての単語を，その単語の文脈と考えることができる．これは非常に幅の広い窓を使うのと等価で，トピックに関する類似度を獲得したような単語ベクトル（同じトピックからの単語，つまり，同じ文書に現れることが期待されるような単語は似たようなベクトルを割り当てられやすい）が得られることが期待される．

10.5.3 統語的な窓

いくつかの研究では，文内において線形の文脈の代わり統語的なものを用いている [Bansal et al., 2014; Levy and Goldberg, 2014]．テキストは依存構造パーザを用いて自動的に解析され，得られた依存構造木において隣接した単語が，それを結ぶ統語関係と一緒に，単語の文脈として採用される．このような方法は**機能的** (functional) な類似性を作り出し，文において同じ役割を果たすもの（例えば，色，学校の名称，動作を表す動詞）を同じグループにまとめる．このグループ化は同時に統語的な特徴も捉えて，同じ活用形は一つにまとめられる [Levy and Goldberg, 2014]．

文脈の効果　以下の表は Levy and Goldberg [2014] からとったもので，幅5と幅2の単語バッグの窓を使った場合（BoW5 と BoW2）と，依存関係に基づく文脈を用いた場合（Deps）での，種となるいくつかの単語に最も似ているとされる単語5語を示している．用いたコーパス（Wikipedia）も，埋め込みアルゴリズム（Word2Vec）も共通である．

いくつかの単語（例えば，*batman*）については，導かれた単語類似性と文脈との関係ははっきりしないが，そのほかの単語については明らかに一定の傾向があることがわかる．より広い窓を文脈とすれば，結果にはトピックの類似性が強く現れ

対象単語	BoW5	BoW2	Deps
batman	nightwing aquaman catwoman superman manhunter	superman superboy aquaman catwoman batgirl	superman superboy supergirl catwoman aquaman
hogwarts	dumbledore hallows half-blood malfoy snape	evernight sunnydale garderobe blandings collinwood	sunnydale collinwood calarts greendale millfield
turing	nondeterministic non-deterministic computability deterministic finite-state	non-deterministic finite-state nondeterministic buchi primality	pauling hotelling heting lessing hamming
florida	gainesville fla jacksonville tampa lauderdale	fla alabama gainesville tallahassee texas	texas louisiana georgia california carolina
object-oriented	aspect-oriented smalltalk event-driven prolog domain-specific	aspect-oriented event-driven objective-c dataflow 4gl	event-driven domain-specific rule-based data-driven human-centered
dancing	singing dance dances dancers tap-dancing	singing dance dances breakdancing clowning	singing rapping breakdancing miming busking

る（*hogwarts* は Harry Potter の世界の事物と類似しているし，*turing* は計算可能性と関係する．*dancing* は同じ語幹を持つ他の活用形と類似している）．一方，統語的依存構造の文脈では機能的な類似性が強く現れる（*hogwarts* は架空のあるいは実在する学校と類似しているし，*turing* は他の科学者と類似していて，*dancing* は娯楽活動の動名詞と類似している）．狭い窓はある意味これら二つの中間である．

このことは，文脈の選択が結果として得られる単語表現に強い影響を与えることを再確認させ，"教師なし"の単語埋め込みの利用において，どんな文脈が選択されたものかを考慮する必要があることを強調する．

10.5.4 多言語

もう一つの選択肢は，多言語の，翻訳に基づく文脈を用いるものである [Faruqui and Dyer, 2014; Hermann and Blunsom, 2014]．例えば，多量の文アライメント済みの並行コーパスがあれば，IBM モデル 1 もしくはモデル 2 のような二言語アライメントモデルを走らせる（つまり，GIZA++ソフトウェアを使う）ことができ，生成された単語アライメントを単語文脈を導くために用いることができる．ここで，ある単語の出現の文脈はそれとアライメントされた外国語の単語である．このようなアライメントは類義語に類似したベクトルを割り当てる傾向がある．ある研究者は単語アライメントに頼る代わりに，文アライメントのレベルを用いている [Gouws et al., 2015]．エンド・トゥ・エンド (end-to-end) 機械翻訳ニューラルネットワークを訓練し，その結果として得られる単語埋め込みを利用する研究もある [Hill et al., 2014]．魅力的な方法として，単言語の窓に基づく方法と多言語の方法を組み合わせるものがある．これは，窓に基づく手法と同様のベクトルを作り出す傾向を持つが，窓に基づく方法の望ましくない効果，つまり，反義語（*hot* と *cold* や *high* と *low*）に対して類似したベクトルを与えやすいという問題を減少させることができる [Faruqui and Dyer, 2014]．多言語の単語埋め込みについてのさらなる議論と様々な手法の比較については，Levy et al. [2017] を参照のこと．

10.5.5 文字に基づく表現とサブワード表現

興味深い一連の研究として，単語のベクトル表現をそれを構成する文字から導こうという試みがある．そのような方法は，統語的な性格を持つタスクにとって特に有効であることが多い．単語中の文字のパターンはその統語的機能を強く反映しているためである．これらの方法は，非常に小さなモデル（アルファベットの一文字ごとに一つのベクトルと）を作り出すうえ，出会うかもしれない全ての単語に埋め込みを提供でき

るという利点も有している．dos Santos and Gatti [2014], dos Santos and Zadrozny [2014], Kim et al. [2015] は文字についての畳み込みネットワーク（第 13 章）を用いて単語の埋め込みをモデリングした．Ling et al. [2015b] らは二つの RNN (LSTM) 符号化器（第 14 章）の最終状態を連結したものを用いて単語の埋め込みをモデリングした．一つは単語の文字を左から右に，もう一つは右から左に読んでいくものである．これら二つの手法は，品詞タグ付けのタスクで非常に良い結果を得ている．Ballesteros et al. [2015] の研究は，Ling et al. [2015b] の二つの LSTM による符号化が，形態論的に豊かな言語の依存構造パージングにおける単語表現としても有効であることを示している．

単語の表現をその文字の表現から導こうということの動機には**未知語の問題** (unknown words problem)，つまり，埋め込みベクトルを得ていない単語に出会ったときにどうすればよいか，がある．文字レベルの処理はこの問題を大きく軽減してくれる．可能な文字の語彙は可能な単語の語彙よりとても小さいためである．とはいえ，文字レベルの処理には困難も多い．言語において，形（文字）と機能（統語や意味）との関連は非常に緩い．文字レベルに留まることに自らを制限するのは，不必要な制約であるかもしれない．何人かの研究は中庸を提案している．そこでは，単語それ自身のベクトルとそれを構成するサブワード（sub-word，接辞など単語より小さい単位）を単位とするベクトルとの組み合わせとして，単語が表現される．そこでは，サブワード埋め込みは似た形を持つ異なる単語の間での情報共有を助け，同時に単語が観察されていない場合のサブワードレベルへのバックオフともなる．同時に，十分な回数，単語が観察されていれば，その形だけに頼ることを強いたりしないモデルとなっている．Botha and Blunsom [2014] は，単語の埋め込みベクトルを，もしあればその単語固有のベクトルと，それを構成する様々な形態論的な構成素（この構成素は，教師なしの形態素分割手法である Morfessor [Creutz and Lagus, 2007] を用いて得られる）のベクトルとの和でモデリングすることを提案している．Gao et al. [2014] は，核となる素性として，単語の形そのものだけでなく，単語に含まれる文字トライグラムそれぞれに固有の素性（つまり，固有の埋め込みベクトル）をあわせて用いることを提案している．

文字と単語の間のもう一つの中道は，単語を，文字よりも大きく，かつコーパスから自動的に導出できるような "意味ある単位" に分割することである．そのような方法の一つにバイト対符号化 (byte-pair encoding: BPE) [Gage, 1994]，がある．これは Sennrich et al. [2016a] によって機械翻訳の文脈で導入され，極めて効果的であることが示された．BPE の手法においては，まず語彙の大きさが決められ（例えば 10,000），以下のアルゴリズムに従って，コーパスの語彙に含まれる全ての単語を表現できるその数 (10,000) の単位が探される．本アルゴリズムは Sennrich et al. [2016a] からの引用である．

記号の語彙を文字の語彙で初期化し，それぞれの単語を，文字の系列に単語末を示す特殊記号 '·' を続けたものとして表現する．この特殊記号によって変換の後も最初のトークン化を復元することができる．その後，全ての記号対の頻度を数え，最も頻度の大きい対 (A, B) の出現を全て新しい記号 AB で置き換える．これを反復する．それぞれの併合操作は文字 n-グラムを表現する新しい記号を作り出す．頻出する文字 n-グラム（あるいは単語全体）は最終的には併合されて一つの記号となる．このため，BPE は変換表を事前に用意する必要がない．最終的な記号の語彙の大きさは，最初の語彙の大きさ（文字数 +1）に併合操作の回数を加えたものに等しい．後者はアルゴリズムのハイパーパラメータである．効率化のために，単語境界をまたがる対は考慮に入れない．このため，アルゴリズムはテキストから抽出した辞書，それぞれの単語にその頻度の重み付けがなされたもの，を使って実行することができる．

10.6 連語と屈折の扱い

単語の表現に関連して現在も研究が続けられている二つの問題は単語の定義に関連する．教師なしの単語埋め込みアルゴリズムは単語がトークン（空白記号や句読点を挟まずに連続する文字の列，6.1 節の網かけ部分「単語とは何か」を参照）に対応すると仮定している．この定義が問題となる場合も多い．

英語においては，*New York* や *ice cream* など，複数トークンからなる単位 (multi-token unit) が数多く存在する．これらよりも緩いが，*Boston University*, *Volga River* なども複数トークンからなっている．これらには一つベクトルを割り当てたくなるかもしれない．

英語以外の多くの言語は，豊かな形態論的屈折の体系があり，同じ概念に関係付けられた単語の形を異なったものにする．例えば，多くの言語で，形容詞は数と性で異なった屈折をし，複数男性名詞を描写する単語 *yellow* を単数女性名詞を描写する単語 *yellow* とは違った形を持つようにしてしまう．さらに悪いことに，屈折の体系はそれに隣接する単語の形までも決定してしまう（*yellow* の単数女性形に近い名詞はそれ自身が単数女性形である）ので，同じ単語の異なる屈折どうしはお互いに類似した表現を持ちえない．

これらの問題のいずれについても，素晴らしい解というものは存在していないが，決定論的なテキストの前処理を通じて，望ましい単語の定義により近くなるようにすることで，ある程度まで対処することができる．

複数のトークンからなる単位については，そのような複数トークン項目の一覧表を作

成し,テキスト中のそれらを一つの項目に置き換える方法がある(つまり,全ての New York の出現を New_York に置き換える).Mikolov et al. [2013a] は,PMI に基づいて,そのような一覧を自動的に生成する手法を提案している.単語対の PMI を求め,事前定義された閾値を超える PMI 値を持つ対を併合する.この過程は反復的に繰り返され,対と単語が三つ組に併合されるなどが行われる.この処理の後,埋め込みアルゴリズムが前処理済みのコーパスに対して実行される.この大雑把ではあるが効果的なヒューリスティクスは Word2Vec パッケージの一部として実装されており,重要な複数トークン項目についても埋め込みを得ることができる[8].

屈折については,全てあるいは一部の単語をレンマ化するようなコーパスへの前処理によって,問題を大幅に軽減することができる.屈折形ではなく,レンマに対して埋め込みを行うことになる.

関連した前処理は,コーパスへの品詞タグ付けを行い,単語を(単語,品詞)対に置き換え,例えば,book$_{\text{NOUN}}$ と book$_{\text{VERB}}$ という二つの異なるトークンタイプを作り出す.そして,これらに異なる埋め込みベクトルが与えられるようにする.形態論的屈折と埋め込みアルゴリズムの相互作用についてのさらに深い議論は,Avraham and Goldberg [2017]; Cotterell and Schutze [2015] を参照のこと.

10.7 分布に基づく手法の限界

分布仮説は,単語が現れる文脈に照らして単語を表現することで単語の類似度を導くということについての魅力的な基盤を提供している.しかし,それには本来的な限界があり,導かれた表現を用いる際にはそれについて配慮すべきである.

類似性の定義 分布に基づく方法論における類似性の定義は,完全に操作主義的である.単語は類似した文脈で使われれば類似している.しかし実際においては,類似性には様々な側面がある.例えば,*dog, cat, tiger* の三つの単語を考えてみよう.一方で,両方ともペットであることから,*cat* は *tiger* よりも *dog* に似ているが,他方では,共にネコ科であることから,*cat* は *dog* よりも *tiger* に似ていると考えることもできる.ある利用においてはある側面が別の側面よりも好まれるかもしれないし,ある側面はテキスト中に他の側面ほど強い証拠を残さないかもしれない.分布論的な手法は,どのような類似性が引き出されるかについてほとんど制御することができない.条件付け文脈の選択(10.5 節)によってある程度までの制御は可能であるが,それは完全な解決からはまだまだ遠いものである.

---

[8] 情報を持つ単語共起,連語を見つけ出すためのヒューリスティクスについてのより深い議論については,Manning and Schütze [1999, 5 章] を参照のこと.

黒い羊　条件付け文脈にテキストを用いた場合，単語のより"自明な"特徴の多くがテキスト中に反映されておらず，そのため，表現に獲得されないということがある．これは人間の言語使用のよく知られたバイアスが原因で，コミュニケーションの効率性に起因する．人々は新規の情報を多く述べ，既知の情報にはあまり言及しないものなのである．したがって，白い羊について述べるとき，人はそれをただの *sheep* と称するだろうし，一方で，黒い羊については，色の情報を保ったまま，*black sheep* と称することがはるかに多いのである．テキストデータだけから訓練されたモデルは，これによって誤った方向に強く導かれる．

反義語　お互いに正反対の単語（*good* と *bad*，*buy* と *sell*，*hot* と *cold*）は似た文脈に現れる傾向がある（hot でありうるものは cold でもありうるし，buy されたものは多くの場合 sell されたものである）．その帰結として，分布仮説に基づくモデルは反義語をお互いに大変類似していると判断する．

コーパスのバイアス　良きにつけ悪しきにつけ，分布論的手法はそれらが基づくコーパスにおける言語使用のパターンを反映する．そして，コーパスは現実世界の人間のバイアス（文化的な，あるいはそれ以外の）を反映する．実際，Caliskan-Islam et al. [2016] は，分布論的な単語ベクトルが"我々が探し求めていた，心理学的に立証された全ての言語的バイアス"を符号化していることを見出している．そこに含まれているのは人種的な偏見であったり性についてのステレオタイプであったりする（例えば，ヨーロッパ系米国人の名前は好ましい単語と近く，アフリカ系米国人の名前は好ましくない単語に近い．女性の名前は，職業に関する単語よりも家庭に関する単語と関連付けられる．職業名のベクトル表現に基づいて米国国勢調査の職業ごとの女性比率を推定することも可能である）．反義語の場合と同じく，この振る舞いは望ましい場合もあれば，そうでない場合もあり，それが用いられるタスクに依存する．例えば，タスクがある人物の性別を推定するものであれば，看護師は典型的に女性であり，医師は典型的に男性であると知っていることは，アルゴリズムにとって望ましい特徴かもしれない．しかし，その他の多くの場合においては，そのようなバイアスは無視したいものだろう．いずれの場合においても，分布論的な表現を用いる際，導かれた単語の類似度にそのような傾向があることは考慮に入れなければいならない．さらなる議論については，Caliskan-Islam et al. [2016] と Bolukbasi et al. [2016] を参照のこと．

文脈の欠如　分布論的な方法論では，巨大なコーパスにおいて単語が現れた文脈が集約される．結果として得られるのは，文脈から独立した単語表現である．現実には，文脈から独立した単語の意味などというものは存在しない．Firth [1935] が議論して

いるように，"単語の完全な意味は常に文脈依存で，文脈から離れた意味の研究などまともには捉えられない"のである．このことは**多義性** (polysemy) の場合に明らかに現れてくる．いくつかの単語は明らかに複数の意味を持っている．$bank$ は金融組織を指すかもしれないし川の岸を指すかもしれない．$star$ は抽象的な形であったり，有名人であったり，天文学の対象であったりする等々．形が同じであればその全てに一つのベクトルだけを用いるということは問題である．多義の問題に加えて，単語の意味には文脈に依存したより捉えがたい変動もある．

第11章

単語埋め込みの利用

　第10章では，大量の注釈なしのテキストから単語ベクトルを導出するアルゴリズムについて議論した．それらのベクトルは，特定の目的を持ったニューラルネットワークにおける埋め込み行列の初期化のために大変有益でありうる．それだけでなく，ニューラルネットワークの文脈を離れても，それらはそれ自身で実用的な利用方法がある．本章ではそのような利用方法をいくつか紹介する．

記法　本章では，それぞれ単語が自然数のインデックスを割り当てられているとし，w や w_i のような記号を単語そのものとそのインデックスの両方を指すものとして用いる．$E_{[w]}$ は単語 w に対応する E の行となる．$\boldsymbol{w}, \boldsymbol{w}_i$ を w, w_i に対応するベクトルを指すために用いる．

11.1　単語ベクトルの獲得

　単語埋め込みベクトルはコーパスからの訓練も容易であるし，訓練アルゴリズムの効率的な実装も入手できる．さらに，非常に大量なテキストを用いて訓練された事前学習済みの単語ベクトルをダウンロードしてくることもできる（訓練のやり方や利用したコーパスの違いが得られる表現に大きな影響を与えることは心に留めておかなければいけない．利用可能な事前学習済みの表現は，ある特定の使用状況では，必ずしも最善の選択ではないかもしれない）．

　本書執筆の時点で，WORD2VEC の効率的な実装が，単体のバイナリ[1]，もしくは

---

[1] https://code.google.com/archive/p/word2vec/

GENSIM python パッケージ[2])の一部として利用可能である．任意の文脈を用いることが可能なように WORD2VEC のバイナリを修正したものも存在する[3])．GloVe モデルの効率的な実装も同様に利用可能である[4])．英語の事前学習された単語ベクトルは，Google[5]) や Stanford 大学[6]) や，その他から入手することができる．英語以外の言語の事前学習された単語ベクトルは Polyglot プロジェクト[7]) から入手が可能である．

11.2 単語の類似度

事前学習された単語埋め込みベクトルが得られたとして，ニューラルネットワークに組み込むこと以外での主な利用方法は，ベクトルについての類似度関数 $\text{sim}(\boldsymbol{u}, \boldsymbol{v})$ を用いて，二つの単語の類似度を計算することである．ベクトル間の類似度に対する，一般的で効果的な選択はコサイン類似度 (cosine similarity) で，二つのベクトルが成す角度のコサイン値に相当する．

$$\text{sim}_{\cos}(\boldsymbol{u}, \boldsymbol{v}) = \frac{\boldsymbol{u} \cdot \boldsymbol{v}}{\|\boldsymbol{u}\|_2 \|\boldsymbol{v}\|_2}. \tag{11.1}$$

ベクトル $\boldsymbol{u}$ と $\boldsymbol{v}$ が単位長であれば ($\|\boldsymbol{u}\|_2 = \|\boldsymbol{v}\|_2 = 1$)，コサイン類似度は内積に還元できる．つまり，$\text{sim}_{\cos}(\boldsymbol{u}, \boldsymbol{v}) = \boldsymbol{u} \cdot \boldsymbol{v} = \sum_i \boldsymbol{u}_{[i]} \boldsymbol{v}_{[i]}$．内積を求めるのは計算的に便利なので，それぞれの行が単位長となるように埋め込み行列を正規化するのが一般的である．以下では，埋め込み行列 $\boldsymbol{E}$ がこのように正規化されていると仮定する．

11.3 単語のクラスタリング

単語ベクトルは，ユークリッド空間上で定義された **K** 平均法 (KMeans) などのクラスタリングアルゴリズムを用いて，簡単にクラスタリングすることができる．このクラスタは離散的な特徴を用いる学習アルゴリズムの素性としてや，情報検索のインデキシングシステムなど離散的なシンボルを必要とするその他のシステムで，利用することができる．

---

2) https://radimrehurek.com/gensim/
3) https://bitbucket.org/yoavgo/word2vecf
4) http://nlp.stanford.edu/projects/glove/
5) https://code.google.com/archive/p/word2vec/
6) http://nlp.stanford.edu/projects/glove/
7) http://polyglot.readthedocs.org

11.4 類義語の発見

前述のような行の正規化を行った埋め込み行列では,二つの単語 w_1 と w_2 のコサイン類似度は次で与えられる.

$$\mathrm{sim}_{\cos}(w_1, w_2) = \boldsymbol{E}_{[w_1]} \cdot \boldsymbol{E}_{[w_2]}. \tag{11.2}$$

与えられた単語に対して最もよく類似した k 語の単語に興味を持つことも多い. $\boldsymbol{w} = \boldsymbol{E}_{[w]}$ を単語 w に対応するベクトルとする. これ以外の全ての単語との類似度は行列とベクトルの積 $\boldsymbol{s} = \boldsymbol{E}\boldsymbol{w}$ で計算することができる[8]. 結果 $\boldsymbol{s}$ は類似度のベクトルで, $\boldsymbol{s}_{[i]}$ は w と語彙中の i 番目の単語($\boldsymbol{E}$ の i 番目の行)との類似度となっている. 最も類似した k 語は, $\boldsymbol{s}$ における最大値 k 個に対応するインデックスを見つけることで,取り出すことができる.

numpy[9]のような最適化された最新の科学計算ライブラリであれば,10 万のベクトルからなる埋め込み行列に対しても,このような行列ベクトル積は数ミリ秒で行うことができ,十分に高速な類似度計算を可能にしている.

分布論的な尺度で求められた単語の類似度は他の形式の類似度とも組み合わせることができる. 例えば,綴りに関する類似(同じ文字を多く共通している単語は類似している)に基づいた類似性の指標を定義することができる. ある単語について,分布論的に類似した最上位 k 個の単語の一覧を綴りに関する類似性で篩にかけることで,その単語のスペリングの変種やよくあるタイポを見つけ出すことができる.

11.4.1 語群との類似度

単語のグループに対して最も似ている単語に興味を持つこともあるだろう. 関連した単語の一覧を持っており,それを拡張したいとき(例えば,国名を 4 件持っていて,それにさらに国名を追加したい,遺伝子の一覧表を持っていて,そこにない遺伝子の名前を追加したいというような場合である)にそのような必要が生じる. その他の使用事例として,ある単語の特定の意味に対しての類似度を得たいということがある. その意味に関連した単語のリストを作成し,それらに対する類似度を用いることで,類似度に関する質問をその意味に対してのものとすることができる.

グループに対する項目の類似を定義するためにはいくつかの方法がある. ここではグループに含まれるそれぞれの項目との類似度の平均という定義を用いる. つまり単語のグループ $w_{1:k}$ があるとき,それと単語 w との類似度を $\mathrm{sim}(w, w_{1:k}) = \frac{1}{k} \sum_{i=1}^{k} \mathrm{sim}_{\cos}(\boldsymbol{w}, \boldsymbol{w_i})$ のように定義する.

---

[8] 訳注:本式を含め,本章のいくつかの式では行ベクトルではなく,列ベクトルが仮定されている.
[9] http://www.numpy.org/

線形であるので，単語のグループと全ての他の単語との平均コサイン類似度の計算は，前と同様，1回の行列ベクトル積で行うことができる．ここでは，埋め込み行列と，グループに属する単語の単語ベクトルの平均との積となる．$s_{[w]} = \text{sim}(w, w_{1:k})$ となるようなベクトル s は次で計算される．

$$s = E(w_1 + w_2 + \ldots + w_k)/k. \tag{11.3}$$

11.5　仲間外れ探し

単語のリストが渡され，そこに属していないものを見つけ出すことを求められるという，仲間外れ探しの質問を考える．これは，それぞれの単語と，グループの単語ベクトルの平均との類似度を計算して，最も似ていない単語を返すことで回答できる．

11.6　短い文書の類似度

二つの文書の類似度を計算することに興味のある場合もある．最良の結果はこのタスク専用のモデルを用いることで達成されるだろうが，事前学習された単語埋め込みを用いた解法もしばしばそれに肩を並べる．特に，ウェブ質問，新聞記事の見出し，ツイートなどの短い文書を扱うときはそうである．発想としては，それぞれの文書を単語バッグとして表現し，文書の間の類似度を文書中の単語の対ごとの類似度の和として定義する．形式的には，二つの文書 $D_1 = w_1^1, w_2^1, \ldots, w_m^1$ と $D_2 = w_1^2, w_2^2, \ldots, w_n^2$ を考えて，文書の類似度を次のように定義する．

$$\text{sim}_{\text{doc}}(D_1, D_2) = \sum_{i=1}^{m}\sum_{j=1}^{n} \cos(\boldsymbol{w_i^1}, \boldsymbol{w_j^2}).$$

基礎的な線形代数を用いれば，正規化された単語ベクトルに対しては，この類似度関数が文書の連続単語バッグ表現の間の内積として計算できることを簡単に示すことができる．

$$\text{sim}_{\text{doc}}(D_1, D_2) = \left(\sum_{i=1}^{m} \boldsymbol{w_i^1}\right) \cdot \left(\sum_{j=1}^{n} \boldsymbol{w_j^2}\right).$$

文書の集まり $D_{1:k}$ を考え，$\boldsymbol{D}$ を，その行 i が文書 D_i の連続単語バッグ表現であるような行列とする．その場合，新しい文書 $D' = w'_{1:n}$ とこの集まり中のそれぞれの文書との類似度は1回の行列ベクトル積 $\boldsymbol{s} = \boldsymbol{D}\left(\sum_{i=1}^{n} \boldsymbol{w'_i}\right)$ で計算することができる．

11.7 単語の類推

Mikolovとその同僚らによる興味深い観察 [Mikolov et al., 2013a; Mikolov et al., 2013] は，それが単語埋め込みが有名になるのに寄与したのであるが，単語ベクトルに"代数演算"を行うことができ，それによって意味のある結果が得られるというものであった．例えば，WORD2VECで訓練した単語埋め込みに対して，単語 *king* のベクトルを取りあげ，それから単語 *man* を引き，単語 *woman* を加えることで得られる結果に最も近いベクトル（ただし，*king, man, woman* の3単語は除外して）は，単語 *queen* のものとなる．つまり，ベクトル空間において，$\boldsymbol{w}_{\text{king}} - \boldsymbol{w}_{\text{man}} + \boldsymbol{w}_{\text{woman}} \approx \boldsymbol{w}_{\text{queen}}$ となる．同様の結果はその他の様々な意味関係でも観察されて，例えば，$\boldsymbol{w}_{\text{France}} - \boldsymbol{w}_{\text{Paris}} + \boldsymbol{w}_{\text{London}} \approx \boldsymbol{w}_{\text{England}}$ であり，同じ関係が他の多くの都市と国で成り立っている．

ここから類推解決 (analogy solving) タスクが生まれた．そこでは，*man:woman → king:?* の形式の類推質問に次式を解くことで回答し，様々な埋め込みがその能力を評価される．

$$\text{analogy}(m:w \to k:?) = \underset{v \in V \setminus \{m,w,k\}}{\text{argmax}} \cos(\boldsymbol{v}, \boldsymbol{k} - \boldsymbol{m} + \boldsymbol{w}). \tag{11.4}$$

Levy and Goldberg [2014] は，正規化されたベクトルにおいては，式 (11.4) における最大化を解くことは式 (11.5) を解くことを等価であると述べている．この式は，*king* と似ていて，*woman* と似ていて，*man* と似ていない単語を見つけている．

$$\text{analogy}(m:w \to k:?) = \underset{v \in V \setminus \{m,w,k\}}{\text{argmax}} \cos(\boldsymbol{v}, \boldsymbol{k}) - \cos(\boldsymbol{v}, \boldsymbol{m}) + \cos(\boldsymbol{v}, \boldsymbol{w}). \tag{11.5}$$

LevyとGoldbergはこの手法を3COSADDと名付けている．ベクトル空間での単語の間の算術から，単語類似度の間の算術へと置き換えられたことで，単語埋め込みが持つ類推を"解決"する能力をある程度まで説明できるようになる．さらに，この手法でどのような種類の類推が再現できるかの示唆を与えてくれる．この置き換えは同時に3COSADDという類推再現手法の欠点も浮かび上がらせる．目的関数が加算の形であるので，和における一つの項が式全体を支配してしまい，実質的に他を無視してしまうことがありうる．LevyとGoldbergが提案しているように，この問題は積算の形の目的関数に変えることで軽減できる．この手法は3COSMULと呼ばれ，次式で表される．

$$\text{analogy}(m:w \to k:?) = \underset{v \in V \setminus \{m,w,k\}}{\text{argmax}} \frac{\cos(\boldsymbol{v}, \boldsymbol{k}) \cos(\boldsymbol{v}, \boldsymbol{w})}{\cos(\boldsymbol{v}, \boldsymbol{m}) + \epsilon}. \tag{11.6}$$

類推復元タスクは，単語埋め込みの評価においてある程度まで頻繁に用いられるが，類推タスクのベンチマークで高い性能を示したことが，単語埋め込みの質について，そ

の特定のタスクを解くのに適しているという以上のことを述べているかは，実は明らかでない．

11.8 レトロフィッティングと射影

しばしば，得られる類似度は応用について思い描いた類似性を十分に反映していない．そしてしばしば，代表的で比較的大きな単語対のリストを用意できたり入手できたりする．このようなリストは単語埋め込みよりも優れており，望ましい類似度を与えてくれるが，扱える範囲は単語埋め込みほど広くない．Faruqui et al. [2015] によるレトロフィッティング (組み込み改善, retrofitting) という方法は，このようなデータを単語埋め込み行列の質を向上させるために利用することを可能にしている．Faruqui et al. [2015] は，WotdNet と PPDB（6.2.1 節）から導いた情報を使って，事前学習された埋め込みベクトルを改善するという手法の有効性を示している．

この手法は事前学習された単語埋め込み行列 E と，単語と単語の類似性を二値で符号化したグラフ $\mathcal{G}$ を仮定する．グラフ $\mathcal{G}$ はノードが単語であり，エッジで連結されている単語は類似していることを示している．このようなグラフ表現は一般性が高く，類似していると考えられる単語対のリストはこの枠組みに簡単に当てはめることができる．この手法は新しい単語埋め込み行列 $\hat{E}$ を見つけ出すが，それは，$\hat{E}$ の行が E の対応する行に近くなると同時に，グラフ $\mathcal{G}$ でそれとエッジでつながれた先に対応する行と近くなるようにするという最適化問題を解くことで行われる．具体的には最適化の目的関数は次である．

$$\underset{\hat{E}}{\operatorname{argmin}} \sum_{i=1}^{n} \left(\alpha_i \|\hat{E}_{[w_i]} - E_{[w_i]}\|^2 + \sum_{(w_i, w_j) \in \mathcal{G}} \beta_{ij} \|\hat{E}_{[w_i]} - \hat{E}_{[w_j]}\|^2 \right), \quad (11.7)$$

ここで，α_i と β_{ij} は単語が自分自身の最初の埋め込みベクトルと近いことと，グラフによって示された別の単語と類似することの重要性を反映している．実用では α_i は一様に 1 に設定し，β_{ij} はグラフにおける w_i の次数の逆数（もしある語が多くの単語と結ばれていたら，それらそれぞれの影響はより小さくなる）に設定される．この手法は実際に大変よく動作する．

関連する問題が，埋め込み行列を二つ持っているときにも生じる．一方の $E^S \in \mathbb{R}^{|V_S| \times d_{\text{emb}}}$ は語彙が小さく，もう一方の $E^L \in \mathbb{R}^{|V_L| \times d_{\text{emb}}}$ の語彙は大きい．これらは別々に訓練され，したがって互換性はない．語彙の小さい方の行列はより高価なアルゴリズム（例えば，より大きく複雑なネットワークの一部として）を用いて訓練されており，大きい方はウェブからダウンロードしただけのものであるというような状況かもしれない．これらの語彙は一部重複している．ここでの関心は，大きい方の行列 E^L の

単語ベクトルを使って，小さい方の行列 E^S には含まれない単語を表現することである．**線形写像** (linear projection) を用いて二つの埋め込み空間の隔たりを橋渡しすることができる[10] [Kiros et al., 2015; Mikolov et al., 2013]．訓練の目的は，E^L の行を E^S の対応する行に近づくように写像するような，良い写像行列 $M \in \mathbb{R}^{d_{emb} \times d_{emb}}$ を探し出すことである．次の最適化問題を解くことでそれが行われる．

$$\underset{M}{\mathrm{argmin}} \sum_{w \in V_S \cap V_L} \|E^L_{[w]} M - E^S_{[w]}\|. \tag{11.8}$$

学習された行列は E^S に対応する行を持たない E^L の行を写像するのにも用いられる．この手法は Kiros et al. [2015] によって LSTM に基づく文符号化器（Kiros et al. [2015] の文符号化モデルは 17.3 節で議論される）の語彙の大きさを増すために使われて，成功している．

写像による手法の気の利いた（ただし，頑強性にはいくらか欠けるかもしれない）応用が Mikolov et al. [2013] で取り上げられている．そこでは，言語 A（例えば英語）で訓練された埋め込み行列と言語 B（例えばスペイン語）で訓練された埋め込みベクトルとの写像を行う行列を，それらの言語の間の種となる既知の対訳単語対のリストに基づいて，学習する．

11.9 実践における落し穴

既製の事前学習された単語埋め込みがダウンロードでき，利用することができるが，単語埋め込みを何も考えずにダウンロードし，ブラックボックスとして扱うことはしないように忠告しておく．訓練コーパスとして何を用いたかの選択（必ずしも大きさだけではない．大きい方が常に良いというわけでなく，小さいけれどゴミの少ないもの，小さいけれどその分野に注力したコーパスが実際の利用においては効果的であることがしばしばである），分布論的な類似性を定義するのに用いられる文脈，学習の多くのハイパーパラメータは得られる結果に大きく影響を与える．関心を持っている類似判定タスクについて注釈付きのテストセットがあるのであれば，様々な設定で実験を行い，開発セットで最もうまく動く設定を選択するようにするとよい．可能なハイパーパラメータと，それらが結果として得られる類似性にどう影響するかの議論については，Levy et al. [2015] を参照のこと．

既製の埋め込みベクトルを利用する際は，その訓練コーパスを作成する際に用いたものと同じトークン化とテキスト正規化の枠組みを使うのがよい．

---

[10] もちろんこの手法がうまく動作するためには，二つの空間の間に線形の関係があることが必要である．この線形写像は実用においてうまく動作する．

最後に，単語ベクトルから引き出された類似度は，分布論的な特徴に基づいているので，10.7 節で述べた分布論的な類似性に関する手法の限界の全てから影響を受けやすい．単語ベクトルを利用する際はこれらの限界に注意すべきである．

第12章

事例研究：文の意味推論のためのフィードフォワードアーキテクチャ

　11.6節で，単語対ごとの類似度の和が，短い文書の類似を判定するタスクでの強力なベースラインであることを紹介した．二つの文書が与えられたとする．第一のものは単語 $w_1^1, \ldots, w_{\ell_1}^1$ からなり，第二のものは単語 $w_1^2, \ldots, w_{\ell_2}^2$ からなる．それぞれの単語が事前学習された単語ベクトル $\boldsymbol{w}_{1:\ell_1}^1, \boldsymbol{w}_{1:\ell_2}^2$ と関連付けられている．文書間の類似度は次で与えられる．

$$\sum_{i=1}^{\ell_1} \sum_{j=1}^{\ell_2} \operatorname{sim}\left(\boldsymbol{w}_i^1, \boldsymbol{w}_j^2\right).$$

　これは強力なベースラインであり，完全に教師なしでもある．本章では，訓練データとなるような素材を持っている場合に，文書の類似度スコアがどれだけ大きく改善されるかを示す．Parikh et al. [2016] が **Stanford 自然言語推論** (Stanford Natural Language Inference: SNLI) データセットを用いた意味推論タスクのために提示したネットワークに従って議論を進めていく．ここで示すモデルは，SNLI タスクのための強力なモデルを提供することに加えて，これまで議論してきた基本的なネットワーク構成要素を，どのようにして，様々な層で組み合わせることができるのか，その結果，あるタスクに関して一斉に訓練が行える，複雑で強力なネットワークを得られるのかを示すものとなっている．

12.1 自然言語推論とSNLIデータセット

自然言語推論タスク (natural language inference task) はテキスト含意認識 (Recognizing Textual Entailment: RTE) とも呼ばれるが,そこでは,二つのテキスト s_1 と s_2 を与えられ,s_1 が s_2 を**含意** (entail) する(つまり,s_1 から s_2 が推論できる)か,それらが**矛盾** (contradict) する(共には真となりえない)か,これらが**中立** (neutral) である(第二のテキストは第一のものから含意もされないが,それと矛盾もしない)かを決定するように求められる.様々な条件の例文を表 **12.1** に示す.

含意タスクは Dagan and Glickman [2004] によって紹介され,その後,PASCAL RTE チャレンジ [Dagan et al., 2005] として知られる一連のベンチマークを通じて確立したものとなった.このタスクはとても挑戦的なもので[1],それを完全に解くことは,言語の理解において人間と同じレベルに達していることを含意する.このタスクとそれを解くためのニューラルネットワークを用いない手法についての深い議論については,原著シリーズの Dagan et al. [2013] を参照のこと.

SNLI は Bowman et al. [2015] によって作成された巨大なデータセットで,57 万件の人手で記述された文の対を含んでいる.それぞれの対は人手で,含意,矛盾,中立に分類されている.文は,注釈者に対して画像の短い記述(キャプション)を提供するものとして作成され,その後,この記述を渡された注釈者は,使われた画像を見ることなしに,その画像の確実に正しい描写であるような記述(含意),その画像のもしかしたら正しい描写である記述(中立),その画像の誤った描写に間違いないような記述(矛盾)を作成するように求められた.57 万の文の対をこの方法で収集し,そのうち 10%

表 12.1 自然言語推論(テキスト含意)タスク.例は SNLI データセットの開発セットからとった.

	Two men on bicycles competing in a race.
含意	People are riding bikes.
中立	Men are riding bicycles on the street.
矛盾	A few people are catching fish.
	Two doctors perform surgery on patient.
含意	Doctors are performing surgery.
中立	Two doctors are performing surgery on a man.
矛盾	Two surgeons are having lunch.

---

[1] ここで述べている SNLI データセットは画像中に示された情景の記述に焦点を当てている.これは,それを解くためにより複雑な推論を必要とすることもあるような,制限のない一般の RTE タスクよりも簡単になっている.例えば,制限のない RTE タスクの含意の対には以下のようなものがある.*About two weeks before the trial started, I was in Shapiro's office in Century City* ⇒ *Shapiro worked in Century City.*

の対を別の注釈者に提示し，含意，中立，矛盾に分類するように求めることで，さらに検証を行った．この検証された文は，テストセット，検証セットとして用いられている．表 12.1 の例は SNLI データセットからのものである．

従来の RTE チャレンジのデータセットと比べると単純ではあるが，このデータセットは巨大で，依然としてその解は自明というわけではない（特に中立の事象から含意の事象を区別するのが難しい）．SNLI データセットは意味推論のタスクを評価するための有名なデータセットとなっている．このタスクは単純な単語対ごとの類似度で扱える範囲を超えていることに注意してほしい．例えば，表 12.1 の 2 番目の文を考えてみる．中立の文は，含意される文と比べて，元の文によりよく似ている（単語類似度の平均という観点で）．ある種の類似性を強調し，別のそれを減衰させる能力が必要で，同時にどのような類似性が意味を保つもの（例えば，外科手術 (surgery) の文脈では man から $patient$ への変化は意味を変えない）で，どれが新しい情報を追加するもの（例えば，$patient$ から man への変化）かを理解しなければならない．このような推論を促進するためにネットワークアーキテクチャが設計されるのである．

12.2 テキストの類似性を判定するネットワーク

このネットワークはいつくかの段階をとって動作する．最初の段階での目的は，単語の対ごとの類似度をこのタスクにより適した形で求めることである．二つの単語ベクトルの類似度関数は次のように定義される．

$$\mathrm{sim}(\boldsymbol{w_1}, \boldsymbol{w_2}) = \mathrm{MLP}^{\mathrm{transform}}(\boldsymbol{w_1}) \cdot \mathrm{MLP}^{\mathrm{transform}}(\boldsymbol{w_2}) \tag{12.1}$$

$$\mathrm{MLP}^{\mathrm{transform}}(\boldsymbol{x}) \in \mathbb{R}^{d_s} \quad \boldsymbol{w_1}, \boldsymbol{w_2} \in \mathbb{R}^{d_{\mathrm{emb}}}.$$

つまり，まず最初にそれぞれの単語のベクトルを訓練された非線形変換を用いて変換し，変換されたベクトルの内積をとる．

文 $\boldsymbol{a}$ のそれぞれの単語は文 $\boldsymbol{b}$ のいくつもの単語と類似していることがありうるし，その逆もありうる．このため，文 $\boldsymbol{a}$ のそれぞれの単語 w_i^a について，文 $\boldsymbol{b}$（その単語数を ℓ_b とする）の全ての単語に対する類似度からなる ℓ_b 次元のベクトルを計算する．これを，全ての類似度が正でその合計が 1 となるようにソフトマックス関数で正規化する．得られた次のベクトルは単語のアライメントベクトル (alignment vector) と呼ばれる．

$$\boldsymbol{\alpha}_i^a = \mathrm{softmax}(\mathrm{sim}(\boldsymbol{w}_i^a, \boldsymbol{w}_1^b), \ldots, \mathrm{sim}(\boldsymbol{w}_i^a, \boldsymbol{w}_{\ell_b}^b)). \tag{12.2}$$

同様に，文 $\boldsymbol{b}$ のそれぞれの単語についてもアライメントベクトルを計算する．

$$\boldsymbol{\alpha}_i^b = \mathrm{softmax}(\mathrm{sim}(\boldsymbol{w}_1^a, \boldsymbol{w}_i^b), \ldots, \mathrm{sim}(\boldsymbol{w}_{\ell_a}^a, \boldsymbol{w}_i^b))$$
$$\boldsymbol{\alpha}_i^a \in \mathbb{N}_+^{\ell_b} \quad \boldsymbol{\alpha}_i^b \in \mathbb{N}_+^{\ell_a}.$$

単語 $\boldsymbol{w}_i^a$ それぞれについて，ベクトル $\bar{\boldsymbol{w}}_i^b$ を計算する．これは，文 $\boldsymbol{b}$ の単語を，$\boldsymbol{w}_i^a$ とのアライメントで重みを付けて合計したものである．単語 $\boldsymbol{w}_j^b$ それぞれについても同様に行う．

$$\bar{\boldsymbol{w}}_i^b = \sum_{j=1}^{\ell_b} \boldsymbol{\alpha}_{i\,[j]}^a \boldsymbol{w}_j^b$$
$$\bar{\boldsymbol{w}}_j^a = \sum_{i=1}^{\ell_a} \boldsymbol{\alpha}_{i\,[j]}^b \boldsymbol{w}_i^a. \tag{12.3}$$

ベクトル $\bar{\boldsymbol{w}}_i^b$ は文 $\boldsymbol{b}$ に含まれる単語を，文 $\boldsymbol{a}$ の i 番目の単語との関係で計算された重みをつけて混合したものである．

重みを式 (12.2) に示されたようなスコアのソフトマックス演算によって計算し，その重みを用いて，ベクトル系列をその重み付き和によって表現することは，しばしばアテンション機構（注視機構，attention mechanism）と呼ばれる．この名前は，与えられた一方の側の項目に対して，対する側の系列の中でどの項目がどの程度重要であるかを，つまり，一方の側のある項目に関して，対する系列中の項目それぞれにどの程度のアテンション (attention) を払うべきかを，この重みが反映しているという事実から来ている．アテンションについては，第 17 章で，条件付き生成モデルを議論する際に，より深く論じる．

単語 $\boldsymbol{w}_i^a$ と，それによって導かれ対応する文 $\boldsymbol{b}$ の混合 $\bar{\boldsymbol{w}}_i^b$ との類似度は，必ずしも NLI タスクに有益であるとは限らない．これらの対を，タスクのために重要な情報に焦点を当てた表現ベクトル $\boldsymbol{v}_i^a$ へと変換することを試みる．これは別のフィードフォワードネットワークによって実現される．

$$\boldsymbol{v}_i^a = \mathrm{MLP}^{\mathrm{pair}}([\boldsymbol{w}_i^a; \bar{\boldsymbol{w}}_i^b])$$
$$\boldsymbol{v}_j^b = \mathrm{MLP}^{\mathrm{pair}}([\boldsymbol{w}_j^b; \bar{\boldsymbol{w}}_j^a]). \tag{12.4}$$

式 (12.1) で示した類似度関数はそれぞれの単語を個々に扱って，どちらのどこに現れようと同じ単語は同じ扱いをしていたが，ここでは，それと違って，両方の単語に異なった扱いができていることに注意してほしい．

最後に，得られたベクトルの和をとり，それらの連結を最後の MLP 分類器に渡して二つの文の関係（含意，矛盾，中立）を予測させる．

$$v^a = \sum_i v_i^a$$
$$v^b = \sum_j v_j^b \qquad (12.5)$$
$$\hat{y} = \mathrm{MLP}^{\mathrm{decide}}([v^a; v^b]).$$

Parikh et al. [2016] の研究では，全ての MLP は 200 次元の隠れ層を 2 層持ち，活性化関数には ReLU を用いている．これらの過程全体が同じ計算グラフにまとめられ，ネットワークは相互エントロピー損失を用いて，エンド・トゥ・エンドで訓練される．事前学習された単語埋め込み自体はネットワークの他の部分と一緒になって変更されることはない．必要な適応を行うのは $\mathrm{MLP}^{transform}$ に頼る形になっている．本書執筆の時点で，このアーキテクチャは SNLI データセットに対して最も良い結果を出すネットワークである．

このアーキテクチャを要約すると，まず変換ネットワーク ($\mathrm{MLP}^{transform}$) が，単語レベルのアライメントのために類似度関数を学習する．それはそれぞれの単語を，単語レベルの類似度が保たれるような空間へと変換する．変換ネットワークの後で，それぞれの単語ベクトルは，その単語と同じものや同じ事象を参照することの多い別の単語と類似したものになっている．このネットワークの目的は含意に貢献するかもしれない単語を見つけ出すことである．文 a のそれぞれの単語から文 b の複数の単語，文 b のそれぞれの単語から文 a の複数の単語という両方向のアライメントを得る．このアライメントはハードな決定ではなくソフトで，グループへの帰属度 (membership) の重みとして表される．このため，単語は複数の類似した対に現れることができる．このネットワークは men と people を隣り合わせに，men と two を隣り合わせに，man と patient を隣り合わせに置くだろうし，屈折形である perform と performing も同様に扱われることだろう．

その後，対ネットワーク (MLP^{pair}) は，重み付けられた CBOW 表現を用いて，それぞれのアライメントされた対（単語＋グループ）を眺め，その対に関連する情報を抽出する．"この対は含意の予測に有用であるか"が学習される．それは対の構成要素が取り出された文も眺め，patient と man がひとつの方向では含意関係にあるが逆方向ではそうでないことを学ぶことになるだろう．

最後に，決定ネットワーク (MLP^{decide}) は，単語対から集約されたデータを眺め，全ての証拠に基づいて決定を見つけ出す．推論全体は三つの段階からなっている．第一のものは類似性のアライメントによって弱い局所的な証拠を作り出す．第二のものは重み付けられた複数単語の単位を眺め，さらに，方向性を追加する．そして第三のものが全ての局所的な証拠を大局的な決定へと統合する．

ここで示したネットワークの詳細は特定のタスクとデータセットに調整されており，

それが他の設定に一般化できるかは明らかでない．本章の主眼は，特定のネットワークアーキテクチャを紹介することではなく，複雑なアーキテクチャを設計することが可能で，時にはその努力をする価値があると示すことにある．本章で導入された新しい構成要素で指摘しておく価値のあるものは，式 (12.3) での，要素 $\bar{w}_i^b$ の重み付き和を計算するために利用されたソフトアライメント (soft alignment) 重み α_i^a（アテンションとも呼ばれる）である．第 17 章で RNN を用いたアテンションに基づく条件付き生成について議論する際に，この発想に再び出会うことになる．

第3編

特別なアーキテクチャ

これまでの章では，教師あり学習とフィードフォワードニューラルネットワークについて，そしてそれらがどのように言語タスクに適用されるかについて議論してきた．フィードフォワードニューラルネットワークはおおむね一般的な分類問題を解くためのアーキテクチャである．つまり，言語データや系列に適した形に仕立てられている部分はない．実際，たいていの場合において，言語タスクの方が MLP の枠組みに沿うように構造化されてきた．

　これからの章では，言語データを扱うのにより適したいくつかのニューラルアーキテクチャを見ていく．特に，1 次元畳み込み・プーリングアーキテクチャ (CNN) と再帰的ニューラルネットワーク (RNN) について議論する．CNN は，テキスト系列内の有益な n-グラム，あるいはギャップのある n-グラムを特定するのに適したニューラルアーキテクチャで，大局的な位置を無視しつつも局所的な順序のパターンに感度を持つ．RNN は系列内の微妙なパターンや規則性を捉えられるように設計されたニューラルアーキテクチャであり，注目してる単語周辺の "無限の窓" を眺め，その窓内の有益な系列パターンに着目することで，非マルコフ的な依存性をモデリングすることができる．最後に，系列生成モデルと条件付き生成モデルについて議論する．

素性抽出　この第 3 編で見ていく CNN と RNN は主に**素性抽出器** (feature extractors) として用いられる．CNN や RNN は独立に機能するものではなく，どちらかといえば，最終的に予測を導く次のネットワークの入力となるベクトル（あるいはベクトルの系列）を産出するネットワークである．ネットワークは，畳み込みを担う部分や再帰性を担う部分から得られるベクトルが，ある予測タスクに有用な入力の特徴を捉えるように，エンド・トゥ・エンドに（ネットワークの予測を担う部分と畳み込み/再帰性を担う部分が同時に学習されるように）訓練される．以後の章では，CNN と RNN のアーキテクチャに基づく素性抽出器を紹介する．本書執筆時点では，テキストに基づく応用に関しては，CNN よりも RNN を用いたものの方がより素性抽出器として定着している．しかし，異なるアーキテクチャは異なる長所と短所を持ち，将来的にはそれらのバランスは変化するかもしれない．両方とも知っておく価値があるし，二つを混合した手法が注目されることも十分にありうる．第 16, 17 章では，様々な自然言語処理の予測や生成のアーキテクチャにおける，RNN に基づく素性抽出器の統合について議論する．それらの章の議論の大部分は，畳み込みネットワークにも適用できる．

レゴブロックとしての CNN と RNN　CNN と RNN のアーキテクチャについて学ぶとき，望ましい構造を組み立てたり，望ましい振る舞いを達成するように混ぜ合わせたり組み合わせたりできる "レゴブロック" として，それらを捉えると便利である．

　レゴブロック的な組み合わせは，計算グラフ機構と勾配に基づく最適化によって可能となる．それによって，MLP, CNN, RNN のようなネットワークアーキテクチャを

構成要素，あるいはブロックとして扱い，より大きな構造を作り出すために組み合わせることができる．その際に注意すべきことは，異なる構成要素の入力と出力の次元が一致するようにすることだけである．そして，残りの処理は計算グラフと勾配に基づく訓練に任せることができる．

これによって，相互にやり取りを行う MLP や CNN，RNN から構成される，複数の層を持った大きく精巧なネットワーク構造を作り出すことができ，ネットワーク全体をエンド・トゥ・エンドに訓練することができる．後の章でいくつかの例を見ていくが，それら以外の多くのアーキテクチャの利用も可能であり，また，異なるタスクは異なるアーキテクチャの恩恵を受けうる．新しいアーキテクチャについて学ぶときは，"既存のどの構成要素と置き換えることができるだろうか"，"それを使ってどのようにタスクが解けるだろうか" と考えるのではなく，"どのようにそれを自分のブロックの兵器庫に迎え入れ，望ましい結果を得るためには，どのように他の構成要素と組み合わせられるだろうか" と考えるべきである．

第13章

n-グラム検出器：
畳み込み
ニューラルネットワーク

要素の順序集合（文における語の系列，文書における文の系列など）に基づいて予測を行いたいことがある．例えば，次のような文の感情極性（肯定 (POSITIVE)，否定 (NEGATIVE)，中立 (NEUTRAL)）を予測することを考えよう．

- *Part of the charm of Satin Rouge is that it avoids the obvious with humor and lightness.*
- *Still, this flick is fun and host to some truly excellent sequences.*

いくつかの単語 (*charm, fun, excellent*) は感情極性について有益な情報をもたらし，他の単語 (*Still, host, flick, lightness, obvious, avoids*) はそのような情報をもたらさない．また概ね，有益な手がかりは文の中でのその位置に関わらず有益である．学習器に文の全ての単語を入力し，訓練で重要な手がかりを認識させるようにしたい．一つの手法として，CBOW 表現を MLP のような全結合ネットワークに入力することができる．しかし，CBOW 的な手法の短所は，順序の情報を完全に無視してしまい，"*it was not good, it was actually quite bad*" と "*it was not bad, it was actually quite good*" という文に全く同じ表現を割り当ててしまうことである．文全体における "*not good*" や "*not bad*" という手がかりの位置はこの分類タスクに影響しないとしても，（単語 "*not*" が単語 "*bad*" の左に現れたというような）局所的な単語の順序はとても重要である．同様に，*Montias pumps a lot of energy into his nuanced narrative, and surrounds himself with a cast of quirky—but not stereotyped—street characters* という，コーパスからの例においても，"not stereotyped"（肯定の手がかり）と "not nuanced"（否定の手がかり）の間には大きな違いがある．この例は否定形の単純なものだが，例えば，最初の例の "avoids the obvious" と，"obvious" や "avoids the charm"

など，そこまで明確ではないパターンもある．要するに，単語バッグを見るより，n-グラムを見るほうがより有益ということである．

単純な手法としては，単語ではなく単語対（バイグラム）や三語の組（トライグラム）を埋め込み，埋め込まれた n-グラムについて CBOW 表現を得るというものが考えられる．そのようなアーキテクチャは実際にとても効果的だが，埋め込み行列が巨大になり，長い n-グラムを扱えるようには規模を拡大できない．また，異なる n-グラムの間で統計的性質を共有しないので，データ・スパースネスの問題に苦しめられる（"quite good" と "very good" の埋め込みがお互いに完全に独立しているので，訓練時にどちらか片方を見たとしても，もう片方について要素の単語から推論することができない）．

畳み込みニューラルネットワークアーキテクチャ　本章では，このようなモデリングの問題に適した，畳み込み・プーリング（あるいは，畳み込みニューラルネットワーク: CNN）アーキテクチャを導入する．畳み込みニューラルネットワークは，大きな構造における局所的な予測材料を特定するために設計されており，それらを組み合わせて，その構造の固定長のベクトル表現を産出することができる．その表現は対象とする予測タスクに関して最も有益な局所的な特徴を捉えている．すなわち，畳み込みアーキテクチャは可能な各 n-グラムについてあらかじめ埋め込みベクトルを用意することなく，対象とするタスクの予測に貢献する n-グラムを特定できる（13.2 節では，埋め込み行列の大きさを固定したまま，n-グラムの語彙を際限なく大きくできる別の手法を議論する）．また，畳み込みアーキテクチャは類似した要素を持つ n-グラムに関しては，たとえそれが見たことのないものだとしても，評価時の予測において類似した振る舞いをすることができる．

畳み込みアーキテクチャは畳み込み層を階層化するように拡張することができる．各畳み込み層は文のより大きな範囲の n-グラムを見ることができる．これによって，モデルが不連続な n-グラムを認識することもできるようになる．これについては 13.3 節で議論する．

第 3 編の冒頭で議論したように，CNN は本質的に素性抽出のためのアーキテクチャである．それ単体で独立した有益なネットワークを構成することはないが，より大きなネットワークに組み込まれ，最終結果の出力のために，それと協調する形で訓練される．CNN 層の役割は，対象となっている最終的な予測タスクに有用な，意味を持った部分構造を抽出することである．

歴史と用語　畳み込み・プーリングアーキテクチャ [LeCun and Bengio, 1995] はニューラルネットワークを用いた画像処理のコミュニティで発展した．そこでは，画像内の位置と無関係に，予め定義されたカテゴリ（"car"，"bicycles" など）から物体

を認識する，物体検出というタスクにおいて大きな成功がおさめられた [Krizhevsky et al., 2012]．画像に適用される際は，2次元（グリッド）畳み込みが用いられる．テキストに適用される際は，主に1次元（系列）の畳み込みが重要である．畳み込みネットワークは，意味役割ラベル付けに CNN を用いた Collobert et al. [2011] の先駆的な研究と，その後の感情極性と質問文タイプの分類に CNN を用いた Kalchbrenner et al. [2014] と Kim [2014] の研究によって NLP コミュニティに導入された．

CNN が画像処理コミュニティに起源を持つため，フィルタ (filter)，チャンネル (channel)，**受容野** (receptive-field) などの，テキスト処理の文脈でも頻繁に用いられる畳み込みニューラルネットワークに関する多くの用語は，視覚処理・信号処理のコミュニティからの借用である．これらの用語については，対応する概念を導入する際に言及する．

13.1 基本的な畳み込みとプーリング

言語タスクに関わる畳み込み・プーリングアーキテクチャの背後にある主なアイデアは，（学習された）非線形な関数を，文に関してスライドする k 語分の窓それぞれについて適用することである[1]．この関数（"フィルタ (filter)" とも呼ばれる）は，k 語の窓をスカラー値に変換する．そのようなフィルタがいくつか適用され，結果として，窓内の単語の重要な性質を捉えた ℓ 次元分のベクトルが得られる（各次元がそれぞれのフィルタに対応する）．そして，別々の窓から得られたベクトルを一つの ℓ 次元のベクトルに組み上げるために，ℓ 次元それぞれについて，異なった窓の値の最大や平均をとる "プーリング" 演算が用いられる．その意図は，位置と無関係に最も重要な "素性" に着目することである．各フィルタがそれぞれの窓から別々の有用な情報を抽出し，プーリング演算が重要な情報に注目する．結果として得られる ℓ 次元のベクトルは，その後，予測に用いるネットワークの入力となる．訓練の間にネットワークの損失から逆伝播される勾配は，ネットワークが訓練されているタスクに関して，データの重要な性質を強調するように，フィルタ関数のパラメータを調節するために用いられる．直観的には，幅 k 語のスライドする窓が系列上を走るとき，フィルタ関数は重要な k-グラムを特定することを学習する．図 13.2 は畳み込み・プーリングネットワークの文への適用を解説している．

---

1) 窓幅 k はときどき畳み込みの**受容野** (receptive field) とも呼ばれる．

13.1.1 テキストについての1次元畳み込み

1次元の畳み込み演算に注目することから始めよう[2]．次の節ではプーリングに焦点を当てる．

$w_{1:n} = w_1, \ldots, w_n$ という単語の系列を考える．それぞれの単語は対応する d_{emb} 次元の単語埋め込み $\boldsymbol{E}_{[w_i]} = \boldsymbol{w}_i$ を伴っている．幅 k の1次元畳み込みは，文について幅 k のスライドする窓を動かし，同一の"フィルタ"を系列の各窓に適用することで作用する．ここでのフィルタは，重みベクトル $\boldsymbol{u}$ との内積演算のことであり，演算後にしばしば非線形活性化関数が適用される．演算子 $\oplus(\boldsymbol{w}_{i:i+k-1})$ をベクトル $\boldsymbol{w}_i, \ldots, \boldsymbol{w}_{i+k-1}$ の連結と定義する．i 番目の窓の連結ベクトルは $\boldsymbol{x}_i = \oplus(\boldsymbol{w}_{i:i+k-1}) = [\boldsymbol{w}_i; \boldsymbol{w}_{i+1}; \ldots; \boldsymbol{w}_{i+k-1}]$, $\boldsymbol{x}_i \in \mathbb{R}^{k \cdot d_{emb}}$ となる．

各窓のベクトルにフィルタを適用することで，スカラー値 p_i が得られる．

$$p_i = g(\boldsymbol{x}_i \cdot \boldsymbol{u}) \tag{13.1}$$

$$\boldsymbol{x}_i = \oplus(\boldsymbol{w}_{i:i+k-1}) \tag{13.2}$$

$$p_i \in \mathbb{R} \quad \boldsymbol{x}_i \in \mathbb{R}^{k \cdot d_{emb}} \quad \boldsymbol{u} \in \mathbb{R}^{k \cdot d_{emb}},$$

ここで，g は非線形活性化関数である．

通例では，ℓ 個の異なるフィルタ $\boldsymbol{u}_1, \ldots, \boldsymbol{u}_\ell$ が用いられ，これらが，行列 $\boldsymbol{U}$ として配列され，しばしばバイアスベクトル $\boldsymbol{b}$ が加えられる．

$$\boldsymbol{p}_i = g(\boldsymbol{x}_i \boldsymbol{U} + \boldsymbol{b}) \tag{13.3}$$

$$\boldsymbol{p}_i \in \mathbb{R}^\ell \quad \boldsymbol{x}_i \in \mathbb{R}^{k \cdot d_{emb}} \quad \boldsymbol{U} \in \mathbb{R}^{k \cdot d_{emb} \times \ell} \quad \boldsymbol{b} \in \mathbb{R}^\ell.$$

各ベクトル $\boldsymbol{p}_i$ は i 番目の窓の表現（あるいは要約）である ℓ 個の値の集まりである．理想的には，各次元が異なる種別の有用な情報を捉えている．

狭い畳み込みと広い畳み込み　いくつのベクトル $\boldsymbol{p}_i$ が得られるだろうか．長さ n の文について，幅 k の窓を適用した場合，系列の開始位置は $n-k+1$ 個あり，$n-k+1$ 個のベクトル $\boldsymbol{p}_{1:n-k+1}$ が得られる．これは狭い畳み込み (narrow convolution) と呼ばれる．別の方法としては，文の両端を $k-1$ 個のパディング用の単語で埋めるものがある．結果として，$n+k+1$ 個のベクトル $\boldsymbol{p}_{1:n+k+1}$ が得られる．これは広い畳み込み (wide convolution) と呼ばれる [Kalchbrenner et al., 2014]．ここでは，m を結果として得られるベクトルの数として用いることにする．

畳み込みの別の形式化　n 個の要素を持った文 $w_{1:n}$ に対する畳み込みについての先の記述では，各要素は d 次元のベクトルと関連付けられており，それらのベクトルは $1 \times$

---

2) ここでの1次元 (1D) とは，画像に対して行われる2次元 (2D) の畳み込み対する，系列のような1次元の入力についての畳み込みを指している．

13.1 基本的な畳み込みとプーリング

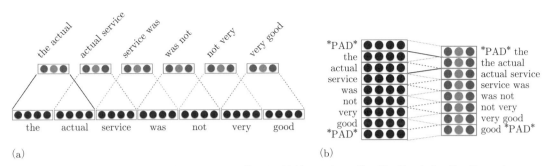

(a)　　　　　　　　　　　　　　　　(b)

図 13.1 ベクトルの連結記法とベクトルの積み上げ記法における，狭い畳み込みと広い畳み込みの入出力．(a) 窓幅 $k = 2$ で 3 次元の出力 ($\ell = 3$) を持つ，ベクトル連結記法における**狭い畳み込み**．(b) 窓幅 $k = 2$ で 3 次元の出力 ($\ell = 3$) を持つ，ベクトル積み上げ記法における**広い畳み込み**．

$d \cdot n$ 次元の大きな文のベクトルへと連結されていた．そして，幅 k の窓と ℓ 個の出力値を持つ畳み込みネットワークは，$k \cdot d \times \ell$ 次元の行列に基づくことになる．この行列は，$1 \times d \cdot n$ 次元の文の行列（ベクトル）における，k 語分の窓に対応する区分に適用される．そのような乗算それぞれは ℓ 個の値を出力する．これら ℓ 個の値のそれぞれは，$k \cdot d \times 1$ のベクトル（行列における行）と文の区分との内積演算の結果とみなせる．

論文でしばしば用いられる別の（等価な）形式化では，n 個のベクトルが上から順に積み重ねられ，$n \times d$ 次元の文の行列を形成する．畳み込み演算は ℓ 個の異なる $k \times d$ 次元の行列（"カーネル (kernel)" あるいは "フィルタ" と呼ばれる）を文の行列に対してスライドし，各カーネルと，スライド位置と対応する文の行列の区分とについて**行列畳み込み (matrix convolution)** を行うことで実現される．二つの行列間の行列畳み込み演算は，二つの行列の要素ごとの乗算と，それらの結果の加算として定義される．ℓ 種類の，文とカーネルとの畳み込み演算はそれぞれ単一の値を産出し，全部で ℓ 個の値を得る．各カーネルが $k \cdot d \times \ell$ 次元の行列における各列に対応し，一つのカーネルとの畳み込みが行列の列との内積であることを見れば，二つのアプローチが等価であると容易に納得できる．

図 **13.1** は狭い畳み込みと広い畳み込みを二つの記法で示している．

チャンネル　画像処理においては，画像はそれぞれが特定の点の色彩強度を表現する画素の集まりとして表現される．RGB カラースキームを用いれば，各画素は三つの強度値の組み合わせで，それぞれは赤，緑，青の要素に関するものである．これらは三つの異なる行列に保持される．各行列は画像の異なった "見方" をもたらし，**チャンネル (channel)** として参照される．画像処理において畳み込みが画像に適用されるとき，一般的には各チャンネルに別々のフィルタ群が適用され，結果として得られる三つのベクトルが一つのベクトルとして組み合わせられる．データが様々な見方を持つというメタ

177

ファーを用いると，テキスト処理においても複数のチャンネルを持つことができる．例えば，一つのチャンネルは単語の系列となり，別のチャンネルは対応する品詞の系列となるだろう．単語に対する畳み込みの適用によって，m 個のベクトル $\boldsymbol{p}_{1:m}^w$ が得られ，品詞タグに対しての適用は m 個のベクトル $\boldsymbol{p}_{1:m}^t$ を得る．これらの二つの見方は，和 $\boldsymbol{p}_i = \boldsymbol{p}_i^w + \boldsymbol{p}_i^t$ か，連結 $\boldsymbol{p}_i = [\boldsymbol{p}_i^w; \boldsymbol{p}_i^t]$ かのどちらかによって組み合わせることができる．

まとめ 畳み込み層の背後にある主な発想は，系列内の全ての k-グラムに対して同じパラメータをもった関数を適用することである．これは m 個のベクトルからなる系列を作り出し，それぞれは系列内の特定の k-グラムを表現している．この表現は k-グラム内にどんな語がどんな順序で並んでいるかを感知できる．一方で，ある k-グラムについて，系列内のその位置とは無関係に同じ表現が抽出される．

13.1.2 ベクトルプーリング

テキストに畳み込みを適用することで，それぞれ $\boldsymbol{p}_i \in \mathbb{R}^\ell$ であるような，m 個のベクトル $\boldsymbol{p}_{1:m}$ が得られる．そしてこれらのベクトルが，系列全体を表現する単一のベクトル $\boldsymbol{c} \in \mathbb{R}^\ell$ へと組み合わせられる（プールされる）．理想的には，ベクトル $\boldsymbol{c}$ は，系列の重要な情報のエッセンスを捉えていることになる．ベクトル $\boldsymbol{c}$ に符号化される必要がある重要な情報がどのようなものかはタスク依存である．例えば，感情極性分類を行う場合は，エッセンスは感情極性を示すのに有益な n-グラムであり，トピック分類を行う場合は，エッセンスは特定のトピックを示すのに有益な n-グラムである．

訓練の間，ベクトル $\boldsymbol{c}$ は，その出力層が最終的な予測に用いられる下流のネットワーク層（MLP など）に入力される[3]．ネットワークの訓練時の手続きによって予測タスクに関する損失が計算され，そして誤差勾配が様々な経路を通ってプーリング層と畳み込み層，そして埋め込み層へと逆伝播される．訓練の過程で，畳み込み・プーリング処理によって得られるベクトル $\boldsymbol{c}$ が，対象となっているタスクに実際に適切な情報を符号化するように，畳み込み行列 $\boldsymbol{U}$，バイアスベクトル $\boldsymbol{b}$，下流のネットワーク，そしてもしかしたら埋め込み行列 $\boldsymbol{E}$ が調節される[4]．

最大プーリング 最も一般的なプーリング演算は，各次元について最大値をとる最大プーリング (max pooling) である．

---

[3] 下流のネットワークへの入力は，$\boldsymbol{c}$ 自体か，$\boldsymbol{c}$ と他のベクトルの組み合わせである．
[4] 訓練は予測に有用であることに加え，その副産物として畳み込みとプーリングに用いられるパラメータ $\boldsymbol{W}$, $\boldsymbol{B}$, と埋め込み $\boldsymbol{E}$ を生み出す．これらによって，その予測に関して同種の情報を持つものがお互いに類似するように，任意の長さの文を固定長のベクトルに符号化できる．

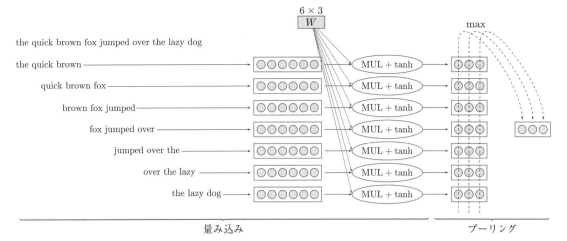

図 13.2 文 "the quick brown fox jumped over the lazy dog." についての 1 次元畳み込み・プーリング．これは窓幅 3 の狭い（文へのパディングの追加がない）畳み込みである．各語は 2 次元の埋め込みベクトル（図では示されていない）に変換されている．その後，埋め込みベクトルは連結され，6 次元の窓の表現となる．7 個の窓のそれぞれは，6 × 3 次元のフィルタを通して変換され（線形変換とその後の要素ごとの tanh による），7 個の 3 次元のフィルタリング結果の表現となる．続いて，各次元の最大値をとる最大プーリング演算が適用され，最終的に 3 次元のプーリング結果のベクトルが得られる．

$$\boldsymbol{c}_{[j]} = \max_{1 < i \leq m} \boldsymbol{p}_{i[j]} \quad \forall j \in [1, \ell], \tag{13.4}$$

$\boldsymbol{p}_{i[j]}$ は，$\boldsymbol{p}_i$ の j 番目の要素を示す．最大プーリング演算の効果は，全ての窓の位置を通じて最も顕著な情報を得られることである．理想的には，各次元は特定の種類の予測に関わる情報に "特化" し，最大値をとる演算によって，それぞれの種類の最も重要な予測情報が取り出される．

図 13.2 は最大プーリング演算を用いた畳み込みとプーリングの処理を示している．

平均プーリング 二番目に一般的なプーリングは平均プーリング (average-pooling) で，最大値の代わりに各次元の平均値をとる方法である．

$$\boldsymbol{c} = \frac{1}{m} \sum_{i=1}^{m} \boldsymbol{p}_i. \tag{13.5}$$

平均プーリングの一つの解釈は，文の単語についてではなく，畳み込みから得られる k-グラムの表現について連続的単語バッグ (CBOW) を得ているというものである．

k-最大プーリング Kalchbrenner et al. [2014] によって導入された別の派生として，k-最大プーリング (k-max pooling) がある．これは，最も大きな一つの値をとる代わりに，テキストに出現した順序を維持しつつ各次元の上位 k 個の値を保持する手法で

ある[5]．例えば，次の行列を考える．

$$\begin{bmatrix} 1 & 2 & 3 \\ 9 & 6 & 5 \\ 2 & 3 & 1 \\ 7 & 8 & 1 \\ 3 & 4 & 1 \end{bmatrix}.$$

列ベクトルについての1-最大プーリングは $[9\ 8\ 5]$ となるが，2-最大プーリングでは $\begin{bmatrix} 9 & 6 & 3 \\ 7 & 8 & 5 \end{bmatrix}$ という行列となり，行が連結され，$[9\ 6\ 3\ 7\ 8\ 5]$ となる．

k-最大プーリング演算は，いくつかの異なる位置にある k 個の最も活性化する有効な手がかりをプールできる．素性の順序は保持されるが，特定の位置は感知できない．それはまた，素性が大きく活性化した回数を詳細に識別することができる [Kalchbrenner et al., 2014]．

動的プーリング　系列全体について単一のプーリング演算を適用するのではなく，対象としている予測問題の分野への理解に基づいて，ある種の位置情報を保持したいことがあるかもしれない．このためには，ベクトル p_i を r 個のグループに分割し，各グループに別々にプーリングを適用して，結果としてできる r 個の ℓ 次元ベクトル $c_1, \ldots, c_r$ を連結することができる．p_i をグループに分けるのは，分野の知識に基づいて行う．例えば，文の最初の方に出てくる単語の方が，後の方に出てくる単語よりも，より情報を持っていると推測できる場合があるかもしれない．このとき，系列を r 個の同じ大きさの領域に分割し，各領域に別々に最大プーリングを適用することができる．例えば，Johnson and Zhang [2015] は，文書をいくつかのトピックに分類するときには，平均プーリングの領域を20個に分け，最初の文（通常，ここでトピックが導入される）を後ろの方から明確に分離することが有効であり，一方で感情極性分類タスクでは，文全体について単一の最大プーリング演算を行うのが最適であることを発見した（これは文内の位置に関わらず，一つか二つのとても強力な手がかりが，感情極性の分類においては十分であることを示唆している）．

同様に，関係抽出のようなタスクでは，二語が与えられて，それらの間にある関係を決めることを求められるかもしれない．最初の単語の前方にある単語群，二つ目の単語の後方にある単語群，二語の間にある単語群は三つの異なる情報をもたらすと考えられる [Chen et al., 2015]．したがって，ベクトル p_i をそれにあわせて分割し，それぞれの単語群の窓にたいして別々にプーリングを行うことができる．

---

[5] 本章では，k は畳み込みの窓の幅を指すために使われている．k-最大値プーリングにおける k は別の無関係の値である．ここでは文献に合わせて k という文字を用いた．

13.1.3 変種

一つの畳み込み層を適用するのではなく，いくつかの畳み込み層を並行的に適用することもできるだろう．例えば，それぞれが異なる 2-5 の幅の窓を持ち，違う長さの k-グラムの系列を捉える四つの畳み込み層を用いることもできる．それぞれの畳み込み層の計算結果がプールされ，結果として得られるベクトルが連結されて，さらなる処理の入力として用いられることになる [Kim, 2014]．

畳み込みアーキテクチャは，文の線形順序に制約される必要はない．例えば，Ma et al. [2015] は畳み込み演算を統語的な依存構造木を扱えるように一般化した．そこでは，各窓は統語的な木におけるノードの周りを動き，プーリングはそれらのノードをまとめる形で行われる．同様に Liu et al. [2015] は畳み込みアーキテクチャを依存構造木から得られた依存構造パスに適用した．Le and Zuidema [2015] はチャートパーザにおいて，同じチャート項目を導く異なる導出を表現する複数のベクトルについて，最大プーリングを行う手法を提案した．

13.2 代替法：素性ハッシュ

テキストに用いられる畳み込みネットワークは，連続する k-グラムについての，とても効率的な素性検出器として機能する．しかし，それらは多くの行列乗算を必要とするため，無視できないほど計算が多くなる．時間的により効率的な代替法は，単純に，k-グラムの埋め込みを直接用いて，それらを平均プーリングによってプールする（この場合，連続的 n-グラムバッグ表現が得られる）あるいは最大プーリングによってプールする方法だろう．この手法の短所は，可能な各 k-グラムについてそれぞれ埋め込みベクトルを割り当てる必要があることである．訓練コーパスにおける k-グラムの数は膨大になりうるため，メモリの観点からこれは難しい．

この問題の解決法は**素性ハッシュ** (feature hashing) 技術を用いることである．この技術は線形モデルに起源を持ち [Ganchev and Dredze, 2008; Shi et al., 2009; Weinberger et al., 2009]，近年，ニューラルネットワークでも採用されている [Joulin et al., 2016]．素性ハッシュの背景にある発想は，語彙からインデックスへの写像を予め計算しないというものである．その代わりに N 行の埋め込み行列 $\boldsymbol{E}$（N はメモリが許す範囲で十分に大きく，数百万あるいは数千万ぐらいでもよい）を用意しておく．ある k-グラムが訓練時に現れたとき，ハッシュ関数 (hash function) を用いて，それを $\boldsymbol{E}$ のある行に割り当てる．このハッシュ関数は，k-グラムを $[1, N]$ の範囲のある値 i へと決定論的に写像する関数，$i = h(k\text{-gram}) \in [1, N]$ であり，得られた値に対応する行 $\boldsymbol{E}_{[h(k\text{-gram})]}$ を埋め込みベクトルとして用いるのである．全ての k-グラムはこのように行のインデックスに動的に割り当てられるので，k-グラムとインデックスの写像を明示

的に用意して蓄積しておいたり，全てのk-グラムにそれぞれ埋め込みを割り当てておく必要がない．いくつかのk-グラムはハッシュの衝突（可能なk-グラムの空間が，用意しておいた埋め込みベクトルの数よりもとても大きいときにこれは必ず起こる）によって，同一の埋め込みベクトルを共有しうる．しかし，たいていのk-グラムはタスクに関して重要な情報を持たないため，衝突の問題は訓練の過程で取り除かれる．より慎重になるならば，いくつかの異なるハッシュ関数$h_1,\ldots,h_r$を用いて，各k-グラムをそれらのハッシュに対応する行の和$\sum_{i=1}^{r}\boldsymbol{E}_{[h_i(k\text{-gram})]}$として表現することができる．このようにすれば，もしあるハッシュを用いた際に，有益なk-グラムが別の有益なk-グラムとたまたま衝突したとしても，他のハッシュの値によって，結果として衝突していない表現が割り当てられやすくなる．

このハッシュトリック（ハッシュカーネル (hash kernel) とも呼ばれる）は，実用上とてもうまく機能し，効率的なn-グラムのバッグを扱うモデルが得られる．この手法は，より複雑な手法やアーキテクチャを考える前に，取っ掛かりとなるベースラインとして推奨されている．

13.3 階層的畳み込み

ここまで説明してきた1次元畳み込み手法はn-グラム検出器とみなすことができる．幅kの窓を持つ畳み込み層は，入力中の有益なk-グラムを特定するように学習する．

この手法は，一連の畳み込み層を相次いで適用する**階層的畳み込み層** (hierarchy of convolutional layers) へと拡張することができる．$\text{CONV}_{\Theta}^{k}(\boldsymbol{w}_{1:n})$ を，次のように，窓幅kでパラメータΘの畳み込みを，系列$\boldsymbol{w}_{1:n}$の幅kの各窓に適用した結果とする．

$$
\begin{aligned}
\boldsymbol{p}_{1:m} &= \text{CONV}_{\boldsymbol{U},\boldsymbol{b}}^{k}(\boldsymbol{w}_{1:n}) \\
\boldsymbol{p}_i &= g(\oplus(\boldsymbol{w}_{i:i+k-1})\boldsymbol{U} + \boldsymbol{b}) \\
m &= \begin{cases} n-k+1 & \text{狭い畳み込み} \\ n+k+1 & \text{広い畳み込み}. \end{cases}
\end{aligned} \tag{13.6}
$$

さて，次のように，ある出力を次の入力とするような一連のr個の畳み込み層を得ることができる．

$$
\begin{aligned}
\boldsymbol{p}_{1:m_1}^{1} &= \text{CONV}_{\boldsymbol{U}^1,\boldsymbol{b}^1}^{k_1}(\boldsymbol{w}_{1:n}) \\
\boldsymbol{p}_{1:m_2}^{2} &= \text{CONV}_{\boldsymbol{U}^2,\boldsymbol{b}^2}^{k_2}(\boldsymbol{p}_{1:m_1}^{1}) \\
&\cdots \\
\boldsymbol{p}_{1:m_r}^{r} &= \text{CONV}_{\boldsymbol{U}^r,\boldsymbol{b}^r}^{k_r}(\boldsymbol{p}_{1:m_{r-1}}^{r-1}).
\end{aligned} \tag{13.7}
$$

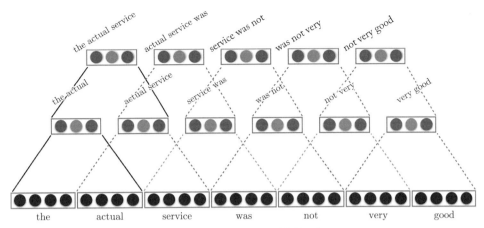

図 **13.3** $k=2$ の 2 層の階層的畳み込み．

結果として得られるベクトル $\boldsymbol{p}^r_{1:m_r}$ はだんだんより大きく効率的な窓（"受容野 (receptive-fields)"）を捉えるようになっていく．幅 k の窓を持つ r 個の層の場合は，各ベクトル $\boldsymbol{p}^r_i$ は，$r(k-1)+1$ 語の幅の窓に反応できるようになる[6]．さらに，ベクトル $\boldsymbol{p}^r_i$ は，$k+r-1$ 語のギャップあり $\boldsymbol{n}$-グラム (gappy n-gram) に反応することができ，"*not ___ good*" や "*obvious ___ predictable ___ plot*" のようなパターンを捉えられる可能性がある．ここで，___ は語の短い系列を表す．また，ギャップによって特徴付けられるような，より特殊なパターン（すなわち，"*not*を含まない単語の系列" や "副詞のような単語の系列"）も捉えられる可能性があるだろう[7]．図 **13.3** は，$k=2$ の 2 層の階層的畳み込みを図示している．

ストライド，膨張，プーリング　今までは，系列内の k 語の各窓について，畳み込み演算が適用されてきた．すなわち，$1, 2, 3, \ldots$ のインデックスから始まる窓である．このことを，大きさ 1 のストライド（歩幅，stride）を持つという．より大きなストライドも可能である．例えば，大きさ 2 のストライドを持つ畳み込み演算であれば $1, 3, 5, \ldots$ のインデックスから始まる窓に対して適用される．より一般的に，$\mathrm{CONV}^{k,s}$ を次のように定義する．

---

[6] 理由を確かめるために次のように考えよう．一番目の畳み込み層が k 個の隣接する単語ベクトルそれぞれを k-グラムのベクトルに変換する．そして，二番目の畳み込み層が，k 個の隣接する k-グラムベクトルそれぞれを $k+(k-1)$ 語の窓を捉えるベクトルへと変換していき，r 番目の畳み込みが $k+(r-1)(k-1) = r(k-1)+1$ 語を捉えるまで，これが続いていく．

[7] 理由を見るために，*funny and appealing* という文について，それぞれが幅 2 の窓を持つ二つの畳み込み層の連なりを考えよう．一つ目の畳み込み層は *funny and* と *and appealing* をベクトルに符号化し，"*funny ___*" や "*___ appealing*" に相当するものを，得られるベクトルにおいて保持するかもしれない．二つ目の畳み込み層はこれらを，"*funny ___ appealing*"，"*funny ___*"，"*___ appealing.*" へと組み合わせる．

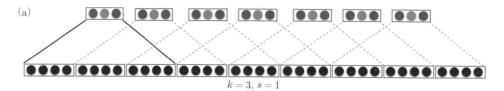

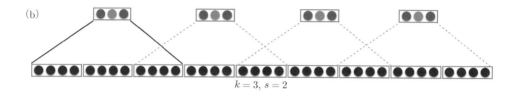

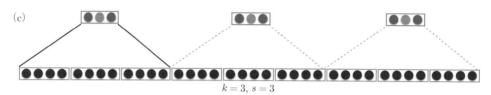

図 **13.4** ストライド．(a-c) $k=3$ で，大きさ 1, 2, 3 のストライドの畳み込み層．

$$\begin{aligned}\boldsymbol{p}_{1:m} &= \mathrm{CONV}_{\boldsymbol{U},\boldsymbol{b}}^{k,s}(\boldsymbol{w}_{1:n}) \\ \boldsymbol{p}_i &= g(\oplus(\boldsymbol{w}_{1+(i-1)s:(s+k)i})\boldsymbol{U} + \boldsymbol{b}),\end{aligned} \qquad (13.8)$$

ただし，s はストライドの大きさである．結果として畳み込み層からは，より短い出力の系列が得られる．

膨張畳み込みアーキテクチャ (dilated convolution architecture)[Strubell et al., 2017; Yu and Koltun, 2016] では，畳み込み層の階層のそれぞれが，それぞれ大きさ $k-1$ のストライドを持つ（すなわち，$\mathrm{CONV}^{k,k-1}$）．これによって，効果を及ぼす窓の幅を，層の数に対して指数関数的に増やすことができるようになる．図 **13.4** は異なるストライド長を持つ畳み込み層を示している．図 **13.5** は膨張畳み込みアーキテクチャを示している．

膨張アーキテクチャの代替手法として，ストライドの大きさを 1 に固定し，局所的なプーリングを適用することによって，各層の間で系列長を短くしていく方法がある．すなわち，隣接するベクトルの k'-グラムが，最大プーリングや平均プーリングを用いて単一のベクトルに変換されるのである．たとえ隣接する二つのベクトルをプーリングするだけでも，階層におけるそれぞれの畳み込み・プーリング層で，系列の長さは半分になる．膨張アーキテクチャと同様に，系列長について，層の数に対して指数関数的な

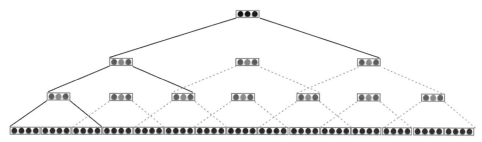
図 **13.5** $k=3$ の 3 層の膨張階層的畳み込み．

減少が得られる．

パラメータ拘束とスキップ接続 階層的畳み込みアーキテクチャに適用できる他の派生手法は，パラメータ拘束 (parameter-tying) である．これは，パラメータを持つ全ての層で，同じパラメータセット U, b を用いる手法である．これによって，パラメータが共有され，畳み込み層を数に制限なく用いることが可能になり（全ての畳み込み層が同じパラメータを共有するので，畳み込み層の数は前もって定める必要はない），ベクトルのより短い系列を作り出していく一連の狭い畳み込みによって，任意の長さの系列を順々に単一のベクトルにすることができる．

深いアーキテクチャを用いる際，ときにはスキップ接続 (skip-connections) が有用である．これは，i 番目の層の入力に，$i-1$ 番目の層で得られたベクトルだけを用いるのではなく，より前の層で得られたベクトルを連結や平均，加算によって $i-1$ 番目の層のベクトルと組み合わせ，それを i 番目の層に入力する手法である．

補足的文献 階層的膨張畳み込みとプーリングアーキテクチャは，画像処理分野で広く用いられてきた．そこでは，異なるストライドを持つ多くの畳み込み・プーリング層の配列によって構成された，様々な深いアーキテクチャが提案されていて，画像分類と物体認識について非常に良い結果が得られている [He et al., 2016; Krizhevsky et al., 2012; Simonyan and Zisserman, 2015]．それと比べると，そのような深いアーキテクチャを NLP で使用するのは，まだ予備的段階にある．Zhang et al. [2015] は文字についての階層的畳み込みを用いた文書分類の最初の実験を行い，Conneau et al. [2016] はそれをより発展させた結果を出した．このときはとても深い畳み込みネットワークが用いられている．Strubell et al. [2017] の研究を見ると，系列ラベリングタスクにおける階層的膨張畳み込みについてうまく要点がつかめる．Kalchbrenner et al. [2016] は，膨張畳み込みを，機械翻訳のための符号化器復号化器アーキテクチャ（17.2 節）における符号化器として用いた．局所プーリングを用いた階層的畳み込みは，Xiao and Cho [2016] で用いられ，彼らはそれを文書分類タスクにおいて文字の系列に適用し，出力のベクトルを再帰的ニューラルネットワークの入力とした．この例については，再帰的ニ

ューラルネットワークについて議論したあと，16.2.2 節で再び触れる．

# 第14章

再帰的ニューラルネットワーク：系列とスタックのモデリング

　言語データを扱うとき，単語（文字の系列）や文（単語の系列），そして文書のような，系列を取り扱うのが一般的である．ベクトル連結やベクトル加算 (CBOW) を用いることで，フィードフォワードネットワークが系列に関する様々な素性関数を扱えるようになることを見てきた．特に，CBOW 表現は任意の長さの系列を，固定長のベクトルとして符号化することを可能にする．しかし，CBOW 表現は大きな制約を受けており，素性の順序は捨てざるをえないようになっている．畳み込みネットワークもまた，ある系列を固定長のベクトルに符号化することを可能にする．畳み込みネットワークによって得られる表現は，単語の順序に関する感度を持つため CBOW 表現よりも改良されているが，その順序への感度はたいてい局所的なパターンに制限されており，系列内で遠く離れているパターンの順序の情報は捨てられてしまう[1]．

　再帰的ニューラルネットワーク (RNN) [Elman, 1990] は，任意の長さの入力系列を入力の構造的特徴に着目しながら，固定長のベクトルとして表現することを可能にする．RNN，特に LSTM や GRU などのゲート付きアーキテクチャのものは，入力系列の統計的な規則性を捉えることに関して，とても強力である．それらは間違いなく，統計的な自然言語処理ツールに対して深層学習が行った最も大きな貢献である．

　本章では，RNN を，より大きなネットワークに接続できる，一連の入力を固定長のベクトルに変換するインターフェースとして，抽象化して記述する．RNN を構成要素として用いる様々なアーキテクチャが議論される．次の章では，抽象化されていた RNN の具体的な実態について取り扱う．**Elman RNN**（単純 **RNN** とも呼ばれる），長短期記憶ユニット (Long Short-term Memory: LSTM)，そしてゲート付き再帰ユニ

---

[1] ただし，13.3 節で議論したように，階層的膨張畳み込みアーキテクチャは，系列内の長距離依存性を捉える潜在的能力を持つ．

ット (Gated Recurrent Unit: GRU) について説明する．そして，第 16 章では，NLP の問題のモデリングに RNN を用いた例を見ていく．

第 9 章では，言語モデリングとマルコフ仮定について議論した．RNN によって，マルコフ仮定をおかず，文の履歴全体（先行する全ての単語）によって次の単語を条件付ける言語モデルが可能になる．この能力によって，生成器として用いられる言語モデルが異なる言語の文のような別種の情報によって条件付けられる条件付き生成モデル (conditioned generation models) への道が開ける．そのようなモデルは第 17 章でより詳細に説明する．

14.1 RNN 抽象化

ベクトルの系列 $x_i, \ldots, x_j$ を表すために，$x_{i:j}$ を用いる．抽象的な視点で見ると，RNN は d_{in} 次元のベクトルの任意の長さの系列 $x_{1:n} = x_1, x_2, \ldots, x_n, (x_i \in \mathbb{R}^{d_{in}})$ を入力としてとり，d_{out} 次元の単一のベクトル $y_n \in \mathbb{R}^{d_{out}}$ を返す関数である．

$$y_n = \text{RNN}(x_{1:n}) \tag{14.1}$$
$$x_i \in \mathbb{R}^{d_{in}} \quad y_n \in \mathbb{R}^{d_{out}}.$$

この式は，系列 $x_{1:n}$ の先頭部分 $x_{1:i}$ に対する出力ベクトル y_i も暗黙に定義している．それらの系列を返す関数を RNN* とする．

$$\begin{aligned} y_{1:n} &= \text{RNN}^\star(x_{1:n}) \\ y_i &= \text{RNN}(x_{1:i}) \\ x_i &\in \mathbb{R}^{d_{in}} \quad y_i \in \mathbb{R}^{d_{out}}. \end{aligned} \tag{14.2}$$

出力ベクトル y_n はその後の予測のために利用される．例えば，系列 $x_{1:n}$ が与えられたときにイベント e についての条件付き確率を予測するモデルは $p(e = j|x_{1:n}) = \text{softmax}(\text{RNN}(x_{1:n})W + b)_{[j]}$ として定義される．つまり，RNN による符号化 $y_n = \text{RNN}(x_{1:n})$ に対して，線形変換を行い，その後にソフトマックス演算を施して得られる出力ベクトルの j 番目の要素が $e = j$ の条件付き確率となる．RNN 関数は，第 9 章で説明したような系列モデリングに伝統的に用いられてきたマルコフ仮定に頼ることなく，履歴 $x_1, \ldots, x_i$ 全体について条件付けを行う枠組みを提供する．実際，RNN に基づく言語モデルでは，n-グラムに基づくモデルと比べて，とても良いパープレキシティが得られる．

より詳細に見ていくと，RNN は，状態ベクトル s_{i-1} と入力ベクトル x_i を入力としてとり，新しい状態ベクトル s_i を返す関数 R によって再帰的に定義される．状態ベ

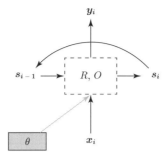

図 **14.1** RNN の図式的表現（再帰的なもの）．

クトル s_i は単純な決定論的関数 $O(\cdot)$ によって，出力ベクトル y_i へと写像される[2]．

再帰的な処理の始まりは，初期状態ベクトル s_0 であり，これも RNN への入力である．簡単のためにここでは，初期ベクトル s_0 をしばしば省略するか，ゼロベクトルとする．

RNN を構築するとき，フィードフォワードネットワークのときと同じように，入力 x_i の次元数と出力 y_i の次元数を決めなければならない．状態 s_i の次元数は，出力の次元数の関数である[3]．

$$\mathrm{RNN}^\star(\boldsymbol{x}_{1:n}; \boldsymbol{s}_0) = \boldsymbol{y}_{1:n}$$
$$\boldsymbol{y_i} = O(\boldsymbol{s_i}) \qquad (14.3)$$
$$\boldsymbol{s_i} = R(\boldsymbol{s_{i-1}}, \boldsymbol{x_i})$$
$$\boldsymbol{x_i} \in \mathbb{R}^{d_{in}}, \ \boldsymbol{y_i} \in \mathbb{R}^{d_{out}}, \ \boldsymbol{s_i} \in \mathbb{R}^{f(d_{out})}.$$

関数 R と O は系列の全ての位置を通して同じものである．しかし，RNN は，状態ベクトル s_i を保持し，R の呼び出し時にそれを渡すことを通じて，計算の状態を追跡している．

図を用いる場合，RNN は慣習的に図 **14.1** のように表現される．

この図の描写は再帰的定義に従っており，任意の長さの系列に関しても適切である．しかし，有限長の入力系列に関しては（我々が扱う全ての入力は有限である），再帰を展開 (enroll) することができる．それにより図 **14.2** のような構造を得る．

図式的表現では通常，現れてこないが，ここでは，全ての時点を通して同じパラメータが共有されていることを強調するために，パラメータ θ を図に含めている．R と O

[2) 関数 O を用いるのは少々標準的ではないが，これは次章で説明される様々な RNN モデルを統一的に扱うために導入される．単純 RNN（Elman RNN）と GRU アーキテクチャでは，O は恒等写像であり，LSTM アーキテクチャでは O は状態から固定された部分集合を選択する．

[3) 状態の次元数が出力の次元数と独立の RNN アーキテクチャもありうるが，単純 RNN，LSTM，GRU など，現在よく用いられているアーキテクチャはそのような柔軟性は有していない．

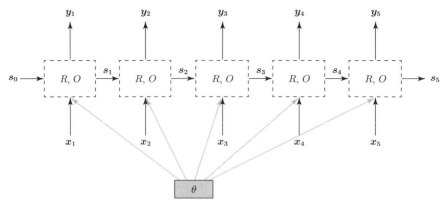

図 14.2 （展開された）RNN の図式的表現.

の内容が異なると，異なるネットワーク構造となり，実行時間に関する性質も，勾配に基づく方法を用いてどれだけ効率的に訓練されるかも異なってくる．しかし，それらは全て同じ抽象的なインターフェースを保持している．R と O の具体的な実装である単純 RNN，LSTM，GRU については，第 15 章で掘り下げる．その前に，抽象化された RNN について，その扱いを検討しよう．

まず，s_i は（したがって y_i も）入力 $x_1, \ldots, x_i$ の全体に基づくことに注意する．例えば，$i = 4$ のときに関して，再帰的処理を展開すると，次のようになる．

$$
\begin{aligned}
s_4 &= R(s_3, x_4) \\
&= R(\overbrace{R(s_2, x_3)}^{s_3}, x_4) \\
&= R(R(\overbrace{R(s_1, x_2)}^{s_2}, x_3), x_4) \\
&= R(R(R(\overbrace{R(s_0, x_1)}^{s_1}, x_2), x_3), x_4).
\end{aligned}
\tag{14.4}
$$

したがって，s_n と y_n は入力系列全体の符号化 (encoding) とみなすことができる[4]．この符号化は有用だろうか．それは有用性の定義による．ネットワークの訓練の役割は，その状態がいま解きたいタスクについて有用な情報を伝えるように R と O のパラメータを定めることである．

---

[4] R を特別にそうならないように設計しない限り，s_n に対して，入力系列の後ろの方の要素が前の方の要素よりも強く影響するであろうことに注意してほしい．

14.2 RNN の訓練

図 14.2 に見られるように,展開された RNN は,非常に深いニューラルネットワーク(あるいはむしろ,いくらか複雑なノードを持った非常に大きな計算グラフ)であり,計算の多くの部分でパラメータが共有されており,各層においてさらなる入力が追加されていると見るとわかりやすい.したがって,RNN を訓練するためには,ある入力系列に対して,展開された計算グラフを構築し,その計算グラフに損失ノードを追加した後,損失に関する勾配を計算する後向き(逆伝播)アルゴリズムを用いるという手順をとればよい.この処理は,RNN に関する文献では**時系列逆伝播** (Back-Propagation through Time: BPTT) と呼ばれている [Werbos, 1990][5].

訓練の目的関数は何だろうか.理解しておくべきは,RNN 自身はそれを持っておらず,より大きなネットワークにおける訓練可能な部位として機能しているということである.最終的な予測と損失の計算は,より大きなネットワークにおいて行われ,損失が RNN を通じて逆伝播されていく.このようにして,RNN は,その後に続く予測に有用な入力系列の性質を符号化するように学習するのである.つまり,教師あり学習の情報は RNN に直接与えられるのではなく,より大きなネットワークを通して伝えられる.

以下は,RNN をより大きなネットワークに統合するいくつかの一般的なアーキテクチャである.

14.3 一般的な RNN の利用方法

14.3.1 受理器(アクセプタ)

一つの選択肢は,教師信号を最終的な出力ベクトル y_n のみに与えるものである.このように見たとき,RNN は**受理器**(アクセプタ,acceptor)として訓練されている.

---

[5] BPTT アルゴリズムの変種として,各回の計算で,固定した長さの入力記号に関してだけ,RNN を展開していき,これを繰り返すというものがある.すなわち,最初に入力 $x_{1:k}$ に関して RNN を展開し,$s_{1:k}$ が得られる.そして,損失を計算し,誤差をネットワークに伝播させていく(k ステップ分逆伝播させる).その後,s_k を初期状態として,入力 $x_{k+1:2k}$ に関して展開し,再び k ステップに関して損失を逆伝播させていく.この方策は,単純 RNN では k ステップ以降の勾配が(十分大きな k については)消失する傾向があり,ゆえに,それらを無視しても差し支えないという観察に基づいている.この処理によって,任意の長さの系列について訓練が可能になる.LSTM や GRU などの RNN の派生形については,勾配消失問題が緩和されるように設計されており,固定長の展開を行う動機は弱いが,それでもまだ,例えば本全体に関する言語モデルを文に分解することなく訓練する際などに用いられている.似たような BPTT の変種に,前向きの処理においては系列全体に関してネットワークを展開するが,勾配の逆伝播は各位置からの k ステップ分のみ行うというものがある.

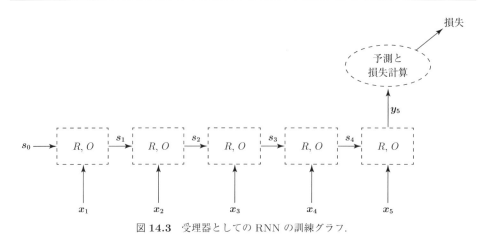

図 14.3 受理器としての RNN の訓練グラフ.

最終的な状態が観測され，それに基づいて出力についての決定がなされる[6]．例としては，ある単語を構成する文字列を順に読み込んだ最終状態を用いてその語の品詞を予測するような RNN（これは Ling et al. [2015b] から発想を得ている），文を読み込んだ最終状態に基づいて，それが肯定的か否定的か，どちらの感情極性を伝えているかどうかを決定するような RNN（これは Wang et al. [2015b] から発想を得ている），あるいは単語の系列を読み込んで妥当な名詞句かどうかを決定するような RNN を訓練することを考えよう．そのような場合の損失は，$y_n = O(s_n)$ についての関数として定義される．典型的には，RNN の出力ベクトル y_n は予測を生み出す全結合層か MLP に入力される．損失の勾配は系列を通して逆伝播される（図 14.3）[7]．損失はどんな一般的なものも用いることができる．例えば，交差エントロピー損失，ヒンジ損失，マージン損失などである．

14.3.2 符号化器（エンコーダ）

受理器の場合と同様に，符号化器（エンコーダ，encoder）の教師あり学習では最終的な出力ベクトル y_n のみを用いる．しかし，予測が最終的なベクトルのみに基づいて行われる受理器と異なり，符号化器では最終ベクトルは系列の情報を符号化したものとして扱われ，他の情報と合わせて予測に用いられる．例えば，抽出型文書要約システムでは，まず RNN を文書について走らせ，文書全体の要約となるベクトル y_n を得て，

---

[6] これらの用語は有限状態受理器から借りている．しかし，RNN は潜在的に無限の数の状態を持つので，状態から決定への写像に関しては，表の参照ではなく関数で行うようにする必要がある．

[7] この種の教師信号で長い系列を訓練することは難しい．勾配消失問題のために，単純 RNN に関しては特にそうである．また，入力のどの部分に注目したらよいかについての情報を学習処理に直接与えることができないため，困難な学習タスクである．しかし，多くの場合で，とてもうまく機能する．

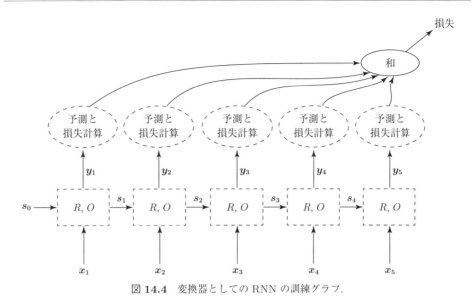

図 14.4 変換器としての RNN の訓練グラフ.

その後,要約に含めるべき文を選ぶために,他の素性と合わせて,y_n を用いることができるだろう.

14.3.3 変換器(トランスデューサ)

別の選択肢は,RNN を,読み込んでいく各入力に対して出力 $\hat{t}_i$ を生み出していく **変換器**(トランスデューサ,transducer)として扱うものである.このようにモデリングすることで,各出力 $\hat{t}_i$ について,真のラベル t_i に基づき,局所的な損失 $L_{\text{local}}(\hat{t}_i, t_i)$ を計算できる.展開された系列全体についての損失は,$L(\hat{t}_{1:n}, t_{1:n}) = \sum_{i=1}^n L_{\text{local}}(\hat{t}_i, t_i)$ となるか,単純に足し合わせるのではなく平均や重み付き平均をとるような別の組み合わせ方を用いることになるだろう(図 **14.4**).このような変換器の一例は,系列タグ付け器である.そこでは,$x_{i:n}$ を n 語からなる文の素性表現として受け取り,t_i を,単語の系列 $1:i$ に基づく単語 i のタグ割り当ての予測を行うための入力とする.そのようなアーキテクチャに基づく CCG スーパータグ付け器は,とても良い結果を出している [Xu et al., 2015].ただし,多くの場合において,双方向 RNN(biRNN,14.4 節)に基づく変換器がそのようなタグ付け問題について,よりうまく機能する.

変換器としての自然な使用法は,言語モデリングに関するものである.そこでは,単語の系列 $x_{1:i}$ が,次の $(i+1)$ 番目の単語についての分布を予測するために用いられる.RNN に基づく言語モデルは,伝統的な言語モデルと比べて,パープレキシティを大幅に向上させた [Jozefowicz et al., 2016; Mikolov, 2012; Mikolov et al., 2010;

Sundermeyer et al., 2012].

　RNN を変換器として用いることで，言語モデルや HMM タグ付け器で伝統的に採用されていたマルコフ仮定を緩めることができ，予測の履歴全体について条件付けを行うことが可能になる．

　RNN 変換器の特殊な場合が **RNN 生成器** (RNN generator) であり，それと関連する**条件付き生成** (conditioned-generation)（**符号化器復号化器** (encoder-decoder) モデルとも呼ばれる），アテンションあり条件付き生成 (conditioned-generation with attention) のアーキテクチャである．これらは第 17 章で議論される．

14.4 双方向 RNN (biRNN)

　RNN に関する有用な発展型に，双方向 **RNN** (bidirectional-RNN)（一般的に biRNN とも呼ばれる）がある [Graves, 2008; Schuster and Paliwal, 1997][8]．文 $x_1, \ldots, x_n$ についての系列タグ付けタスクを考えよう．RNN によって，過去，つまり自身を含むそれまでの単語の系列 $x_{1:i}$ に基づいて，i 番目の単語 x_i の役割を計算できるようになった．しかし，その後の単語の系列 $x_{i+1:n}$ も予測に有用かもしれない．そのことは，対象となる単語をその前後の k 語に基づいて分類するような，よく用いられるスライドする窓の手法によって裏付けられている．RNN がマルコフ仮定を緩め，任意の過去まで見ることができるようになったように，biRNN は固定長の窓という前提を緩め，系列内の任意の過去と未来を見ることを可能にする．

　入力系列 $x_{1:n}$ を考えよう．biRNN は各位置 i について s_i^f と s_i^b の二つの異なる状態を保持することで機能する．**前向き状態** (forward state) s_i^f は $x_1, x_2, \ldots, x_i$ に基づき，一方で，**後向き状態** (backward state) s_i^b は $x_n, x_{n-1}, \ldots, x_i$ に基づく．前向き状態と後向き状態は異なる二つの RNN によって生成される．最初の RNN(R^f, O^f) には入力系列 $x_{1:n}$ がそのままの順序で入力され，二番目の RNN(R^b, O^b) では入力系列が逆順に入力される．そして，状態の表現 s_i は前向き状態と後向き状態の組み合わせである．位置 i についての出力は二つの出力ベクトルの連結 $y_i = [y_i^f; y_i^b] = [O^f(s_i^f); O^b(s_i^b)]$ に基づき，過去と未来の両方を考慮して計算される．言い換えると，biRNN による系列内の i 番目の単語の符号化 y_i は，二つの RNN による符号化の連結である．一方の RNN は系列を先頭から読み込み，もう一方は系列を末尾から読み込む．

---

8) LSTM のような特定の RNN アーキテクチャが用いられたとき，このモデルは biLSTM と呼ばれる．

14.4 双方向 RNN (biRNN)

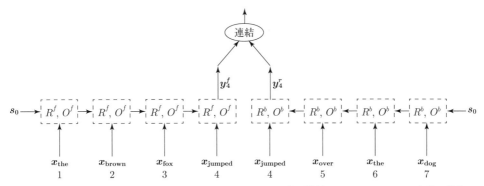

図 **14.5** 文 "the brown fox jumped over the dog" における単語 *jumped* の biRNN 表現の計算.

biRNN($\boldsymbol{x}_{1:n}, i$) を系列内の i 番目の位置に対応する出力ベクトルと定義する[9]．

$$\mathrm{biRNN}(\boldsymbol{x}_{1:n}, i) = \boldsymbol{y}_i = [\mathrm{RNN}^f(\boldsymbol{x}_{1:i}); \mathrm{RNN}^b(\boldsymbol{x}_{n:i})]. \tag{14.6}$$

ベクトル $\boldsymbol{y}_i$ は，直接予測に用いることもできるし，より複雑なネットワークへの入力の一要素とすることもできる．二つの RNN はお互いに独立に計算を行うが，位置 i の誤差の勾配は二つの RNN を介して前向きと後向きの双方向に流れる．ベクトル $\boldsymbol{y}_i$ を予測のために MLP に入力することによって，前向きの情報と後向きの情報がさらに混ぜ合わせられる．biRNN アーキテクチャの視覚的表現を図 **14.5** に示す．

単語 *jumped* に対応するベクトル $\boldsymbol{y}_4$ がどのように対象となっているベクトル $\boldsymbol{x}_{\mathrm{jumped}}$ の（自身を含む）周りの無限の窓を符号化しているかに注目してほしい．

RNN の場合と同様に，ベクトルの系列 $\boldsymbol{y}_{1:n}$ として，biRNN*($\boldsymbol{x}_{1:n}$) を定義することもできる．

$$\mathrm{biRNN}^\star(\boldsymbol{x}_{1:n}) = \boldsymbol{y}_{i:n} = \mathrm{biRNN}(\boldsymbol{x}_{1:n}, 1), \ldots, \mathrm{biRNN}(\boldsymbol{x}_{1:n}, n). \tag{14.7}$$

n 個の出力ベクトル $\boldsymbol{y}_{i:n}$ は前向き RNN と後向き RNN を最初に計算し，対応する出力を連結することで，線形時間で効率的に計算することができる．このアーキテクチャは図 **14.6** に示されている．

biRNN は，入力ベクトルそれぞれに対応する出力ベクトルが存在するタグ付けタス

---

[9] biRNN のベクトルは，式 (14.6) のような二つの RNN のベクトルの単純な連結か，あるいは，それに続く線形変換によって，その次元を削減したものである．単一の RNN の入力次元数にまで削減されることが多い．

$$\mathrm{biRNN}(\boldsymbol{x}_{1:n}, i) = \boldsymbol{y}_i = [\mathrm{RNN}^f(\boldsymbol{x}_{1:i}); \mathrm{RNN}^b(\boldsymbol{x}_{n:i})]\boldsymbol{W}. \tag{14.5}$$

この変種は，14.5 節で議論するように，いくつかの biRNN をお互いに組み合わせて積み重ねるときにしばしば用いられる．

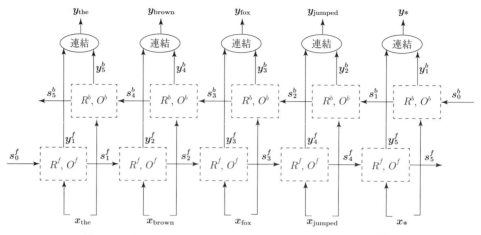

図 14.6 文 "the brown fox jumped" についての biRNN* の計算.

クに対してとても効果的である．また，biRNN は汎用的で訓練可能な素性抽出器として有用であり，ある単語の周囲の窓が必要な状況においていつでも用いることができる．具体的な使用例は第 16 章で紹介する．

系列タグ付けへの biRNN の適用は，Irsoy and Cardie [2014] によって NLP コミュニティに導入された．

14.5　多層 RNN（積み上げ RNN）

RNN は層状に積み上げて，格子を形成することができる [Hihi and Bengio, 1996]．k 個の RNN，$RNN_1, \ldots, RNN_k$ を考える．j 番目の RNN は状態 $s^j_{1:n}$，出力 $y^j_{1:n}$ を有している．最初の RNN への入力は $x_{1:n}$ であり，j 番目の RNN（$j \geq 2$）への入力は，その下の RNN の出力 $y^{j-1}_{1:n}$ である．構造全体の出力は，最後の RNN の出力 $y^k_{1:n}$ である．そのような層状のアーキテクチャはしばしば，**深い RNN** (deep RNNs) と呼ばれる．3 層 RNN の視覚的表現を，図 14.7 に示している．biRNN も同様に積み上げることができる[10]．

深いアーキテクチャによって，獲得されるさらなる能力がどのようなものかは理論的には明らかになっていないが，経験的には，いくつかのタスクにおいて浅いものよりも深い RNN の方がうまく機能することがわかっている．特に，Sutskever et al. [2014]

---

[10] 深い biRNN (deep-biRNN) という用語は論文において，二つの異なるアーキテクチャを示すのに用いられている．第一のものは，biRNN の状態が二つの深い RNN の連結となっているものであり，第二のものは，biRNN の出力の系列が次の層への入力となるものである．筆者の研究グループでは，第二の派生形がしばしば良く機能することを観察している．

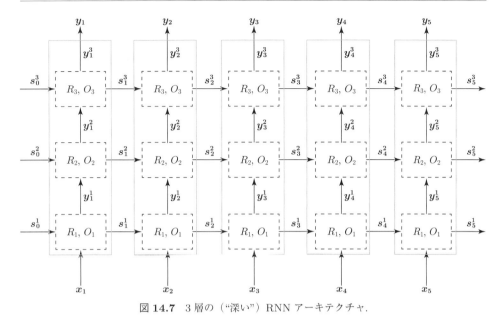

図 14.7 3層の("深い")RNN アーキテクチャ.

は,4層の深いアーキテクチャが,符号化器復号化器の枠組みにおいて,機械翻訳の性能を大きく向上させるために必要であったことを報告している.Irsoy and Cardie [2014] も,1層の biRNN から層を増やしていくとより良い結果が得られることを報告している.その他の多くの研究は,層状の RNN アーキテクチャを用いた結果を報告しているが,1層の RNN の場合と明示的に比較しているわけではない.筆者の研究グループの実験では,二つかそれ以上の層を用いることで,実際に1層のものよりも良い結果が得られている場合が多い.

14.6 RNN によるスタックの表現

　状態遷移に基づくパージング (transition-based parsing) [Nivre, 2008] に関するものなどを含めて,言語処理におけるいくつかのアルゴリズムは,スタックに関して素性抽出を行わなければならない.RNN の枠組みは,スタックの一番上にある k 個の要素だけを見るように制約されず,スタック全体について,それを固定長ベクトルへと符号化するのに用いることができる.

　主な直観は,スタックはほぼ系列とみなすことができるというもので,それゆえにスタックの状態は,スタックの要素を取ってそれらを順々に RNN の入力としていき,スタック全体の最終的な符号化を得ることで表現できる.この計算を効率的に(スタックが変化するたびに $O(n)$ のスタック符号化処理を行うことなしに)行うために,RNN

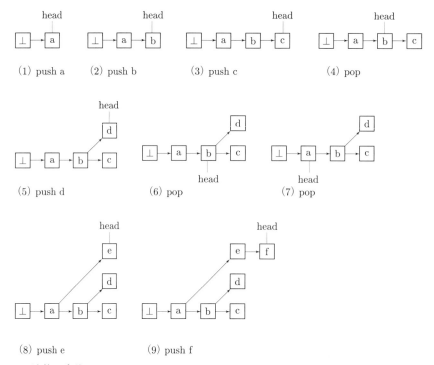

図 **14.8** 演算の系列 push a; push b; push c; pop; push d; pop; pop; push e; push f についての不変スタック構造.

の状態をスタックの状態と一緒に保持しておく．もしスタックへの演算がプッシュ (push) のみならば，単純で，新しい要素 x がスタックにプッシュされたときに，入力に対応するベクトル $\boldsymbol{x}$ を RNN の状態 $\boldsymbol{s}_i$ とともに用いて，新しい状態 $\boldsymbol{s}_{i+1}$ を得ればよい．ポップ (pop) の演算を扱うのはより複雑だが，**永続スタックデータ構造** (presistent-stack data-structure) [Goldberg et al., 2013; Okasaki, 1999] を用いることで解決できる．永続的な，あるいは不変のデータ構造とは，変更があるときに，それらの古いバージョンを手つかずのまま保持するものである．永続スタック構造はスタックを，連結リストの先頭へのポインタとして表現する．空のスタックは空のリストである．プッシュ演算は要素をリストに追加し，新しい先頭を返す．ポップ演算は先頭の親（連結元）を返すが，連結リストそのものは手つかずのまま保持しておく．以前の先頭へのポインタを保持しているものから見ると，スタックには変更がない．その後のプッシュ演算では，新しい子がポインタが現在指しているノードに連結されていく．この手続きをスタックに適用し続けると結果は木となり，その根は空のスタックであり，あるノードから根への経路が，中間的なスタックの状態を表している．図 **14.8** はそのような木の例である．同様の処理は，計算グラフの構築にも適用でき，それによって，鎖構造ではなく木構造を持つような RNN を作ることができる．あるノードからの誤差の

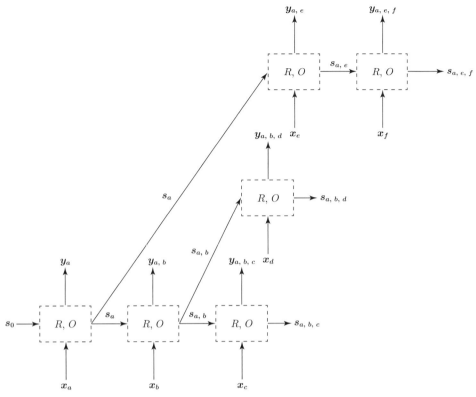

図 14.9　図 14.8 における最終状態に対応するスタック RNN.

逆伝播は，そのノードが作られたときに関わった全ての要素に順番に影響していく．図 14.9 は，図 14.8 の最終状態に対応するスタック RNN についての計算グラフを示している．このモデリング手法は，状態遷移に基づく依存構造パージングについての Dyer et al. [2015] と Watanabe and Sumita [2015] の研究によって，独立に提案された．

14.7　文献を読む際の注意

　不幸なことに，研究論文の記述からモデルの正確な形を読み取って推測するのが困難であることがしばしばである．モデルの多くの側面は，未だ標準化されておらず，それぞれの研究者は同じ用語を微妙に異なったものを指すのに用いている．少しだけ例を挙げる．例えば，RNN への入力が，ワンホットベクトル（この場合，埋め込み行列は RNN の内部にある）なのか，埋め込み表現なのか．入力系列の先頭と末尾の両方，あるいはそのどちらかがパディングされているのか，いないのか．普通，RNN の出力は，予測のためのソフトマックス関数へと続く次の層への入力となりうるようなベクト

ルであると仮定されている（本書での記述はそうなっている）が，ソフトマックス関数をRNNの一部に含めてしまっている論文もある．多層RNNにおいては，その"状態ベクトル"を，一番上位の層の出力とみなすこともあれば，全ての層の出力の連結とみなすこともある．符号化器復号化器の枠組みを用いる際，符号化器の出力による条件付けは，様々に解釈することができる，などである．

それに加えて，LSTMアーキテクチャには，次章で説明されるように，多くの細かい変種が存在するが，それらが共通のLSTMという名前で呼ばれている．これらの違いは，論文内で明示的に書かれていることもあるが，注意深く読む必要があるものや，言及されていなかったり曖昧な図や表現によって隠れてしまっているものもある．

読み手としては，モデルの記述を読んで解釈するときに，これらの問題に気をつけなければならない．書き手としては，同じくこれらの問題に注意して，数学的記法において自分のモデルを十分に規定するか，モデルが十分に記述されている資料があるならば，それを参照するようにするべきである．もし，あるソフトウェアパッケージのデフォルトの実装を，詳細を知ることなく用いたならば，そのことと用いたソフトウェアパッケージを明示するべきである．図や自然言語のテキストはしばしば曖昧なので，どのような場合でもモデルを記述する際は，それらのみを頼りにするべきではない．

第15章

RNNの具体的な構成

RNN抽象化について述べたので，今からその様々な具体化について議論していく．興味があるのは，s_i が系列 $x_{1:i}$ の符号化となっているような，再帰的な関数 $s_i = R(x_i, s_{i-1})$ である．抽象的な RNN アーキテクチャのいくつかの具体的な実装について述べていき，関数 R と O の具体的な定義を与える．これらの中には，**単純RNN** (Simple RNN: S-RNN)，**長短期記憶ユニット** (Long Short-Term Memory: LSTM) や，**ゲート付き再帰ユニット** (Gated Recurrent Unit: GRU) などがある．

15.1 RNNとしてのCBOW

R のとりわけ簡単な選択肢は，加算関数である．

$$s_i = R_{\text{CBOW}}(x_i, s_{i-1}) = s_{i-1} + x_i$$
$$y_i = O_{\text{CBOW}}(s_i) = s_i \tag{15.1}$$
$$s_i, y_i \in \mathbb{R}^{d_s}, \; x_i \in \mathbb{R}^{d_s}.$$

式 (15.1) の定義に従うと，連続的単語バッグ (CBOW) モデルが得られる．すなわち，入力 $x_{1:n}$ から得られる状態ベクトルは，これらの入力の和である．この RNN の実装は単純だが，データの系列的な性質を無視してしまっている．次に説明する Elman RNN は，これに要素の系列順序への依存性を加えたものである[1]．

---

[1] CBOW 表現を RNN として見るのは，文献においてはあまり標準的ではない．しかし，これは単純 RNN の定義への良い足がかりであると思われる．また，単純な CBOW 符号化器は第 17 章で説明される条件付き生成ネットワークにおいても符号化器の役割を果たすため，これを RNN と同じ枠組みの中で捉えるのはやはり有用である．

15.2 単純RNN

系列内の要素の順序に感度も持ちつつ最も単純なRNNの形式化は，**Elman RNN**，あるいは単純**RNN**(Simple-RNN: S-RNN) として知られている．S-RNNはElman [1990] によって提案され，Mikolov [2012] によって，言語モデルへの適用が模索された．S-RNNは次のような式で表現される．

$$s_i = R_{\text{SRNN}}(x_i, s_{i-1}) = g(s_{i-1}W^s + x_i W^x + b)$$
$$y_i = O_{\text{SRNN}}(s_i) = s_i$$
(15.2)

$$s_i, y_i \in \mathbb{R}^{d_s},\ x_i \in \mathbb{R}^{d_x},\ W^x \in \mathbb{R}^{d_x \times d_s},\ W^s \in \mathbb{R}^{d_s \times d_s},\ b \in \mathbb{R}^{d_s}.$$

つまり，状態 s_{i-1} と入力 x_i がそれぞれ線形変換され，それらの結果が（バイアス項と共に）加算されて，非線形活性化関数 g（一般的には tanh か ReLU）への入力となる．位置 i における出力は，その位置の隠れ状態と同じである[2]．式(15.2) と等価な記法として，式(15.3)があり，これら両方が文献で用いられている．

$$s_i = R_{\text{SRNN}}(x_i, s_{i-1}) = g([s_{i-1}; x_i]W + b)$$
$$y_i = O_{\text{SRNN}}(s_i) = s_i$$
(15.3)

$$s_i, y_i \in \mathbb{R}^{d_s},\ x_i \in \mathbb{R}^{d_x},\ W \in \mathbb{R}^{(d_x + d_s) \times d_s},\ b \in \mathbb{R}^{d_s}.$$

単純RNNは少しだけCBOWより複雑であり，主な違いは非線形活性化関数 g だけである．しかし，この違いはとても重要である．なぜならば，線形変換の後に非線形変換を適用することで，ネットワークが入力の順序を認識できるようになるからである．実際，単純RNNによって，言語モデリングだけでなく，系列タグ付け [Xu et al., 2015] に関しても強力な結果を得られている．言語モデリングに関する単純RNNの適用の包括的な議論に関しては，Mikolov [2012] の博士論文を見るとよい．

15.3 ゲート付きアーキテクチャ

単純RNNは勾配消失問題のために，効果的に訓練を行うのは難しい [Pascanu et al., 2012]．系列の後ろの方の処理における誤差情報（勾配）は誤差逆伝播法において急速に減少し，初めの方の入力情報にまで届かない．このため，単純RNNで長距離の依存性を捉えるのは困難である．LSTM [Hochreiter and Schmidhuber, 1997] や GRU [Cho et al., 2014b] のようなゲートを用いたアーキテクチャは，この欠陥を解決するよ

---

[2] 位置 i における出力を，状態に複雑な関数，例えば線形変換やMLPを適用したものとする著者もいる．本書においては，出力に関するそのような追加の変換をRNNの一部ではなく，RNNの出力に適用される別の計算とみなす．

15.3 ゲート付きアーキテクチャ

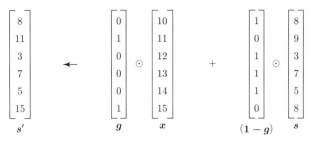

図 15.1 二値ゲートベクトル g によるメモリ s' に対するアクセスの制御.

うに設計されている.

RNN を汎用的な計算機構と考えよう. 状態 s_i は有限のメモリを表現する. 関数 R の各適用においては, 入力 x_{i+1} を読み込み, 現在のメモリ s_i を読み込み, それらに何らかの演算を施し, 結果をメモリに書き込んで, メモリの新しい状態 s_{i+1} を得る. このように見ると, 単純 RNN の明らかな問題は, メモリへのアクセスが制御されていないことである. 計算の各ステップにおいて, メモリの状態全体が読まれ, メモリの状態全体が書き込まれている.

どうすればより良く制御されたメモリアクセスが得られるだろうか. 二値ベクトル $g \in \{0,1\}^n$ を考えよう. そのようなベクトルは, アダマール積演算 $x \odot g$ によって, n 次元ベクトルへのアクセスを制御するゲート (gate) として機能する[3]. メモリ $s \in \mathbb{R}^d$, 入力 $x \in \mathbb{R}^d$, ゲート $g \in \{0,1\}^d$ を考えよう. 計算 $s' \leftarrow g \odot x + (1-g) \odot s$ は, g の値が 1 である位置に対応する x の要素を "読み込み", それらを新しいメモリ s' に書き込む. そして, 読み込まれない位置についてはゲート $(1-g)$ を通して, メモリ s から新しいメモリ s' へとコピーがなされる. 図 15.1 は, 入力の 2 番目と 6 番目の位置について, メモリを更新する処理を示している.

上記のゲート機構を RNN の部品として扱うことができる. つまり, ゲートベクトルはメモリ状態 s_i へのアクセスを制御するために用いることができる. しかし, 二つの重要な (そして相互に関連する) 問題がまだ見落とされている. すなわち, ゲートが静的であるべきではなく, 現在のメモリ状態と入力によって制御されるべきであることと, それらの振る舞いが学習されるべきであることである. これは障害となる. なぜならば, いまの枠組みにおいて学習を行うためには, 微分可能である必要があり (誤差逆伝播法のため), 現状のゲートで用いられている 0 と 1 の二値は微分可能ではないから

---

[3] アダマール積は二つのベクトルの要素積の装飾的な名前である. アダマール積 $x = u \odot v$ の結果は, $x_{[i]} = u_{[i]} \cdot v_{[i]}$ となる.

である[4]．

上記の問題の一つの解決法は，ハードなゲート機構をソフトな，そして微分可能なゲート機構で近似することである．これらの**微分可能ゲート** (differentiable gates) を得るために，$g \in \{0,1\}^n$ という条件を変更し，$g' \in \mathbb{R}^n$ と任意の実数値をとれるようにし，それをシグモイド関数の入力として，$\sigma(g')$ を用いればよい．これは値を $(0,1)$ の範囲内にとどめ，ほとんどの値を境界の近くに位置付ける．ゲート $\sigma(g') \odot x$ を用いる際，$\sigma(g')$ において 1 に近い値を持つ位置に対応する x の要素は通過が許され，0 に近い値を持つ位置に対応するものは阻まれる．ゲートの値は，入力と現在のメモリによって条件付けられ，望ましい振る舞いをするように，勾配に基づく手法によって訓練できる．

制御可能なゲート機構は，LSTM と GRU のようなアーキテクチャの基礎であり，それは次のように定義できる．微分可能なゲート機構は，各時点において，入力のどの部分がメモリに書き込まれるか，メモリのどの部分が上書きされるか（忘れられるか）を決定する．次節では，この抽象的な記述を具体化していく．

15.3.1 LSTM

長短期記憶ユニット (Long Short-Term Memory: LSTM) アーキテクチャ [Hochreiter and Schmidhuber, 1997] は，勾配消失問題を解決するために設計されたアーキテクチャであり，ここにゲート機構が最初に導入された．LSTM アーキテクチャでは，状態ベクトル s_i を明示的に半分に分けている．一方は "メモリセル" として扱われ，他方はワーキングメモリとされる．メモリセルはメモリと誤差勾配を時間的に維持するためのものであり，**微分可能ゲート部位** (differentiable gating components)，つまり論理ゲートを模した滑らかな数学的関数，によって制御される．各入力時点において，ゲートは新しい入力がどれほどメモリセルに書き込まれるべきか，現在のメモリの内容がどれほど忘れられるべきかを決めるために用いられる．数学的には，LSTM アーキテクチャは次のように定義される[5]．

---

[4] 原理的には，二値ゲートのような微分不可能な要素を持つモデルは強化学習という手法を用いて学習することができる．しかし，本書の執筆時点では，そのような手法における訓練は不安定である．強化学習は本書の範囲を超える．

[5] ここで示されている LSTM アーキテクチャには多くの変種が存在する．例えば，忘却ゲートは Hochreiter and Schmidhuber [1997] で最初に提案された際には含まれていなかったが，現在ではアーキテクチャの重要な部分であることが示されている．他の派生形としては，ピープホールコネクションとゲート拘束を含むものがある．様々な LSTM アーキテクチャの概観と包括的な比較に関しては，Greff et al. [2015] を参照のこと．

15.3 ゲート付きアーキテクチャ

$$s_j = R_{\text{LSTM}}(s_{j-1}, x_j) = [c_j; h_j]$$
$$c_j = f \odot c_{j-1} + i \odot z$$
$$h_j = o \odot \tanh(c_j)$$
$$i = \sigma(x_j W^{xi} + h_{j-1} W^{hi})$$
$$f = \sigma(x_j W^{xf} + h_{j-1} W^{hf}) \quad (15.4)$$
$$o = \sigma(x_j W^{xo} + h_{j-1} W^{ho})$$
$$z = \tanh(x_j W^{xz} + h_{j-1} W^{hz})$$

$$y_j = O_{\text{LSTM}}(s_j) = h_j$$

$s_j \in \mathbb{R}^{2 \cdot d_h}$, $x_i \in \mathbb{R}^{d_x}$, $c_j, h_j, i, f, o, z \in \mathbb{R}^{d_h}$, $W^{xo} \in \mathbb{R}^{d_x \times d_h}$, $W^{ho} \in \mathbb{R}^{d_h \times d_h}$.

時点 j における状態は，二つのベクトル c_j と h_j によって構成される．ここで，c_j はメモリ（メモリセル）であり，h_j は隠れ状態要素（ワーキングメモリ）である．入力 (input)，忘却 (forget)，出力 (output) に関して制御を行う三つのゲート，入力ゲート i，忘却ゲート f，出力ゲート o がある．ゲートの値は現在の入力 x_j と直前の状態 h_{j-1} の線形結合に基づいて計算され，シグモイド活性化関数を通される．更新候補 z は，x_j と h_{j-1} の線形結合として計算され，tanh 活性化関数を通される．その後，メモリ c_j が更新される．忘却ゲートが以前のメモリをどれほど維持するかを制御し（$f \odot c_{j-1}$），入力ゲートが計算され候補となった更新をどれほど採用するかを制御する（$i \odot z$）．最後に，h_j の値（これは出力 y_j でもある）が，メモリ c_j の内容に基づいて決められ，tanh 非線形関数を通り，出力ゲートによって制御される．ゲート機構によって，メモリ c_j に関する勾配を，長時間にわたって，大きく維持することが可能となる．

LSTM アーキテクチャについてのより詳細な議論は，Alex Graves [2008] の博士論文や Chris Olah の説明[6]を参照のこと．文字単位の言語モデルとして用いられたときの LSTM の振る舞いについての分析に関しては，Karpathy et al. [2015] を参照のこと．

RNN における勾配消失問題とその解決法 直観的に，再帰的ニューラルネットワークは，異なる層の間でパラメータを共有したとても深いフィードフォワード

---

[6] http://colah.github.io/posts/2015-08-Understanding-LSTMs/

ネットワークとみなすことができる．単純 RNN（式 (15.3)）に関しては，勾配には行列 $\boldsymbol{W}$ が繰り返し積算され，その値は，非常に消失・爆発しやすい．ゲート機構によって，一つの行列を繰り返し積算することをやめることができ，この問題が大幅に緩和される．

RNN における勾配消失・爆発問題のさらなる議論については，Bengio et al. [2016] の 10.7 節を参照のこと．LSTM（や GRU）のゲート機構の背景にある動機付けと RNN の勾配消失問題の解決との関係についてのさらなる説明は，Cho [2015] による詳細な授業ノートの 4.2 節と 4.3 節を参照のこと．

LSTM は現状において最も成功した RNN アーキテクチャであり，多くの系列モデリングの最先端の結果に貢献している．LSTM-RNN と主に競合するのは，次に議論する GRU である．

実用的な考慮 LSTM ネットワークを訓練する際に，常に忘却ゲートのバイアス項を 1 に近い値で初期化することが，Jozefowicz et al. [2015] によって強く推奨されている．

15.3.2　GRU

LSTM アーキテクチャは非常に効果的だが，とても複雑でもある．システムが複雑だと分析がしにくくなり，また，必要となる計算コストも大きい．ゲート付き再帰ユニット (GRU) は LSTM の代替形として，近年 Cho et al. [2014b] によって導入された．その後，Chung et al. [2014] によって，いくつかの（自然言語ではない）データセットについて，LSTM と同等の性能が得られることが示された．

GRU も LSTM のようにゲート機構に基づいているが，ゲートの数はかなり少なく，分割されたメモリ部分を持っているわけでもない．

$$\begin{aligned}
\boldsymbol{s}_j &= R_{\text{GRU}}(\boldsymbol{s}_{j-1}, \boldsymbol{x}_j) = (\boldsymbol{1} - \boldsymbol{z}) \odot \boldsymbol{s}_{j-1} + \boldsymbol{z} \odot \tilde{\boldsymbol{s}}_j \\
\boldsymbol{z} &= \sigma(\boldsymbol{x}_j \boldsymbol{W}^{xz} + \boldsymbol{s}_{j-1} \boldsymbol{W}^{sz}) \\
\boldsymbol{r} &= \sigma(\boldsymbol{x}_j \boldsymbol{W}^{xr} + \boldsymbol{s}_{j-1} \boldsymbol{W}^{sr}) \\
\tilde{\boldsymbol{s}}_j &= \tanh(\boldsymbol{x}_j \boldsymbol{W}^{xs} + (\boldsymbol{r} \odot \boldsymbol{s}_{j-1}) \boldsymbol{W}^{sg})
\end{aligned} \quad (15.5)$$

$$\boldsymbol{y}_j = O_{\text{GRU}}(\boldsymbol{s}_j) = \boldsymbol{s}_j$$

$\boldsymbol{s}_j, \tilde{\boldsymbol{s}}_j \in \mathbb{R}^{d_s}, \ \boldsymbol{x}_i \in \mathbb{R}^{d_x}, \ \boldsymbol{z}, \boldsymbol{r} \in \mathbb{R}^{d_s}, \ \boldsymbol{W}^{x \circ} \in \mathbb{R}^{d_x \times d_s}, \ \boldsymbol{W}^{s \circ} \in \mathbb{R}^{d_s \times d_s}$.

一つのゲート (r) は，前の状態 s_{j-1} へのアクセスを制御し，更新候補 $\tilde{s}_j$ を計算するのに用いられる．更新された状態 s_j（出力 y_j でもある）は，前の状態 s_{j-1} と更新候補 $\tilde{s}_j$ との線形補間に基づいて決定され，補間の割合はゲート z によって制御される[7]．

GRU は言語モデリングと機械翻訳において効果的であることが示されている．ただし，GRU，LSTM，そして RNN アーキテクチャの可能な代替形の中で，どれが良いのかはまだ結論が出ておらず，活発に研究されている．GRU と LSTM アーキテクチャの実証論的な分析検討については，Jozefowicz et al. [2015] を参照のこと．

15.4 その他の変種

ゲートを持たないアーキテクチャの改良 LSTM と GRU のようなゲート付きアーキテクチャは，単純 RNN の勾配消失問題を緩和することができ，これによって RNN が長時間に及ぶ依存性を捉えられるようになる．同様の利点を得るために，LSTM や GRU よりも単純なアーキテクチャを検討した研究者もいる．

Mikolov et al. [2014] は，単純 RNN の更新規則 R において，非線形性 g を伴う行列積 $s_{i-1}W^s$ が，状態 s_i を各時点で大きく変化させてしまっており，そのために長時間にわたっての情報の記憶ができないことを観察した．彼らは状態ベクトル s_i を，徐々に変化する部分 c_i（"文脈ユニット"）と，急速に変化する部分 h_i とに分ける手法を提案した[8]．穏やかに変化する部分である c_i は入力と以前の時点のこの部分との線形補間によって更新される．すなわち，$c_i = (1-\alpha)x_i W^{x1} + \alpha c_{i-1}$ であり，ここで $\alpha \in (0,1)$ である．この更新によって，c_i にそれまでの時点での入力の情報が蓄積されていく．急速に変化する部分 h_i は，単純 RNN の更新規則と同様の規則で更新されるが，c_i も考慮に入れるよう変更されている[9]．すなわち，$h_i = \sigma(x_i W^{x2} + h_{i-1}W^h + c_i W^c)$ である．最後に，出力 y_i は，穏やかに変化する部分と急速に変化する部分の状態の連結となる．すなわち，$y_i = [c_i; h_i]$ である．Mikolov らは，このアーキテクチャが言語モデリングタスクにおいて，より複雑な LSTM と拮抗するパープレキシティを達成できることを示した．

Mikolov らの手法は，単純 RNN の行列 W^s の c_i に対応する部分が単位行列の倍数

---

[7] GRU に関する論文では，状態 s はしばしば h と呼ばれる．
[8] ここでは，Mikolov et al. [2014] での記法ではなく，LSTM の記述の際に用いたものを再度利用する．
[9] この更新規則は，非線形性にシグモイド関数を用いている点とバイアス項を用いない点においても，S-RNN の更新規則と異なる．しかし，これらの変更が提案手法の重要な点であるとは議論されていない．

になるように制約をかけたものと解釈できる（詳細については Mikolov et al. [2014] を参照）．Le et al. [2015] はより単純な手法を提案している．これは，単純 RNN の活性化関数を ReLU にし，バイアス項 b をゼロベクトル，行列 W^s を単位行列として初期化するものである．これによって，訓練していない RNN は，直前の状態を現在の状態にコピーし，それに現在の入力の影響を加算し，負の値は 0 とするようになる．このようにして，状態をコピーするような傾向を最初に設定したあと，訓練時には，W^s が自由に変化するようにする．Le らはこの単純な修正によって，言語モデリングを含む複数のタスクにおいて，S-RNN が同数のパラメータを持つ LSTM と同等の性能を達成することを示した．

微分可能なゲートを超えて ゲート機構は，計算理論におけるいくつかの概念（メモリアクセス，論理ゲート）を，微分可能なシステムへと適合させて，それにより勾配を用いた訓練が行えるようにしたものである．他のさらなる計算機構を模倣し実装したニューラルネットワークアーキテクチャを構築し，より良い精緻な制御を可能にしようという研究関心は大きい．一例として，**微分可能スタック** (differentiable stack) [Grefenstette et al., 2015] がある．これは，プッシュ演算とポップ演算を持つスタック構造が，エンド・トゥ・エンドで微分可能なネットワークによって制御されるものである．また，ニューラルチューリングマシン (neural Turing machine) [Graves et al., 2014] では，連想メモリの読み込みと書き込みが，微分可能なシステムで行われるようになっている．これらの努力はまだ，簡単な擬似問題を超えた言語処理応用に用いることができるほどの頑健で汎用的なアーキテクチャには至っていないが，注目し続ける価値がある．

15.5 RNN におけるドロップアウト

RNN へのドロップアウトの適用には少し技巧が必要になる．これは，時点間で異なる次元に対してドロップアウトを行うと，時系列に沿って有用な情報を捉えるという RNN の能力を阻害してしまうからである．この問題に対して，Pham et al. [2013]; Zaremba et al. [2014] は，ドロップアウトを再帰的ではない接続部分に関してのみ適用することを提案している．つまり，ドロップアウトを深い RNN における各層の間に対してのみ用いて，系列位置の間には適用しないというものである．

より最近では，RNN アーキテクチャの変分解析にしたがって，Gal [2015] が，ドロップアウトを RNN の全ての要素（再帰的・非再帰的部分の双方）に適用することを提案し，その際，各時点において同じ位置をマスクするドロップアウトを行うことが重要であると述べている．すなわち，ある系列に対して，ドロップアウトマスクは各時点

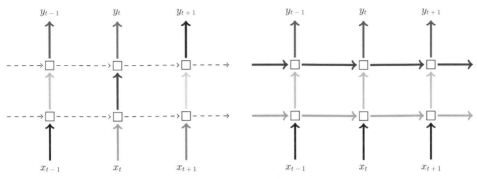

(a) ナイーブなドロップアウトを用いた RNN　　(b) 変分 RNN

図 15.2　RNN ドロップアウトについて Gal が提案したもの (b) と，Pham et al. [2013]; Zaremba et al. [2014] によって以前提案されたもの (a). 図は Gal [2015] からである（許諾済み）. 各四角形は RNN のユニットを，水平の矢印は時間的な依存性（再帰的な接続）を表す. 垂直の矢印は各 RNN ユニットの入出力を表す. 実線の接続はドロップアウトされた入力であり，異なる濃さは異なるドロップアウトマスクに対応している. 破線はドロップアウトを行わない通常の接続に対応している. 以前の手法（ナイーブなドロップアウト，左）では，各時点で異なるマスクを用い，再帰的な層についてはドロップアウトを行わない. Gal の提案した手法（変分 RNN, 右）では，再帰的な層を含めて，各時点で同じドロップアウトマスクを用いる.

ではなく時点を通じて一度だけサンプリングされる. 図 **15.2** はこの形式のドロップアウト（"変分 **RNN** (**variational RNN**)"）と，Pham et al. [2013]; Zaremba et al. [2014] によって提案されたドロップアウトを対比している.

　Gal の変分 RNN ドロップアウトは，RNN にドロップアウトを適用するための手法のなかで，現在最も有効である.

第16章

RNNを用いたモデリング

　第14章ではRNNの一般的な使用法を列挙し，第15章では具体的なRNNアーキテクチャの詳細について学んだので，本章では，いくつかの具体的な事例を通じて，NLPへの応用におけるRNNの使い方を見ていく．一般的な用語としてRNNを用いるが，それは，通常，LSTMやGRUのようなゲート付きアーキテクチャを意味している．単純RNNは一貫してそれらより精度が低くなってしまう．

16.1　受理器（アクセプタ）

　最も単純なRNNの使用法は受理器（アクセプタ）である．つまり，入力系列を読み込み，最終的に二値（二クラス），あるいは多クラスの答えを返すものである．RNNは非常に強力な系列学習器であり，データ内の非常に複雑なパターンを識別できる．

　ただし，この能力はしばしば多くの自然言語の分類タスクで必要ではない場合がある．すなわち，多くの場合，語順や文の構造はそこまで重要ではなく，単語バッグやn-グラムのバッグに基づいた分類器が，しばしばRNN受理器と同等かそれ以上の性能を出す．

　この節では言語の問題に関して受理器を使用した二つの例を紹介する．一つは代表的なものであり，感情極性分類である．受理器を用いた手法はうまく機能するが，より弱い手法も同等に機能しうる．二つ目は，いくらか不自然な例である．そこでは，"有用な"タスクは全く解かれていないが，RNNの能力とどのようなパターンが学習可能であるのかが示される．

16.1.1 感情分類

文レベルの感情分類

文レベルの感情分類では，文（しばしばレビューの一部）が与えられて，それに二つの値の一つを割り当てる必要がある．すなわち，肯定 (Positive) か否定 (Negative) である[1]．この見方は感情の識別タスクをいくらか単純化した感情極性分類だが，それでも，よく用いられる設定である．これはまた，第 13 章での畳み込みニューラルネットワークの議論を動機付けたタスクでもある．映画レビューにおいて自然に出現する肯定的な文と否定的な文の例は次のようなものである[2]．

肯定: *It's not life-affirming—it's vulgar and mean, but I liked it.*
否定: *It's a disappointing that it only manages to be decent instead of dead brilliant.*

肯定的な例がいくつかの否定的な句 (*not life affirming, vulgar, and mean*) を含んでいること，否定的な例もいくつかの肯定的な句 (*dead brilliant*) を含んでいることに注意しよう．感情を正確に予測するには，個々の句だけではなく，それらが出現した文脈，否定などの言語的な構造，そして，文の全体的な構造を理解する必要がある．感情分類は扱いにくく困難なタスクであり，適切に解こうとすると，皮肉やメタファーのような問題までも扱うことになる．感情の定義もまた，単純ではない．感情分類とその定義の難しさの優れた概要については，Pang and Lee [2008] の包括的なレビューを参照のこと．とはいえ，ここでは，その目的のため，定義の複雑さは無視して，これをデータに基づいた二クラス分類タスクとして扱うことにする．

このタスクに RNN 受理器を用いたモデルを適用するのは単純である．すなわち，トークン化した後に，文の単語を逐次的に RNN に読み込ませる．そして，RNN の最終状態が，二値出力のソフトマックス層を持つ MLP に入力される．ネットワークは正解である感情ラベルに基づいて，交差エントロピー損失を用いて訓練される．1-5 や 1-10（"星評価"）などのスケールで感情が割り当てられるより細かい分類タスクにおいては，単純に MLP の出力を二つではなく五つなどに変えればよい．アーキテクチャをまとめると次のようになる．

$$p(\text{label} = k \mid w_{1:n}) = \hat{\boldsymbol{y}}_{[k]}$$
$$\hat{\boldsymbol{y}} = \text{softmax}(\text{MLP}(\text{RNN}(\boldsymbol{x_{1:n}}))) \quad (16.1)$$
$$\boldsymbol{x_{1:n}} = \boldsymbol{E}_{[w_1]}, \ldots, \boldsymbol{E}_{[w_n]}.$$

---

[1] より難しい変種タスクでは，肯定 (Positive)，否定 (Negative)，中立 (Neutral) の三値に分類を行うことが目的となる．
[2] これらの例は，*Stanford Sentiment Treebank* [Socher et al., 2013b] から取られている．

単語埋め込み行列 $\boldsymbol{E}$ は，外部の大規模コーパスを用いて比較的広めの窓を用いた WORD2VEC や GLOVE によって学習された，事前学習済みの埋め込みで初期化する．

式 (16.1) のモデルを，文を正順に読み込むものと，逆順に読み込むものとの二つの RNN を用いるようにする拡張が，しばしば有用である．二つの RNN の最終状態が連結され，分類用の MLP に入力される．

$$p(\text{label} = k \mid w_{1:n}) = \hat{\boldsymbol{y}}_{[k]}$$
$$\hat{\boldsymbol{y}} = \text{softmax}(\text{MLP}([\text{RNN}^\text{f}(\boldsymbol{x_{1:n}}); \text{RNN}^\text{b}(\boldsymbol{x_{n:1}})])) \quad (16.2)$$
$$\boldsymbol{x_{1:n}} = \boldsymbol{E}_{[w_1]}, \ldots, \boldsymbol{E}_{[w_n]}.$$

これらの双方向モデルはこのタスクにおいて，良い結果を残している [Li et al., 2015]．

より長い文については，階層的構造を用いることが有用であると，Li et al. [2015] が見つけている．そこでは，文がまず句読点に基づいて細かい区分に分割される．そして各区分は，式 (16.2) のような前向き・後向き RNN への入力となる．結果として得られるベクトルの系列（一つがある区分に対応する）が，今度は式 (16.1) のような RNN 受理器の入力となる．形式的には，文 $w_{1:n}$ が，m 個の区分 $w^1_{1:\ell_1}, \ldots, w^m_{1:\ell_m}$ に分けられるとき，アーキテクチャは次のようになる．

$$p(\text{label} = k \mid w_{1:n}) = \hat{\boldsymbol{y}}_{[k]}$$
$$\hat{\boldsymbol{y}} = \text{softmax}(\text{MLP}(\text{RNN}(\boldsymbol{z_{1:m}}))) \quad (16.3)$$
$$\boldsymbol{z_i} = [\text{RNN}^\text{f}(\boldsymbol{x^i_{1:\ell_i}}); \text{RNN}^\text{b}(\boldsymbol{x^i_{\ell_i:1}})]$$
$$\boldsymbol{x^i_{1:\ell_i}} = \boldsymbol{E}_{[w^i_1]}, \ldots, \boldsymbol{E}_{[w^i_{\ell_i}]}.$$

m 個の区分はそれぞれ異なる感情を伝えているかもしれない．上位レベルにある受理器は，下位レベルの符号化器によって算出された要約である $\boldsymbol{z_{1:m}}$ を読み込み，全体についての感情を決定する．

感情分類はまた，第 18 章で述べるように，階層的な木構造ニューラルネットワークのテストベッドとしても用いられる．

文書レベルの感情分類

文書レベルの感情分類は文レベルのものと似ているが，そこでは，入力テキストは複数の文からなるため，とても長く，教師信号（感情極性ラベル）も，個々の文についてではなく最後にのみ与えられる．このタスクは，文書全体の全体的な感情とは別に個々の文が異なる感情を持ちうるため，文レベルの分類よりも難しい．

Li et al. [2015] で用いられたもの（式 (16.3)）と同様の階層的アーキテクチャが，このタスクにも有用であることが，Tang et al. [2015] によって示されている．すなわち，

各文 s_i がゲート付き RNN によって符号化されベクトル z_i となり，それらのベクトルの系列 $z_{1:n}$ が次のゲート付き RNN の入力となり，ベクトル $h = \text{RNN}(z_{1:n})$ が出力され，これが予測に用いられ，$\hat{y} = \text{softmax}(\text{MLP}(h))$ となる．

また，筆者らは，文書レベルの RNN から得られた中間的なベクトルを全て保持しておき，それらの平均を MLP の入力とする変種（$h_{1:n} = \text{RNN}^*(z_{1:n})$, $\hat{y} = \text{softmax}(\text{MLP}(\frac{1}{n}\sum_{i=1}^{n} h_i))$）でも実験を行っている．いくつかのケースで，これはわずかに良い結果を出している．

16.1.2 主語動詞一致についての文法性判定

文法的な英語の文は，現在時制の動詞とその主語の主辞が，数の屈折において一致 (agreement) していなければならないという制約に従う（*は非文であることを示す）．

(1) a. The *key is* on the table.
    b. *The *key are* on the table.
    c. *The *keys is* on the table.
    d. The *keys are* on the table.

この関係を系列のみから推測するのは単純ではない．なぜならば，二つの要素は任意の個数の文の構成要素によって分かたれるからであり，それらの中には，主辞とは異なる数を持つ名詞も含まれるかもしれない．

(2) a. The *keys* to the cabinet in the corner of the room *are* on the table.
    b. *The *keys* to the cabinet in the corner of the room *is* on the table.

文の線条な系列から主語を特定するのは難しいので，主語動詞一致のような依存性は，人間が構造的な統語表現を持つことの根拠とされている [Everaert et al., 2015]．実際，文の正しい統語依存構造木があれば，動詞とその主語の関係性を抽出するのは単純な問題になる．

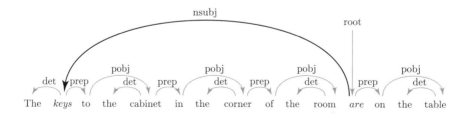

16.1 受理器（アクセプタ）

筆者が Linzen と Dupoux と行った研究 [Linzen et al., 2016] において，我々は系列学習器である RNN が，単語の系列を用いた学習のみによって，この統語的な規則性を獲得できるかどうかを確かめようとした．このテストのために，Wikipedia から得られる自然な文に基づいたいくつかの予測タスクを設定した．それらの一つは文法性の識別である．すなわち，RNN は文を読み込んで，最後にそれが文法的か否かを判断する．我々の設定では，文法的な文は現在時制の動詞を含む Wikipedia の文であり，非文は現在時制の動詞を含む Wikipedia の文において，そこに含まれる現在時制の動詞を一つ無作為に抽出し，その形を単数形から複数形に，あるいはその逆に変えたものである[3]．単語バッグや n-グラムバッグで，この種の問題を解くのは非常に困難であることに注意しよう．なぜならば，動詞と主語の依存性は，単語バッグ表現を用いた際には失われる文の構造に基づいているし，任意の語数 n 以上の幅をまたがる可能性があるからである．

モデルは次のように単純な受理器として，交差エントロピー損失を用いて訓練した．

$$\hat{\boldsymbol{y}} = \mathrm{softmax}(\mathrm{MLP}(\mathrm{RNN}(\boldsymbol{E}_{[w_1]}, \ldots, \boldsymbol{E}_{[w_n]})))$$

実験は，数万文の訓練用の文と，数 10 万文のテスト用の文で行った（一致の多くは難しくなく，難しい事例をある程度の量含んだテストセットを用いる必要があった）．

このタスクを間接的な教師あり学習で解くのは難しい．教師信号は文法性の手がかりがどこに存在するかについては何も情報を持っていないためである．RNN は，数の概念（単語の複数形と単数形が別のグループに属すること），一致の概念（動詞の形は主語の形と一致すること），主語性の概念（動詞に先行するどの名詞が動詞の形を決定するのか）を学習しなければならない．正しく主語を特定するには，埋め込み節内の無関係な名詞を無視できるように，入れ子構造の統語的手がかりを特定できるよう学習しなければならない．RNN はうまく学習し，大部分のテストセット内の事例を解くことができた（> 99% の精度）．

動詞とその主語が別の数を持つ四つの名詞によって隔てられているという本当に難しいケースに限っても，RNN はまだ 80% の精度を保っていた．もし最後の名詞の数を用いて予測を行うようなヒューリスティクスを学習していた場合は，これらの事例の精度は 0% であり，先行する名詞を無作為に選んで予測を行う場合は，20% になることに注意しよう．

まとめると，この実験はゲート付き RNN の学習能力と，それらが拾い上げることができる微妙なパターンや規則性がどのようなものかを示している．

---

3) 詳細について述べると，動詞は自動的な品詞タグ付けによって同定した．頻度が最も高い 10,000 語を語彙として用いて，語彙に含まれない単語は自動的に付与された品詞タグに置き換えた．

16.2 素性抽出器としてのRNN

RNNの主な使用例は，系列を扱う際に，より伝統的な素性抽出パイプラインの一部の代替となる柔軟で訓練可能な素性抽出器である．特に，RNNは窓に基づく素性抽出器の良い代替物である．

16.2.1 品詞タグ付け

品詞タグ付け問題をRNNを用いる設定で再考しよう．

骨組み：深いbiRNN 品詞タグ付けは，入力されるn語の単語それぞれにタグを出力するという系列タグ付けタスクの特殊な場合である．よって，基本的な構造については，biRNNが最適な候補となる．

単語列$w_{1:n}$からなる文$s = w_{1:n}$が与えられ，それらを素性関数$x_i = \phi(s, i)$によって入力ベクトル$x_{1:n}$に変換する．入力ベクトルは深いbiRNNに入力され，出力ベクトル$y_{1:n} = \text{biRNN}^\star(x_{1:n})$を産出する．各ベクトル$y_i$は，単語について$k$個の可能なタグの一つを予測するMLPに入力される．各ベクトルy_iは系列内の位置iに焦点を当てているが，その位置の周りの全体的な系列（"無限の窓"）についての情報も保持している．訓練を通してbiRNNは，単語w_iのラベルの予測に有用な系列の特徴に注目し，それらをベクトルy_iに符号化するように学習する．

単語から文字レベルのRNNの入力へ 単語w_iはどのように入力ベクトルx_iへと写像されるだろうか．一つの方法は，無作為に初期化された，あるいは位置情報付き窓を文脈に用いたWORD2VECによって事前学習された埋め込み行列を用いることである．写像は，埋め込み行列Eを用いて行われる．これは，単語を埋め込みベクトル$e_i = E_{[w_i]}$へと写像するものである．これはうまく機能するが，訓練や事前学習のときに現れなかった語彙項目についての扱いという問題に苦しめられることもある．単語は文字で構成されており，接尾辞や接頭辞，他にも大文字やハイフンや数字の存在などの綴りの手がかりは，単語クラスの曖昧性解消についての強力な手がかりである．第7, 8章で，そのような情報に対応する素性を用いることで，それらを統合する方法について述べた．ここでは，それらの人手による素性抽出をRNNに置き換える．特に，文字レベルのRNNを二つ用いる．まず，文字$c_1, \ldots, c_\ell$で構成される単語wについて，各文字を対応する埋め込みベクトルc_iへ写像する．そして，単語を文字についての前向きRNNと後向きRNNで符号化する．これらのRNNは単語埋め込みベクトルと置き換えることもできるし，おそらく，こちらの方が良いが，次のように連結して用いることができる．

16.2 素性抽出器としての RNN

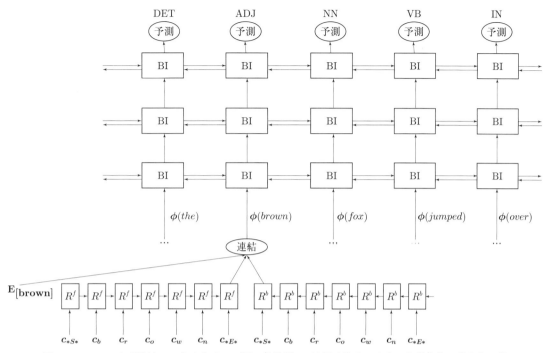

図 **16.1** RNN タグ付けアーキテクチャの図．各単語 w_i は埋め込みベクトルと前向き・後向きに動く文字レベルの RNN の最終状態の連結ベクトル $\phi(w_i)$ へと変換される．この単語ベクトルが深い biRNN へと入力される．最上位の層の biRNN の各状態の出力は，次に予測用のネットワーク（ソフトマックス層を持つ MLP）へと入力され，タグの予測を行う．それぞれのタグ付け予測が，入力文全体に条件付けられうることに注目してほしい．

$$\boldsymbol{x_i} = \phi(s,i) = [\boldsymbol{E}_{[w_i]}; \mathrm{RNN}^f(\boldsymbol{c_{1:\ell}}); \mathrm{RNN}^b(\boldsymbol{c_{\ell:1}})].$$

前向きに走る RNN は接尾辞を捉えることに集中し，後向きに走る RNN は接頭辞を捉えることに集中する．さらに，両方の RNN が，大文字やハイフン，そして単語の長さにも感度を持つ．

最終的なモデル タグ付けモデルは次のようになる．

$$\begin{aligned}
p(t_i = j | w_1, \ldots, w_n) &= \mathrm{softmax}(\mathrm{MLP}(\mathrm{biRNN}(\boldsymbol{x_{1:n}}, i)))_{[j]} \\
\boldsymbol{x_i} = \phi(s,i) &= [\boldsymbol{E}_{[w_i]}; \mathrm{RNN}^f(\boldsymbol{c_{1:\ell}}); \mathrm{RNN}^b(\boldsymbol{c_{\ell:1}})].
\end{aligned} \quad (16.4)$$

このモデルが交差エントロピー損失を用いて訓練される．単語埋め込みについて単語ドロップアウト（8.4.2 節）を用いることで恩恵が得られる．アーキテクチャの図解を図 **16.1** に示す．

同様のタグ付けモデルが，Plank et al. [2016] の研究で記されている．そこでは，多

くの言語でとても良い結果を出せることが示されている．

文字レベルの畳み込みとプーリング　上記のアーキテクチャでは，単語の文字に対して，文字レベルの前向き・後向き RNN を用いることで，単語をベクトルへと写像している．別の方法としては，文字レベルの畳み込み・プーリングニューラルネットワーク（CNN，第13章）を用いて単語を表現する手法がある．Ma and Hovy [2016] は，各単語の文字について窓幅 $k = 3$ の1層の畳み込み・プーリング層を用いると，品詞タグ付けと固有表現抽出にとても効果的であることを示している．

構造化されたモデル　上記のモデルでは，i 番目の単語に関するタグの予測は他のタグと独立に行われる．これはうまく機能するが，i 番目のタグを，モデルの以前の予測で条件付けることも可能である．条件を以前の k 個のタグ（マルコフ仮定に基づいている）とすることができる．この場合，タグの埋め込み $\boldsymbol{E}_{[t]}$ を用いると次のようになる．

$$p(t_i = j | w_1, \ldots, w_n, t_{i-1}, \ldots, t_{i-k})$$
$$= \mathrm{softmax}(\mathrm{MLP}([\mathrm{biRNN}(\boldsymbol{x_{1:n}}, i); \boldsymbol{E}_{[t_{i-1}]}; \ldots; \boldsymbol{E}_{[t_{i-k}]}]))_{[j]},$$

あるいは，条件を以前の予測 $t_{1:i-1}$ の系列全体とすることもできる．この場合，タグの系列を RNN で符号化して次のようになる．

$$p(t_i = j | w_1, \ldots, w_n, t_{1:i-1}) = \mathrm{softmax}(\mathrm{MLP}([\mathrm{biRNN}(\boldsymbol{x_{1:n}}, i); \mathrm{RNN}^t(\boldsymbol{t_{1:i-1}})]))_{[j]}.$$

どちらの場合でもモデルを貪欲法で動かして系列内のタグ t_i を順に予測することができる．あるいは動的計画法による探索（マルコフ仮定の場合）や，ビーム探索（両方の場合）でスコアの高いタグ系列を見つけることもできる．このようなモデルが，CCG スーパータグ付け（各単語に豊かな統語構造を符号化したような多数のタグのうちの一つを割り当てる）において，Vaswani et al. [2016] によって用いられている．そのようなモデルの構造予測の訓練は，第19章で議論する．

16.2.2　RNN-CNN 文書分類

16.1.1 節の感情分類の例では，その後に分類用の層が続く前向き RNN と後向き RNN に，単語ベクトルが入力された（式 (16.2)）．16.2.1 節のタグ付けの例では，モデルの適用範囲を広げ，未知語や屈折，誤字などに対応できるようにするために，文字についての RNN や CNN などの文字レベルのモデルによって，単語ベクトルを補う（あるいは置き換える）ことをした．

同様のアプローチは文書分類においても効果的である．単語の埋め込みを二つの RNN へと入力する代わりに，各単語に関する文字レベルの RNN の結果や，各単語に畳み込み・プーリング層を適用した結果が入力となる．

もう一つの別のやり方は，階層的な畳み込み・プーリングネットワーク（13.3節）を文字に適用することである．これは，文字よりも大きいが，必ずしも単語とは一致しない単位（一つの単語よりも多かったり少なかったりする情報を捉えているかもしれない単位）を表現したベクトルのより短い系列を得て，得られたそれらのベクトルの系列を二つの RNN と分類用の層への入力とすることを狙いとしたものである．そのようなアプローチは Xiao and Cho [2016] によって，いくつかの文書分類タスクで研究されている．より具体的には，そこでの階層的なアーキテクチャは一連の畳み込み・プーリング層を持っている．各層では，窓幅 k の畳み込みを入力ベクトルの系列に適用し，その後，結果として得られるベクトルの隣接する二つに対し最大プーリングを適用して，系列の長さを半分にする．いくつかの層（それぞれの窓幅は層の関数で，5 から 3 の間で変化する．例えば 5, 5, 3 の幅など）を経た後，出力されたベクトルが前向き・後向きの GRU RNN へと入力され，その後，分類を担う部分（ソフトマックス関数が後続する全結合層）へと入力される．また，最後の畳み込み層と RNN との間と，RNN と分類を担う部分との間でドロップアウトが適用されている．このアプローチは多くの文書分類タスクに関して効果的である．

16.2.3 アークを単位とした依存構造パージング

7.7 節のアークを単位とした依存構造パージングをもう一度考えよう．単語 $w_{1:n}$ とそれらに対応する品詞タグ $t_{1:n}$ を持つ文 $sent$ があるとき，それぞれの単語対 (w_i, w_j) に対して，w_i が w_j の主辞単語である度合を示すスコアを割り当てる必要がある．8.6 節では，このタスクに関して，主辞単語と修飾語の周囲の窓，主辞単語と修飾語の間にある語，それらの品詞タグに基づいた複雑な素性関数を導いた．この複雑な素性関数を，biRNN の，主辞単語と修飾語に対応する二つの出力ベクトルの連結で置き換えることができる．

特に，単語 $w_{1:n}$ と品詞タグ $t_{1:n}$，それらに対応する埋め込みベクトル $\boldsymbol{w}_{1:n}$ と $\boldsymbol{t}_{1:n}$ があるとき，単語と品詞のベクトルの連結を深い biRNN の入力とすることで，文の各位置に関して，次のような biRNN の符号化 $\boldsymbol{v}_i$ が得られる．

$$\begin{aligned}\boldsymbol{v}_{1:n} &= \text{biRNN}^\star(\boldsymbol{x}_{1:n}) \\ \boldsymbol{x}_i &= [\boldsymbol{w}_i; \boldsymbol{t}_i].\end{aligned} \tag{16.5}$$

そしてこの biRNN のベクトルを連結し，MLP を通して，主辞単語-修飾語の候補にスコアを与える．

$$\text{ArcScore}(h, m, w_{1:n}, t_{1:n}) = MLP(\phi(h, m, s)) = MLP([\boldsymbol{v}_h; \boldsymbol{v}_m]). \tag{16.6}$$

アーキテクチャの図解を図 **16.2** に示す．biRNN ベクトル $\boldsymbol{v}_i$ は文脈中の単語を符

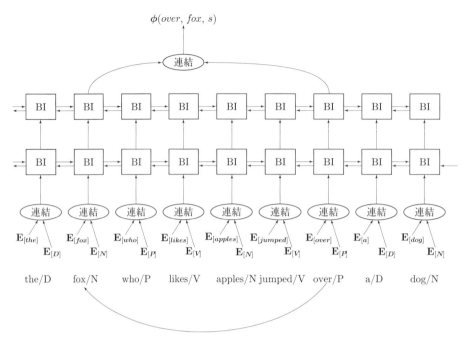

図 16.2 *fox* と *over* に張られたアークに関する，アークを単位としたパーザの素性抽出の図解．

号化している．ここでの文脈は品詞タグの系列と単語の系列の情報を反映した単語 w_i の両側の無限の窓である．さらに，ベクトルの連結 $[\bm{v_h}; \bm{v_m}]$ は，それぞれの単語について両側から RNN を走らせた情報であるが，それは特に w_h と w_m の間にある系列と w_h と w_m との距離について計算を行った RNN の情報を有している．biRNN はより大きなネットワークの一部として訓練され，統語解析タスクにおいて重要な系列の情報に注目できるように学習を行う（アークを単位としたパージングの構造学習については，19.4.1 節で説明する）．

このような素性抽出器は Kiperwasser and Goldberg [2016b] の研究で用いられており，アークを単位とした手法に関して，現状最も良いパージング結果を出していて，ずっと複雑なパージングモデルのスコアと拮抗している．類似したアプローチを Zhang et al. [2016] が用いており，異なる訓練の枠組みで同様の結果を出している．

一般的に，語順や文の構造に注意を要するタスクの素性として単語を用いているような場合はいつでも，その単語を，訓練される biLSTM のベクトルによって置き換えることができる．そのようなアプローチは，**状態遷移に基づく (transition-based) 統語パージング**において，Kiperwasser and Goldberg [2016b] と Cross and Huang [2016a,b] が用いており，素晴らしい結果を残している．

第17章

条件付き生成

　第14章で議論したように，RNNはマルコフ仮定を置くことなく，履歴全体で条件付けを行う言語モデルとして機能する．この能力ゆえに，RNNは（自然言語を生成する）**生成器** (generators)，あるいは複雑な入力によって生成される出力が条件付けられる**条件付き生成器** (conditioned generators) として用いることができる．本章はこれらのアーキテクチャについて議論する．

17.1　RNN生成器

　言語モデリングのためのRNN変換器アーキテクチャ（14.3.3節）の特殊な使用法は，**系列生成** (sequence generation) である．全ての言語モデルは，9.5節で述べたように，生成に用いることができる．RNN変換器においては，時点iの変換器の出力と時点$i+1$の入力を結びつけることによって生成を行う．すなわち，次の記号の出力に関する分布$p(t_i = k|t_{1:i-1})$が予測された後，トークンt_iが選ばれ，それと対応する埋め込みベクトルが，次の時点の入力となる．この処理は，しばしば</s>で示される，系列の終端を表す特殊な記号が生成されたときに終了する．この処理を図**17.1**に描いている．

　n-グラム言語モデルによる生成（9.5節）の場合と同様に，訓練済みのRNN変換器で生成を行う際は，各時点で最も確率が高いものを選ぶか，モデルの予測分布に従ってサンプリングを行うか，あるいは，全体として確率の高い出力系列を見つけるためにビーム探索を用いることになる．

　任意長の履歴全体で出力を条件付けるというゲート付きRNNの能力を印象的に示すのは，単語ではなく文字について訓練されたRNN言語モデルである．生成器として

第 17 章 条件付き生成

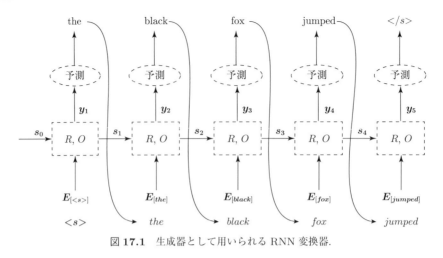

図 17.1 生成器として用いられる RNN 変換器.

用いられる際に，その訓練済み RNN 言語モデルは，それより以前の文字列で条件付けを行い，次々と無作為に文の文字を生成していく [Sutskever et al., 2011]．文字レベルで動作しているので，文字を組み合わせて単語を形成し，単語を組み合わせて文を形成する．そして意味のあるパターンを生みだすために，モデルは系列のより遠い以前に目を向けなければならない．生成されたテキストは，流暢な英語と似ているだけではなく，行の長さや，括弧付きの入れ子構造をうまく生成するなど，n-グラム言語モデルでは捉えられなかった性質も有していた．C ソースコードについて訓練を行うと，生成された系列は，C 言語の一般的なインデントパターンや統語制約に従っていた．文字レベルの RNN 言語モデルの興味深いデモンストレーションと分析については，Karpathy et al. [2015] を参照のこと．

17.1.1 生成器の訓練

生成器を訓練する際の一般的なアプローチでは，観察している系列について，これまで観察されたトークンに基づいて，次に観察されるトークンに大きな確率質量を割り当てるような変換器として，RNN を訓練する（すなわち，言語モデルとして訓練する）．

より具体的には，訓練コーパス内の全ての n 語の文 $w_1, \ldots, w_n$ に関して，$n+1$ 個の入力と，それらと対応する $n+1$ の出力を持つ RNN 変換器を獲得する．最初の入力は，文頭を表す記号であり，その後に文の n 語が続く．最初に期待される出力は w_1，二番目に期待される出力は w_2，というように続いていき，$n+1$ 番目に期待される出力は，文末を表す記号である．

この訓練方法はしばしば，**教師による強制** (teacher-forcing) と呼ばれる．これは，たとえ，生成器が実際に観察された語に低い確率を割り当ててしまい，テスト時にはそ

の状態で異なる語が出力されているとしても，訓練時には，実際に観察された語が入力されるためである．

この方法はうまく機能するが，正解の系列から逸脱したときには，うまく対処することができない．実際，生成器として用いるとき，正解系列ではなく自身の予測を入力とすることになるので，訓練時に観察されていない状態の下で，確率の予測を行わなければならないことになる．また，ビーム探索を用いて確率の高い出力系列を探索する場合は，特定の訓練手法によっても恩恵を得られるかもしれない．執筆時点においては，これらの状況設定はまだ研究段階であり，本書の範囲を超える．本書では，19.3節で構造予測について述べる際に，この話題に簡単に触れる．

17.2 条件付き生成（符号化器復号化器）

RNNの生成器としての使用は，RNNの強力さを実証する上で魅力的な練習問題であるが，RNN変換器の力が本当に明らかになるのは，**条件付き生成** (conditioned generation) の枠組みへ移行したときである．

生成器の枠組みでは，次のように，以前に生成されたトークン $\hat{t}_{1:j}$ に基づいて，次のトークン t_{j+1} が生成される．

$$\hat{t}_{j+1} \sim p(t_{j+1} = k \mid \hat{t}_{1:j}). \tag{17.1}$$

これはRNNの枠組みでは，次のようにモデリングされる．

$$\begin{aligned} p(t_{j+1} = k \mid \hat{t}_{1:j}) &= f(\text{RNN}(\hat{\boldsymbol{t}}_{1:j})) \\ \hat{t}_j &\sim p(t_j \mid \hat{t}_{1:j-1}), \end{aligned} \tag{17.2}$$

あるいは，詳細な再帰的定義を用いると次のようになる．

$$\begin{aligned} p(t_{j+1} = k \mid \hat{t}_{1:j}) &= f(O(\boldsymbol{s_{j+1}})) \\ \boldsymbol{s_{j+1}} &= R(\hat{\boldsymbol{t}}_j, \boldsymbol{s_j}) \\ \hat{t}_j &\sim p(t_j \mid \hat{t}_{1:j-1}), \end{aligned} \tag{17.3}$$

ここで，f は，RNNの状態から確率分布へ写像を行う，パラメータを持つ関数である．例えば，$f(\boldsymbol{x}) = \text{softmax}(\boldsymbol{x}\boldsymbol{W} + \boldsymbol{b})$，あるいは $f(\boldsymbol{x}) = \text{softmax}(\text{MLP}(\boldsymbol{x}))$ である．

条件付き生成の枠組みでは，次のトークンの生成は，以前に生成されたトークンと，追加の条件付け文脈 c とに基づいて行われる．

$$\hat{t}_{j+1} \sim p(t_{j+1} = k \mid \hat{t}_{1:j}, c). \tag{17.4}$$

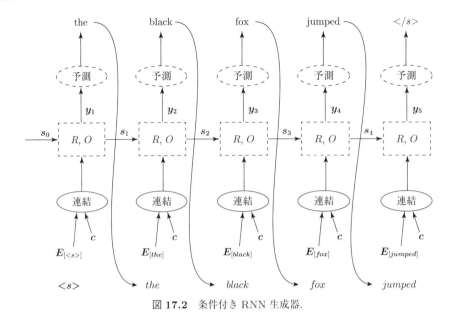

図 17.2　条件付き RNN 生成器.

RNN の枠組みでは，文脈 c は次のようにベクトル $\boldsymbol{c}$ として表現される.

$$p(t_{j+1} = k \mid \hat{t}_{1:j}, c) = f(\mathrm{RNN}(\boldsymbol{v_{1:j}}))$$
$$\boldsymbol{v_i} = [\hat{\boldsymbol{t_i}}; \boldsymbol{c}] \tag{17.5}$$
$$\hat{t}_j \sim p(t_j \mid \hat{t}_{1:j-1}, c),$$

再帰的な定義を用いると，次のようになる.

$$p(t_{j+1} = k \mid \hat{t}_{1:j}, c) = f(O(\boldsymbol{s_{j+1}}))$$
$$\boldsymbol{s_{j+1}} = R(\boldsymbol{s_j}, [\hat{\boldsymbol{t_j}}; \boldsymbol{c}]) \tag{17.6}$$
$$\hat{t}_j \sim p(t_i \mid \hat{t}_{1:j-1}, c).$$

生成処理の各段階において，文脈ベクトル $\boldsymbol{c}$ が入力 $\hat{\boldsymbol{t}}_j$ に連結され，それが RNN に入力されて次の予測を生みだす．図 17.2 はこのアーキテクチャを示している．

どのような情報を文脈 c として符号化できるだろうか．訓練時に入手することができて，有用だと考えられるのであれば，どのようなものでもよく，非常に多くのデータを用いることができる．例えば，様々なトピックに分類されているニュースの大規模コーパスがあれば，そのトピックを条件付け文脈とみなすことができる．その場合，言語モデルは，トピックの条件付けの下でテキストを生成できるように訓練されるだろう．もし映画レビューが対象ならば，映画のジャンルや，レビューの評価，もしかしたら著者が地理的にどこにいるかでも，生成を条件付けることができる．それにより，テキスト

を生成する際に，これらの属性を用いた制御が行える．また，テキストから自動的に抽出される，**推測された属性**によっても条件付けが可能である．例えば，ある文が一人称視点で書かれているかどうか，受動態を含んでいるかどうか，どのようなレベルの語彙が用いられているかを識別するヒューリスティクスを考えることができる．そして，それらを用いて獲得した属性を，訓練する際の条件付け文脈として利用し，生成時にも利用することができる．

17.2.1 系列-系列モデル

文脈 c は多くの形を持ちうる．前節では，固定長で集合的な条件付け文脈の例について述べた．他のよく用いられるアプローチでは，c を系列として扱う．一般的にはテキストである．これによって，**系列-系列**（シーケンス・トゥ・シーケンス，sequence to sequence）条件付き生成の枠組みが生まれる．これは，**符号化器復号化器**（エンコーダ・デコーダ，encoder-decoder）の枠組みとも呼ばれる [Cho et al., 2014a; Sutskever et al., 2014]．

系列-系列条件付き生成では，原系列 $x_{1:n}$（例えば，フランス語の文）が与えられ，それについて目的出力系列 $t_{1:m}$（例えば，その文の英語翻訳文）を生成することに興味がある．これは，まず原文 $x_{1:n}$ をベクトルに符号化 (encoding) することで行われる．そこでは，符号化関数 $c = \text{ENC}(x_{1:n})$ が用いられ，これは一般的には $c = \text{RNN}^{\text{enc}}(x_{1:n})$ となる RNN である．そして，条件付き生成器である RNN（**復号化器**（デコーダ，decoder））が，式 (17.5) に沿って，望ましい出力 $t_{1:m}$ を生成するのに用いられる．このアーキテクチャを図 **17.3** に示す．

この設定は長さ n の系列を長さ m の系列に写像することができる．符号化器が原文をベクトル c として要約し，復号化器 RNN が，以前に予測された単語と符号化された文 c に基づいて，（言語モデルの目的関数を用いて）目的系列の単語を予測する．符号化器と復号化器の RNN は同時に訓練される．教師信号は復号化器 RNN に対してのみ与えられるが，勾配は様々な経路を通り，符号化器 RNN まで伝播する（図 **17.4**）．

17.2.2 応用

系列-系列アプローチはとても一般的で，入力系列から出力系列への写像が必要なあらゆる場合において用いることができる．文献から，そのような例をいくつか列挙する．

機械翻訳 系列-系列アプローチは深い LSTM RNN を用いた機械翻訳 [Sutskever et al., 2014] において驚くほど効果的であることが示されている．うまく機能させるためには，原文の順序を反転して，すなわち x_n が文の最初の単語に相当するようにして入力することが効果的であることが Sutskever らによって示されている．このことによ

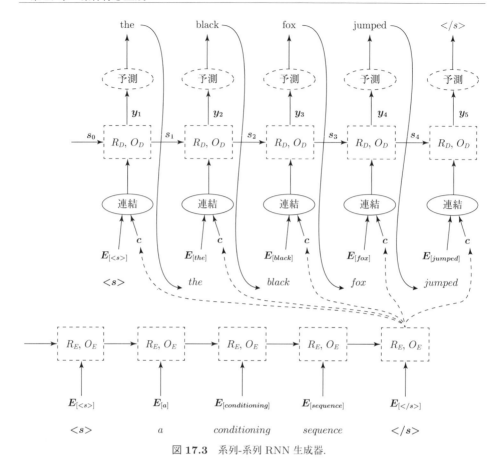

図 17.3 系列-系列 RNN 生成器.

り，第二の RNN にとって，原文の最初の単語と目的文の最初の単語の間の関係性を確立することが容易となる．

系列-系列アプローチの仏英翻訳における成功は印象的だが，Sutskever et al. [2014] の手法が 8 層の高次元の LSTM を必要とし，計算コストも高く，適切に訓練するのは簡単ではないことには注意すべきである．本章の後半（17.4 節）では，アテンションに基づくアーキテクチャ (attention-based architectures) について述べる．これは，系列-系列アーキテクチャを機械翻訳に関してより有用にするための技巧である．

E メールの自動返信 （長文であるかもしれない）E メールを，*Yes, I'll do it* や *Great, see you on Wednesday*, *It won't work out* といった，より短い返信へと写像するタスクである．Kannan et al. [2016] は，Google インボックス製品に関する自動返信機能の実装について述べている．解決法の核心部は，単純な系列-系列条件付き生成モデルであり，E メールを読む LSTM 符号化器と，適切な返信を生成する LSTM 復号化器に基

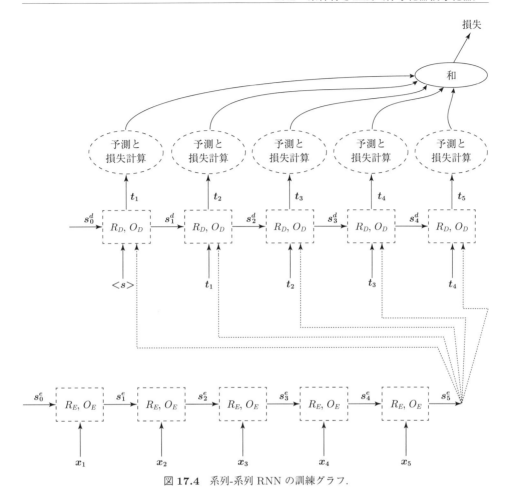

図 17.4 系列-系列 RNN の訓練グラフ．

づいている．これは，多くの E メール-返信の対で訓練される．もちろん，返信生成部をうまく製品に統合するために，返信部分の駆動スケジュールの調整や，返信の多様性の確保，否定的な返信と肯定的な返信のバランス調整，ユーザの個人情報の保護など，追加のモジュールで補強される必要がある．詳細は Kannan et al. [2016] を参照のこと．

形態論的屈折 形態論的屈折タスクでは，入力は単語の原形と望みの屈折であり，出力はその単語の屈折形である．例えば，フィンランド語の単語 *bruttoarvo* と，望みの屈折 pos=N,case=IN+ABL,num=PL に対して，望ましい出力は *bruttoarvoista* である．このタスクは伝統的には人手による辞書と有限状態変換器によって取り組まれてきているが，文字レベルの系列-系列条件付き生成モデルが，とても良く当てはまるタスクでもある [Faruqui et al., 2016]．SIGMORPHON 2016 の屈折生成のシェアードタスクの結果では，再帰的ニューラルネットワークによる方法が，他の参加者の方法を上回ってい

た [Cotterell et al., 2016]．第二位のシステム [Aharoni et al., 2016] は，このタスク用に多少の補強を施した系列-系列モデルであり，優勝したシステム [Kann and Schütze, 2016] は，17.4節で述べられるようなアテンションあり系列-系列モデルのアンサンブルを用いていた．

その他の使用例 n個の要素の系列を，m個の要素の系列に写像することはとても一般的であるので，ほとんど全てのタスクが符号化と生成という方法で形式化できる．しかし，あるタスクがそのように形式化できることは，そうなされるべきであることを含意しない．ひょっとしたら，その問題により適していたり，より学習しやすかったりするより良いアーキテクチャがあるかもしれない．ここからは，符号化器復号化器の枠組みでは，不必要に学習が困難となりそうで，より適切な他のアーキテクチャが存在しそうないくつかの応用について述べる．それでも，これらの論文の著者らが符号化器復号化器の枠組みでなんとか良い精度を出せたことは，この枠組みの強力さを示している．

Filippova et al. [2015] は削除による**文圧縮** (sentence compression by deletion) に関して，このアーキテクチャを用いている．このタスクにおいては，*"Alan Turing, known as the father of computer science, the codebreaker that helped win World War 2, and the man tortured by the state for being gay, is to receive a pardon nearly 60 years after his death"* のような文があるとき，文の主な情報を含んだより短い（"圧縮された"）ものを，元の文から単語を削除することによって産出することが求められる．圧縮の例は，*"Alan Turing is to receive a pardon."* となるだろう．Filippova et al. [2015] は，問題を系列-系列の写像としてモデリングしている．そこでは，入力系列は入力文（自動解析した統語木から得られた統語情報と合わせて用いることもできる）であり，出力は保持 (KEEP)，削除 (DELETE)，停止 (STOP) という判断の系列である．このモデルはニュース記事から自動的に抽出された200万の文と圧縮文の対で訓練されており [Filippova and Altun, 2013]，最先端の結果を出している[1]．

Gillick et al. [2016] は品詞タグ付けと固有表現認識を系列-系列問題として扱っている．そこでは，ユニコードのバイト系列が，S12,L13,PER,S40,L11,LOC のような形式を持った，区間に関する予測の系列へと写像される．これは，13バイトの長さの人名 (PERSON) 表現が，先頭から12番目のバイトから始まり，11バイトの長さの地名 (LOCATION) 表現が，先頭から40番目のバイトから始まることを表している[2]．

---

[1] 興味深い一方で，系列-系列アプローチは間違いなく，このタスクに対して過剰なモデルである．このタスクでは，n語の系列をn回の判断の系列に写像し，i番目の判断は，i番目の単語に直接的に関係している．これは本質的に系列タグ付けタスクであり，以前の章で述べたような biLSTM 変換器の方がうまく当てはまる．実際に，Klerke et al. [2016] の研究では，（少し劣るが）同等の精度が，**数桁少ない量のデータで**訓練された biRNN 変換器で得られることが示されている．

[2] これも biLSTM 変換器か，19.4.2節で述べる構造化 biLSTM 変換器 (biLSTM-CRF) でうまく解ける系列タグ付けタスクである．

Vinyals et al. [2014] は統語パージングを，文を，構成素を括弧でまとめる一連の判断へと写像する系列-系列タスクとして解いている．

17.2.3 その他の条件付けの文脈

条件付き生成アプローチはとても柔軟であり，符号化器が RNN である必要もない．実際に，条件付け文脈ベクトルは一つの単語や CBOW 符号化に基づいたものでもよいし，畳み込みネットワークにより作られたものや，その他の複雑な計算に基づくものでもよい．

さらに言えば，条件付け文脈が文やテキストに基づいている必要さえない．対話の設定（そこでは対話中のメッセージに対して RNN が返答を産出する）において，Li et al. [2016] は，返答を書くユーザと関連付けられた訓練可能な埋め込みベクトルを文脈として用いている．直観として，異なるユーザは，彼らの年齢，性別，社会的役割，背景知識，性格的特徴，その他の様々な潜在的要因に基づいて，異なるコミュニケーションの様式を持つ．返答を生成するときにユーザで条件付けることで，ネットワークは，基盤にある言語モデルを根幹として用いながらも，そのような様式に予測を適合させることができる．さらに，生成器を訓練する際の副作用として，ネットワークはユーザ埋め込み (user embeddings) も学習し，類似したコミュニケーション様式を持つユーザに対しては，類似したベクトルを出力するようになる．評価時には，特定のユーザ（あるいは平均的なユーザベクトル）を条件付け文脈として入力することで，生成される返答の様式に影響を与えることができる．

言語からさらに離れると，広く知られた使用例は**画像キャプション生成** (image captioning) におけるものである．そこでは入力画像がベクトルとして符号化され（通常は多層畳み込みネットワークが用いられる[3]），このベクトルが，画像の描写を予測するように訓練される RNN 生成器の条件付け文脈として用いられる [Karpathy and Li, 2015; Mao et al., 2014; Vinyals et al., 2015]．

Huang et al. [2016] による研究は，キャプション生成タスクをより複雑な**画像からの物語生成** (visual story telling) へと拡張した．そこでは，入力は一連の画像であり，出力は画像の成り行きを描写する物語である．ここでは，符号化器は画像ベクトルの系列を読み込む RNN である．

---

[3] ニューラルネットワークを用いた画像からベクトルへの写像は，確立された最良実践例と多くの成功を伴ってよく研究されているトピックである．これも本書の範囲外となる．

17.3 文の類似度の教師なし学習

類似した文が類似したベクトルを持つような文のベクトル表現を得たいということはしばしば起こりうる．この問題はいくらかよく定義できておらず（文が類似しているとはどういう意味だろうか），まだ研究されている段階であるが，いくつかのアプローチは穏当な結果を出している．ここでは，注釈されていないデータから学習されるという意味での教師なし学習によるアプローチに焦点をあてる．訓練の結果として得られるのは，類似した文が類似したベクトルを持つように符号化を行う符号化関数 $\text{ENC}(w_{1:n})$ である．

たいていのアプローチは，系列-系列の枠組みに基づいている．すなわち，符号化に用いられる RNN が文脈ベクトル c を産出し，それが復号化器 RNN によってあるタスクを解くために用いられる．このための訓練の結果として，タスクに関する文の重要な情報が c において捉えられることとなる．そして，復号化器の RNN は捨てられ，類似した文は類似したベクトルを持つという前提の下で，符号化器が文の表現 c を出力するのに用いられる．結果として得られる文の類似度関数は，復号化器がうまく機能するように訓練されたタスクに大きく依存している．

自己符号化 (auto encoding) 自己符号化アプローチは，条件付き生成モデルであり，文が RNN によって符号化され，復号化器は入力された文の再構築を試みる．このようにすると，モデルは文の再構築に必要な情報を符号化するように訓練され，うまくいけば，類似した文は類似したベクトルを持つようになる．しかし，文の再構築という目的関数は，一般的な文の類似度にとって，理想的なものではないかもしれない．なぜならば，類似した意味を有しているが，異なる単語を用いている文の表現を遠ざけやすいからである．

機械翻訳 ここでは，系列-系列ネットワークは英語の文を別の言語に翻訳するように訓練される．直観的には，符号化器によって産出されるベクトルは，翻訳に有用なものであり，それゆえに，それらは翻訳に必要な文の重要な性質を適切に符号化しており，同じ様に翻訳される文は類似したベクトルを持つようになっているだろう．この手法は，機械翻訳で用いられる対訳コーパスのような，条件付き生成タスクのための大規模コーパスを必要とする．

skip-thoughts Kiros et al. [2015] のモデルは，論文の著者によって **skip-thought** ベクトル (skip-thought vectors) と名付けられているが，文の類似度の問題についての興味深い目的関数を提案している．このモデルは分布仮説を単語から文へと拡張しており，類似した文脈に現れる文は類似していると主張している．ここでの文の文脈とは，

その周辺にある文である．したがって，skip-thought モデルは条件付き生成モデルであり，そこでは RNN 符号化器が文をベクトルに写像することで符号化し，第一の復号化器が符号化された表現から直前の文を復元し，第二の復号化器が直後の文を復元するように訓練される．訓練された skip-thought 符号化器は実際に興味深い結果を出しており，次のような文を類似したベクトルへと写像している．

(a) *he ran his hand inside his coat, double-checking that the unopened letter was still there.*

(b) *he slipped his hand between his coat and his shirt, where the folded copies lay in a brown envelope.*

統語的類似性　Vinyals et al. [2014] の研究では，句構造統語パージング (phrase-based syntactic parsing) に関して，符号化器復号化器モデルが比較的良い結果を出せることが示されている．これは，文を符号化し，復号化器に線条化された統語木を一連の括弧付けの判断として再構築させるものである．すなわち，次のような文，

the boy opened the door

を，次のような線条化統語木へと写像する．

(S (NP DT NN) (VP VBD (NP DT NN)))

そのような訓練の下で符号化された文の表現が，文の統語的な構造を捉えていることは十分にありえそうである．

17.4　アテンションあり条件付き生成

17.2 節で述べた符号化器復号化器ネットワークでは，入力文は単一のベクトルへと符号化され，それが RNN 生成器の条件付け文脈として用いられている．このアーキテクチャでは，符号化ベクトル $c = \text{RNN}^{\text{enc}}(x_{1:n})$ が，生成に必要な全ての情報を保持するように強制され，生成器はこの固定長のベクトルからその情報を抽出できるようにならなければならない．このような強い要請の下でも，このアーキテクチャは驚くほどうまく機能する．しかしながら，多くの場合において，**アテンション機構**（注視機構, attention mechanism）を追加することで，その性能が大幅に向上しうる．**アテンションあり条件付き生成** (conditioned generation with attention) アーキテクチャ [Bahdanau et al., 2014] は，原文全体が単一のベクトルとして符号化されるという条件を緩めたものである．その代わり，入力文はベクトルの系列として符号化され，復号化器は，**ソフトアテンション機構** (soft attention mechanism) を用いて，符号化された入力の中でどの部分に着目すべきかを決める．符号化器，復号化器，そしてアテンション機構は，お互いにうまく機能するように，全て同時に訓練される．

より具体的には，アテンションあり符号化器復号化器アーキテクチャは，長さ n の入力系列 $\boldsymbol{x}_{1:n}$ を biRNN で符号化し，n 個のベクトル $\boldsymbol{c}_{1:n}$ を生成する．

$$\boldsymbol{c}_{1:n} = \text{Enc}(\boldsymbol{x}_{1:n}) = \text{biRNN}^\star(\boldsymbol{x}_{1:n}).$$

生成器（復号化器）は，これらのベクトルを条件付け文を表現する読み込み専用のメモリとして用いる．すなわち，生成処理時の各時点 j において，ベクトル $\boldsymbol{c}_{1:n}$ の中で注目すべきものを選択し，結果として，焦点化された文脈ベクトル $\boldsymbol{c}^j = \text{attend}(\boldsymbol{c}_{1:n}, \hat{t}_{1:j})$ を得る．

そして，焦点化文脈ベクトル $\boldsymbol{c}^j$ は，時点 j での生成を条件付けるのに用いられる．

$$\begin{aligned}
p(t_{j+1} = k \mid \hat{t}_{1:j}, \boldsymbol{x}_{1:n}) &= f(O(\boldsymbol{s}_{j+1})) \\
\boldsymbol{s}_{j+1} &= R(\boldsymbol{s}_j, [\hat{\boldsymbol{t}}_j; \boldsymbol{c}^j]) \\
\boldsymbol{c}^j &= \text{attend}(\boldsymbol{c}_{1:n}, \hat{t}_{1:j}) \\
\hat{t}_j &\sim p(t_j \mid \hat{t}_{1:j-1}, \boldsymbol{x}_{1:n}).
\end{aligned} \tag{17.7}$$

表現力の観点では，このアーキテクチャは前の符号化器復号化器アーキテクチャを包含している．$\text{attend}(\boldsymbol{c}_{1:n}, \hat{t}_{1:j}) = \boldsymbol{c}_n$ とすると，式 (17.6) が得られることからそれがわかる．

関数 $\text{attend}(\cdot, \cdot)$ はどのようなものだろうか．すでに推測されているように，訓練可能で，パラメータを持つ関数である．本書では，系列-系列生成にアテンションを最初に導入した Bahdanau et al. [2014] によるアテンション機構の記述に従う[4]．この形式のアテンション機構は広く知られておりうまく機能するが，多くの変種も可能である．Luong et al. [2015] の研究では，機械翻訳において，それらのいくつかを検証している．

実装されたアテンション機構はソフト (soft) である．つまり，各時点で符号化器は $\boldsymbol{c}_{1:n}$ の重み付き平均を参照する．重みはアテンション機構によって選択される．

より形式的には，時点 j において，ソフトアテンションは混合ベクトル $\boldsymbol{c}^j$ を出力する．

$$\boldsymbol{c}^j = \sum_{i=1}^n \boldsymbol{\alpha}^j_{[i]} \cdot \boldsymbol{c}_i.$$

$\boldsymbol{\alpha}^j \in \mathbb{R}^n_+$ は時点 j におけるアテンション重みのベクトルであり，その要素 $\boldsymbol{\alpha}^j_{[i]}$ は全て正の値であり和が 1 となる．

値 $\boldsymbol{\alpha}^j_{[i]}$ は二つの段階を経て出力される．まず，時点 j の復号化器の状態と，ベクト

---

[4] モデルの復号化器の記述は，Bahdanau et al. [2014] の形式と微妙に異なるところがあり，Luong et al. [2015] のものにより近い．

ル c_i を考慮したフィードフォワードネットワーク $\mathrm{MLP}^{\mathrm{att}}$ を用いて，正規化されていないアテンション重み $\bar{\alpha}^j_{[i]}$ が産出される．

$$\begin{aligned}\bar{\boldsymbol{\alpha}}^j &= \bar{\boldsymbol{\alpha}}^j_{[1]},\ldots,\bar{\boldsymbol{\alpha}}^j_{[n]} = \\ &= \mathrm{MLP}^{\mathrm{att}}([\boldsymbol{s}_j;\boldsymbol{c}_1]),\ldots,\mathrm{MLP}^{\mathrm{att}}([\boldsymbol{s}_j;\boldsymbol{c}_n]).\end{aligned} \tag{17.8}$$

そして，この正規化されていない重み $\bar{\boldsymbol{\alpha}}^j$ がソフトマックス関数を用いて，確率分布へと正規化される．

$$\boldsymbol{\alpha}^j = \mathrm{softmax}(\bar{\boldsymbol{\alpha}}^j_{[1]},\ldots,\bar{\boldsymbol{\alpha}}^j_{[n]}).$$

機械翻訳においては，$\mathrm{MLP}^{\mathrm{att}}$ は，現在の復号化器の状態 $\boldsymbol{s}_j$ （直近に生成された目的言語の単語を捉えている）と原文の各要素 $\boldsymbol{c}_i$ との間のソフトアライメント (soft alignment) とみなすことができる．

　完全な関数 attend は次のようになる．

$$\begin{aligned}\mathrm{attend}(\boldsymbol{c_{1:n}},\hat{t}_{1:j}) &= \boldsymbol{c}^j \\ \boldsymbol{c}^j &= \sum_{i=1}^n \boldsymbol{\alpha}^j_{[i]} \cdot \boldsymbol{c}_i \\ \boldsymbol{\alpha}^j &= \mathrm{softmax}(\bar{\boldsymbol{\alpha}}^j_{[1]},\ldots,\bar{\boldsymbol{\alpha}}^j_{[n]}) \\ \bar{\boldsymbol{\alpha}}^j_{[i]} &= \mathrm{MLP}^{\mathrm{att}}([\boldsymbol{s}_j;\boldsymbol{c}_i]),\end{aligned} \tag{17.9}$$

そして，アテンションあり系列-系列生成の全体は次のようになる．

$$\begin{aligned}p(t_{j+1}=k \mid \hat{t}_{1:j},\boldsymbol{x}_{1:n}) &= f(O_{\mathrm{dec}}(\boldsymbol{s}_{j+1})) \\ \boldsymbol{s}_{j+1} &= R_{\mathrm{dec}}(\boldsymbol{s}_j,[\hat{\boldsymbol{t}}_j;\boldsymbol{c}^j]) \\ \boldsymbol{c}^j &= \sum_{i=1}^n \boldsymbol{\alpha}^j_{[i]} \cdot \boldsymbol{c}_i \\ \boldsymbol{c}_{1:n} &= \mathrm{biRNN}^{\star}_{\mathrm{enc}}(\boldsymbol{x}_{1:n}) \\ \boldsymbol{\alpha}^j &= \mathrm{softmax}(\bar{\boldsymbol{\alpha}}^j_{[1]},\ldots,\bar{\boldsymbol{\alpha}}^j_{[n]}) \\ \bar{\boldsymbol{\alpha}}^j_{[i]} &= \mathrm{MLP}^{\mathrm{att}}([\boldsymbol{s}_j;\boldsymbol{c}_i]) \\ \hat{t}_j &\sim p(t_j \mid \hat{t}_{1:j-1},\boldsymbol{x}_{1:n}) \\ f(\boldsymbol{z}) &= \mathrm{softmax}(\mathrm{MLP}^{\mathrm{out}}(\boldsymbol{z}))\end{aligned} \tag{17.10}$$

$$\mathrm{MLP}^{\mathrm{att}}([\boldsymbol{s}_j;\boldsymbol{c}_i]) = \boldsymbol{v}\tanh([\boldsymbol{s}_j;\boldsymbol{c}_i]\boldsymbol{U}+\boldsymbol{b}).$$

アーキテクチャの略図は図 **17.5** である．

第 17 章 条件付き生成

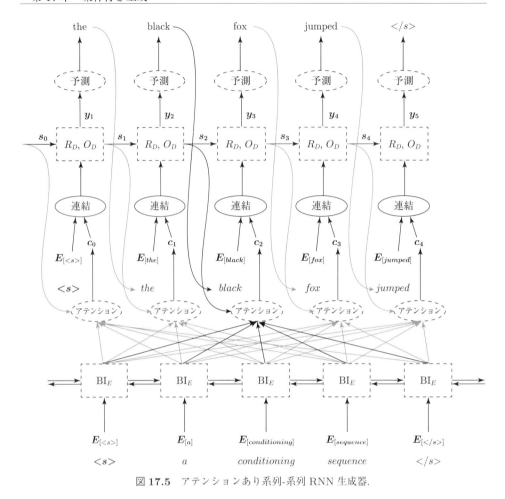

図 17.5 アテンションあり系列-系列 RNN 生成器.

なぜ，アテンション機構は直接 $x_{1:n}$ を見ずに，biRNN 符号化を用いて条件付け系列 $x_{1:n}$ を文脈ベクトル $c_{1:n}$ へと翻訳するのだろうか．$c^j = \sum_{i=1}^{n} \alpha_{[i]}^j \cdot x_i$ と $\bar{\alpha}_{[i]}^j = \mathrm{MLP}^{\mathrm{att}}([s_j; x_i])$ を用いることはできないのだろうか．それは可能だろうが，符号化処理は重要な恩恵をもたらす．第一に，biRNN ベクトル c_i は要素 x_i をその文の文脈において表現している．つまり，入力要素 x_i の周辺に焦点をあてた窓を表現しており，その要素だけを直接表現しているわけではない．第二に，復号化器と同時に訓練できる訓練可能な符号化部位を持つことで，符号化器と復号化器は同時に発展し，ネットワークは，復号化器にとって重要であり，原系列 $x_{1:n}$ には恐らく直接現れてはいないような入力の適切な性質を符号化するように訓練される．例えば，biRNN 符号化器が系列内の x_i の位置を符号化するように学習して，この情報を用いて，復号化器が，要素に順序よくアクセスしたり，あるいは，まず系列の先頭の要素に，その後に末尾の要素に

より注意を払ったりするように学習することができるだろう.

アテンションを用いた条件付き生成モデルはとても強力であり,多くの系列生成タスクでとても良く機能する.

17.4.1 計算の複雑さ

アテンションなし条件付き生成は比較的安価である.すなわち,符号化は入力長について線形時間 ($O(n)$) で計算でき,復号化は出力長について線形時間 ($O(m)$) で計算できる.大きな語彙において単語についての分布を計算するのはそれ自体計算コストが高いが,これはこの分析とは直交する問題であるので,ここでは語彙に対するスコア付けは定数時間の演算とみなしている.結局,系列-系列生成処理の全体的な複雑さは,$O(m+n)$ である[5].

アテンション機構を追加するコストはどれぐらいだろうか.入力系列の符号化は $O(n)$ の線形時間演算のままである.しかし,復号化処理の各時点において,今度は c^j を計算する必要がある.これには,MLP^{att} の n 回の評価が必要となり,さらに正規化と n 個のベクトルの加算が続く.このため,符号化処理の複雑さは定数時間の演算から,条件付け文の長さについて線形に比例 ($O(n)$) するようになり,結果として全体の実行時間は $O(m \times n)$ となる.

17.4.2 解釈のしやすさ

アテンションなしの符号化器復号化器ネットワークは(他のたいていのニューラルネットアーキテクチャと同様に)極めて不明瞭である.すなわち,符号化ベクトルに何が符号化されているのか,復号化器がこの情報をどのように利用しているのか,また復号化器のある振る舞いを何が促すのかについては明らかにならない.アテンション機構の重要な利点の一つは,復号化器における推論と何を学習しているかついて,その内側をいくらか垣間見ることができる単純な方法が得られることである.復号化処理の各時点において,計算されたアテンション重み $\boldsymbol{\alpha}^j$ を見ることで,その出力を計算する際に原系列のどこが関連していると復号化器がみなしているかを眺めることができる.これは解釈可能性としてはまだ弱いが,それでもアテンションなしモデルの不透明さを大きく乗り越えている.

---

[5] 出力長 m は原理的に制限されていないが,実際には訓練済復号化器は訓練データセット内の長さと類似した長さの分布で出力を行うし,また最悪の場合には,生成文の長さに関して強い制限を置くこともできる.

17.5 自然言語処理におけるアテンションに基づくモデル

アテンションあり条件付き生成はとても強力なアーキテクチャである．これは機械翻訳の最先端の結果を生み出している主要なアルゴリズムであり，他の多くの NLP タスクで強力な性能を出している．この節ではいくつかの使用例について述べる．

17.5.1 機械翻訳

普通の系列-系列生成における機械翻訳を最初に述べたが，現在の機械翻訳システムの最先端は，アテンション機構を利用したモデルによって得られている．

機械翻訳についてのアテンションあり系列-系列モデルの最初の結果は，Bahdanau et al. [2014] によるものであり，前節で述べたアーキテクチャを（GRU 的な RNN を用いて）ほとんどそのまま採用していて，テスト時に復号化器から生成を行う際にはビーム探索を利用していた．Luong et al. [2015] はアテンション機構の変種について検討し，いくらか向上をもたらしているが，ニューラル機械翻訳における進歩の大半は，入力する要素を変更しつつも，（LSTM か GRU を用いた）アテンションあり系列-系列アーキテクチャをそのまま採用することで得られている．

この短い節でニューラル機械翻訳を網羅することは期待できないが，ここでは最先端の結果を押し上げている Sennrich とその同僚らによる改善のいくつかを列挙する．

サブワード単位 高度に屈折する言語を扱うため（また，一般的に語彙の大きさを制限したいときのために），Sennrich et al. [2016a] はトークンよりも小さいサブワード単位で処理を行うことへの移行を提案している．彼らのアルゴリズムは，顕著なサブワード単位を探すために原テキストと目的テキストを BPE と呼ばれるアルゴリズム（10.5.5 節）で処理する（アルゴリズムそのものは 10.5.5 節の最後で述べている）．英語を処理すると，この段階では，er, est, un, low, wid などの単位が見つかることが多い．原文と目的文は，それらの持つ単語が，導かれた分割に従って区切られるように処理される（the widest network が the wid_ _est net_ _work に変換される）．処理されたコーパスがアテンションあり系列-系列モデルの訓練に用いられる．評価用の文を復号化した後，出力はサブワード単位を単語に戻すためにもう一度処理される．このような処理は未知語の数を減らし，新しい語彙要素に対する汎化を容易にし，翻訳品質を向上させる．関連研究には，直接，文字レベルの処理を試みて（単語の代わりに文字について符号化と復号化を行う），注目すべき成功をおさめた研究もある [Chung et al., 2016].

単言語データの統合 系列-系列モデルは原言語と目的言語の文がアライメントされた対訳コーパスで訓練される．そのようなコーパスは存在するが，当然のこととして，ほぼ無限に得られる**単言語データ** (monolingual data) よりもずっと小さい．実際に，

以前の統計的機械翻訳システムの生成[6)]では，**翻訳モデル** (translation model) を対訳コーパスで訓練し，それとは別に**言語モデル** (language model) をずっと大きな単言語データで訓練している．現状の系列-系列アーキテクチャではそのような分け方が許されず，言語モデル（復号化器）と翻訳モデル（符号化器と復号化器の相互作用）を同時に訓練する．

目的言語側の単言語データは系列-系列の枠組みでどのように利用できるだろうか．Sennrich et al. [2016b] は次のような訓練の手続きを提案している．すなわち，原言語から目的言語への翻訳を試みる際に，最初に目的言語から原言語の翻訳モデルを訓練し，それを大規模な目的言語の単言語コーパスの文を翻訳するのに用いる．その後，得られた（目的文，原文）の対を（原文，目的文）の事例として対訳コーパスに追加する．そして，その組み合わせたコーパスを用いて，原言語から目的言語への機械翻訳システムを訓練する．ここで，システムは自動的に生成された事例について訓練を行っているが，システムが見る目的言語側の文は全てコーパスに現れたもののままなので，言語モデル部分は決して自動生成された文について訓練されているわけではない．これはやや技巧的だが，この訓練手続きは翻訳結果を大きく向上させる．さらなる研究は，単言語データのより美しい統合方法を生み出しうるに違いない．

言語学的注釈 最後に，Sennrich and Haddow [2016] は，入力を言語学的な注釈で補強すると，アテンションあり系列-系列アーキテクチャがより良い翻訳モデルを学習できることを示している．この手法では，原文 $w_1,\ldots,w_n$ があるとき，各単語に埋め込みベクトル ($\boldsymbol{x}_i = \boldsymbol{E}_{[w_i]}$) を割り当てるだけで，入力ベクトル $\boldsymbol{x}_{1:n}$ を作ることはしない．そうではなく，文は品詞タグ付け，統計的依存構造パージング，レンマ化を含む言語学的注釈のパイプラインを通されて，各単語が符号化された品詞タグのベクトル ($\boldsymbol{p}_i$)，その主辞についての依存関係ラベルのベクトル ($\boldsymbol{m}_i$)，レンマのベクトル ($\boldsymbol{l}_i$)，形態的素性のベクトル ($\boldsymbol{m}_i$) で補強される．入力ベクトル $\boldsymbol{x}_{1:n}$ は，これらの素性の連結として定義される．すなわち，$\boldsymbol{x}_i = [\boldsymbol{w}_i; \boldsymbol{p}_i; \boldsymbol{r}_i; \boldsymbol{l}_i; \boldsymbol{m}_i]$ である．これらの追加の素性は一貫して翻訳の質を高めており，このことは，理論上は言語学的な概念をそれ自体で学習できてしまう強力なモデルがあっても，言語学的な情報が，有用であることを示している．同様に，Aharoni and Goldberg [2017] は，独英翻訳システムの復号化器を，単語の系列の代わりに線条化した統語木を産出するように訓練することで，翻訳結果が並び替えについてより一貫した振る舞いを示すようになり，翻訳の質も向上したと述べている．言語学的な情報の統合に関して，これらの研究はまだ，ほとんど表面をなでただけである．今後の研究によって，統合可能であるようなさらなる言語学的な手が

[6)] 概要については，Koehn [2010] や原著シリーズの統語に基づく機械翻訳についての書籍 [Williams et al., 2016] を参照のこと．

かりや，言語学的情報のより良い統合方法が考案されるかもしれない．

未解決の課題 執筆時点で，ニューラル機械翻訳の主な未解決課題には，出力語彙の大きさの拡大（あるいは文字に基づく出力への移行によって，それへの依存性を取り除くこと），ビーム探索復号化器を考慮しながらの訓練，訓練と復号化器の高速化などがある．多くの研究がなされつつあるその他のトピックとしては，統語情報を利用するモデルへの移行がある．とは言え，この分野の動きはとても速く，本書が出版される頃にはこの段落は価値がなくなっているかもしれない．

17.5.2 形態論的屈折

系列-系列モデルにおいて先に議論した形態論的屈折タスクも，アテンションあり系列-系列アーキテクチャを用いることで，性能が向上する．このことは，形態的再屈折についてのSIGMORPHONシェアードタスク [Cotterell et al., 2016] における優勝システムのアーキテクチャによって示されている．優勝システム [Kann and Schütze, 2016] はほぼ既存のアテンションあり系列-系列モデルをそのまま用いている．シェアードタスクの入力は，単語の原形と望みの屈折で，後者は，対象となる品詞タグや形態論的特徴のリストとなっていて，例えばNOUN Gender=Male Number=Pluralのように与えられる．期待される出力は，屈折形である．これは，入力系列を屈折情報のリストとその後に入力単語を構成する文字のリストが続くものとすれば，系列-系列モデルに変換することができる．期待される出力は，対象とする単語における文字のリストとなる．

17.5.3 統語パージング

より適切なアーキテクチャが存在するが，Vinyals et al. [2014] の研究は，アテンションあり系列-系列モデルが文を（一語ずつ）読み込んで括弧付けの判断の系列を出力することで，強力な統語パージング結果が得られることを示している．これはパージングの理想的なアーキテクチャとは思えないし，実際に，そのためにあつらえたアーキテクチャでより良い結果が得られることが，Cross and Huang [2016a] の研究で示されている．しかしながら，アーキテクチャの一般性を考えると，このシステムは驚くほど良く機能しており，印象的なパージングの結果を出している．ただし，十分に良い結果を得るには，いくつかの追加の処理が必要となる．まず，このアーキテクチャは多くの訓練データを必要とする．訓練データは，大規模コーパスによって訓練された二つのツリーバンクパーザによって予測された統語木であり，二つのパージング結果が一致した木（信用できる解析結果）を選んでいる．さらに，最終的なパーザに関しては，いくつかのアテンションありネットワークのアンサンブル（5.2.3節）を用いている．

第4編

追加的な話題

第18章

RecNNによる木構造のモデリング

　RNNは系列をモデリングするのに大変に有用である．しかしながら，言語処理においてはしばしば，木構造を処理することが自然であり，望ましくもある．この際，木構造とは統語構造や談話構造だけでなく，文の様々な部分が担う感情極性を表す部分構造であってもよい [Socher et al., 2013b]．多くの場合，特定のノードや根ノードに基づいて値を予測したり，木の全体，または，部分的な木に対して，その良さを表すスコアを割り当てたりすることを行う．あるいは，木構造には関心はなく，特定の区間 (span) について推論できればよい場合もある．このような場合は，区間に対応する単語系列を固定長のベクトルへと符号化する過程を助けるものとして木を用いる．

　NLPにおける**木構造ニューラルネットワーク** (recursive neural network: RecNN)[1] の抽象化 [Pollack, 1990] は，Richard Socherとその研究グループによりなされた [Socher, 2014; Socher et al., 2010, 2011, 2013a]．RecNNは，系列を対象とするRNNを二進木に一般化したもの[2]と見ることができる．

　RNNが単語系列としての文の部分的区間を一つの状態ベクトルとして符号化するように，RecNNは一つの木ノードを $\mathbb{R}^d$ 次元の状態ベクトルとして符号化する．この状態ベクトルを用いて対応するノードの値を予測することもできるし，各ノードにスコアを割り当てることもできる．あるいは，そのようなノードのベクトルをそのノードを根とする区間に対する意味表現として用いることもできる．

　直観的には，木構造ニューラルネットワークにおける各部分木は d-次元のベクトル

---

[1] 訳注：再帰的ニューラルネットワーク (RNN) と紛らわしいので，木構造ニューラルネットワークと呼ぶ．

[2] 二進木と書いたが，再帰的に定義されるデータ構造に容易に一般化することができる．その場合の技術的な課題は，合成関数 R を効果的な形式で定義することである．

第 18 章 RecNN による木構造のモデリング

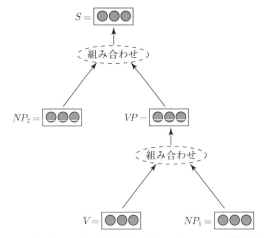

図 18.1 木構造ニューラルネットワークの概念図．まず V と NP_1 の表現が組み合わされて VP の表現が作られる．次に VP と NP_2 の表現が組み合わされて S の表現が作られる．

により表され，あるノード p の表現は，その子ノード c_1, c_2 の関数である．すなわち，$vec(p) = f(vec(c_1), vec(c_2))$ である．ここで f は二つの d 次元ベクトルをとり，一つの d 次元ベクトルを返す**合成関数** (composition function) である．RNN の場合と同様に，状態 $\boldsymbol{s}_i$ によってあるノード p を根とする部分木に対応する系列 $\boldsymbol{x}_{1:i}$ を符号化する．この様子を図 **18.1** に示す．

18.1 形式的定義

n 語からなる文に対する二進木形式の構文木 $\mathcal{T}$ を考える．ここで，単語系列 $x_1,\ldots,x_n$ を覆うラベルなしの木は，三つ組 (i,k,j), $i \leq k \leq j$ のユニークな集合として表現できることを思い出そう．各三つ組は，単語系列 $x_{i:j}$ を覆うノードが二つの連続する区間 $x_{i:k}$, $x_{k+1:j}$ を覆うそれぞれのノードの親ノードであることを示す．(i,i,i) という形式の三つ組は，木の葉（単語 w_i）にあたる終端記号に対応する．以上はラベルを考慮しない場合であるが，これをラベル付きの木構造に広げて考える場合，一つの木は六つ組 $(A \rightarrow B, C, i, k, j)$ として表現できる．ここで，i, k, j は，前と同様に区間を表すインデックスであり，A, B, C はそれぞれ，$x_{i:j}, x_{i:k}, x_{k+1:j}$ の区間に対するノードのラベルを表す．また葉ノードは，A を前終端記号とする $(A \rightarrow A, A, i, i, i)$ という形式となる．以上に示したような組を**生成規則** (production rules) と呼ぶ．"the boy saw her duck." という例文に対する構文木を見てみよう．

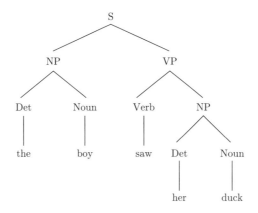

これに対するラベルなし，ラベル付きの表現を表 **18.1** に示す．

この木に含まれる生成規則の集合は，ユニークに木ノード $q_{i:j}^A$（区間 $x_{i:j}$ が非終端記号 A の配下にあることを表す）の集合へと変換することができる．これは単に各生成規則における (B, C, k) の三つの要素を無視することで行える．さて，以上の準備をもとに木構造ニューラルネットワークの定義を行おう．

木構造ニューラルネットワーク (RecNN) とは，n 個の単語からなる系列 $x_1, \ldots, x_n$ で表される文に対する構文木を入力とする関数である．ここで，各単語は d 次元のベクトル $\boldsymbol{x}_i$ で表され，対応する木は，それが含む生成規則 $(A \to B, C, i, j, k)$ の集合 $\mathcal{T}$ により表される．木 $\mathcal{T}$ 中のノードを $q_{i:j}^A$ と記述すると，RecNN はこれらのノードに対応する内側状態ベクトル (inside state vector) $\boldsymbol{s}_{i:j}^A$ の集合を返す．各内側状態ベクトル $\boldsymbol{s}_{i:j}^A \in \mathbb{R}^d$ は，対応する木のノード $q_{i:j}^A$ を根とする構造の全体を符号化する．系列 RNN と同様に RecNN も関数 R を用いて再帰的に定義される．形式的には，あるノードの内側ベクトルは，そのノードの直接の子ノードのベクトルの関数として次のように

表 **18.1** ラベルなし，ラベル付きの表現と対応する区間．

ラベルなし	ラベル付き	対応する区間
(1,1,1)	(Det, Det, Det, 1, 1, 1)	$x_{1:1}$ the
(2,2,2)	(Nound, Noun, Noun, 2, 2, 2)	$x_{2:2}$ boy
(3,3,3)	(Verb, Verb, Verb, 3, 3, 3)	$x_{3:3}$ saw
(4, 4, 4)	(Det, Det, Det, 4, 4, 4)	$x_{4:4}$ her
(5, 5, 5)	(Noun, Noun, Noun, 5, 5, 5)	$x_{5:5}$ duck
(4, 4, 5)	(NP, Det, Noun, 4, 4, 5)	$x_{4:5}$ her duck
(3, 3, 5)	(VP, Verb, NP, 3, 3, 5)	$x_{3:5}$ saw her duck
(1, 1, 2)	(NP, Det, Nound, 1, 1, 2)	$x_{1:2}$ the boy
(1, 2, 5)	(S, NP, VP, 1 2, 5)	$x_{1:5}$ the boy saw her duck

定義される[3]．

$$\mathrm{RecNN}(x_1,\ldots,x_n,\mathcal{T}) = \{\boldsymbol{s}_{i:j}^A \in \mathbb{R}^d \mid q_{i:j}^A \in \mathcal{T}\}$$
$$\boldsymbol{s}_{i:i}^A = v(x_i) \tag{18.1}$$
$$\boldsymbol{s}_{i:j}^A = R(A,B,C,\boldsymbol{s}_{i:k}^B,\boldsymbol{s}_{k+1:j}^C) \quad q_{i:k}^B \in \mathcal{T},\ q_{k+1:j}^C \in \mathcal{T}.$$

関数 R は通常は単純な線形変換の形式をとるが，次に示すように非線形活性化関数 g を適用してもよい．

$$R(A,B,C,\boldsymbol{s}_{i:k}^B,\boldsymbol{s}_{k+1:j}^C) = g([\boldsymbol{s}_{i:k}^B;\boldsymbol{s}_{k+1:j}^C]\boldsymbol{W}). \tag{18.2}$$

関数 R のこの定式化は木のラベルを無視しており，非終端記号の組み合わせの全てに対して同じ行列 $\boldsymbol{W} \in \mathbb{R}^{2d\times d}$ を用いている．このような定式化はノードにラベルが存在しない場合（すなわち明確に定義されたラベルを持つ統語構造を木が表さない場合），あるいは，それらのラベルの信頼性が低い場合には有用な定式化である．しかしラベルが利用可能であれば，ラベルの情報を合成関数に取り込むのが有用である．これを達成する一つのアプローチは，ラベル埋め込み (label embedding) $v(A)$ を導入することである．$v(A)$ は各非終端記号を d_{nt} 次元の埋め込みベクトルへと写像するので，これらの埋め込みベクトルを含むように合成関数 R を次のように改訂する．

$$R(A,B,C,\boldsymbol{s}_{i:k}^B,\boldsymbol{s}_{k+1:j}^C) = g([\boldsymbol{s}_{i:k}^B;\boldsymbol{s}_{k+1:j}^C;v(B);v(C)]\boldsymbol{W}) \tag{18.3}$$

ここで，$\boldsymbol{W} \in \mathbb{R}^{2d+2d_{nt}\times d}$ である．このアプローチは Qian et al. [2015] において用いられているものであるが，別のアプローチ Socher et al. [2013a] では，非終端記号に対する重みの共有化を行わず，次のように非終端記号 B,C の対ごとに異なる合成行列を用いている[4]．

$$R(A,B,C,\boldsymbol{s}_{i:k}^B,\boldsymbol{s}_{k+1:j}^C) = g([\boldsymbol{s}_{i:k}^B;\boldsymbol{s}_{k+1:j}^C]\boldsymbol{W}^{BC}). \tag{18.4}$$

このような定式化は，非終端記号の数（より正確には，ありうる非終端記号の組み合わせの数）が比較的少数であるときに有用であり，このような事情は句構造木の通常の場合と同様である．Hashimoto et al. [2013] は，意味関係分類のタスクにおいて部分木を符号化する際に同様のモデルを用いている．

---

[3] Le and Zuidema [2014] は，この RecNN の定義を拡張した．各ノードは内側状態ベクトルに加えて，そのノードを根とする部分木の周辺の全体構造を表す外側状態ベクトル (outside state vector) を持つ．彼らの定式化は古典的な内側・外側アルゴリズムにおける再帰的計算に基づいており，RNN の biRNN への拡張と同様な拡張として捉えることができる．詳しくは Le and Zuidema [2014] を参照のこと．

[4] 一つの自明と思われる方法は変換行列を A に応じても条件付けることであるが，このような研究例は見当たらない．

18.2 拡張と変種

単純な RNN の場合と同様に上記の R の定義は勾配消失の問題をかかえている．このため何人かの研究者は，LSTM におけるゲート付きアーキテクチャの発想を取り入れた関数との置き換えを行っている．これらは，**木構造型 LSTM** (tree-shaped LSTM) [Tai et al., 2015; Zhu et al., 2015b] と呼ぶことができる．木構造に対する最適な表現形式というのは未だ決着の付いていない問題であり，合成関数 R の形態についてもさらに探求が必要である．基本的な木構造型の RNN に対する変種としては，**再帰的行列・ベクトルモデル** (recursive matrix-vector model)[Socher et al., 2012] や，**再帰的ニューラルテンソルネットワーク** (recursive neural tensor network)[Socher et al., 2013b] の提案がある．

再帰的行列・ベクトルモデルにおいては，各単語はベクトルと行列の組み合わせとして表現される．ベクトルが単語の静的な意味内容を表すことは従来法と同様であるが，単語に対する学習された "演算子" として行列が機能するところが異なる．これにより，ベクトルの連結と線形変換により達成されるベクトル加算や，重み付き平均といった操作に比べてより詳細な意味合成が可能となる．

再帰的ニューラルテンソルネットワークにおいては，単語は依然としてベクトルと関係付けられるが，合成関数は行列上の演算ではなくテンソル上の演算に基づくため，より表現力が豊かなものとなっている．

筆者らの研究 [Kiperwasser and Goldberg, 2016a] においては，二進木に限定されず任意の分岐を持つ木を扱うことのできる木構造符号化器を提案している[5]．各部分木における符号化結果は，二つの RNN 状態（一つは主辞の左側の部分木系列の符号化結果を右から左へ走査したもの，もう一方は主辞の右側の部分木系列の符号化結果を右から左へ走査したもの）をマージしたものである．

18.3 木構造ニューラルネットワークの訓練

RecNN の訓練手続きは，他の形式を持つネットワークの場合と同様である．すなわち，損失関数を定義し，計算グラフを定め，誤差逆伝播を用いて勾配を計算し[6]，SGD などによりパラメータを学習する．

損失関数については，系列 RNN の場合と同様に，木の根ノード，もしくは，任意の

---

[5] 訳注：論文では依存構造木を扱っている．
[6] 計算グラフによる抽象化が導入される以前は，RecNN において勾配を計算する誤差逆伝播法は，構造を通じた誤差逆伝播 (Back-Propagation through Structure: BPTS) アルゴリズム [Goller and Küchler, 1996] と呼ばれていた．

ノードと損失を対応付けることができる．あるいは，ノードの集合と対応付けることも可能であり，その場合，各ノードに対する損失の和をとることによりノード集合の損失とすることが多い．損失関数は，ラベルまたは他の量を様々なノードと対応付けるラベル付きの訓練データを利用する．

さらには，RecNN を符号化器として扱うこともできる．この場合，あるノードにおける内側状態ベクトルはそのノードを根とする木の表現として扱われる．このような表現は一般には構造における何らかの性質に影響を受ける．得られたベクトルは他のネットワークへの入力として利用される．

木構造ニューラルネットワークといくつかの自然言語処理のタスクにおける利用についてのさらなる議論は，Socher [2014] の博士論文を参照のこと．

18.4 シンプルな代替案：木を線条化する

RecNN の抽象化は，再帰的で構成的なアプローチによって木をベクトルとして符号化する柔軟な枠組みを与える．RecNN は入力の木だけでなく，その各部分木を符号化する．符号化の再帰性が必要でなく，必要なものが全体の木のベクトル表現だけであるなら，木構造を考慮しないよりシンプルな代替案がうまくいく可能性がある．とりわけ，木を線条化された系列へと変換し，ゲート付きの RNN 受容器（もしくは biRNN 符号化器）に入力するというアプローチは，いくつかの研究 [Choe and Charniak, 2016; Luong et al., 2016; Vinyals et al., 2014] によって有用であることが示されている．より具体的には，先に示した *the boy saw her duck* という文の木構造は次のような線条の文字列[7]として表現できる．

(S (NP (Det the Det) (Noun boy Noun) NP) (VP (Verb saw Verb) (NP (Det her Det) (Noun duck Noun) NP) VP) S)

このような系列は，LSTM のようなゲート付きの RNN に入力することができ，その最終状態を対応する木に対するベクトル表現として利用することができる．あるいは，このような線条化された構文木上で定義される RNN 言語モデルを訓練することにより，木構造のスコア付けが可能である．この場合，線条化された構文木に対する言語モデル確率を木構造の尤もらしさを表す指標とすることができる．

---

7) 訳注：S 式 (S-expression) として知られている木構造の表記形式を文字列として扱っている．

18.5 今後の見通し

再帰的な木構造の形状を持つネットワークは，強力で興味深い概念であり，言語の再帰的な性質を扱うのに最適であるように思われる．しかしながら，2016年末の段階においては，シンプルなアーキテクチャに比べて，木構造アーキテクチャが実際的で一貫した優位性を発揮できているとは言い難い．多くの場合において，RNNのような系列に基づくモデルによって必要な規則性がうまく獲得できている．これは，木構造ネットワークがすんなりと当てはまるような応用をまだ見つけられていないことを示すのかもしれないし，適切なアーキテクチャや訓練手順がわかっていないということかもしれない．Li et al. [2015] は，いくつかの言語処理タスクを対象として，木構造ネットワークと系列ネットワークを比較・分析した結果を示している．いずれにせよ，言語データの処理に木構造ネットワークを用いることは，現時点ではまだオープンな研究領域である．木構造ネットワークに適した応用を見つけることや，より良い訓練手順を得ること，あるいは逆に，木構造のアーキテクチャは無用であることを示すことは全て興味深い研究の方向性である．

第19章

構造を持つ出力の予測

多くの NLP の問題は，構造を持つ出力を扱う．すなわち，要求される出力はクラスラベルやクラスラベルの分布ではなく，系列や木やグラフといった構造を持つオブジェクトである．代表的な例としては，系列のタグ付け（すなわち，品詞タグ付け），系列のセグメント化（チャンキングや固有表現認識），パージングや機械翻訳が挙げられる．本章では，構造を持つタスクに対するニューラルネットワークモデルの適用について議論する．

19.1 探索に基づく構造予測

構造を持つデータの予測は，一般的には探索に基づくアプローチによる．NLP における探索に基づく構造予測についての深層学習以前の詳細な議論は，Smith [2011] を参照のこと．これらの技法はニューラルネットワークを用いる手法にも容易に適用できる．ニューラルネットワークの文献においては，これらのモデルはエネルギーに基づく学習 (energy-based learning) という枠組みで議論されている [LeCun et al., 2006, 7節]．以下では，これらのモデルを NLP コミュニティに馴染みのある設定，および，用語を用いて説明する．探索に基づく構造予測は，ありうる構造の中から最適なものを探索する問題として次のように定式化される．

$$\text{predict}(x) = \underset{y \in \mathcal{Y}(x)}{\text{argmax}}\ \text{score}_{\text{global}}(x, y), \tag{19.1}$$

ここで，x は入力の構造，y は x に対する出力（典型的な例では x は文であり，y はタグ割り当てであったり，文に対する構文木であったりする），$\mathcal{Y}(x)$ は 入力 x に対して妥当な全ての構造の集合である．このとき問題は，x, y の対についてのスコアを最大化

するような出力 y を探索することである．

19.1.1 線形モデルによる構造予測

線形あるいは対数線形モデルを用いた構造予測に関する多種多様な文献において，スコア関数は線形関数として次のようにモデリングされている．

$$\text{score}_{\text{global}}(x, y) = \boldsymbol{w} \cdot \Phi(x, y), \tag{19.2}$$

ここで，Φ は素性抽出関数であり，$\boldsymbol{w}$ は重みベクトルである．

最適な y の探索を実行可能とするために，y の構造を部分に分割し，各部分 p に対して定義する局所的な素性抽出関数 $\phi(p)$ を用いて次のように Φ を定義する．

$$\Phi(x, y) = \sum_{p \in \text{parts}(x,y)} \phi(p). \tag{19.3}$$

各部分は独立にスコア付けされ，構造のスコアはこれらの部分的なスコアの和で表される．

$$\text{score}_{\text{global}}(x, y) = \boldsymbol{w} \cdot \Phi(x, y) = \boldsymbol{w} \cdot \sum_{p \in y} \phi(p) = \sum_{p \in y} \boldsymbol{w} \cdot \phi(p) = \sum_{p \in y} \text{score}_{\text{local}}(p), \tag{19.4}$$

ここで，$p \in y$ は $p \in \text{parts}(x, y)$ の略記である．各部分のスコアが与えられた際に最良のスコアを持つ構造の効率的な探索を可能とする推論アルゴリズムが適用できるように y を部分に分解する．

19.1.2 非線形な構造予測

部分構造に対する線形のスコア関数をニューラルネットワークに置き換えることは，次のように自明である．

$$\text{score}_{\text{global}}(x, y) = \sum_{p \in y} \text{score}_{\text{local}}(p) = \sum_{p \in y} \text{NN}(\phi(p)), \tag{19.5}$$

ここで $\phi(p)$ は，部分 p をこれを表す d 次元のベクトルへと写像する関数である．

この式は 1 層の隠れ層を持つフィードフォワードネットワーク MLP_1 を用いる場合，次のように表される．

$$\text{score}_{\text{global}}(x, y) = \sum_{p \in y} \text{MLP}_1(\phi(p)) = \sum_{p \in y} (g(\phi(p)\boldsymbol{W^1} + \boldsymbol{b^1})) \cdot \boldsymbol{w} \tag{19.6}$$

ここで，$\phi(p) \in \mathbb{R}^{d_{\text{in}}}$，$\boldsymbol{W^1} \in \mathbb{R}^{d_{\text{in}} \times d_1}$，$\boldsymbol{b^1} \in \mathbb{R}^{d_1}$，$\boldsymbol{w} \in \mathbb{R}^{d_1}$，である．構造予測における共通の目的は，正解の構造 y に対するスコアを他の構造 y' よりも高くすることにある．

このため，次のような**一般化パーセプトロン** (generalized perceptron) [Collins, 2002] の損失が導かれる．

$$\max_{y' \neq y} \text{score}_{\text{global}}(x, y') - \text{score}_{\text{global}}(x, y). \tag{19.7}$$

最適化には，動的計画法，あるいは，それに類似した探索技法に基づく専用の探索アルゴリズムが用いられる．

実装の観点からは，ありうるそれぞれの部分に対して計算グラフ CG_p を構成し，そのスコアを求めることになる．計算グラフを構成した後は，推論（すなわち探索）を実行し，その部分スコアに基づいて全体の対する最良スコアを与える構造 y' を探索する．正解の構造 y，および，予測される構造 y' に対応する計算グラフの出力ノードを，それぞれの合算を行うノード CG_y，CG'_y に接続する．次に，減算ノード CG_l を用いて CG_y と CG'_y を接続し，勾配を計算する．

LeCun et al. [2006, 5 節] が議論するように，一般化パーセプトロンの損失はマージンを持たないので，構造予測を行うニューラルネットワークを訓練するのに適した損失関数とは言えない．このため，次に示すマージンに基づくヒンジ損失が好まれる．

$$\max(0, m + \max_{y' \neq y} \text{score}_{\text{global}}(x, y') - \text{score}_{\text{global}}(x, y)). \tag{19.8}$$

先に示した実装をヒンジ損失を用いるように修正することは自明であろう．

しかし，どちらの場合も線形モデルが持つ望ましい性質が失われることには注意しておく必要がある．とりわけ，モデルがもはや凸でなくなることには注意が必要である．もっとも，単純な非線形ニューラルネットワークがすでに非凸であるから，これはある意味必然的である．いずれにせよ，構造モデルを訓練するために標準的なニューラルネットワークの最適化技法を適用することができる．

各部分に対して 1 回ずつ，全体としては $|\text{parts}(x,y)|$ 回ニューラルネットワークを評価し勾配を計算しなければならないので，訓練と推論には時間を要する．

コストにより強化された訓練 構造予測は広大な領域であり，本書はそれを完全にカバーしようとはしていない．損失関数，正則化法，および，例えば Smith [2011] に記述されている方法論は，ニューラルネットワークを用いた枠組みにも概ね適用可能である．ただし，ほとんどの部分に対して，凸性やその他の理論的な保証は損なわれる．ここで特に言及すべき技法は，**コストにより強化された訓練** (cost augmented training)（**損失強化推論** (loss augmented inference) とも呼ばれる）である．この技法は，線形の構造予測においても一定の利益をもたらすが，筆者の研究グループは，一般化されたパーセプトロンやマージンに基づく損失を用いてニューラルネットワークに基づく構造予測モデルを訓練する場合，コストにより強化された訓練を行うことが本質的であるこ

とを明らかにした．特に RNN のような強力な素性抽出器を用いる際には，このことは顕著である．

式 (19.7)，および，式 (19.8) の最大化項は，その時点のモデルに即して高いスコアを与えるが誤った構造 y' を探索する．このとき，損失は y' と正解の構造 y の間のスコアの違いを反映するので，ひとたびモデルが十分よく訓練されれば，正しくない構造 y' と正しい構造 y は互いに類似したものとなる．これは，モデルがある程度良い構造に対して高いスコアを与えることを学習するためである．ここで，大局的なスコア関数は，局所的な部分に対するスコアの和であることを思い起こそう．y', y の双方のスコア項に現れる部分はお互いに打ち消し合い，ネットワークのパラメータにおける勾配は結果的に 0 となる．もし y と y' が類似しているのであれば多くの部分がオーバラップしているので，上記のようなキャンセルが発生し，全体的な結果的としては，わずかな更新しか行われないことになる．

コストにより強化された訓練の背景にある考え方は，その時点のモデルにおいて良いスコアを与えはするが，多くの正しくない部分を含むという意味で相対的に誤った (relatively wrong) 構造 y' を見出すように最大化を変更することにある．形式的には次のようにヒンジ目的関数を変更する．

$$\max\left(0, m + \max_{y' \neq y}\left(\text{score}_{\text{global}}(x, y') + \rho\Delta(y, y')\right) - \text{score}_{\text{global}}(x, y)\right), \quad (19.9)$$

ここで，ρ はスケーリングのためのハイパーパラメータであり，モデルスコアに対する Δ の相対的な重要性を表す．$\Delta(y, y')$ とは y と比較した場合に y' に含まれる正しくない部分の個数を数える次の関数である．

$$\Delta(y, y') = |\{p : p \in y' \land p \notin y\}|. \quad (19.10)$$

実際には，最大化の手続きを呼び出す前にそれぞれの正しくない部分の局所スコアを ρ 倍させることにより，この新たな最大化を実装することができる．

コストにより強化された訓練の適用によって，顕著に正しくない事例に直面することとなり，結果として，キャンセルされない損失項がより多くもたらされる．これは，より効果的な勾配の更新をうながすという効果を持つ．

19.1.3 CRF による確率的目的関数

上記で見た誤差，あるいは，マージンに基づく損失は，正しくない構造に比べて正しい構造に対してより高いスコアを与えようとする．しかし，最高のスコアより低いスコアの構造間の順序付けや，これらの間のスコア差については何の情報ももたらさない．

これとは対照的に識別的な確率的損失は，与えられた入力に対してありうる構造のそれぞれに対して，正しい構造の確率が最大となるような基準で確率を割り当てようとす

る．つまり，確率的損失は全てのありうる構造のスコアと関係しており，最高のスコアのものだけを扱うものではない．

条件付き確率場 (Conditional Random Field: CRF) として知られている確率的な枠組みにおいては，各構造に対するスコアはクリークポテンシャル (clique potential)[1]として扱われ（Lafferty et al. [2001]; Smith [2011] を参照），各構造 y のスコアは次のように定義される．

$$\begin{aligned}\text{score}_{\text{CRF}}(x,y) = P(y|x) &= \frac{e^{\text{score}_{global}(x,y)}}{\sum_{y' \in \mathcal{Y}(x)} e^{\text{score}_{global}(x,y')}} \\ &= \frac{\exp(\sum_{p \in y} \text{score}_{\text{local}}(p))}{\sum_{y' \in \mathcal{Y}(x)} \exp(\sum_{p \in y'} \text{score}_{\text{local}}(p))} \\ &= \frac{\exp(\sum_{p \in y} \text{NN}(\phi(p)))}{\sum_{y' \in \mathcal{Y}(x)} \exp(\sum_{p \in y'} \text{NN}(\phi(p)))}.\end{aligned} \quad (19.11)$$

このスコア関数は条件付き分布 $P(y|x)$ を定義しており，ネットワークのパラメータは，コーパスに対する条件付き対数尤度 $\sum_{(x_i,y_i) \in \text{training}} \log P(y_i|x_i)$ を最大化するように求められる．

このとき一つの訓練事例 (x,y) に対する損失は次のようになる．

$$L_{\text{CRF}}(y',y) = -\log \text{score}_{\text{CRF}}(x,y). \quad (19.12)$$

つまり，損失の値は正しい構造の確率がどれだけ 1 から離れているかに関係している．CRF の損失は，排他的な分類の交差エントロピー損失を構造予測に対して拡張したものと見ることができる．

式 (19.12) における損失に関する勾配を求めることは，対応する計算グラフを構築するのと同程度にやっかいである．問題になるのは式 (19.11) の分母（**分配関数** (partition function)）であり，これを計算するには，原理的には指数オーダとなる $\mathcal{Y}$ 中の多くの構造に対して和をとる必要がある．しかし，いくつかの問題に対しては，合計の計算を多項式時間で行う効率的な動的計画法アルゴリズムが存在することが知られている．例えば，系列問題に対する前向き・後向き再帰アルゴリズムや，木構造に対する CKY 内側・外側再帰アルゴリズムがこれにあたる．このようなアルゴリズムが存在するならば，それを利用することで多項式サイズの計算グラフを構成することが可能である．

19.1.4 近似探索

予測問題においてはしばしば，効率的な探索アルゴリズムが利用可能ではないこと

---

[1] 訳注：グラフ理論において，クリークとは全てのノード間にエッジが存在する完全グラフのことであり，クリークポテンシャルはこのような構造を持つ部分グラフに対して定義されるポテンシャルをさす．

がある．式 (19.7)，式 (19.8)，式 (19.9) の最大化問題を解いて最良のスコアを与える構造を見つける効率的な方法は存在しないかもしれない．もしくは，式 (19.11) の分配関数（分母）を求める効率的なアルゴリズムが存在しないかもしれない．このような場合は，ビーム探索のような**近似推論** (approximate inference) アルゴリズムに頼ることになる．ビーム探索を用いる場合，最大化や和をとる操作はビーム中の項目に限定できる．例えばビーム探索は，近似的に高いスコアを与える構造の探索や，指数関数的に大きな $\mathcal{Y}(x)$ の全体ではなくビーム中に存在する構造に対して限定的に合計すれば良いような分配関数の計算に用いることができる．厳密でない探索を行う際の関連する技法としては**早期更新** (early-update) がある．この方法では，訓練の際，ある事例の処理中に正解の項目がビームから外れていることが判明した時点で，完全な構造に対して損失を計算することを避け，そこまでの部分的な構造に対して計算した損失を用いることにして，次の事例に移行する．近似探索を用いて学習を行う際の早期更新の技法や，その他の損失計算・更新の方略に関する分析については，Huang et al. [2012] を参照のこと．

19.1.5 再ランキング

全てのありうる構造に対する探索が実行不可能や非効率である，あるいは，モデルへの統合が困難という場合にビーム探索の代わりに用いることができる方法として**再ランキング** (reranking) がある．再ランキングの枠組み [Charniak and Johnson, 2005; Collins and Koo, 2005] においては，スコアが高い順に k 個の構造のリスト（k ベストリスト）を作るために基本となるモデルがまず用いられる．次により複雑なモデルでは，正解の構造に対して最良の構造が最も高いスコアを得るように，k ベストリスト中の候補をスコア付けるように学習される．もはや指数関数的に大きな空間の探索は必要ではなく k 個の項目に対する探索を行えばよいので，スコア付けされる構造における任意の素性を用いて条件付けを行うことができる．k ベストな構造を予測するために用いられる基本となるモデルは，より強い独立性の仮定に基づくもっと単純なモデルであってよい．ただし，このようなモデルは受容可能ではあるがさほど良くない結果をもたらすことが多い．再ランキング法はニューラルネットワークモデルを用いた構造予測のための自然な候補でもある．というのは，モデルを考案する人は素性抽出とネットワーク構造に専念することができ，ニューラルネットワークによるスコア付けを復号化器と統合する必要性がなくなるからである．とりわけ再ランキング法は，畳み込み (CNN)，再帰的 (RNN)，木構造 (RecNN) といった復号化器と素直には統合できないようなニューラルモデルを実験的に用いる際にしばしば用いられる．再ランキングアプローチを用いた代表的な研究例としては，Auli et al. [2013]; Le and Zuidema [2014]; Schwenk et al. [2006]; Socher et al. [2013a]; Zhu et al. [2015a]，や Choe and Charniak [2016]

がある．

19.1.6 さらなる参照

19.4 節に示す例以外のニューラルネットワークのクリークポテンシャルを用いた系列を扱う CRF は，Peng et al. [2009]，および，Do et al. [2010] が議論している．これらの適用先は，バイオデータ，OCR データ，音声信号といったデータに対する系列ラベリング問題である．また，Wang and Manning [2013] は，チャンキングや固有表現認識といった伝統的な自然言語処理タスクにこれらの手法を適用した．同様の系列へのタグ付けアーキテクチャは Collobert and Weston [2008]; Collobert et al. [2011] においても述べられている．ヒンジ損失によるアプローチは Pei et al. [2015] においてアークを単位とした**依存構造パージング** (arc-factored dependency parsing) のために用いられた．そこでは，人手によって定義された素性抽出器が使われているが，Kiperwasser and Goldberg [2016b] は biLSTM による素性抽出器を利用している．確率的なアプローチは，CRF による句構造解析のために用いられている [Durrett and Klein, 2015]．ビームによる近似的な分配関数の計算（近似 CRF）は Zhou et al. [2015] において状態遷移に基づくパーザを実現するために効率的に用いられている．Andor et al. [2016] は，その後この方法を様々なタスクに適用した．

19.2 貪欲法による構造予測

探索に基づく構造予測とは対照的に，構造化の問題を局所的な予測問題の系列に分解し，それぞれの局所的な決定を首尾よく行う分類器を訓練する貪欲法によるアプローチがある．訓練された分類器はテスト時には貪欲なやり方で適用される．このようなアプローチの例として，左から右へと処理するタグ付けモデル [Giménez and Màrquez, 2004] や，**状態遷移に基づくパージング** (transition-based parsing) [Nivre, 2008] がある[2]．貪欲法によるアプローチは探索を前提とするものではないため，そのために使える素性の形式に制限はなく，豊富な条件付けの構造を利用することが可能である．この性質のおかげで，貪欲法によるアプローチは，多くの問題において十分に競争力のある予測精度を達成する．

しかしながら，貪欲法のアプローチは本質的にヒューリスティックであるため，**誤りの伝播** (error-propagation) という問題を抱えている．すなわち，系列の前方において発生した誤りは，修正されることはなく後々の大きな誤りを導く可能性がある．この問題は，文における**限定された系列の履歴** (limited horizon) を利用する方法において特

---

[2] 状態遷移に基づくパーザは本書の範囲を超えるが，その概要については，Kübler et al. [2008]; Nivre [2008] や Goldberg and Nivre [2013] を参照のこと

に深刻となる．その典型的な例は窓に基づく素性抽出器である．この方法では，文におけるトークンは固定された順序で処理され，予測を行う箇所の周りの局所的な窓のみが参照される．つまり系列の後方において何が起こるかを知るすべはなく，局所的な文脈に導かれるまま誤った決定が導かれる可能性がある．

幸いなことに，RNN（特に biRNN）を用いることにより，この影響を軽減できる．biRNN を用いた素性抽出器は，入力の最後まで調べることが容易に行えるので，系列において遠く離れた任意の場所からでも有用な情報を抽出するように訓練することができる．この能力は，biRNN 素性抽出器により訓練された貪欲な局所的モデルを貪欲な大局的 (global) モデルへの転換することを可能にする．すなわち，各決定は文全体によって条件付けることができるので，処理プロセスが後に予期しない出力によって惑わされるという恐れは低減される．また，各決定の精度が向上すれば，全体的な精度も顕著に向上する．

特に統語パージングの研究は，大局的な biRNN 素性抽出器を用いて訓練された貪欲な予測モデルの精度が，大局的な探索と局所的な素性抽出器を統合する探索に基づく手法の精度に匹敵することを示している [Cross and Huang, 2016a; Dyer et al., 2015; Kiperwasser and Goldberg, 2016b; Lewis et al., 2016; Vaswani et al., 2016]．

貪欲法は，大局的な素性抽出器に加え，誤り伝播の問題を低減することを目的とする訓練手法からも恩恵を受けることが可能である．困難な予測よりも先に容易な予測を行ってしまうこと（**容易なもの優先アプローチ** (easy-first approach) [Goldberg and Elhadad, 2010]）や，起こりうるミスによって引き起こされる入力を訓練手続きに与えることによって訓練時の条件をテスト時の条件に近づけるといったこと [Hal Daumé III et al., 2009; Goldberg and Nivre, 2013] が行われている．このような手法は，容易なもの優先タグ付け器 [Ma et al., 2014] や貪欲な依存構造パージングのための動的オラクル [Ballesteros et al., 2016; Kiperwasser and Goldberg, 2016b] などで実証されたように，貪欲なニューラルネットワークモデルを訓練する際にも効果的である．

19.3 構造を持つ出力の予測としての条件付き生成

最後に，特に条件付き生成器の設定（第 17 章）において，RNN による生成器は構造予測の一つの形態であるとみなすことができることを議論する．生成器によってなされる予測の系列は，構造を持つ出力 $\hat{t}_{1:n}$ を作り出す．それぞれの個別の予測はスコア（あるいは確率）$score(\hat{t}_i \mid \hat{t}_{1:i-1})$ を持つが，興味があるのは，最大のスコア（あるいは最大の確率）を持つ出力の系列である．すなわち，$\sum_{i=1}^{n} score(\hat{t}_i|\hat{t}_{1:i-1})$ が最大となる系列である．残念ながら RNN はマルコフ性を有しないので，スコア付け関数は標準的な動的計画法による厳密な探索が可能となるような因子に分解することができず，

近似探索を用いざるをえない．

一つのよく行われる近似手法として，各段階において最も高いスコアを持つ項目を採用するという**貪欲的予測** (greedy prediction) がある．このアプローチはときに有効であるが，いつも最適ではないことは明らかである．実際のところ，ビーム探索により近似探索を行うアプローチは，しばしば貪欲法によるアプローチよりもはるかに良い結果をもたらす．

ここでは，条件付き生成器がどのように訓練されるかを検討することが重要である．17.1.1 節で述べたように，生成器は**教師による強制** (teacher-forcing) 技法を用いて訓練される．すなわち，観察された正解系列に対して大きな確率質量を割り当てるような確率的な目的関数を用いて訓練を行う．正解の系列 $t_{1:n}$ が与えられたとき，各段階 i におけるモデルは，正解の履歴 $t_{1:i-1}$ によって条件付けられた正解の事象 $\hat{t}_i = t_i$ に対して大きな確率質量を割り当てるように訓練される．

このアプローチには二つの欠点がある．まず，**正解の履歴** (gold history) $t_{1:i-1}$ に基づくことである．実際には，生成器は**予測された履歴** (predicted history) $\hat{t}_{1:i-1}$ に基づいてスコアを割り当てるというタスクを達成しなければならない．次に，これが局所的に正規化されたモデルであることである．モデルは各事象に対して確率分布を割り当てるため，**ラベルバイアス** (label bias) の影響を受ける[3]．このため，ビーム探索により求められる解の質は悪影響を受ける可能性がある．この二つの問題は，NLP および機械学習のコミュニティにおいて解決が試みられてきたが，RNN による生成の設定においては十分に検討されていない．

最初の問題は，SEARN [Hal Daumé III et al., 2009] や DAGGER [Ross and Bagnell, 2010; Ross et al., 2011] といった訓練プロトコルや動的オラクルを用いる探索的訓練 [Goldberg and Nivre, 2013] によって軽減されうる．RNN による生成器に関してこれらの技法を適用することは，Bengio et al. [2015] が**スケジュールされたサンプリング** (scheduled sampling) という名称で提案している．

二つ目の問題は，局所的に正規化された目的関数を利用することをやめて，大局的な系列を対象とする目的関数（これらはビーム復号化により適している）を用いることで対処できる．このような目的関数には，構造化されたヒンジ損失（式 (19.8)）や 19.1.4 節で議論した CRF 損失（式 (19.11)）のビームによる近似が含まれる．Wiseman and Rush [2016] は，RNN 生成器のための大局的な系列スコア付けの目的関数について議論している．

---

3) ラベルバイアスの問題に関する議論については Andor et al. [2016] の 3 節，および，そこから参照される文献を参照のこと．

19.4 例

19.4.1 探索に基づく構造予測: 一次の依存構造パージング

7.7節で述べた依存構造パージングのタスクを考えてみよう．これは，n 語の単語からなる文 $s = w_1, \ldots, w_n$ に対して**依存構造木** (dependency parse tree) y を見出す問題である（図7.1）．依存構造木は入力文の単語を覆う有向木であり，一つの根ノードを持つ．木における全ての単語はそれぞれ唯一の親を持つが，これは文中の他の単語であるか，ROOT と名付けられた特別な要素である．親となる単語は**主辞** (head) と呼ばれ，娘にあたる単語たちは**修飾語** (modifier) と呼ばれる．

依存構造パージングは，19.1節で述べた探索に基づく構造予測の枠組みにうまく当てはまる．特に式 (19.5) は，木のスコア付けは，木を部分に分解し，分解された部分を独立にスコア付けすることにより行うべきであることを示している．パージングの従来研究はさまざまな分解方法について述べている [Koo and Collins, 2010; Zhang and McDonald, 2012] が，ここでは McDonald et al. [2005] による最もシンプルな方法であるアークを単位とした分解手法を取り上げる．この方法における部分とは，木を構成する一つのアーク（主辞単語 w_h と修飾語 w_m の対で規定される）である．各アーク (w_h, w_m) は，この修飾関係の良さを評価する局所的なスコア関数により個別にスコア付けされる．n^2 個の可能なアークのそれぞれにスコアを割り当てたあと，**Eisner アルゴリズム** (Eisner algorithm) に代表される推論アルゴリズム (inference algorithm) を走らせ，部分に対するスコアの和が最大となる交差のない妥当な木[4]を得ることができる．

上記に従い，式 (19.5) は次のように展開できる．

$$\text{score}_{\text{global}}(x, y) = \sum_{(w_h, w_m) \in y} \text{score}_{\text{local}}(w_h, w_m) = \sum_{(w_h, w_m) \in y} \text{NN}(\phi(h, m, s)), \quad (19.13)$$

ここで，$\phi(h, m, s)$ は文 s における w_h, w_m のインデックス h, m を受け取り，実数値のベクトルを返す素性関数である．パージングタスクにおける素性抽出器については 7.7節や 8.6節（人手により設計した素性を用いる），および，16.2.3節（biRNN 素性抽出器を用いる）で議論済みであるため，以下では素性抽出器は与えられているものと

---

[4] パージングの分野では，交差のない (projective) 木，交差のある (non-projective) 木を区別することがある．交差のない木では木の形式に対して付加的な制約がある．それは，文における語順に従って木を描くとき，アークは互いに交差してはならないというものである．このような区別はパージングの世界では重要であるが，本書の範囲を超えている．詳細については，Kübler et al. [2008] や Nivre [2008] を参照のこと．

し，訓練の手順について述べる．

ひとたび，ニューラルネットワーク関数 NN の形式（例えば MLP であれば $\mathrm{NN}(\boldsymbol{x}) = (\tanh(\boldsymbol{x}\boldsymbol{U} + \boldsymbol{b})) \cdot \boldsymbol{v}$）が定まれば，アークに対するスコア $a_{[h,m]}$ は次のようにして簡単に計算できる．ここで，ROOT のインデックスを 0 としている．

$$a_{[h,m]} = (\tanh(\phi(h,m,s))\boldsymbol{U} + \boldsymbol{b}) \cdot \boldsymbol{v} \quad \forall h \in 0, \ldots, n \atop \forall m \in 1, \ldots, n. \tag{19.14}$$

Eisner アルゴリズムを走らせることにより，最大のスコアを持つ次のような予測木 y' を得る．

$$y' = \underset{y \in \mathcal{Y}}{\mathrm{argmax}} \sum_{(h,m) \in y} a_{[h,m]} = \mathrm{Eisner}(n, \boldsymbol{a}).$$

コストにより強化された推論を使う場合は，次のスコア $\bar{\boldsymbol{a}}$ を使うことになる．

$$\bar{a}_{[h,m]} = a_{[h,m]} + \begin{cases} 0 & \text{if } (h,m) \in y \\ \rho & \text{otherwise.} \end{cases}$$

このようにして予測木 y' が得られたら，正解の木 y と合わせて，次式で表される木構造に対するヒンジ損失を求めるための計算グラフを構成することができる．

$$\max(0, 1 + \underbrace{\sum_{(h',m') \in y'} \tanh(\phi(h',m',s))\boldsymbol{U} + \boldsymbol{b}) \cdot \boldsymbol{v}}_{\max_{y' \neq y} \mathrm{score}_{\mathrm{global}}(s,y')} - \underbrace{\sum_{(h,m) \in y} \tanh(\phi(h,m,s))\boldsymbol{U} + \boldsymbol{b}) \cdot \boldsymbol{v}}_{\mathrm{score}_{\mathrm{global}}(s,y)}). \tag{19.15}$$

誤差逆伝播を利用して損失の勾配を計算し，これに従いパラメータを更新する．これを訓練データセット中の木に対して繰り返す．

このようなパージングのアプローチは Pei et al. [2015]（8.6 節で述べた人手で設計した素性関数を用いている）や，Kiperwasser and Goldberg [2016b]（16.2.3 節で述べた biRNN 素性抽出器を用いている）で述べられている．

19.4.2 固有表現認識のためのニューラル CRF

独立性を仮定した分類による方法 7.5 節で述べた固有表現認識 (Named Entity Recognition: NER) のタスクを考えよう．このタスクは系列をセグメント化する問題であり，しばしば系列タグ付け (sequence tagging) としてモデリングされる．すなわち，文中の各単語には表 7.1 に示した K 種の BIO タグのうちの一つが割り当てられ，これ

らのタグを用いて固有表現を表す表現の区間を決定論的に定める．7.5節では，NERを文脈中の単語の分類問題として定式化した．すなわち，各単語に対するタグを他の単語とは独立に定めた．このような独立性を仮定した分類の枠組みにおいては，入力文 $s = w_1, \ldots, w_n$ が与えられたとき，この文を文脈とする各単語 w_i の素性ベクトルを素性関数 $\phi(i, s)$ により与える．このとき，例えばMLPによる分類器は，各タグに対するスコア（あるいは確率）を次式により求める．

$$\hat{\bm{t}_i} = \text{softmax}(\text{MLP}(\phi(i,s))) \quad \forall i \in 1, \ldots, n, \tag{19.16}$$

ここで，$\hat{\bm{t}_i}$ は予測されたタグのスコアを要素とするベクトルであり，$\hat{\bm{t}}_{\bm{i}[k]}$ は単語 i にタグ k を割り当てるときのスコアを表す．

入力文に対する予測タグ系列 $\hat{y}_1, \ldots, \hat{y}_n$ は，各単語ごとに最も高いスコアを与えるタグを選ぶことにより得られる．

$$\hat{y}_i = \underset{k}{\text{argmax}}\, \hat{\bm{t}}_{\bm{i}[k]} \quad \forall i \in 1, \ldots, n, \tag{19.17}$$

このとき，タグ割り当て $\hat{\bm{y}} = \hat{y}_1, \ldots, \hat{y}_n$ の総合スコアは次式により求められる．

$$\text{score}(s, \hat{\bm{y}}) = \sum_{i=1}^{n} \bm{t}_{\bm{i}[\hat{y}_i]}. \tag{19.18}$$

タグの対に対する決定を組み合わせる構造タグ付け 独立性の仮定による分類のアプローチは，多くの場合にそこそこうまく動く．しかし実際には，隣接する決定が互いに影響しうるため，準最適 (sub-optimal) である．例として *Paris Hilton* のような系列を考えてみよう．最初の単語は地名と人名の可能性があり，次の単語は組織名か人名の可能性がある．もし一方を人名であるとタグ付けしたとすれば，他方もそのようにタグ付けされるであろう．このように，別々のタグ付けを相互に影響させ，これをスコアに反映させたい場合もある．このための一般的な方法は，タグの対に対する因子を導入することである．すなわち，隣接するタグの対の良さを表すスコアを導入する．直観的には，B-PER I-PER のようなタグの対のスコアは高くすべきだが，B-PER I-ORG のようなタグの対のスコアは低く，場合によっては負の値とすべきかと思われる．K 個のタグからなるタグ集合に対して，スコア行列 $\bm{A} \in R^{K \times K}$ を導入しよう．ここで，行列の要素 $\bm{A}_{[g,h]}$ は，タグ系列 g h の良さを表すスコアである．するとタグ付けにおけるスコア関数は，これを考慮して次のように改訂される．

$$\text{score}(s, \hat{\bm{y}}) = \sum_{i=1}^{n} \bm{t}_{\bm{i}[\hat{y}_i]} + \sum_{i=1}^{n+1} \bm{A}_{[\hat{y}_{i-1}, \hat{y}_i]}, \tag{19.19}$$

ここで，0 と $n+1$ におけるタグは，それぞれ文頭，文末を表す記号 *START* と *END* とする．各単語のスコア $\boldsymbol{t}_{1:n}$ と行列 $\boldsymbol{A}$ 中のスコアが与えられるとき，式 (19.19) を最大化するタグ系列 $\hat{\boldsymbol{y}}$ は，動的計画法に基づくビタビアルゴリズムによって求めることができる．

それぞれのタグのスコアは正値である必要はないし，それらの和が 1 である必要もないので，スコア $\boldsymbol{t}_i$ を求める際にソフトマックス関数を適用する必要はない．

$$\hat{\boldsymbol{t}_i} = \mathrm{MLP}(\phi(i,s)) \qquad \forall i \in 1,\ldots,n. \tag{19.20}$$

タグ付けスコア $\boldsymbol{t}_i$ はこの式 (19.20) に基づき，ニューラルネットワークを用いて計算できる．このとき，行列 $\boldsymbol{A}$ は追加のモデルパラメータとして扱われる．以上の準備のもと，構造化モデルは構造ヒンジ損失（式 (19.8)），あるいは，コストにより強化された構造ヒンジ損失（式 (19.9)）を用いて訓練することができる．

以下ではしかし，Lample et al. [2016] に従い，確率的 CRF 目的関数を用いる．

構造を持つ CRF の訓練　CRF 目的関数のもとでのゴールは，文 s においてありうる各タグ系列 $\boldsymbol{y} = y_1,\ldots,y_n$ に対して確率を割り当てることである．これは全てのありうるタグ系列にわたってソフトマックス関数を適用することによってモデリングできる．

$$\begin{aligned}\mathrm{score}_{\mathrm{CRF}}(s,\boldsymbol{y}) = P(\boldsymbol{y} \mid s) &= \frac{e^{\mathrm{score}(s,\boldsymbol{y})}}{\sum_{\boldsymbol{y}' \in \mathcal{Y}(s)} e^{\mathrm{score}(s,\boldsymbol{y}')}} \\ &= \frac{\exp(\sum_{i=1}^n \boldsymbol{t}_{i[y_i]} + \sum_{i=1}^n \boldsymbol{A}_{[y_i,y_{i+1}]})}{\sum_{\boldsymbol{y}' \in \mathcal{Y}(s)} \exp(\sum_{i=1}^n \boldsymbol{t}_{i[y'_i]} + \sum_{i=1}^n \boldsymbol{A}_{[y'_i,y'_{i+1}]})}.\end{aligned} \tag{19.21}$$

なお，この式の分母はそれぞれのタグ系列 $\boldsymbol{y}$ に対して共通なので，最適な系列を求めるだけであれば，確率の計算は必要なく，$\mathrm{score}(s,\boldsymbol{y})$ を最大化する系列を求める問題となり，これは先に述べたようにビタビアルゴリズムを用いて解くことができる．

さて，先程の CRF の損失は正解の構造 y の負の対数尤度として次のように定義することができる．

$$\begin{aligned}-\log P(\boldsymbol{y}|s) = &-\left(\sum_{i=1}^{n+1} \boldsymbol{t}_{i[y_i]} + \sum_{i=1}^{n+1} \boldsymbol{A}_{[y_{i-1},y_i]}\right) \\ &+ \log \sum_{\boldsymbol{y}' \in \mathcal{Y}(s)} \exp\left(\sum_{i=1}^{n+1} \boldsymbol{t}_{i[y'_i]} + \sum_{i=1}^{n+1} \boldsymbol{A}_{[y'_{i-1},y'_i]}\right) \\ = &-\underbrace{\left(\sum_{i=1}^{n+1} \boldsymbol{t}_{i[y_i]} + \sum_{i=1}^{n+1} \boldsymbol{A}_{[y_{i-1},y_i]}\right)}_{\text{正解のスコア}} + \underbrace{\bigoplus_{\boldsymbol{y}' \in \mathcal{Y}(s)} \left(\sum_{i=1}^{n+1} \boldsymbol{t}_{i[y'_i]} + \sum_{i=1}^{n+1} \boldsymbol{A}_{[y'_{i-1},y'_i]}\right)}_{\text{動的計画法が使える}},\end{aligned} \tag{19.22}$$

ここで，$\bigoplus$ は対数空間における加算 (logadd) を表し，$\bigoplus(a,b,c,d) = \log(e^a + e^b + e^c + e^d)$ である．

最初の項に対する計算グラフの構築は容易であるが，二つ目の項はさほど自明ではない．というのは，この項が $\mathcal{Y}(s)$ に含まれる n^k 個の系列にわたる加算を必要とするからである．幸いなことにこの問題は，ビタビアルゴリズムの変種[5]により解くことができる．以下にこれを示そう．

> **対数加算の性質** 対数加算は対数空間における加算演算である．動的計画法を適用する際には次のような対数加算の性質を利用する．これらの証明は基本的な数学演算により行えるので，読者はぜひ試みてほしい．
>
> $$\bigoplus(a,b) = \bigoplus(b,a) \qquad \text{交換則} \qquad (19.23)$$
> $$\bigoplus(a,\bigoplus(b,c)) = \bigoplus(a,b,c) \qquad \text{結合則} \qquad (19.24)$$
> $$\bigoplus(a+c,b+c) = \bigoplus(a+b)+c \qquad \text{分配則} \qquad (19.25)$$

記号 k で終わる長さ r の系列の集合を $\mathcal{Y}(s,r,k)$ によって表そう．すると，s 上の全てのありうる系列の集合は $\mathcal{Y}(s) = \mathcal{Y}(s, n+1, *\text{END}*)$ と書ける．さらに，最終の記号が k であり，その一つ前の記号が ℓ であるような長さ r の系列を $\mathcal{Y}(s,r,\ell,k)$ と書こう．また，$\Gamma[r,k] = \bigoplus_{y' \in \mathcal{Y}(s,r,k)} \sum_{i=1}^{r}(\boldsymbol{t}_{i[y'_i]} + \boldsymbol{A}_{[y'_{i-1},y'_i]})$ とおく．ここでのゴールは $\Gamma[n+1, *\text{END}*]$ を計算することである．簡単のため，$f(i, y'_{i-1}, y'_i) = \boldsymbol{t}_{i[y'_i]} + \boldsymbol{A}_{[y'_{i-1},y'_i]}$ と書くと次式を得る．

$$\Gamma[r,k] = \bigoplus_{y' \in \mathcal{Y}(s,r,k)} \sum_{i=1}^{r} f(i, y'_{i-1}, y'_i)$$

$$\Gamma[r+1,k] = \bigoplus_{\ell} \bigoplus_{y' \in \mathcal{Y}(s,r+1,\ell,k)} \left(\sum_{i=1}^{r+1} f(i, y'_{i-1}, y'_i) \right)$$

$$= \bigoplus_{\ell} \bigoplus_{y' \in \mathcal{Y}(s,r+1,\ell,k)} \left(\sum_{i=1}^{r} \left(f(i, y'_{i-1}, y'_i) \right) + f(r+1, y'_{r-1}=\ell, y'_r=k) \right)$$

$$= \bigoplus_{\ell} \left(\bigoplus_{y' \in \mathcal{Y}(s,r+1,\ell,k)} \left(\sum_{i=1}^{r} f(i, y'_{i-1}, y'_i) \right) + f(r+1, y'_{r-1}=\ell, y'_r=k) \right)$$

---

[5] このアルゴリズムは前向き (forward) アルゴリズムとして知られているが，計算グラフにおいて前向きのパスを計算するアルゴリズムとは異なる．

$$
\begin{aligned}
&= \bigoplus_{\ell} \left(\Gamma[r,\ell] + f(r+1, y'_{r-1}=\ell, y'_r=k) \right) \\
&= \bigoplus_{\ell} \left(\Gamma[r,\ell] + \boldsymbol{t_{r+1}}_{[k]} + \boldsymbol{A}_{[\ell,k]} \right).
\end{aligned}
$$

再帰式は次のようになる.

$$\Gamma[r+1,k] = \bigoplus_{\ell} \left(\Gamma[r,l] + \boldsymbol{t_{r+1}}_{[k]} + \boldsymbol{A}_{[\ell,k]} \right) \tag{19.26}$$

これを用いて分母 $\Gamma[n+1, \text{*END*}]$ を計算するための計算グラフを構築することができる[6]. 計算グラフが構築できれば, 誤差逆伝播を用いて勾配を計算することができる.

19.4.3 ビーム探索による近似的 NER-CRF

前節では, 構造を有するタスクとして NER 予測の問題を定式化した. そこでは, 場所 i と $i-1$ の出力タグを隣接するタグの対に対するスコアを与えるスコア行列 A によって結びつけた. これは一次のマルコフ性の仮定と同様の意味を持つ. すなわち, 場所 i のタグは, $i-1$ のタグが与えられていれば, $i-1$ より前の場所に対するタグとは独立である. このような独立性の仮定により, 系列のスコア付けは部分に分解することができ, 最良のスコアを与える系列を探索し, さらに全てのありうるタグ系列に対するスコアの和を計算する効率的なアルゴリズムを活用することができる.

しかし, このようなマルコフ性に基づく独立性の仮定を緩和し, タグ y_i をそれより前方の全てのタグ $y_{1:i-1}$ によって条件付けしたいこともある. このような要請は, タグ履歴に関する RNN を付加的にタグ付けモデルに導入することにより達成することができる. つまりタグ系列 $\boldsymbol{y} = y_1, \ldots, y_n$ を次のようにスコア付けする.

$$\text{score}(s, \hat{\boldsymbol{y}}) = \sum_{i=1}^{n+1} f([\phi(s,i); \text{RNN}(\hat{\boldsymbol{y}}_{1:i})]), \tag{19.27}$$

ここで, f は線形変換や MLP などのパラメータを持つ関数であり, ϕ は入力文 s 中の場所 i にある単語をベクトルへ写像する素性関数である[7]. 場所 i のタグ付けを k と定めることの局所的なスコアは, 文における場所 i の素性だけでなく, タグ系列 y_1, y_2, y_{i-1}, k に対する RNN による符号化を考慮して計算し, これらの局所的なスコアの和として大局的なスコアを計算する.

残念ながら RNN は, それ以前の全てのタグ付けに関する個々の局所的スコアを共

---

[6] この再帰式は, max が *logadd* に置き換わっているが, 最良のパスを求めるビタビアルゴリズムのものと同じであることに注意しよう.

[7] 品詞タグ付け (8.5 節, 16.2.1 節) における素性関数と同様に, ϕ は単語窓によって実現してもよいし, biLSTM を用いてもよい.

有しているので,効率的な動的計画法アルゴリズムを用いて最適なタグ系列を厳密に定めたり,そのモデルにおいて可能な全てのタグ系列のスコアの和を求めたりすることができない.このため,ビーム探索 (beam search) のような近似に頼らざるをえない.ビーム幅を r とするとき,r 個のタグ系列 $\hat{\boldsymbol{y}}^1, \ldots, \hat{\boldsymbol{y}}^r$ を形成することができる[8].近似的に最良なタグ系列は r 個のビーム系列における最高スコアを与えるものである.

$$\underset{i \in 1, \ldots, r}{\mathrm{argmax}}\, \mathrm{score}(s, \hat{\boldsymbol{y}}^i).$$

訓練時には次のような近似的な CRF 目的関数を用いることができる.

$$\mathrm{score}_{\mathrm{ApproxCRF}}(s, y) = \tilde{P}(\boldsymbol{y}|s) = \frac{e^{\mathrm{score}(s,\boldsymbol{y})}}{\sum_{\boldsymbol{y}' \in \tilde{\mathcal{Y}}(s,r)} e^{\mathrm{score}(s,\boldsymbol{y}')}} \tag{19.28}$$

$$\begin{aligned} L_{\mathrm{CRF}}(y', y) &= -\log \tilde{P}(\boldsymbol{y}|s) \\ &= -\mathrm{score}(s, \boldsymbol{y}) + \log \sum_{\boldsymbol{y}' \in \tilde{\mathcal{Y}}(s,r)} e^{\mathrm{score}(s,\boldsymbol{y}')} \end{aligned} \tag{19.29}$$

$$\tilde{\mathcal{Y}}(s, r) = \{\boldsymbol{y}^1, \ldots, \boldsymbol{y}^r\} \cup \{\boldsymbol{y}\}.$$

系列の全集合 $\mathcal{Y}(s)$ にわたって和をとって正規化するのではなく,正解のタグ系列と r 個のビーム系列の和集合である $\tilde{\mathcal{Y}}(s, r)$ について和をとる.r は大きな数ではないため,和をとることは容易である.また,r が n^K に近づくほど,真の CRF 目的関数の値に近づいていく.

---

[8] ビーム探索アルゴリズムは段階的に実行される.文における最初の i 単語に対応する,長さ i のありうるタグ系列を r 個 $(\hat{\boldsymbol{y}}^1_{1:i}, \ldots, \hat{\boldsymbol{y}}^r_{1:i})$ 求めたのち,各系列を全てのありうるタグによって展開する.この結果として得られる $r \times K$ 個の系列のスコアを求め,その上位 r 個を保持する.入力文全体に対して r 個のタグ系列を得るまでこの過程を繰り返す.

第20章

モデルのカスケード接続, マルチタスク学習, 半教師あり学習

　自然言語処理においては，互いに入出力関係にある複数のタスクを扱うことがよくある．例えば，7.7 節，16.2.3 節，19.4.1 節で議論した統語パーザは，統計的モデルを用いて自動的に予測された結果である品詞タグ列を入力とする．あるモデルによって得られた予測結果が別のモデルの入力となるとき，これらのモデルが独立であれば，このようなシステムはパイプライン (pipeline) システムと呼ばれる．パイプラインと対比される別のアプローチとして，**モデルのカスケード接続** (model cascading) がある．モデルのカスケード接続においては，モデル A（品詞タグ付け器）による予測結果をモデル B（パーザ）に与えるのではなく，品詞タグを予測するのに有用な**中間表現** (intermediate representations) をパーザに与える．つまり，特定のタグ付けの決定にコミットするのはなく，タグ付けにおける不確からしさを保持した形でパーザに情報を引き渡す．モデルのカスケード接続は深層学習システムにおいて容易に実装可能である．すなわち，argmax をとる直前の層のベクトル，あるいは，いずれかの隠れ層のベクトルを引き渡すだけで実現できる．

　カスケード接続に関連する技術として**マルチタスク学習** (Multi-Task Learning: MTL) [Caruana, 1997] がある．マルチタスク学習においては複数の関連する予測タスクを取り扱うが，これらの予測結果は，タスク間で入出力関係にある場合もない場合もありうる．いずれにせよ，複数あるタスクの中のいずれかにおける情報を他のタスクの精度を上げるために利用したい．深層学習においては，異なるタスクに対してはそれぞれのネットワークを割り当てるのが通常であるが，マルチタスク学習ではネットワーク間で構造やパラメータの一部を共有させる．このようにすると，予測において共通するコア部分（共有構造）は全てのタスクから影響を受けることになるので，あるタスクに対する訓練データが他のタスクにおける予測の改善を促進する可能性がある．

カスケード接続のアプローチは，マルチタスク学習の枠組みと自然に結びつく．品詞タグ付け器の中間表現を単にパーザに引き渡すのではなく，タグ付けの中間表現を担う計算グラフの部分グラフをパーザの計算グラフの入力に組み込む．このようにすると，構造が共有されていることを利用して，パーザにおける誤差を品詞タグ付けのための構成要素の基本部分にまで逆伝播させることができる．

半教師あり学習 (semi-supervised learning) は以上と関連した類似の状況を扱う．半教師あり学習ではタスク A に対する注釈付きの訓練データが存在するが，それに加えて他のタスクのためのデータ（注釈付きの場合も注釈がない場合もある）をタスク A の性能向上のために利用する．

本章では，これらの三つの技術を検討する．

20.1　モデルのカスケード接続

モデルのカスケード接続においては，大規模なネットワークをいくつかのより小規模なネットワークの組み合わせとして構成する．例えば 16.2.1 節では，文内の文脈や単語の文字構成を用いて単語の品詞を予測する RNN について述べた．パイプラインアプローチにおいては，このネットワークを用いて品詞の予測を行い，その結果を統語的なチャンキングやパージングを行うネットワークへの入力とする．

一方で，このネットワークの隠れ層は，品詞を予測するために有用な情報を獲得している符号化とみなすこともできる．カスケード接続のアプローチでは，品詞タグ付けのネットワークの隠れ層を（品詞タグ付けの結果ではなく）統語解析のネットワークへの入力として接続する．このようにして，単語系列，および，各単語の文字列を入力とし，統語構造を出力するようなより大規模なネットワークを構成することができる．

具体例として，16.2.1 節，16.2.3 節で述べた品詞タグ付けとパージングのネットワークを見てみよう．品詞タグ付けネットワークは次のように i 番目の単語のタグを予測する（式 (16.4) を再掲）．

$$t_i = \underset{j}{\mathrm{argmax}}\,\mathrm{softmax}(\mathrm{MLP}(\mathrm{biRNN}(\boldsymbol{x}_{1:n}, i)))_{[j]} \tag{20.1}$$
$$\boldsymbol{x_i} = \phi(s, i) = [\boldsymbol{E}_{[w_i]}; \mathrm{RNN}^f(\boldsymbol{c}_{1:\ell}); \mathrm{RNN}^b(\boldsymbol{c}_{\ell:1})]$$

パージングネットワーク（式 (16.6)）は，次式によりアークのスコアを求める．

$$\mathrm{ArcScore}(h, m, w_{1:n}, t_{1:n}) = MLP(\phi(h, m, s)) = MLP([\boldsymbol{v_h}; \boldsymbol{v_m}])$$
$$\boldsymbol{v}_{1:n} = \mathrm{biRNN}^\star(\boldsymbol{x}_{1:n}) \tag{20.2}$$
$$\boldsymbol{x}_i = [\boldsymbol{w}_i; \boldsymbol{t}_i].$$

このやり方では，パーザは入力された単語系列 $w_{1:n}$ と品詞タグ系列 $t_{1:n}$ のそれぞれを埋め込みベクトルに変換し，次にこれらを連結することにより入力の表現 $x_{1:n}$ を作っていることに注意しておくことが重要である．

カスケード接続のアプローチでは，一つの結合されたネットワークのなかで，タグ付け器の最終的な予測の一つ手前の状態をパーザに直接与える．より具体的に説明するために，タグ付け器の最終一つ手前の状態を z_i と書くと，$z_i = \text{MLP}(\text{biRNN}(x_{1:n}, i))$ で表される．この z_i は i 番目の単語の表現であり，これをパーザの入力として用いる．アークのスコアは次式により求める．

$$\begin{aligned}
\text{ArcScore}(h, m, w_{1:n}) &= MLP_{\text{parser}}(\phi(h, m, s)) = MLP_{\text{parser}}([\boldsymbol{v_h}; \boldsymbol{v_m}]) \\
\boldsymbol{v_{1:n}} &= \text{biRNN}^\star_{\text{parser}}(\boldsymbol{z_{1:n}}) \\
\boldsymbol{z_i} &= \text{MLP}_{\text{tagger}}(\text{biRNN}_{\text{tagger}}(\boldsymbol{x_{1:n}}, i)) \\
\boldsymbol{x_i} &= \phi_{\text{tagger}}(s, i) = \left[\boldsymbol{E}_{[w_i]}; \text{RNN}^f_{\text{tagger}}(\boldsymbol{c_{1:\ell}}); \text{RNN}^b_{\text{tagger}}(\boldsymbol{c_{\ell:1}}) \right].
\end{aligned}$$
(20.3)

計算グラフによる抽象化により，統語解析の損失における誤差の勾配は文字列にまで容易に伝播させることができる[1]．

ネットワークの全体構造を図 **20.1** に示す．

パーザは各単語に固有な情報にアクセスできるが，これらはタグ付け器の全ての RNN 層を経た後では希薄になる場合がある．この問題を緩和するために，タグ付け器の出力に加え単語埋め込み $\boldsymbol{E}_{[w_i]}$ を直接パーザに渡すスキップ接続という方法を用いることができる．

$$\begin{aligned}
\text{ArcScore}(h, m, w_{1:n}) &= MLP_{\text{parser}}(\phi(h, m, s)) = MLP_{\text{parser}}([\boldsymbol{v_h}; \boldsymbol{v_m}]) \\
\boldsymbol{v_{1:n}} &= \text{biRNN}^\star_{\text{parser}}(\boldsymbol{z_{1:n}}) \\
\boldsymbol{z_i} &= [\boldsymbol{E}_{[w_i]}; \boldsymbol{z'_i}] \\
\boldsymbol{z'_i} &= \text{MLP}_{\text{tagger}}(\text{biRNN}_{\text{tagger}}(\boldsymbol{x_{1:n}}, i)) \\
\boldsymbol{x_i} &= \phi_{\text{tagger}}(s, i) = \left[\boldsymbol{E}_{[w_i]}; \text{RNN}^f_{\text{tagger}}(\boldsymbol{c_{1:\ell}}); \text{RNN}^b_{\text{tagger}}(\boldsymbol{c_{\ell:1}}) \right].
\end{aligned}$$
(20.4)

このアーキテクチャを図 **20.2** に示す．

深いネットワークに固有な勾配消失問題に対処し，利用可能な訓練データをより良く活用するため，ネットワークのそれぞれの要素のパラメータは，個別の関連タスクで事

---

[1] ただし状況によっては誤差を逆伝播させたくない場合もありうる．

第 20 章 モデルのカスケード接続，マルチタスク学習，半教師あり学習

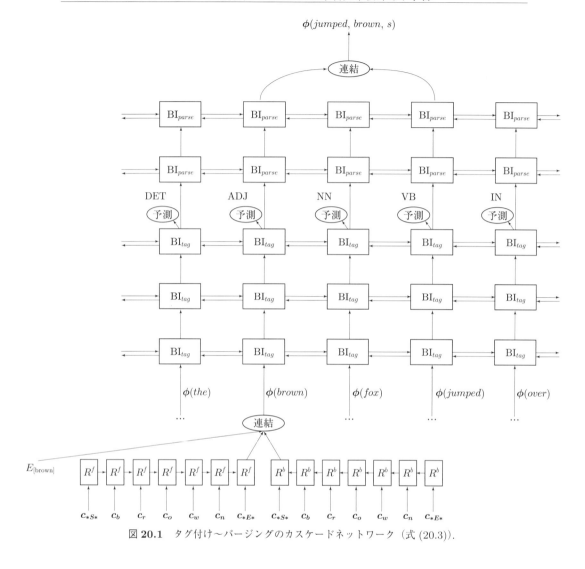

図 20.1 タグ付け～パージングのカスケードネットワーク（式 (20.3)）．

前に訓練しておくことができる．これらのパラメータは，より大きなネットワークに組み込まれた際にはさらにファインチューニング (fine tuning) される．例えば品詞を予測するネットワークは，比較的大規模な注釈付きコーパスを用いて正確な予測を行うように訓練しておくことができ，その後に隠れ層を統語パージングネットワーク（一般には訓練データの量はより少ない）に組み込むことができる．訓練データが双方のタスクに対して直接的な教示を与えうる場合は，これらのデータを用いて，それぞれのタスクに対する二つの出力を持つネットワークを訓練することができる．このとき，各出力に対して個別に計算された損失は合算されて一つのノードに送られる．このノードから誤差勾配を逆伝播させることができる．

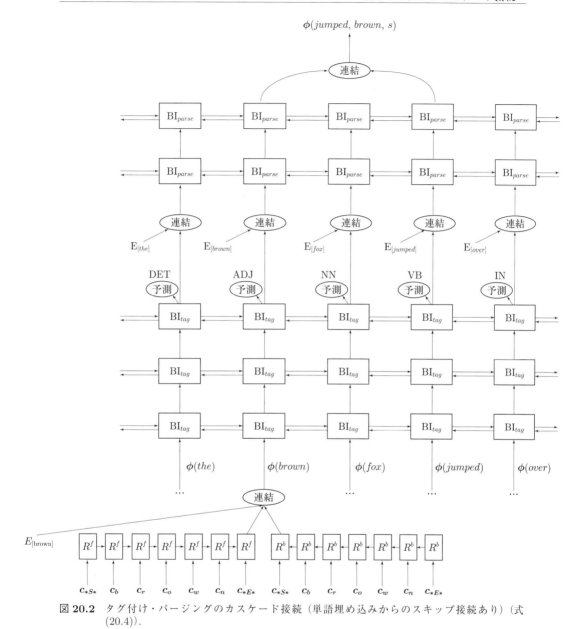

図 **20.2** タグ付け・パージングのカスケード接続（単語埋め込みからのスキップ接続あり）（式 (20.4)）．

モデルのカスケード接続は，畳み込み (CNN)，再帰的 (RNN)，木構造 (RecNN) といった構造を持つニューラルネットワークにおいて非常によく用いられる．例えば，RNN を用いて文を固定長のベクトルへと符号化し，これを他のネットワークの入力として利用する．このとき，この RNN の教師信号は，主にはその出力を入力とする上位レベルのネットワークから得られることになる．

我々の例では，タグ付け器もパーザも biRNN を基本構造としている．しかし他のネットワーク構造も利用可能である．双方のネットワーク，あるいは，一方のネットワークは，単語窓を入力とするようなフィードフォワードネットワークで構成してもよいし，ベクトルを構成し勾配を送ることができるのであれば，CNN や他のアーキテクチャによるネットワークでもよい．

20.2 マルチタスク学習

マルチタスク学習は上記と関係した技法である．あるタスクを解くことが他のタスクを解くための "直観" を与えるであろうという意味で互いに関係していると思われるいくつかのタスクを同時に扱う．例えば 6.2.2 節で導入した統語的チャンキング (syntactic chunking) (6.2.2 節の網かけ部分「言語学的注釈」を参照) を考えてみよう．このタスクでは，文に対してチャンク境界を注釈付けることにより，次のような出力を得る．

[$_{NP}$ the boy] [$_{PP}$ with] [$_{NP}$ the black shirt] [$_{VP}$ opened] [$_{NP}$ the door] [$_{PP}$ with] [$_{NP}$ a key]

固有表現認識タスクと同様に，チャンキングは系列のセグメント化を行うタスクであり，BIO タグ (7.5 節) を適用することにより，タグ付けのタスクとして扱うことができる．すなわち，チャンキングを行うためのネットワークは，後段にタグ予測を行う MLP が接続された深い biRNN としてモデリングすることができる．

$$p(\text{chunkTag}_i = j) = \text{softmax}(\text{MLP}_{\text{chunk}}(\text{biRNN}_{\text{chunk}}(\boldsymbol{x_{1:n}}, i)))_{[j]}$$
$$\boldsymbol{x_i} = \phi(s, i) = \boldsymbol{E}^{\text{cnk}}_{[w_i]}$$
(20.5)

(簡単のため文字レベルの RNN は入力から削除しているが，これを追加することは容易である)．このネットワークは品詞タグ付けを行う次のネットワークとよく似ていることに注意してほしい．

$$p(\text{posTag}_i = j) = \text{softmax}(\text{MLP}_{\text{tag}}(\text{biRNN}_{\text{tag}}(\boldsymbol{x_{1:n}}, i)))_{[j]}$$
$$\boldsymbol{x_i} = \phi(s, i) = \boldsymbol{E}^{\text{tag}}_{[w_i]}.$$
(20.6)

双方のネットワークを図 20.3 に示す．この図ではパラメータのセットごとに左図と右図に分けている．

統語的チャンキングと品詞タグ付けには相乗効果がある．チャンク境界，あるいは，単語の品詞を予測するための情報は，共有されている統語的な内部表現によってもたらされる．よって，これらのタスクに対する別々のネットワークを個別に訓練するのではなく，複数の出力を持つ単一のネットワークを作ることができる．このための一般的な

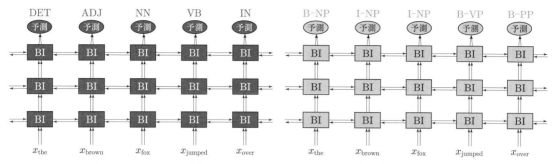

図 20.3 品詞タグ付けネットワーク（左）とチャンクタグ付けネットワーク（右）．

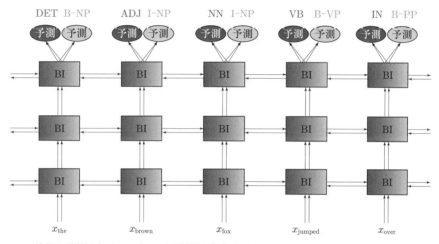

図 20.4 品詞タグ付けとチャンキングを同時に行うネットワーク．biRNN のパラメータと構成は共有され，両方のタスクを扱うが，最終段の予測器はそれぞれのタスク専用である．

アプローチは biRNN のパラメータを共有することであるが，それぞれのタスクのためには専用の MLP による予測器が用いられる．あるいは，MLP をも共有することも可能であるが，その場合も最終的な行列とバイアス項のみはタスクごとに特化させる．結果的には次に示す共有ネットワークが得られる．

$$p(\text{chunkTag}_i = j) = \text{softmax}(\text{MLP}_{\text{chunk}}(\text{biRNN}_{\text{shared}}(\boldsymbol{x_{1:n}}, i)))_{[j]}$$
$$p(\text{posTag}_i = j) = \text{softmax}(\text{MLP}_{\text{tag}}(\text{biRNN}_{\text{shared}}(\boldsymbol{x_{1:n}}, i)))_{[j]} \quad (20.7)$$
$$\boldsymbol{x_i} = \phi(s, i) = \boldsymbol{E}^{\text{shared}}_{[w_i]}.$$

二つのネットワークは同じ深層 biRNN と埋め込み層を利用しているが，最終的な出力予測器は個別のものである．この様子を図 20.4 に示す．

ネットワークのほとんどのパラメータは異なるタスク間で共有される．あるタスクに

おいて学習される有用な情報は，他のタスクにおける曖昧性の解消を補助しうる．

20.2.1　マルチタスクの設定における訓練

計算グラフを用いた抽象化により，ネットワークの構成，そこでの勾配計算を容易に行うことが可能となる．それぞれの利用可能な教師信号に応じて独立に計算された損失を合算することにより総合的な損失を求め，これを利用して勾配を計算する．異なる教師信号を持つ複数のコーパス（例えば品詞タグ付きのコーパス，および，チャンキングのための注釈付きコーパス）を持つ場合に好まれる訓練プロトコルは，コーパスを無作為に選んで計算グラフの該当部分に事例を送り込み，損失を計算して誤差を逆伝播し，パラメータを更新するというものである．次のステップでは，コーパスを無作為に選び直して同様の過程を繰り返す．このような過程は，実際には全ての利用可能な訓練事例をシャッフルし，これを順次処理していくことで達成される．大事なことは，実質的には訓練事例ごとに異なった損失を（異なったサブネットワークを利用して）計算して勾配を求めるということである．

いくつかのケースでは，複数のタスクの中の一つを特に重視するということがある．つまり，一つ以上のメインとなるタスクと，それを予測することがメインタスクを助けると考えられるいくつかの補助的タスクがあるが，補助的なタスクの予測結果自体に注意は払われないという場合である．このような場合には，補助タスクの損失をメインタスクの損失に対して相対的に低くスケーリングすることが考えられる．他の方法としては，これらの補助的タスクによってネットワークを事前学習してから，ネットワークの共有部分をメインタスクについてのみ訓練するという方法がある．

20.2.2　選択的共有化

品詞タグ付け，チャンキングの例を振り返ってみよう．これらのタスクは情報を共有しているが，品詞タグ付けはチャンキングに比べればいくらか下位レベル (low level) のタスクであると見ることができる．言い換えれば，チャンキングを行うために必要な情報は，品詞タグ付けに比べてより高度なものである．このような場合，深い biRNN の全体を二つのタスクで共有するのではなく，biRNN の下位層のみを共有し，上位層はチャンキングのみを行わせる（選択的共有化 (selective sharing)）ようにする．この様子を図 **20.5** に示す．

biRNN の下位層は二つのタスクで共有されている．主として品詞タグ付けのタスクから教師信号を受け取るが，チャンキングの教師信号からも勾配を受け取る．ネットワークの上位層はチャンキングに特化されるが，下位層における表現とも整合するように訓練される．

このような選択的共有化は，Søgaard and Goldberg [2016] によるものである．類似

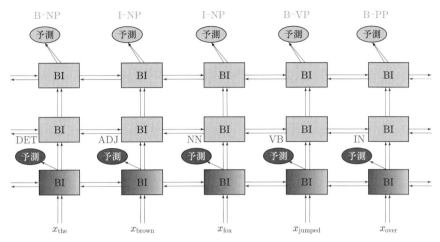

図 20.5 選択的共有化を用いた品詞タグ付け，チャンキングネットワーク．biRNN の下位層は両タスクによって共有されているが，上位層はチャンキングに特化している．

したアプローチ（スタック伝播 (stack propagation) と名付けられている）[Zhang and Weiss, 2016] では，RNN ではなくフィードフォワードネットワークを用いている．

図 20.5 に示した選択的に共有化された MTL ネットワークは，前節で議論したカスケード接続（図 20.1）と同様の発想によっている．実際のところ，これらの二つのアプローチは厳密に区別することが難しい場合もある．

入出力の反転　マルチタスク学習やカスケード接続は，入出力の反転としてみることもできる．ある信号（例えば品詞タグ）が上位レベルのタスク（例えばパージング）の入力 (inputs) であると考えるのではなく，上位レベルのタスクを行うためのネットワークにおける中間層の出力 (outputs) と考えることができる．つまり，品詞タグを入力として用いるのではなく，ネットワークの中間層に対する教師信号として用いるということである．

20.2.3　マルチタスク学習としての単語埋め込みの事前学習

チャンキングと品詞タグ付け（および実際は他の多くのタスク）は，言語モデリング (language modeling) のタスクとも相乗効果を有している．チャンク境界を予測するために重要な情報は単語の品詞であり，これは次に出現する単語，あるいは，以前に出現した単語を予測する能力と密接に結びついている．すなわち，これらのタスクは統語的・意味的な基盤を共有している．

このような見方によれば，特定のタスクをこなすネットワークの埋め込み層を事前学習された単語ベクトルで初期化することは，言語モデリングを補助タスクとする一種

のマルチタスク学習の事例と見ることができる．単語埋め込みのアルゴリズムは，言語モデリングの一般化である分布的な目的関数によって訓練される．その単語埋め込み層は，他のタスクと共有される．

事前学習のための教示の種別（すなわち文脈の選択）は，特化されたネットワークが解こうとするタスクと整合しているべきである．これは，近いタスクほどマルチタスク学習により得られる恩恵は大きくなるからである．

20.2.4　条件付き生成におけるマルチタスク学習

マルチタスク学習は，第17章で議論した条件付き生成の枠組みに統合することができる．このために，共有化された符号化器 (shared encoder) の出力を別々の復号化器に与え，それぞれには固有のタスクを行わせる．このとき，符号化器にはそれぞれのタスクに関係する情報を符号化することが求められる．これらの情報はそれぞれの復号化器によって共有されるだけでなく，これらが別々の訓練データによって訓練されることを可能とする．これにより，訓練において利用できる事例の全体の数を増やすことができる．具体例は20.4.4節で議論する．

20.2.5　正則化としてのマルチタスク学習

マルチタスク学習は，正則化 (regularizer) の一種として見ることもできる．補助タスクからの教示は，共有されている表現がより一般的なものとなるように働くので，ネットワークがメインタスクに対して過学習することを防いでくれる．すなわち，得られる表現はメインタスクの具体的な事例にとどまらない有用性を持つ．補助タスクが正則化の機能を持つという立場に立つならば，まず補助タスクを事前に学習し，次に得られた表現をメインタスクに適合させるという順序でマルチタスク学習を行うこと（これは20.2.1節で提案された）は適切ではなく，全てのタスクを並行的に学習すべきである．

20.2.6　いくつかの警告

マルチタスク学習の展望はとても魅力的であるが，いくつかの注意すべきことがある．まず，いつもうまくいくとは限らないことである．例えば，タスク間の関係が十分に近いものでない場合にマルチタスク学習はうまく働かないが，多くのタスクは無関係であったりする．いかにして関係のあるタスクを選ぶかは，経験や勘によるのが実情である．

うまいぐあいにタスクが関連していても，共有されたネットワークが全てのタスクをうまく扱えるとは限らない．場合によっては全てのタスクの性能が下がることもありうる．正則化の見方から言えば，これは正則化が強すぎるという状況であり，正則化によって個々のタスクにモデルが適合することが妨げられている状況である．このような場

合は，モデルのサイズを大きくする（すなわちネットワークの共有部分の次元を大きくするなど）ことが望ましい．もしk個のタスクをこなすMTLネットワークがこれらのタスクの全て達成するためにサイズをk倍（あるいはそれに近い数）する必要があるならば，これらのタスクの間で予測構造を共有化できていないことを意味する．この場合はマルチタスク学習の適用を見送らざるをえない．

　品詞タグ付けやチャンキングなどのように，タスク間の関連性が密接すぎる場合，マルチタスク学習による恩恵がかなり小さくなる場合がある．特にネットワークが単一のデータセットによって訓練される場合（例えばコーパス中の各文に品詞タグ，チャンクラベル双方の注釈付けがされている場合）にこのようなことが起こりうる．つまり，チャンキングのネットワークは必要な表現を品詞タグの中間的な教示なしに学習できてしまうのである．品詞タグ付け，チャンキングの教師データが重なりを持たない(disjoint)（ただし語彙のかなりの部分は共通）場合，あるいは，品詞タグ付けのデータがチャンキングのデータの上位集合(superset)である場合にようやくマルチタスク学習の効果を確認することができる．このような状況においてマルチタスク学習は，品詞タグ付けタスクに関連するラベルが付与されたデータを用いた訓練によって，チャンキングのタスクのための訓練データの量を実質的に増やすことができる．すなわち，ネットワークのチャンキングを担う部分は，付加的なデータにおける品詞注釈付けを用いて学習した共有された表現を利用したり，それに影響を与えたりすることが可能になる．

20.3 半教師あり学習

　マルチタスク学習，モデルのカスケード接続の双方に関係する枠組みに**半教師あり学習** (semi-supervised learning) がある．半教師あり学習では，本来のタスクに対して少量の訓練データがあり，それ以外のタスクに対して付加的な訓練データが存在する．付加的なタスクは教師ありでも教師なしでも構わない．ここでの教師なしとは，言語モデリング（9.6節），単語埋め込み（第10章），文の符号化（17.3節）などのように注釈のないコーパスから教師信号を生成できるものをいう．

　メインタスクの予測精度を改善するために，付加的なタスクにおける教師信号を援用したい．必要があれば適切な付加タスクを新たに設定したい．これは一般的なシナリオであり，活発に研究されている重要な領域でもある．本来のタスクのために十分な教示が得られないというのは一般的な状況である．

　NLP分野におけるニューラルネットワークを用いない半教師あり学習の手法については，原著シリーズのSøgaard [2013] を参照のこと．

　深層学習の枠組みにおける半教師あり学習は，マルチタスク学習の場合と同じように補助タスクの助けを借りて表現を学習することにより行うことができる．学習された表

現は補助的な入力として用いたり，メインタスクにおける初期化に用いたりすることができる．具体的には，注釈付けされていないデータから単語埋め込みや文の表現を事前学習できる．事前学習により得られた表現は，品詞タグ付け器，パーザ，文書要約システムなどの初期化や入力に用いることができる．

我々はある意味では，第10章において事前学習された単語埋め込みの分散表現を導入して以来，すでに半教師学習を行ってきたと考えることもできる．20.4.3節において検討するように，事前学習の結果を用いることにより，より問題に特化した解を得ることが可能となる場合がある．マルチタスク学習との類似性や関係性もまた明らかである．すなわち，他のタスクの性能を改善するために，あるタスクの教示データを用いる．主な違いは，それぞれのタスクがどのように最終的なモデルに統合されるか，および，これらの別タスクのため注釈付きデータがどこから得られるかにあると考えられる．ただし，これらのアプローチの境界線はあまりはっきりしない．モデルのカスケード接続，マルチタスク学習，半教師あり学習の境界について議論することはあまり得策ではなく，むしろこれらは互いに補完する重なりのある技法であると見るべきであろう．

半教師あり学習に対する他のアプローチでは，少量のラベル付きデータを用いて一つ以上のモデルを訓練し，得られたモデルを用いて大量のラベルなしデータのラベル付けを行う．例えば，自動的に注釈付けされたデータ（恐らくは，モデルと他の信頼性指標との一致度に基づく品質フィルタリングのステップを経て作られる）を新たなモデルを訓練するために用いたり，これらを既存のモデルに付加的な素性を提供するために用いる．これらのアプローチは，自己訓練 (self-training) という共通的な語句でまとめることができるだろう．他の手法は，解に対する制約を指定することによりモデルを制御すること（すなわち，ある種の単語は特定のタグしか取らない，あるいは，それぞれの文は少なくとも一つはXとタグ付けされる単語を含む，など）を助ける．このような手法はまだニューラルネットワークに対して特化されておらず，また本書の範囲を超えてもいる．概要を知るためにはSøgaard [2013] を参照のこと．

20.4 様々な例

以下ではマルチタスク学習が有効であることが示されたいくつかの例について述べる．

20.4.1 視線予測と文圧縮

削除による文圧縮 (sentence compression) のタスクでは，"*Alan Turing, known as the father of computer science, the codebreaker that helped win World War II, and the man tortured by the state for being gay, is to receive a pardon nearly 60 years after his death*" のような文が与えられたとき，文中のいくつかの語を削除することにより，主要な情報を保持しつつより短く圧縮した文を作成することが要求される．この例では，"*Alan Turing is to receive a pardon.*" のように圧縮を行う．文圧縮のタスクは，深層 biRNN と MLP の組み合わせによりモデリングできる．biRNN への入力は文を構成する各単語であり，MLP の出力は各単語を保存するか削除するかの決定である．

筆者らの研究グループは，削除による文圧縮の性能は，二つの付加的な系列予測タスク，すなわち，CCG スーパータグ付け，および，視線予測を取り入れることにより向上することを示した [Klerke et al., 2016]．これらのタスクは，biRNN の下位層から出力を受け取るそれぞれ独立した MLP として選択的共有化のアーキテクチャに追加された．

CCG スーパータグ付けのタスクは，文中の各単語に **CCG スーパータグ** (CCG supertag) を割り当てる．スーパータグとは (S[dcl]\NP)/PP のような文中における統語的な役割を表す複合的な統語タグである[2]．

視線予測のタスクは，人がどのように文字言語を読むかに関する認知的なタスクである．文字言語を読む際に我々の視線はページ上を動く．この際，いくつかの単語のところでは動きが止まる一方，他の単語はスキップされるだろう．また，時々は前の単語に視線が戻ったりということが起こるだろう．このような視線の動きは，脳内で文が処理されるメカニズムを反映していると考えられており，これには文の構造が影響している．視線追跡器は読んでいる最中の眼球運動を正確に追跡する装置である．この装置を用いて，文を読む際の人間の被験者の眼球運動を文とともに記録したコーパスが利用可能となっている．視線予測タスクにおいては，テキスト上の眼球運動のふるまいのいくつかの側面を予測するようにネットワークを訓練する．ここでいう側面には，各単語の場所でどのくらいの時間の視線停留が起こるか，後戻りをうながす単語はどのようなものかといったことが含まれる．文中のあまり重要でない部分は，スキップされたりさっと流されるのに対し，より重要な部分では凝視が起こるだろうといったことが想定される．圧縮された文のデータ，統語的な CCG タグ付けのデータ，眼球運動のデータは，それぞれは無関係なデータであるが，これらの付加的タスクを同時に教示として用いた場合，文圧縮の精度は明らかに良くなることが確認された．

---

[2] CCG や CCG スーパータグは本書の範囲を超えている．NLP における CCG について学びたいのであれば，Julia Hockenmaier の博士学位論文 [Hockenmaier, 2003] から始めるとよい．スーパータグ付けの概念は Joshi and Srinivas [1994] によって導入された．

20.4.2 アークへのラベル付けと統語パージング

本書を通じて，アークを単位とする依存構造パージングのアーキテクチャについて議論してきた．特に 16.2.3 節では biRNN に基づく素性について述べ，19.4.1 節では構造を持つ出力を学習する枠組みについて論じた．ここまでで議論してきたパーザはラベルなしパーザ (unlabeled parser) であった．モデルはありうる主辞と修飾語の対それぞれに対してスコアを割り当て，パーザの最終的な予測は入力文に対して最良の木を与えるアークの集合であった．すなわち，スコア付け関数，および，結果のアーク集合は，文中のどの単語が統語的にどの単語を接続するかということだけを考慮したものであり，その関係の性質についてまでは考慮していない．

ここで，依存構造木は通常，単語間の依存関係についての情報を含むものであり，これらは，*det, prep, pobj, nsubj*, などのアークに対するラベル（図 **20.6**）によって注釈付けられるという 6.2.2 節での議論を思い起こそう．

ラベルなしのパージング結果が与えられるとき，アークに関係ラベルを割り当てることは，biRNN と MLP を組み合わせたアーキテクチャによって達成できる．すなわち，biRNN を用いて文の単語を読み込み，単語の符号化を作成する．次に木におけるアーク (h, m) に対して両端の単語の符号化を連結したベクトルを作成する．この後，得られたベクトルを MLP に与えることによりアークのラベルを予測すればよい．

ラベル予測のために専用のネットワークを訓練するかわりに，マルチタスク学習の設定において，ラベルなしのパージングとアークへのラベル付けを関連タスクとして扱うことができる．すなわち，biRNN を用いてアークのラベル付けとパージングを行う単一のネットワークを構成する．ここで，biRNN によって符号化された状態をアークのスコア付け器，ラベル付け器双方への入力とする．訓練時には，アークラベル付け器は正解のアークのみを調べればよい（そもそも正解以外のアークについてはラベル情報が存在しない）が，アークスコア付け器は全ての可能性のあるアークを調べる必要がある．

実際，Kiperwasser and Goldberg [2016b] の研究においては，これらのタスクは密接に関連していることが確認された．共有された biRNN 符号化器を用いてラベルなし

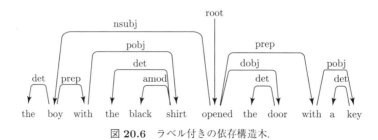

図 **20.6** ラベル付きの依存構造木．

のアークに対するスコア付けとアークへのラベル付けの双方を行う同時ネットワーク (joint network) を訓練することにより，アークラベル付けの精度だけでなく，ラベルなしのパージングの精度も顕著に向上した．

20.4.3 前置詞の意味曖昧性解消と翻訳

7.6 節で議論した前置詞の意味曖昧性解消のタスクを考えよう．これは，各前置詞が生起する文脈を考慮して，K 個の意味ラベル (sense label) (MANNER, PURPOSE, LOCATION, DURATION など) の中から適切なものを一つ割り当てる問題である．このタスクのための注釈付きのコーパスは存在する [Litkowski and Hargraves, 2007; Schneider et al., 2016] が小規模である．

7.6 節では，前置詞の意味の曖昧性解消器の訓練に適用することができるような核となる素性の集合について論じた．前置詞の生起事例を入力とし，これに対する素性をベクトルとして符号化する素性抽出器を $\phi_{\sup}(s, i)$ と書くことにする．ここで，s は入力文 (単語，品詞タグ，単語の原形，および，構文木の情報を含む)，i は前置詞の文中におけるインデックスである．この素性抽出器 $\phi_{\sup}(s, i)$ は，7.6 節で述べたものと同様の素性を対象としている．違いは，WordNet に基づく素性がないかわりに，事前学習された単語埋め込みを持つことである．これを MLP への入力とすることで，そこそこ良好な予測 (といっても 80% を下回る程度の満足できる精度ではないが) を行うことができる．この素性抽出器を biRNN によるものに置き換えたり，あるいは biRNN において補助的に用いたとしても精度はさほど向上しない．

以下では，**半教師あり学習** (semi-supervised learning) のアプローチをとることにより意味推定の精度がさらに向上することを示す．このアプローチは，大量の注釈なしデータから有用な表現を学習し，これを関連性がある有用な予測タスクへと転換することに基づいている．

特に，文ごとに対応付けられた多言語データ (sentence-aligned multilingual data) から導出されるタスクに注目する．このようなデータは，英語の文とその他の言語における**翻訳**が対となったものである[3]．英語から他の言語への翻訳を行うとき，一般に前置詞の訳については複数の可能性がある．他の言語における前置詞 (あるいは前置詞相当の単語) の選択は，文の文脈において定まる英語前置詞の意味に基づくべきである．そもそも前置詞は全ての言語において意味的曖昧性を持つものであるが，曖昧性のパターンは言語によって異なる．このため，出現する英語の文脈に基づいて英語の前置詞に対する訳語を予測することは，前置詞の意味曖昧性解消タスクに対する良い補助タス

---

[3] このような資源は例えば，ヨーロッパ連合の会議録 (Europarl コーパス [Koehn, 2005]) や，Web からマイニングする [Uszkoreit et al., 2010] ことにより容易に利用可能である．これらの資源は統計的機械翻訳の研究の進展に貢献した．

クとなる．これは Gonen and Goldberg [2016] で示されたアプローチであるが，以下では大まかな概要のみを示す．詳しくは原著論文を参照のこと．

訓練データは文ごとの対応がとられた多言語の並行コーパスから作られる．このコーパスは，ある単語対応付けのアルゴリズム [Dyer et al., 2013] を用いることにより，単語ごとに対応付けられている．ここから，〈文，前置詞の位置，他言語名，他言語における前置詞〉の組として訓練事例が抽出される．このような組 $\langle s = w_{1:n}, i, L, f \rangle$ が与えられたとき，予測タスクは文 s における文脈を考慮して前置詞 w_i の正しい訳を予測する．出力は目的言語に固有な候補集合である p_L から取られ，f が正しい出力である．

他言語における前置詞 f を予測し，さらには，その意味を予測するために，w_i の文脈の表現が有用であってほしい．このタスクを w_i を文における文脈を考慮して符号化する符号化器 $\text{ENC}(s, i)$，および，正しい前置詞を予測しようとする予測器によってモデリングする．この符号化器は biRNN ととてもよく似ているが，ネットワークがさらに文脈を注目するようにさせるため，前置詞それ自身は含まない．一方で予測器は言語に固有な MLP である．

$$p(\text{foreign} = f | s, i, L) = \text{softmax}(\text{MLP}^L_{\text{foreign}}(\text{ENC}(s, i)))_{[f]}$$
$$\text{ENC}(s, i) = [\text{RNN}^f(w_{1:i-1}); \text{RNN}^b(w_{n:i+1})]. \tag{20.8}$$

符号化器は多言語間で共有される．数百万規模の〈英語文，他言語前置詞〉対を用いて訓練することにより，事前学習された文脈符号化器を得る．この符号化器の出力は教師データの素性表現と連結され，前置詞の意味曖昧性解消ネットワークによって利用される．以上より，半教師あり曖昧性解消器は次のように構成できる．

$$p(\text{sense} = j | s, i) = \text{softmax}(\text{MLP}_{\text{sup}}([\phi_{\text{sup}}(s, i); \text{ENC}(s, i)]))_{[j]}, \tag{20.9}$$

ここで，ENC は事前学習された符号化器であるが，これは意味予測ネットワークによってさらに訓練される．また，ϕ_{sup} は教師あり学習により訓練される素性抽出器である．このアプローチによって，意味予測の精度は 1〜2 ポイントほど顕著かつ安定的に上昇する[4]．

20.4.4 条件付き生成：多言語機械翻訳，パージング，画像キャプション生成

マルチタスク学習は符号化器復号化器（エンコーダ・デコーダ）の枠組みでも容易に行うことができる．Luong et al. [2016] の研究は，これを機械翻訳の文脈において実

---

[4] 細かな設定に依存する 1〜2 ポイント程度の上昇は大したことはないという印象を与えるかもしれないが，ベースラインとなる教師あり学習システム自体が相応に高精度であるため，実際問題としては半教師あり学習によって期待できる上限の範囲にある．もしもっと弱いベースラインを前提とするなら，より大きな改善が得られる．

証した.彼らの翻訳システムは系列-系列（シーケンス・トゥ・シーケンス，seq2seq）アーキテクチャ（17.2.1節）によっているが，アテンションは用いない.もっと良い精度の翻訳システム（特にアテンションを利用するもの）は存在するが，この研究における主眼はマルチタスクの設定が精度向上に寄与することを示すことにあった.

彼らはこのシステムにおけるマルチタスク学習のいろいろな設定を調べた.最初の設定（1対多）では，英語の文をベクトルに符号化する符号化器は共有され，二つの異なる復号化器と組み合わされた.一方の復号化器はドイツ語翻訳を生成し，他方の復号化器は英語文に対する線条化された構文木を生成する（すなわち，the boy opened the door という文に対して，(S (NP DT NN) (VP VBD (NP DT NN))) という系列を予測）.このシステムは，英語とドイツ語の翻訳対を収録した並行コーパス，および，ペンツリーバンク [Marcus et al., 1993] における正解の構文木によって訓練された.ここで，翻訳データと構文木のデータに重なりはない.このマルチタスクの設定をとおして，共有された符号化器は双方のタスクにとって有用なベクトルを生成することを学習する.このマルチタスクの符号化器復号化器ネットワークは効果的であった.双方のタスクで訓練されたネットワーク（一つの符号化器，二つの復号化器）は，単一の符号化器・復号化器の対により構成される個別のネットワークよりも良い結果を示した.この設定がうまく働くのは，文の統語構造についての基本的な要素を符号化することが翻訳結果における語順や統語構造を選択するために有用であり，この逆もまた言えることによると考えられる.つまり，翻訳とパージングのタスクには相乗効果がある.

彼らの二つ目の設定（多対1）においては，単一の復号化器と複数の符号化器を用いる.ここでのタスクは機械翻訳（ドイツ語から英語への翻訳）と画像のキャプション生成（画像からの英語説明生成）であり，復号化器は英語文の生成を担う.一方の符号化器はドイツ語文を符号化するが，他方の符号化器は画像を符号化する.最初の設定の場合と同様に，翻訳のためのデータセットと画像キャプション生成のためのデータセットに重なりはない.やはり同時学習を行ったシステムは個別学習のものに比べてより良い精度を示したが，最初の設定の場合と比べるとその差はより小さかった.注意すべきことは，ドイツ語文を符号化するというタスク（複雑な構文構造と詳しい予測を表現しなければならない）と，画像内容を符号化するというタスク（単純な情景における主要な構成要素を表現すればよい）には実際的なつながりはないということである.このため，精度向上は双方のタスクが復号化器ネットワークにおける言語モデル部分に対し適切な教示を与えたことによると思われる.これによって，より流暢な英語文が生成できた.また精度向上は，一方の〈符号化, 復号化〉の対が訓練データに対して他方の対が過学習することを防いだという正則化の効果にもよると思われる.

さほど精度の良くないベースラインにもかかわらず，Luong et al. [2016] の結果は有望であった.これは，適切な相乗効果を持つタスクが選ばれれば，条件付き生成の枠組

みにおけるマルチタスク学習が有効であることを示している．

20.5 今後の見通し

モデルのカスケード接続，マルチタスク学習，半教師あり学習はいずれもエキサイティングな技法である．計算グラフ上での勾配計算を用いた訓練に基づくニューラルネットワークの枠組みは，これらの技法を使うためのシームレスな基盤を提供する．多くの場合，これらのアプローチは実際的で安定した精度の向上に寄与する．しかし，執筆時の時点では残念ながらこれらの向上はベースラインに比べて比較的わずか（特にベースライン自体が高い精度を持つ場合）である．しかしながら，この事実が紹介した技法を用いることを妨げることはないと思われる．というのは，実際に精度向上することがしばしば見られたからである．これらの技法を改良し精緻化することをむしろ推奨したい．そうすれば，この先さらなる精度の向上が期待できるだろう．

第21章

結論

21.1 これまでの進展

　ニューラルネットワークによる方法論の導入は自然言語処理を変革した．やっかいな素性エンジニアリング（および，バックオフや素性の組み合わせに関する工夫）を伴う線形モデルから，(1) 素性の組み合わせを学習する多層パーセプトロン（本書の第1編），(2) 一般化された n-グラムやギャップのある n-グラムを扱えるような畳み込みニューラルネットワーク（第13章），(3) 任意の長さを持つ系列における微妙なパターンや規則性を扱える RNN や双方向 RNN（第14～16章），(4) 木構造を表現することができる木構造ニューラルネットワーク（第18章）への転換を促した．さらには，分布類似度に基づいて単語をベクトルとして符号化する方法が導入され，これは半教師あり学習で効果的に用いられる（第10, 11章）．また，マルコフ性によらない言語モデリングは，柔軟な条件付き言語生成モデルへの道を開き（第17章），機械翻訳の革新をもたらした．ニューラルネットワークによる方法は，マルチタスク学習の様々な機会も提供する（第20章）．さらには，ニューラルネットワーク以前に確立された構造予測の技法もニューラルネットワークを用いた素性抽出器や予測器に容易に適応させることができる（第19章）．

21.2 これからの課題

　結局のところ，この分野の進展は大変に速く，将来の予測を行うことは難しい．しかし一つ確かなことは，少なくとも筆者の見解では，ニューラルネットワークには注目す

べき利点が数々あるにせよ，それだけでは言語理解・言語生成における特効薬にはならないということである．つまり，ニューラルネットワークはこれまでの統計的自然言語処理の技法によって得られてきた結果に対して多くの進展をもたらすが，核となるいくつかの課題は依然として残されているということである．言語は離散的であり曖昧性を持つ．その仕組みについて十分な理解は得られていないし，人間による注意深い誘導がなければ，ニューラルネットワークによって様々な細部を学習することは不可能である．本書の導入部で言及された自然言語処理に関する諸課題は，ニューラルネットワークの技術を用いる場合も依然として存在するものであり，第6章で示したような言語学的概念や言語資源の知識は，優れた言語処理システムを設計する上で依然として重要である．多くの NLP タスクにおける実際の成績は，低位レベルの一見単純なタスク（代名詞の共参照解消 [Clark and Manning, 2016; Wiseman et al., 2016] や，等位接続の境界曖昧性の解消 [Ficler and Goldberg, 2016]）であっても依然として完全と呼ぶには程遠い．学習システムをそのような低位レベルの言語理解タスクに適合させることは，ニューラルネットワークが導入される以前と同様に重要な研究課題である．この他の重要な課題としては，学習された表現の不透明性さ，ネットワークのアーキテクチャや学習アルゴリズムの背景にある厳密な理論の欠如といったことも挙げられる．ニューラルネットワークにおける表現の解釈可能性に関する研究や，学習可能性や様々なアーキテクチャにおける訓練のダイナミクスの理解などはこの分野のさらなる進展のために是非とも必要である．

　本書の執筆時点では，ニューラルネットワークは本質的には依然として教師あり学習の方法であり，比較的大量のラベル付けされた訓練データを必要とする．事前学習された単語埋め込みは，半教師あり学習のための便利な基盤を提供するが，ラベルなしデータを効率的に利用し，注釈付きの事例に対する依存性を低減させることに関してはまだまだ初歩的な段階にある．人間はしばしば少量の事例から一般化することができるが，最も単純な言語タスクにおいてさえ，ニューラルネットワークがうまく働くには少なくとも数百倍のラベル付きデータが必要となる．少量のラベル付きデータを大量のラベルなしデータと組み合わせて効果的に利用する方法，ドメインの違いを超えた一般化を達成する方法は，この分野における別の変革をもたらすに違いない．

　最後に，本書においてごく表面的にしか見ることができなかった側面として，言語が孤立した現象ではないということがある．人が言語を学習し，知覚し，産出する際は，現実世界を参照しながら行うのであり，言語における発話は実世界の事物や経験に根ざしている．画像，ビデオといった他のモダリティと言語の組み合わせや，ロボットの行動制御，あるいは，具体的な目標を達成するエージェントの構成要素といった実世界にグラウンディングされた状況における言語の学習は，また別な有望な先端的研究の領域である．

文献一覧

Martín Abadi, Ashish Agarwal, Paul Barham, Eugene Brevdo, Zhifeng Chen, Craig Citro, Greg S. Corrado, Andy Davis, Jeffrey Dean, Matthieu Devin, et al. TensorFlow: Large-scale machine learning on heterogeneous systems, 2015. `http://tensorflow.org/`

Heike Adel, Ngoc Thang Vu, and Tanja Schultz. Combination of recurrent neural networks and factored language models for code-switching language modeling. In *Proc. of the 51st Annual Meeting of the Association for Computational Linguistics—(Volume 2: Short Papers)*, pages 206–211, Sofia, Bulgaria, August 2013.

Roee Aharoni, Yoav Goldberg, and Yonatan Belinkov. *Proc. of the 14th SIGMORPHON Workshop on Computational Research in Phonetics, Phonology, and Morphology*, chapter improving sequence to sequence learning for morphological inflection generation: The BIU-MIT systems for the SIGMORPHON 2016 shared task for morphological reinflection, pages 41–48. Association for Computational Linguistics, 2016.
`http://aclweb.org/anthology/W16-2007` DOI: 10.18653/v1/W16-2007.

Roee Aharoni and Yoav Goldberg. Towards string-to-tree neural machine translation. *Proc. of ACL*, 2017.

M. A. Aizerman, E. A. Braverman, and L. Rozonoer. Theoretical foundations of the potential function method in pattern recognition learning. In *Automation and Remote Control*, number 25 in Automation and Remote Control, pages 821–837, 1964.

Erin L. Allwein, Robert E. Schapire, and Yoram Singer. Reducing multiclass to binary: A unifying approach for margin classifiers. *Journal of Machine Learning Research*, 1:113–141, 2000.

Rie Ando and Tong Zhang. A high-performance semi-supervised learning method for text chunking. In *Proc. of the 43rd Annual Meeting of the Association for Computational Linguistics (ACL'05)*, pages 1–9, Ann Arbor, Michigan, June 2005a. DOI: 10.3115/1219840.1219841.

Rie Kubota Ando and Tong Zhang. A framework for learning predictive structures from multiple tasks and unlabeled data. *The Journal of Machine Learning Research*, 6:1817–1853, 2005b.

Daniel Andor, Chris Alberti, David Weiss, Aliaksei Severyn, Alessandro Presta, Kuzman Ganchev, Slav Petrov, and Michael Collins. Globally normalized transition-based neural networks. In *Proc. of the 54th Annual Meeting of the Association for Computational Linguistics—(Volume 1: Long Papers)*, pages 2442–2452, 2016.
http://aclweb.org/anthology/P16-1231 DOI: 10.18653/v1/P16-1231.

Michael Auli and Jianfeng Gao. Decoder integration and expected BLEU training for recurrent neural network language models. In *Proc. of the 52nd Annual Meeting of the Association for Computational Linguistics—(Volume 2: Short Papers)*, pages 136–142, Baltimore, Maryland, June 2014. DOI: 10.3115/v1/p14-2023.

Michael Auli, Michel Galley, Chris Quirk, and Geoffrey Zweig. Joint language and translation modeling with recurrent neural networks. In *Proc. of the 2013 Conference on Empirical Methods in Natural Language Processing*, pages 1044–1054, Seattle, Washington. Association for Computational Linguistics, October 2013.

Oded Avraham and Yoav Goldberg. The interplay of semantics and morphology in word embeddings. *EACL*, 2017.

Dzmitry Bahdanau, Kyunghyun Cho, and Yoshua Bengio. Neural machine translation by jointly learning to alignand translate. *arXiv:1409.0473 [cs, stat]*, September 2014.

Miguel Ballesteros, Chris Dyer, and Noah A. Smith. Improved transition-based parsing by modeling charactersinstead of words with LSTMs. In *Proc. of the 2015 Conference on Empirical Methods in Natural Language Processing*, pages 349–359, Lisbon, Portugal. Association for Computational Linguistics, September 2015. DOI: 10.18653/v1/d15-1041.

Miguel Ballesteros, Yoav Goldberg, Chris Dyer, and Noah A. Smith. Training with exploration improves a greedy stack-LSTM parser, EMNLP 2016. *arXiv:1603.03793 [cs]*, March 2016. DOI: 10.18653/v1/d16-1211.

Mohit Bansal, Kevin Gimpel, and Karen Livescu. Tailoring continuous word representations for dependency parsing. In *Proc. of the 52nd Annual Meeting of the Association for Computational Linguistics—(Volume 2: Short Papers)*, pages 809–815, Baltimore, Maryland, June 2014. DOI: 10.3115/v1/p14-2131.

Marco Baroni and Alessandro Lenci. Distributional memory: A general framework for corpus-based semantics. *Computational Linguistics*, 36(4):673–721, 2010. DOI: 10.1162/coli_a_00016.

Atilim Gunes Baydin, Barak A. Pearlmutter, Alexey Andreyevich Radul, and Jeffrey Mark Siskind. Automatic differentiation in machine learning: A survey. *arXiv:1502.05767 [cs]*, February 2015.

Emily M. Bender. *Linguistic Fundamentals for Natural Language Processing: 100 Essentials from Morphology and Syntax*. Synthesis Lectures on Human Language Technologies. Morgan & Claypool Publishers, 2013.

Samy Bengio, Oriol Vinyals, Navdeep Jaitly, and Noam Shazeer. Scheduled sampling for sequence prediction with recurrent neural networks. *CoRR*, abs/1506.03099, 2015.
http://arxiv.org/abs/1506.03099

Yoshua Bengio. Practical recommendations for gradient-based training of deep architectures. *arXiv:1206.5533 [cs]*, June 2012. DOI: 10.1007/978-3-642-35289-8_26.

Yoshua Bengio, Réjean Ducharme, Pascal Vincent, and Christian Janvin. A neural probabilistic language model. *Journal of Machine Learning Research*, 3:1137–1155, March 2003. ISSN

1532-4435. DOI: 10.1007/10985687_6.

Yoshua Bengio, Jérôme Louradour, Ronan Collobert, and Jason Weston. Curriculum learning. In *Proc. of the 26th Annual International Conference on Machine Learning*, pages 41–48. ACM, 2009. DOI: 10.1145/1553374.1553380.

Yoshua Bengio, Ian J. Goodfellow, and Aaron Courville. *Deep Learning*. MIT Press, 2016.

James Bergstra, Olivier Breuleux, Frédéric Bastien, Pascal Lamblin, Razvan Pascanu, Guillaume Desjardins, Joseph Turian, David Warde-Farley, and Yoshua Bengio. Theano: a CPU and GPU math expression compiler. In *Proc. of the Python for Scientific Computing Conference (SciPy)*, June 2010.

Jeff A. Bilmes and Katrin Kirchhoff. Factored language models and generalized parallel backoff. In *Companion Volume of the Proc. of HLT-NAACL—Short Papers*, 2003. DOI: 10.3115/1073483.1073485.

Zsolt Bitvai and Trevor Cohn. Non-linear text regression with a deep convolutional neural network. In *Proc. of the 53rd Annual Meeting of the Association for Computational Linguistics and the 7th International Joint Conference on Natural Language Processing—(Volume 2: Short Papers)*, pages 180–185, Beijing, China, July 2015. DOI: 10.3115/v1/p15-2030.

Tolga Bolukbasi, Kai-Wei Chang, James Y. Zou, Venkatesh Saligrama, and Adam Tauman Kalai. Quantifying and reducing stereotypes in word embeddings. *CoRR*, abs/1606.06121, 2016. `http://arxiv.org/abs/1606.06121`

Bernhard E. Boser, Isabelle M. Guyon, and Vladimir N. Vapnik. A training algorithm for optimal margin classifiers. In *Proc. of the 5th Annual ACM Workshop on Computational Learning Theory*, pages 144–152. ACM Press, 1992. DOI: 10.1145/130385.130401.

Jan A. Botha and Phil Blunsom. Compositional morphology for word representations and language modelling. In *Proc. of the 31st International Conference on Machine Learning (ICML)*, Beijing, China, June 2014.

Léon Bottou. Stochastic gradient descent tricks. In *Neural Networks: Tricks of the Trade*, pages 421–436. Springer, 2012. DOI: 10.1007/978-3-642-35289-8_25.

R. Samuel Bowman, Gabor Angeli, Christopher Potts, and D. Christopher Manning. A large annotated corpus for learning natural language inference. In *Proc. of the 2015 Conference on Empirical Methods in Natural Language Processing*, pages 632–642. Association for Computational Linguistics, 2015. `http://aclweb.org/anthology/D15-1075` DOI: 10.18653/v1/D15-1075.

Peter Brown, Peter deSouza, Robert Mercer, T. Watson, Vincent Della Pietra, and Jenifer Lai. Class-based n-gram models of natural language. *Computational Linguistics*, 18(4), December 1992. `http://aclweb.org/anthology/J92-4003`

John A. Bullinaria and Joseph P. Levy. Extracting semantic representations from word co-occurrence statistics: A computational study. *Behavior Research Methods*, 39(3):510–526, 2007. DOI: 10.3758/bf03193020.

A. Caliskan-Islam, J. J. Bryson, and A. Narayanan. Semantics derived automatically from language corpora necessarily contain human biases. *CoRR*, abs/1608.07187, 2016.

Rich Caruana. Multitask learning. *Machine Learning*, 28:41–75, 1997. DOI: 10.1007/978-1-4615-5529-2_5.

Eugene Charniak and Mark Johnson. Coarse-to-fine n-best parsing and MaxEnt discriminative reranking. In *Proc. of the 43rd Annual Meeting of the Association for Computational Linguistics (ACL'05)*, pages 173–180, Ann Arbor, Michigan, June 2005. DOI: 10.3115/1219840.1219862.

Danqi Chen and Christopher Manning. A fast and accurate dependency parser using neural networks. In *Proc. of the 2014 Conference on Empirical Methods in Natural Language Processing (EMNLP)*, pages 740–750, Doha, Qatar. Association for Computational Linguistics, October 2014. DOI: 10.3115/v1/d14-1082.

Stanley F. Chen and Joshua Goodman. An empirical study of smoothing techniques for language modeling. In *34th Annual Meeting of the Association for Computational Linguistics*, 1996. http://aclweb.org/anthology/P96-1041 DOI: 10.1006/csla.1999.0128.

Stanley F. Chen and Joshua Goodman. An empirical study of smoothing techniques for language modeling. *Computer Speech and Language*, 13(4):359–394, 1999. DOI: 10.1006/csla.1999.0128.

Wenlin Chen, David Grangier, and Michael Auli. Strategies for training large vocabulary neural language models. In *Proc. of the 54th Annual Meeting of the Association for Computational Linguistics—(Volume 1: Long Papers)*, pages 1975–1985, 2016. http://aclweb.org/anthology/P16-1186 DOI: 10.18653/v1/P16-1186.

Yubo Chen, Liheng Xu, Kang Liu, Daojian Zeng, and Jun Zhao. Event extraction via dynamic multi-pooling convolutional neural networks. In *Proc. of the 53rd Annual Meeting of the Association for Computational Linguistics and the 7th International Joint Conference on Natural Language Processing—(Volume 1: Long Papers)*, pages 167–176, Beijing, China, July 2015. DOI: 10.3115/v1/p15-1017.

Kyunghyun Cho. Natural language understanding with distributed representation. *arXiv:1511.07916 [cs, stat]*, November 2015.

Kyunghyun Cho, Bart van Merrienboer, Dzmitry Bahdanau, and Yoshua Bengio. On the properties of neural machine translation: Encoder-decoder approaches. In *Proc. of SSST-8, 8th Workshop on Syntax, Semantics and Structure in Statistical Translation*, pages 103–111, Doha, Qatar. Association for Computational Linguistics, October 2014a. DOI: 10.3115/v1/w14-4012.

Kyunghyun Cho, Bart van Merrienboer, Caglar Gulcehre, Dzmitry Bahdanau, Fethi Bougares, Holger Schwenk, and Yoshua Bengio. Learning phrase representations using RNN encoder-decoder for statistical machine translation. In *Proc. of the 2014 Conference on Empirical Methods in Natural Language Processing (EMNLP)*, pages 1724–1734, Doha, Qatar. Association for Computational Linguistics, October 2014b. DOI: 10.3115/v1/d14-1179.

Do Kook Choe and Eugene Charniak. Parsing as language modeling. In *Proc. of the Conference on Empirical Methods in Natural Language Processing*, pages 2331–2336, Austin, Texas. Association for Computational Linguistics, November 2016. https://aclweb.org/anthology/D16-1257 DOI: 10.18653/v1/d16-1257.

Grzegorz Chrupala. Normalizing tweets with edit scripts and recurrent neural embeddings. In *Proc. of the 52nd Annual Meeting of the Association for Computational Linguistics—(Volume 2: Short Papers)*, pages 680–686, Baltimore, Maryland, June 2014. DOI: 10.3115/v1/p14-2111.

Junyoung Chung, Caglar Gulcehre, KyungHyun Cho, and Yoshua Bengio. Empirical evaluation of gated recurrent neural networks on sequence modeling. *arXiv:1412.3555 [cs]*, December

2014.

Junyoung Chung, Kyunghyun Cho, and Yoshua Bengio. A character-level decoder without explicit segmentation for neural machine translation. In *Proc. of the 54th Annual Meeting of the Association for Computational Linguistics—(Volume 1: Long Papers)*, pages 1693–1703, 2016. http://aclweb.org/anthology/P16-1160 DOI: 10.18653/v1/P16-1160.

Kenneth Ward Church and Patrick Hanks. Word association norms, mutual information, and lexicography. *Computational Linguistics*, 16(1):22–29, 1990. DOI: 10.3115/981623.981633.

Kevin Clark and Christopher D. Manning. Improving coreference resolution by learning entity-level distributed representations. In *Association for Computational Linguistics (ACL)*, 2016. /u/apache/htdocs/static/pubs/clark2016improving.pdf DOI: 10.18653/v1/p16-1061.

Michael Collins. Discriminative training methods for hidden Markov models: Theory and experiments with perceptron algorithms. In *Proc. of the Conference on Empirical Methods in Natural Language Processing*, pages 1–8. Association for Computational Linguistics, July 2002. DOI: 10.3115/1118693.1118694.

Michael Collins and Terry Koo. Discriminative reranking for natural language parsing. *Computational Linguistics*, 31(1):25–70, March 2005. ISSN 0891-2017. DOI: 10.1162/0891201053630273.

Ronan Collobert and Jason Weston. A unified architecture for natural language processing: Deepneural networks with multitask learning. In *Proc. of the 25th International Conference on Machine Learning*, pages 160–167. ACM, 2008. DOI: 10.1145/1390156.1390177.

Ronan Collobert, Jason Weston, Léon Bottou, Michael Karlen, Koray Kavukcuoglu, and Pavel Kuksa. Natural language processing (almost) from scratch. *The Journal of Machine Learning Research*, 12:2493–2537, 2011.

Alexis Conneau, Holger Schwenk, Loïc Barrault, and Yann LeCun. Very deep convolutional networks for natural language processing. *CoRR*, abs/1606.01781, 2016. http://arxiv.org/abs/1606.01781

Ryan Cotterell and Hinrich Schutze. Morphological word embeddings. *NAACL*, 2015.

Ryan Cotterell, Christo Kirov, John Sylak-Glassman, David Yarowsky, Jason Eisner, and Mans Hulden. *Proc. of the 14th SIGMORPHON Workshop on Computational Research in Phonetics, Phonology, and Morphology*, chapter The SIGMORPHON 2016 Shared Task—Morphological Reinflection, pages 10–22. Association for Computational Linguistics, 2016. http://aclweb.org/anthology/W16-2002 DOI: 10.18653/v1/W16-2002.

Koby Crammer and Yoram Singer. On the algorithmic implementation of multiclass kernel-based vector machines. *The Journal of Machine Learning Research*, 2:265–292, 2002.

Mathias Creutz and Krista Lagus. Unsupervised models for morpheme segmentation and morphology learning. *ACM Transactions of Speech and Language Processing*, 4(1):3:1–3:34, February 2007. ISSN 1550-4875. DOI: 10.1145/1187415.1187418.

James Cross and Liang Huang. Incremental parsing with minimal features using bi-directional LSTM. In *Proc. of the 54th Annual Meeting of the Association for Computational Linguistics—(Volume 2: Short Papers)*, pages 32–37, 2016a. http://aclweb.org/anthology/P16-2006 DOI: 10.18653/v1/P16-2006.

James Cross and Liang Huang. Span-based constituency parsing with a structure-label system and dynamic oracles. In *Proc. of the 2016 Conference on Empirical Methods in Natural Language Processing (EMNLP)*. Association for Computational Linguistics, 2016b. DOI: 10.18653/v1/d16-1001.

G. Cybenko. Approximation by superpositions of a sigmoidal function. *Mathematics of Control, Signals and Systems*, 2(4):303–314, December 1989. ISSN 0932-4194, 1435-568X. DOI: 10.1007/BF02551274.

Ido Dagan and Oren Glickman. Probabilistic textual entailment: Generic applied modeling of language variability. In *PASCAL Workshop on Learning Methods for Text Understanding and Mining*, 2004.

Ido Dagan, Fernando Pereira, and Lillian Lee. Similarity-based estimation of word cooccurrence probabilities. In *ACL*, 1994. DOI: 10.3115/981732.981770.

Ido Dagan, Oren Glickman, and Bernardo Magnini. The PASCAL recognising textual entailment challenge. In *Machine Learning Challenges, Evaluating Predictive Uncertainty, Visual Object Classification and Recognizing Textual Entailment, First PASCAL Machine Learning Challenges Workshop, MLCW*, pages 177–190, Southampton, UK, April 11–13, 2005. (revised selected papers). DOI: 10.1007/11736790_9.

Ido Dagan, Dan Roth, Mark Sammons, and Fabio Massimo Zanzotto. *Recognizing Textual Entailment: Models and Applications*. Synthesis Lectures on Human Language Technologies. Morgan & Claypool Publishers, 2013. DOI: 10.2200/s00509ed1v01y201305hlt023.

G. E. Dahl, T. N. Sainath, and G. E. Hinton. Improving deep neural networks for LVCSR using rectified linear units and dropout. In *2013 IEEE International Conference on Acoustics, Speech and Signal Processing (ICASSP)*, pages 8609–8613, May 2013. DOI: 10.1109/ICASSP.2013.6639346.

Hal Daumé III, John Langford, and Daniel Marcu. Search-based structured prediction. *Machine Learning Journal (MLJ)*, 2009. DOI: 10.1007/s10994-009-5106-x.

Hal Daumé III. *A Course In Machine Learning*. Self Published, 2015.

Yann N. Dauphin, Razvan Pascanu, Caglar Gulcehre, Kyunghyun Cho, Surya Ganguli, and Yoshua Bengio. Identifying and attacking the saddle point problem in high-dimensional non-convex optimization. In Z. Ghahramani, M. Welling, C. Cortes, N. D. Lawrence, and K. Q. Weinberger, Eds., *Advances in Neural Information Processing Systems* 27, pages 2933–2941. Curran Associates, Inc., 2014.

Adrià de Gispert, Gonzalo Iglesias, and Bill Byrne. Fast and accurate preordering for SMT using neural networks. In *Proc. of the 2015 Conference of the North American Chapter of the Association for Computational Linguistics: Human Language Technologies*, pages 1012–1017, Denver, Colorado, 2015. DOI: 10.3115/v1/n15-1105.

Jacob Devlin, Rabih Zbib, Zhongqiang Huang, Thomas Lamar, Richard Schwartz, and John Makhoul. Fast and robust neural network joint models for statistical machine translation. In *Proc. of the 52nd Annual Meeting of the Association for Computational Linguistics— (Volume 1: Long Papers)*, pages 1370–1380, Baltimore, Maryland, June 2014. DOI: 10.3115/v1/p14-1129.

Trinh Do, Thierry Arti, and others. Neural conditional random fields. In *International Conference on Artificial Intelligenceand Statistics*, pages 177–184, 2010.

Pedro Domingos. *The Master Algorithm*. Basic Books, 2015.

Li Dong, Furu Wei, Chuanqi Tan, Duyu Tang, Ming Zhou, and Ke Xu. Adaptive recursive neural network for target-dependent twitter sentiment classification. In *Proc. of the 52nd Annual Meeting of the Association for Computational Linguistics—(Volume 2: Short Papers)*, pages 49–54, Baltimore, Maryland, June 2014. DOI: 10.3115/v1/p14-2009.

Li Dong, Furu Wei, Ming Zhou, and Ke Xu. Question answering over freebase with multi-column convolutional neural networks. In *Proc. of the 53rd Annual Meeting of the Association for Computational Linguistics and the 7th International Joint Conference on Natural Language Processing—(Volume 1: Long Papers)*, pages 260–269, Beijing, China, July 2015. DOI: 10.3115/v1/p15-1026.

Cicero dos Santos and Maira Gatti. Deep convolutional neural networks for sentiment analysis of short texts. In *Proc. of COLING, the 25th International Conference on Computational Linguistics: Technical Papers*, pages 69–78, Dublin City University, Dublin, Ireland. Association for Computational Linguistics, August 2014.

Cicero dos Santos and Bianca Zadrozny. Learning character-level representations for part-of-speech tagging. In *Proc. of the 31st International Conference on Machine Learning (ICML)*, pages 1818–1826, 2014.

Cicero dos Santos, Bing Xiang, and Bowen Zhou. Classifying relations by ranking with convolutional neural networks. In *Proc. of the 53rd Annual Meeting of the Association for Computational Linguistics and the 7th International Joint Conference on Natural Language Processing—(Volume 1: Long Papers)*, pages 626–634, Beijing, China, July 2015. DOI: 10.3115/v1/p15-1061.

John Duchi, Elad Hazan, and Yoram Singer. Adaptive subgradient methods for online learning and stochastic optimization. *The Journal of Machine Learning Research*, 12:2121–2159, 2011.

Kevin Duh, Graham Neubig, Katsuhito Sudoh, and Hajime Tsukada. Adaptation data selection using neural language models: experiments in machine translation. In *Proc. of the 51st Annual Meeting of the Association for Computational Linguistics—(Volume 2: Short Papers)*, pages 678–683, Sofia, Bulgaria, August 2013.

Greg Durrett and Dan Klein. Neural CRF parsing. In *Proc. of the 53rd Annual Meeting of the Association for Computational Linguistics and the 7th International Joint Conference on Natural Language Processing—(Volume 1: Long Papers)*, pages 302–312, Beijing, China, July 2015. DOI: 10.3115/v1/p15-1030.

Chris Dyer, Victor Chahuneau, and A. Noah Smith. A simple, fast, and effective reparameterization of IBM model 2. In *Proc. of the 2013 Conference of the North American Chapter of the Association for Computational Linguistics: Human Language Technologies*, pages 644–648, 2013. http://aclweb.org/anthology/N13-1073

Chris Dyer, Miguel Ballesteros, Wang Ling, Austin Matthews, and Noah A. Smith. Transition-based dependency parsing with stack long short-term memory. In *Proc. of the 53rd Annual Meeting of the Association for Computational Linguistics and the 7th International Joint Conference on Natural Language Processing—(Volume 1: Long Papers)*, pages 334–343, Beijing, China, July 2015. DOI: 10.3115/v1/p15-1033.

C. Eckart and G. Young. The approximation of one matrix by another of lower rank. *Psychometrika*, 1:211–218, 1936. DOI: 10.1007/bf02288367.

Jason Eisner and Giorgio Satta. Efficient parsing for bilexical context-free grammars and head automaton grammars. In *Proc. of the 37th Annual Meeting of the Association for Computational

Linguistics, 1999. http://aclweb.org/anthology/P99-1059 DOI: 10.3115/1034678.1034748.

Jeffrey L. Elman. Finding structure in time. *Cognitive Science*, 14(2):179–211, March 1990. ISSN 1551-6709. DOI: 10.1207/s15516709cog1402_1.

Martin B. H. Everaert, Marinus A. C. Huybregts, Noam Chomsky, Robert C. Berwick, and Johan J. Bolhuis. Structures, not strings: Linguistics as part of the cognitive sciences. *Trends in Cognitive Sciences*, 19(12):729–743, 2015. DOI: 10.1016/j.tics.2015.09.008.

Manaal Faruqui and Chris Dyer. Improving vector space word representations using multilingual correlation. In *Proc. of the 14th Conference of the European Chapter of the Association for Computational Linguistics*, pages 462–471, Gothenburg, Sweden, April 2014. DOI: 10.3115/v1/e14-1049.

Manaal Faruqui, Jesse Dodge, Kumar Sujay Jauhar, Chris Dyer, Eduard Hovy, and A. Noah Smith. Retrofitting word vectors to semantic lexicons. In *Proc. of the 2015 Conference of the North American Chapter of the Association for Computational Linguistics: Human Language Technologies*, pages 1606–1615, 2015. http://aclweb.org/anthology/N15-1184 DOI: 10.3115/v1/N15-1184.

Manaal Faruqui, Yulia Tsvetkov, Graham Neubig, and Chris Dyer. Morphological inflection generation using character sequence to sequence learning. In *Proc. of the 2016 Conference of the North American Chapter of the Association for Computational Linguistics: Human Language Technologies*, pages 634–643, 2016. http://aclweb.org/anthology/N16-1077 DOI: 10.18653/v1/N16-1077.

Christiane Fellbaum. *WordNet: An Electronic Lexical Database*. Bradford Books, 1998.

Jessica Ficler and Yoav Goldberg. A neural network for coordination boundary prediction. In *Proc. of the 2016 Conference on Empirical Methods in Natural Language Processing*, pages 23–32, Austin, Texas. Association for Computational Linguistics, November 2016. https://aclweb.org/anthology/D16-1003 DOI: 10.18653/v1/d16-1003.

Katja Filippova and Yasemin Altun. Overcoming the lack of parallel data in sentence compression. In *Proc. of the 2013 Conference on Empirical Methods in Natural Language Processing*, pages 1481–1491. Association for Computational Linguistics, 2013. http://aclweb.org/anthology/D13-1155

Katja Filippova, Enrique Alfonseca, Carlos A. Colmenares, Lukasz Kaiser, and Oriol Vinyals. Sentence compression by deletion with LSTMs. In *Proc. of the 2015 Conference on Empirical Methods in Natural Language Processing*, pages 360–368, Lisbon, Portugal. Association for Computational Linguistics, September 2015. DOI: 10.18653/v1/d15-1042.

Charles J. Fillmore, Josef Ruppenhofer, and Collin F. Baker. FrameNet and representing the link between semantic and syntactic relations. *Language and Linguistics Monographs Series B*, pages 19–62, Institute of Linguistics, Academia Sinica, Taipei, 2004.

John R. Firth. A synopsis of linguistic theory 1930–1955. In *Studies in Linguistic Analysis*, Special volume of the Philological Society, pages 1–32. Firth, John Rupert, Haas William, Halliday, Michael A. K., Oxford, Blackwell Ed., 1957.

John R. Firth. The technique of semantics. *Transactions of the Philological Society*, 34(1):36–73, 1935. ISSN 1467-968X. DOI: 10.1111/j.1467-968X.1935.tb01254.x.

Mikel L. Forcada and Ramón P. Ñeco. Recursive hetero-associative memories for translation. In *Biological and Artificial Computation: From Neuroscience to Technology*, pages 453–462.

Springer, 1997. DOI: 10.1007/bfb0032504.

Philip Gage. A new algorithm for data compression. *C Users Journal*, 12(2):23–38, February 1994. ISSN 0898-9788. http://dl.acm.org/citation.cfm?id=177910.177914

Yarin Gal. A theoretically grounded application of dropout in recurrent neural networks. *CoRR*, abs/1512.05287, December 2015.

Kuzman Ganchev and Mark Dredze. *Proc. of the ACL-08: HLT Workshop on Mobile Language Processing*, chapter Small Statistical Models by Random Feature Mixing, pages 19–20. Association for Computational Linguistics, 2008. http://aclweb.org/anthology/W08-0804

Juri Ganitkevitch, Benjamin Van Durme, and Chris Callison-Burch. PPDB: The paraphrase database. In *Proc. of the 2013 Conference of the North American Chapter of the Association for Computational Linguistics: Human Language Technologies*, pages 758–764, 2013. http://aclweb.org/anthology/N13-1092

Jianfeng Gao, Patrick Pantel, Michael Gamon, Xiaodong He, and Li Deng. Modeling interestingness with deep neural networks. In *Proc. of the Conference on Empirical Methods in Natural Language Processing (EMNLP)*, pages 2–13, Doha, Qatar. Association for Computational Linguistics, October 2014. DOI: 10.3115/v1/d14-1002.

Dan Gillick, Cliff Brunk, Oriol Vinyals, and Amarnag Subramanya. Multilingual language processing from bytes. In *Proc. of the Conference of the North American Chapter of the Association for Computational Linguistics: Human Language Technologies*, pages 1296–1306, 2016. http://aclweb.org/anthology/N16-1155 DOI: 10.18653/v1/N16-1155.

Jesús Giménez and Lluis Màrquez. SVMTool: A general POS tagger generator based on support vector machines. In *Proc. of the 4th LREC*, Lisbon, Portugal, 2004.

Xavier Glorot and Yoshua Bengio. Understanding the difficulty of training deep feedforward neural networks. In *International Conference on Artificial Intelligence and Statistics*, pages 249–256, 2010.

Xavier Glorot, Antoine Bordes, and Yoshua Bengio. Deep sparse rectifier neural networks. In *International Conference on Artificial Intelligenceand Statistics*, pages 315–323, 2011.

Yoav Goldberg. A primer on neural network models for natural language processing. *Journal of Artificial Intelligence Research*, 57:345–420, 2016.

Yoav Goldberg and Michael Elhadad. An efficient algorithm for easy-first non-directional dependency parsing. In *Human Language Technologies: The Annual Conference of the North American Chapter of the Association for Computational Linguistics*, pages 742–750, Los Angeles, California, June 2010.

Yoav Goldberg and Joakim Nivre. Training deterministic parsers with non-deterministic oracles. *Transactions of the Association for Computational Linguistics*, 1(0):403–414, October 2013. ISSN 2307-387X.

Yoav Goldberg, Kai Zhao, and Liang Huang. Efficient implementation of beam-search incremental parsers. In *Proc. of the 51st Annual Meeting of the Association for Computational Linguistics—(Volume 2: Short Papers)*, pages 628–633, Sofia, Bulgaria, August 2013.

Christoph Goller and Andreas Küchler. Learning task-dependent distributed representations by backpropagation through structure. In *In Proc. of the ICNN-96*, pages 347–352. IEEE, 1996.

Hila Gonen and Yoav Goldberg. Semi supervised preposition-sense disambiguation using multilingual data. In *Proc. of COLING, the 26th International Conference on Computational Linguistics: Technical Papers*, pages 2718–2729, Osaka, Japan, December 2016. The COLING 2016 Organizing Committee. http://aclweb.org/anthology/C16-1256

Joshua Goodman. A bit of progress in language modeling. *CoRR*, cs.CL/0108005, 2001. http://arxiv.org/abs/cs.CL/0108005 DOI: 10.1006/csla.2001.0174.

Stephan Gouws, Yoshua Bengio, and Greg Corrado. BilBOWA: Fast bilingual distributed representations without word alignments. In *Proc. of the 32nd International Conference on Machine Learning*, pages 748–756, 2015.

A. Graves. *Supervised Sequence Labelling with Recurrent Neural Networks*. Ph.D. thesis, Technische Universität München, 2008. DOI: 10.1007/978-3-642-24797-2.

Alex Graves, Greg Wayne, and Ivo Danihelka. Neural turing machines. *CoRR*, abs/1410.5401, 2014. http://arxiv.org/abs/1410.5401

Edward Grefenstette, Karl Moritz Hermann, Mustafa Suleyman, and Phil Blunsom. Learning to transduce with unbounded memory. In C. Cortes, N. D. Lawrence, D. D. Lee, M. Sugiyama, and R. Garnett, Eds., *Advances in Neural Information Processing Systems 28*, pages 1828–1836. Curran Associates, Inc., 2015.
http://papers.nips.cc/paper/5648-learning-to-transduce-with-unbounded-memory.pdf

Klaus Greff, Rupesh Kumar Srivastava, Jan Koutník, Bas R. Steunebrink, and Jürgen Schmidhuber. LSTM: A search space odyssey. *arXiv:1503.04069 [cs]*, March 2015. DOI: 10.1109/tnnls.2016.2582924.

Michael Gutmann and Aapo Hyvärinen. Noise-contrastive estimation: A new estimation principle for unnormalized statistical models. In *International Conference on Artificial Intelligence and Statistics*, pages 297–304, 2010.

Zellig Harris. Distributional structure. *Word*, 10(23):146–162, 1954. DOI: 10.1080/00437956.1954.11659520.

Kazuma Hashimoto, Makoto Miwa, Yoshimasa Tsuruoka, and Takashi Chikayama. Simple customization of recursive neural networks for semantic relation classification. In *Proc. of the Conference on Empirical Methods in Natural Language Processing*, pages 1372–1376, Seattle, Washington. Association for Computational Linguistics, October 2013.

Kaiming He, Xiangyu Zhang, Shaoqing Ren, and Jian Sun. Delving deep into rectifiers: Surpassing human-level performance on ImageNet classification. *arXiv:1502.01852 [cs]*, February 2015. DOI: 10.1109/iccv.2015.123.

Kaiming He, Xiangyu Zhang, Shaoqing Ren, and Jian Sun. Deep residual learning for image recognition. In *The IEEE Conference on Computer Vision and Pattern Recognition (CVPR)*, June 2016. DOI: 10.1109/cvpr.2016.90.

Matthew Henderson, Blaise Thomson, and Steve Young. Deep neural network approach for the dialog state tracking challenge. In *Proc. of the SIGDIAL Conference*, pages 467–471, Metz, France. Association for Computational Linguistics, August 2013.

Karl Moritz Hermann and Phil Blunsom. The role of syntax in vector space models of compositional semantics. In *Proc. of the 51st Annual Meeting of the Association for Computational Linguistics—(Volume 1: Long Papers)*, pages 894–904, Sofia, Bulgaria, August 2013.

Karl Moritz Hermann and Phil Blunsom. Multilingual models for compositional distributed semantics. In *Proc. of the 52nd Annual Meeting of the Association for Computational Linguistics—(Volume 1: Long Papers)*, pages 58–68, Baltimore, Maryland, June 2014. DOI: 10.3115/v1/p14-1006.

Salah El Hihi and Yoshua Bengio. Hierarchical recurrent neural networks for long-term dependencies. In D. S. Touretzky, M. C. Mozer, and M. E. Hasselmo, Eds., *Advances in Neural Information Processing Systems 8*, pages 493–499. MIT Press, 1996.

Felix Hill, Kyunghyun Cho, Sebastien Jean, Coline Devin, and Yoshua Bengio. Embedding word similarity with neural machine translation. *arXiv:1412.6448 [cs]*, December 2014.

Geoffrey E. Hinton, J. L. McClelland, and D. E. Rumelhart. Distributed representations. In D. E. Rumelhart, J. L. McClelland, et al., Eds., *Parallel Distributed Processing: Volume 1: Foundations*, pages 77–109. MIT Press, Cambridge, 1987.

Geoffrey E. Hinton, Nitish Srivastava, Alex Krizhevsky, Ilya Sutskever, and Ruslan R. Salakhutdinov. Improving neural networks by preventing co-adaptation of feature detectors. *arXiv:1207.0580 [cs]*, July 2012.

Sepp Hochreiter and Jürgen Schmidhuber. Long short-term memory. *Neural Computation*, 9(8):1735–1780, 1997. DOI: 10.1162/neco.1997.9.8.1735.

Julia Hockenmaier. *Data and Models for Statistical Parsing with Combinatory Categorial Grammar*. Ph.D. thesis, University of Edinburgh, 2003. DOI: 10.3115/1073083.1073139.

Kurt Hornik, Maxwell Stinchcombe, and Halbert White. Multilayer feedforward networks are universal approximators. *Neural Networks*, 2(5):359–366, 1989. ISSN 0893-6080. DOI: 10.1016/0893-6080(89)90020-8.

Dirk Hovy, Stephen Tratz, and Eduard Hovy. What's in a preposition? dimensions of sense disambiguation for an interesting word class. In *Coling Posters*, pages 454–462, Beijing, China, August 2010. Coling 2010 Organizing Committee.
http://www.aclweb.org/anthology/C10-2052

(Kenneth) Ting-Hao Huang, Francis Ferraro, Nasrin Mostafazadeh, Ishan Misra, Aishwarya Agrawal, Jacob Devlin, Ross Girshick, Xiaodong He, Pushmeet Kohli, Dhruv Batra, Lawrence C. Zitnick, Devi Parikh, Lucy Vanderwende, Michel Galley, and Margaret Mitchell. Visual storytelling. In *Proc. of the 2016 Conference of the North American Chapter of the Association for Computational Linguistics: Human Language Technologies*, pages 1233–1239, 2016. http://aclweb.org/anthology/N16-1147 DOI: 10.18653/v1/N16-1147.

Liang Huang, Suphan Fayong, and Yang Guo. Structured perceptron with inexact search. In *Proc. of the Conference of the North American Chapter of the Association for Computational Linguistics: Human Language Technologies*, pages 142–151, 2012.
http://aclweb.org/anthology/N12-1015

Sergey Ioffe and Christian Szegedy. Batch normalization: Accelerating deep network training by reducing internal covariate shift. *arXiv:1502.03167 [cs]*, February 2015.

Ozan Irsoy and Claire Cardie. Opinion mining with deep recurrent neural networks. In *Proc. of the 2014 Conference on Empirical Methods in Natural Language Processing (EMNLP)*, pages 720–728, Doha, Qatar. Association for Computational Linguistics, October 2014. DOI: 10.3115/v1/d14-1080.

Mohit Iyyer, Jordan Boyd-Graber, Leonardo Claudino, Richard Socher, and Hal Daumé III. A neural network for factoid question answering over paragraphs. In *Proc. of the Conference on*

Empirical Methods in Natural Language Processing (EMNLP), pages 633–644, Doha, Qatar. Association for Computational Linguistics, October 2014a. DOI: 10.3115/v1/d14-1070.

Mohit Iyyer, Peter Enns, Jordan Boyd-Graber, and Philip Resnik. Political ideology detection using recursive neural networks. In *Proc. of the 52nd Annual Meeting of the Association for Computational Linguistics—(Volume 1: Long Papers)*, pages 1113–1122, Baltimore, Maryland, June 2014b. DOI: 10.3115/v1/p14-1105.

Mohit Iyyer, Varun Manjunatha, Jordan Boyd-Graber, and Hal DauméIII. Deep unordered composition rivals syntactic methods for text classification. In *Proc. of the 53rd Annual Meeting of the Association for Computational Linguistics and the 7th International Joint Conference on Natural Language Processing—(Volume 1: Long Papers)*, pages 1681–1691, Beijing, China, July 2015. DOI: 10.3115/v1/p15-1162.

Sébastien Jean, Kyunghyun Cho, Roland Memisevic, and Yoshua Bengio. On using very large target vocabulary for neural machine translation. In *Proc. of the 53rd Annual Meeting of the Association for Computational Linguistics and the 7th International Joint Conference on Natural Language Processing—(Volume 1: Long Papers)*, pages 1–10, 2015. http://aclweb.org/anthology/P15-1001 DOI: 10.3115/v1/P15-1001.

Frederick Jelinek and Robert Mercer. Interpolated estimation of Markov source parameters from sparse data. In *Workshop on Pattern Recognition in Practice*, 1980.

Rie Johnson and Tong Zhang. Effective use of word order for text categorization with convolutional neural networks. In *Proc. of the 2015 Conference of the North American Chapter of the Association for Computational Linguistics: Human Language Technologies*, pages 103–112, Denver, Colorado, 2015. DOI: 10.3115/v1/n15-1011.

Aravind K. Joshi and Bangalore Srinivas. Disambiguation of super parts of speech (or supertags): Allnost parsing. In *COLING Volume 1: The 15th International Conference on Computational Linguistics*, 1994. http://aclweb.org/anthology/C94-1024 DOI: 10.3115/991886.991912.

Armand Joulin, Edouard Grave, Piotr Bojanowski, and Tomas Mikolov. Bag of tricks for efficient text classification. *CoRR*, abs/1607.01759, 2016. http://arxiv.org/abs/1607.01759

Rafal Jozefowicz, Wojciech Zaremba, and Ilya Sutskever. An empirical exploration of recurrent network architectures. In *Proc. of the 32nd International Conference on Machine Learning (ICML-15)*, pages 2342–2350, 2015.

Rafal Jozefowicz, Oriol Vinyals, Mike Schuster, Noam Shazeer, and Yonghui Wu. Exploring the limits of language modeling. *arXiv:1602.02410 [cs]*, February 2016.

Daniel Jurafsky and James H. Martin. *Speech and Language Processing*, 2nd ed. Prentice Hall, 2008.

Nal Kalchbrenner, Edward Grefenstette, and Phil Blunsom. A convolutional neural network for modelling sentences. In *Proc. of the 52nd Annual Meeting of the Association for Computational Linguistics—(Volume 1: Long Papers)*, pages 655–665, Baltimore, Maryland, June 2014. DOI: 10.3115/v1/p14-1062.

Nal Kalchbrenner, Lasse Espeholt, Karen Simonyan, Aäron van den Oord, Alex Graves, and Koray Kavukcuoglu. Neural machine translation in linear time. *CoRR*, abs1610.10099, 2016. http://arxiv.org/abs/1610.10099

Katharina Kann and Hinrich Schütze. *Proc. of the 14th SIGMORPHON Workshop on Computational Research in Phonetics, Phonology, and Morphology*, chapter MED: The LMU System for the SIGMORPHON 2016 Shared Task on Morphological Reinflection, pages 62–70. Association for Computational Linguistics, 2016. http://aclweb.org/anthology/W16-2010 DOI: 10.18653/v1/W16-2010.

Anjuli Kannan, Karol Kurach, Sujith Ravi, Tobias Kaufmann, Andrew Tomkins, Balint Miklos, Greg Corrado, Laszlo Lukacs, Marina Ganea, Peter Young, and Vivek Ramavajjala. Smart reply: Automated response suggestion for email. In *Proc. of the ACM SIGKDD Conference on Knowledge Discovery and Data Mining (KDD)*, 2016. https://arxiv.org/pdf/1606.04870.pdf DOI: 10.1145/2939672.2939801.

Andrej Karpathy and Fei-Fei Li. Deep visual-semantic alignments for generating image descriptions. In *IEEE Conference on Computer Vision and Pattern Recognition, CVPR*, pages 3128–3137, Boston, MA, June 7–12, 2015. DOI: 10.1109/cvpr.2015.7298932.

Andrej Karpathy, Justin Johnson, and Fei-Fei Li. Visualizing and understanding recurrent networks. *arXiv:1506.02078 [cs]*, June 2015.

Douwe Kiela and Stephen Clark. A systematic study of semantic vector space model parameters. In *Workshop on Continuous Vector Space Models and their Compositionality*, 2014. DOI: 10.3115/v1/w14-1503.

Yoon Kim. Convolutional neural networks for sentence classification. In *Proc. of the Conference on Empirical Methods in Natural Language Processing (EMNLP)*, pages 1746–1751, Doha, Qatar. Association for Computational Linguistics, October 2014. DOI: 10.3115/v1/d14-1181.

Yoon Kim, Yacine Jernite, David Sontag, and Alexander M. Rush. Character-aware neural language models. *arXiv:1508.06615 [cs, stat]*, August 2015.

Diederik Kingma and Jimmy Ba. ADAM: A method for stochastic optimization. *arXiv:1412.6980 [cs]*, December 2014.

Eliyahu Kiperwasser and Yoav Goldberg. Easy-first dependency parsing with hierarchical tree LSTMs. *Transactions of the Association of Computational Linguistics—(Volume 4, Issue 1)*, pages 445–461, 2016a. http://aclweb.org/anthology/Q16-1032

Eliyahu Kiperwasser and Yoav Goldberg. Simple and accurate dependency parsing using bidirectional LSTM feature representations. *Transactions of the Association of Computational Linguistics—(Volume 4, Issue 1)*, pages 313–327, 2016b. http://aclweb.org/anthology/Q16-1023

Karin Kipper, Hoa T. Dang, and Martha Palmer. Class-based construction of a verb lexicon. In *AAAI/IAAI*, pages 691–696, 2000.

Ryan Kiros, Yukun Zhu, Ruslan R Salakhutdinov, Richard Zemel, Raquel Urtasun, Antonio Torralba, and Sanja Fidler. Skip-thought vectors. In C. Cortes, N. D. Lawrence, D. D. Lee, M. Sugiyama, and R. Garnett, Eds., *Advances in Neural Information Processing Systems 28*, pages 3294–3302. Curran Associates, Inc., 2015. http://papers.nips.cc/paper/5950-skip-thought-vectors.pdf

Sigrid Klerke, Yoav Goldberg, and Anders Søgaard. Improving sentence compression by learning to predict gaze. In *Proc. of the Conference of the North American Chapter of the Association for Computational Linguistics: Human Language Technologies*, pages 1528–1533, 2016. http://aclweb.org/anthology/N16-1179 DOI: 10.18653/v1/N16-1179.

Reinhard Kneser and Hermann Ney. Improved backing-off for m-gram language modeling. In *Acoustics, Speech, and Signal Processing, ICASSP-95, International Conference on*, volume 1, pages 181–184, May 1995. DOI: 10.1109/ICASSP.1995.479394.

Philipp Koehn. Europarl: A parallel corpus for statistical machine translation. In *Proc. of MT Summit*, volume 5, pages 79–86, 2005.

Philipp Koehn. *Statistical Machine Translation*. Cambridge University Press, 2010. DOI: 10.1017/cbo9780511815829.

Terry Koo and Michael Collins. Efficient third-order dependency parsers. In *Proc. of the 48th Annual Meeting of the Association for Computational Linguistics*, pages 1–11, 2010. `http://aclweb.org/anthology/P10-1001`

Moshe Koppel, Jonathan Schler, and Shlomo Argamon. Computational methods in authorship attribution. *Journal of the American Society for information Science and Technology*, 60(1): 9–26, 2009. DOI: 10.1002/asi.20961.

Alex Krizhevsky, Ilya Sutskever, and Geoffrey E. Hinton. ImageNet classification with deep convolutional neural networks. In F. Pereira, C. J. C. Burges, L. Bottou, and K. Q. Weinberger, Eds., *Advances in Neural Information Processing Systems 25*, pages 1097–1105. Curran Associates, Inc., 2012. DOI: 10.1007/978-3-319-46654-5_20.

R. A. Kronmal and A. V. Peterson, Jr. On the alias method for generating random variables from a discrete distribution. *The American Statistician*, 33:214–218, 1979. DOI: 10.2307/2683739.

Sandra Kübler, Ryan McDonald, and Joakim Nivre. *Dependency Parsing*. Synthesis Lectures on Human Language Technologies. Morgan & Claypool Publishers, 2008. DOI: 10.2200/s00169ed1v01y200901hlt002.

Taku Kudo and Yuji Matsumoto. Fast methods for Kernel-based text analysis. In *Proc. of the 41st Annual Meeting on Association for Computational Linguistics—(Volume 1)*, pages 24–31, Stroudsburg, PA, 2003. DOI: 10.3115/1075096.1075100.

John Lafferty, Andrew McCallum, and Fernando CN Pereira. Conditional random fields: Probabilistic models for segmenting and labeling sequence data. In *Proc. of ICML*, 2001.

Guillaume Lample, Miguel Ballesteros, Sandeep Subramanian, Kazuya Kawakami, and Chris Dyer. Neural architectures for named entity recognition. In *Proc. of the Conference of the North American Chapter of the Association for Computational Linguistics: Human Language Technologies*, pages 260–270, 2016. `http://aclweb.org/anthology/N16-1030` DOI: 10.18653/v1/N16-1030.

Phong Le and Willem Zuidema. The inside-outside recursive neural network model for dependency parsing. In *Proc. of the Conference on Empirical Methods in Natural Language Processing (EMNLP)*, pages 729–739, Doha, Qatar. Association for Computational Linguistics, October 2014. DOI: 10.3115/v1/d14-1081.

Phong Le and Willem Zuidema. The forest convolutional network: Compositional distributional semantics with a neural chart and without binarization. In *Proc. of the Conference on Empirical Methods in Natural Language Processing*, pages 1155–1164, Lisbon, Portugal. Association for Computational Linguistics, September 2015. DOI: 10.18653/v1/d15-1137.

Quoc V. Le, Navdeep Jaitly, and Geoffrey E. Hinton. A simple way to initialize recurrent networks of rectified linear units. *arXiv:1504.00941 [cs]*, April 2015.

Yann LeCun and Yoshua Bengio. Convolutional networks for images, speech, and time-series. In M. A. Arbib, Ed., *The Handbook of Brain Theory and Neural Networks*. MIT Press, 1995.

Yann LeCun, Leon Bottou, G. Orr, and K. Muller. Efficient BackProp. In G. Orr and Muller K, Eds., *Neural Networks: Tricks of the Trade*. Springer, 1998a. DOI: 10.1007/3-540-49430-8_2.

Yann LeCun, Leon Bottou, Yoshua Bengio, and Patrick Haffner. Gradient based learning applied to pattern recognition. *Proc. of the IEEE*, 86(11):2278–2324, November 1998b.

Yann LeCun and F. Huang. Loss functions for discriminative training of energy-based models. In *Proc. of AISTATS*, 2005.

Yann LeCun, Sumit Chopra, Raia Hadsell, M. Ranzato, and F. Huang. A tutorial on energy-based learning. *Predicting Structured Data*, 1:0, 2006.

Geunbae Lee, Margot Flowers, and Michael G. Dyer. Learning distributed representations of conceptual knowledge and their application to script-based story processing. In *Connectionist Natural Language Processing*, pages 215–247. Springer, 1992. DOI: 10.1007/978-94-011-2624-3_11.

Moshe Leshno, Vladimir Ya. Lin, Allan Pinkus, and Shimon Schocken. Multilayer feedforward networks with a nonpolynomial activation function can approximate any function. *Neural Networks*, 6(6):861–867, 1993. ISSN 0893-6080.
http://www.sciencedirect.com/science/article/pii/S0893608005801315 DOI: 10.1016/S0893-6080(05)80131-5.

Omer Levy and Yoav Goldberg. Dependency-based word embeddings. In *Proc. of the 52nd Annual Meeting of the Association for Computational Linguistics—(Volume 2: Short Papers)*, pages 302–308, Baltimore, Maryland, June 2014. DOI: 10.3115/v1/p14-2050.

Omer Levy and Yoav Goldberg. Linguistic regularities in sparse and explicit word representations. In *Proc. of the 18th Conference on Computational Natural Language Learning*, pages 171–180. Association for Computational Linguistics, 2014.
http://aclweb.org/anthology/W14-1618 DOI: 10.3115/v1/W14-1618.

Omer Levy and Yoav Goldberg. Neural word embedding as implicit matrix factorization. In Z. Ghahramani, M. Welling, C. Cortes, N. D. Lawrence, and K. Q. Weinberger, Eds., *Advances in Neural Information Processing Systems 27*, pages 2177–2185. Curran Associates, Inc., 2014.

Omer Levy, Yoav Goldberg, and Ido Dagan. Improving distributional similarity with lessons learned from word embeddings. *Transactions of the Association for Computational Linguistics*, 3(0):211–225, May 2015. ISSN 2307-387X.

Omer Levy, Anders Søgaard, and Yoav Goldberg. A strong baseline for learning cross-lingual word embeddings from sentence alignments. In *Proc. of the 15th Conference of the European Chapter of the Association for Computational Linguistics*, 2017.

Mike Lewis and Mark Steedman. Improved CCG parsing with semi-supervised supertagging. *Transactions of the Association for Computational Linguistics*, 2(0):327–338, October 2014. ISSN 2307-387X.

Mike Lewis, Kenton Lee, and Luke Zettlemoyer. LSTM CCG parsing. In *Proc. of the Conference of the North American Chapter of the Association for Computational Linguistics: Human Language Technologies*, pages 221–231, 2016. http://aclweb.org/anthology/N16-1026 DOI: 10.18653/v1/N16-1026.

Jiwei Li, Rumeng Li, and Eduard Hovy. Recursive deep models for discourse parsing. In *Proc. of the Conference on Empirical Methods in Natural Language Processing (EMNLP)*, pages 2061–2069, Doha, Qatar. Association for Computational Linguistics, October 2014. DOI:

10.3115/v1/d14-1220.

Jiwei Li, Thang Luong, Dan Jurafsky, and Eduard Hovy. When are tree structures necessary for deep learning of representations? In *Proc. of the Conference on Empirical Methods in Natural Language Processing*, pages 2304–2314. Association for Computational Linguistics, 2015. http://aclweb.org/anthology/D15-1278 DOI: 10.18653/v1/D15-1278.

Jiwei Li, Michel Galley, Chris Brockett, Georgios Spithourakis, Jianfeng Gao, and Bill Dolan. A persona-based neural conversation model. In *Proc. of the 54th Annual Meeting of the Association for Computational Linguistics—(Volume 1: Long Papers)*, pages 994–1003, 2016. http://aclweb.org/anthology/P16-1094 DOI: 10.18653/v1/P16-1094.

G. J. Lidstone. Note on the general case of the Bayes-Laplace formula for inductive or a posteriori probabilities. *Transactions of the Faculty of Actuaries*, 8:182–192, 1920.

Wang Ling, Chris Dyer, Alan W. Black, and Isabel Trancoso. Two/too simple adaptations of Word2Vec for syntax problems. In *Proc. of the Conference of the North American Chapter of the Association for Computational Linguistics: Human Language Technologies*, pages 1299–1304, Denver, Colorado, 2015a. DOI: 10.3115/v1/n15-1142.

Wang Ling, Chris Dyer, Alan W. Black, Isabel Trancoso, Ramon Fermandez, Silvio Amir, Luis Marujo, and Tiago Luis. Finding function in form: Compositional character modelsfor open vocabulary word representation. In *Proc. of the Conference on Empirical Methods in Natural Language Processing*, pages 1520–1530, Lisbon, Portugal. Association for Computational Linguistics, September 2015b. DOI: 10.18653/v1/d15-1176.

Tal Linzen, Emmanuel Dupoux, and Yoav Goldberg. Assessing the ability of LSTMs to learn syntax-sensitive dependencies. *Transactions of the Association for Computational Linguistics*, 4:521–535, 2016. ISSN 2307-387X. https://www.transacl.org/ojs/index.php/tacl/article/view/972

Ken Litkowski and Orin Hargraves. The preposition project. In *Proc. of the 2nd ACL-SIGSEM Workshop on the Linguistic Dimensions of Prepositions and Their Use in Computational Linguistics Formalisms and Applications*, pages 171–179, 2005.

Ken Litkowski and Orin Hargraves. SemEval-2007 task 06: Word-sense disambiguation of prepositions. In *Proc. of the 4th International Workshop on Semantic Evaluations*, pages 24–29, 2007. DOI: 10.3115/1621474.1621479.

Yang Liu, Furu Wei, Sujian Li, Heng Ji, Ming Zhou, and Houfeng Wang. A dependency-based neural network for relation classification. In *Proc. of the 53rd Annual Meeting of the Association for Computational Linguistics and the 7th International Joint Conference on Natural Language Processing—(Volume 2: Short Papers)*, pages 285–290, Beijing, China, July 2015. DOI: 10.3115/v1/p15-2047.

Minh-Thang Luong, Hieu Pham, and Christopher D. Manning. Effective approaches to attention-based neural machine translation. *arXiv:1508.04025 [cs]*, August 2015.

Minh-Thang Luong, Quoc V. Le, Ilya Sutskever, Oriol Vinyals, and Lukasz Kaiser. Multi-task sequence to sequence learning. In *Proc. of ICLR*, 2016.

Ji Ma, Yue Zhang, and Jingbo Zhu. Tagging the web: Building a robust web tagger with neural network. In *Proc. of the 52nd Annual Meeting of the Association for Computational Linguistics—(Volume 1: Long Papers)*, pages 144–154, Baltimore, Maryland, June 2014. DOI: 10.3115/v1/p14-1014.

Mingbo Ma, Liang Huang, Bowen Zhou, and Bing Xiang. Dependency-based convolutional neural networks for sentence embedding. In *Proc. of the 53rd Annual Meeting of the Association for Computational Linguistics and the 7th International Joint Conference on Natural Language Processing—(Volume 2: Short Papers)*, pages 174–179, Beijing, China, July 2015. DOI: 10.3115/v1/p15-2029.

Xuezhe Ma and Eduard Hovy. End-to-end sequence labeling via bi-directional LSTM-CNNs-CRF. In *Proc. of the 54th Annual Meeting of the Association for Computational Linguistics—(Volume 1: Long Papers)*, pages 1064–1074, Berlin, Germany, August 2016. http://www.aclweb.org/anthology/P16-1101 DOI: 10.18653/v1/p16-1101.

Christopher Manning and Hinrich Schütze. *Foundations of Statistical Natural Language Processing*. MIT Press, 1999.

Christopher Manning, Prabhakar Raghavan, and Hinrich Schütze. *Introduction to Information Retrieval*. Cambridge University Press, 2008. DOI: 10.1017/cbo9780511809071.

Junhua Mao, Wei Xu, Yi Yang, Jiang Wang, and Alan L. Yuille. Explain images with multimodal recurrent neural networks. *CoRR*, abs/1410.1090, 2014. http://arxiv.org/abs/1410.1090

Ryan McDonald, Koby Crammer, and Fernando Pereira. Online large-margin training of dependency parsers. In *Proc. of the 43rd Annual Meeting of the Association for Computational Linguistics (ACL'05)*, pages 91–98, 2005. http://aclweb.org/anthology/P05-1012 DOI: 10.3115/1219840.1219852.

Ryan McDonald, Joakim Nivre, Yvonne Quirmbach-Brundage, Yoav Goldberg, Dipanjan Das, Kuzman Ganchev, Keith B. Hall, Slav Petrov, Hao Zhang, Oscar Täckström, Claudia Bedini, Núria Bertomeu Castelló, and Jungmee Lee. Universal dependency annotation for multilingual parsing. In *ACL (2)*, pages 92–97, 2013.

Tomáš Mikolov. *Statistical language models based on neural networks*. Ph.D. thesis, Brno University of Technology, 2012.

Tomáš Mikolov. Martin Karafiát, Lukas Burget, Jan Cernocky, and Sanjeev Khudanpur. Recurrent neural network based language model. In *INTERSPEECH, 11th Annual Conference of the International Speech Communication Association*, pages 1045–1048, Makuhari, Chiba, Japan, September 26–30, 2010.

Tomáš Mikolov, Stefan Kombrink, Lukáš Burget, Jan Honza Černocky, and Sanjeev Khudanpur. Extensions of recurrent neural network language model. In *Acoustics, Speech and Signal Processing(ICASSP), IEEE International Conference on*, pages 5528–5531, 2011. DOI: 10.1109/icassp.2011.5947611.

Tomáš Mikolov. Kai Chen, Greg Corrado, and Jeffrey Dean. Efficient estimation of word representations in vector space. *arXiv:1301.3781 [cs]*, January 2013.

Tomáš Mikolov. Quoc V. Le, and Ilya Sutskever. Exploiting similarities among languages for machine translation. *CoRR*, abs/1309.4168, 2013. http://arxiv.org/abs/1309.4168

Tomáš Mikolov. Ilya Sutskever, Kai Chen, Greg S Corrado, and Jeff Dean. Distributed representations of words and phrases and their compositionality. In C. J. C. Burges, L. Bottou, M. Welling, Z. Ghahramani, and K. Q. Weinberger, Eds., *Advances in Neural Information Processing Systems 26*, pages 3111–3119. Curran Associates, Inc., 2013.

Tomáš Mikolov. Wen-tau Yih, and Geoffrey Zweig. Linguistic regularities in continuous space word representations. In *Proc. of the Conference of the North American Chapter of the Association for Computational Linguistics: Human Language Technologies*, pages 746–751, 2013. http://aclweb.org/anthology/N13-1090

Tomáš Mikolov. Armand Joulin, Sumit Chopra, Michael Mathieu, and Marc'Aurelio Ranzato. Learning longer memory in recurrent neural networks. *arXiv:1412.7753 [cs]*, December 2014.

Scott Miller, Jethran Guinness, and Alex Zamanian. Name tagging with word clusters and discriminative training. In *Proc. of the Human Language Technology Conference of the North American Chapter of the Association for Computational Linguistics: HLT-NAACL*, 2004. http://aclweb.org/anthology/N04-1043

Andriy Mnih and Koray Kavukcuoglu. Learning word embeddings efficiently with noise-contrastive estimation. In C. J. C. Burges, L. Bottou, M. Welling, Z. Ghahramani, and K. Q. Weinberger, Eds., *Advances in Neural Information Processing Systems 26*, pages 2265–2273. Curran Associates, Inc., 2013.

Andriy Mnih and Yee Whye Teh. A fast and simple algorithm for training neural probabilistic language models. In John Langford and Joelle Pineau, Eds., *Proc. of the 29th International Conference on Machine Learning (ICML-12)*, pages 1751–1758, New York, NY, July 2012. Omnipress.

Mehryar Mohri, Afshin Rostamizadeh, and Ameet Talwalkar. *Foundations of Machine Learning*. MIT Press, 2012.

Frederic Morin and Yoshua Bengio. Hierarchical probabilistic neural network language model. In Robert G. Cowell and Zoubin Ghahramani, Eds., *Proc. of the 10th International Workshop on Artificial Intelligence and Statistics*, pages 246–252, 2005.
http://www.iro.umontreal.ca/ lisa/pointeurs/hierarchical-nnlm-aistats05.pdf

Nikola Mrkšić, Diarmuid Ó Séaghdha, Blaise Thomson, Milica Gasic, Pei-Hao Su, David Vandyke, Tsung-Hsien Wen, and Steve Young. Multi-domain dialog state tracking using recurrent neural networks. In *Proc. of the 53rd Annual Meeting of the Association for Computational Linguistics and the 7th International Joint Conference on Natural Language Processing—(Volume 2: Short Papers)*, pages 794–799, Beijing, China. Association for Computational Linguistics, July 2015. DOI: 10.3115/v1/p15-2130.

Masami Nakamura and Kiyohiro Shikano. A study of English word category prediction based on neural networks. *The Journal of the Acoustical Society of America*, 84(S1):S60–S61, 1988. DOI: 10.1121/1.2026400.

R. Neidinger. Introduction to automatic differentiation and MATLAB object-oriented programming. *SIAM Review*, 52(3):545–563, January 2010. ISSN 0036-1445. DOI: 10.1137/080743627.

Y. Nesterov. A method of solving a convex programming problem with convergence rate O (1/k2). In *Soviet Mathematics Doklady*, 27:372–376, 1983.

Y. Nesterov. *Introductory Lectures on Convex Optimization*. Kluwer Academic Publishers, 2004. DOI: 10.1007/978-1-4419-8853-9.

Graham Neubig, Chris Dyer, Yoav Goldberg, Austin Matthews, Waleed Ammar, Antonios Anastasopoulos, Miguel Ballesteros, David Chiang, Daniel Clothiaux, Trevor Cohn, Kevin Duh, Manaal Faruqui, Cynthia Gan, Dan Garrette, Yangfeng Ji, Lingpeng Kong, Adhiguna Kuncoro, Gaurav Kumar, Chaitanya Malaviya, Paul Michel, Yusuke Oda, Matthew Richardson, Naomi Saphra, Swabha Swayamdipta, and Pengcheng Yin. DyNet: The dynamic neural network toolkit. *CoRR*, abs/1701.03980, 2017. http://arxiv.org/abs/1701.03980

Thien Huu Nguyen and Ralph Grishman. Event detection and domain adaptation with convolutional neural networks. In *Proc. of the 53rd Annual Meeting of the Association for Computational Linguistics and the 7th International Joint Conference on Natural Language Processing—(Volume 2: Short Papers)*, pages 365–371, Beijing, China, July 2015. DOI: 10.3115/v1/p15-2060.

Joakim Nivre. Algorithms for deterministic incremental dependency parsing. *Computational Linguistics*, 34(4):513–553, December 2008. ISSN 0891-2017, 1530-9312. DOI: 10.1162/coli.07-056-R1-07-027.

Joakim Nivre, Željko Agić, Maria Jesus Aranzabe, Masayuki Asahara, Aitziber Atutxa, Miguel Ballesteros, John Bauer, Kepa Bengoetxea, Riyaz Ahmad Bhat, Cristina Bosco, Sam Bowman, Giuseppe G. A. Celano, Miriam Connor, Marie-Catherine de Marneffe, Arantza Diaz de Ilarraza, Kaja Dobrovoljc, Timothy Dozat, Tomaž Erjavec, Richárd Farkas, Jennifer Foster, Daniel Galbraith, Filip Ginter, Iakes Goenaga, Koldo Gojenola, Yoav Goldberg, Berta Gonzales, Bruno Guillaume, Jan Hajič, Dag Haug, Radu Ion, Elena Irimia, Anders Johannsen, Hiroshi Kanayama, Jenna Kanerva, Simon Krek, Veronika Laippala, Alessandro Lenci, Nikola Ljubešić, Teresa Lynn, Christopher Manning, Cătălina Mărănduc, David Mareček, Héctor Martínez Alonso, Jan Mašek, Yuji Matsumoto, Ryan McDonald, Anna Missilä, Verginica Mititelu, Yusuke Miyao, Simonetta Montemagni, Shunsuke Mori, Hanna Nurmi, Petya Osenova, Lilja Øvrelid, Elena Pascual, Marco Passarotti, Cenel-Augusto Perez, Slav Petrov, Jussi Piitulainen, Barbara Plank, Martin Popel, Prokopis Prokopidis, Sampo Pyysalo, Loganathan Ramasamy, Rudolf Rosa, Shadi Saleh, Sebastian Schuster, Wolfgang Seeker, Mojgan Seraji, Natalia Silveira, Maria Simi, Radu Simionescu, Katalin Simkó, Kiril Simov, Aaron Smith, Jan Štěpánek, Alane Suhr, Zsolt Szántó, Takaaki Tanaka, Reut Tsarfaty, Sumire Uematsu, Larraitz Uria, Viktor Varga, Veronika Vincze, Zdeněk Žabokrtský, Daniel Zeman, and Hanzhi Zhu. Universal dependencies 1.2, 2015. http://hdl.handle.net/11234/1-1548 LINDAT/CLARIN digital library at Institute of Formal and Applied Linguistics, Charles University in Prague.

Chris Okasaki. *Purely Functional Data Structures*. Cambridge University Press, Cambridge, UK, June 1999. DOI: 10.1017/cbo9780511530104.

Mitchell P. Marcus, Beatrice Santorini, and Mary Ann Marcinkiewicz. Building a large annotated corpus of English: The Penn Treebank. *Computational Linguistics*, 19(2), June 1993, Special Issue on Using Large Corpora: II, 1993. http://aclweb.org/anthology/J93-2004

Martha Palmer, Daniel Gildea, and Nianwen Xue. *Semantic Role Labeling*. Synthesis Lectures on Human Language Technologies. Morgan & Claypool Publishers, 2010. DOI: 10.1093/oxfordhb/9780199573691.013.023.

Bo Pang and Lillian Lee. Opinion mining and sentiment analysis. *Foundation and Trends in Information Retrieval*, 2:1–135, 2008. DOI: 10.1561/1500000011.

Ankur P. Parikh, Oscar Täckström, Dipanjan Das, and Jakob Uszkoreit. A decomposable attention model for natural language inference. In *Proc. of EMNLP*, 2016. DOI: 10.18653/v1/d16-1244.

Razvan Pascanu, Tomas Mikolov, and Yoshua Bengio. On the difficulty of training recurrent neural networks. *arXiv:1211.5063 [cs]*, November 2012.

Ellie Pavlick, Pushpendre Rastogi, Juri Ganitkevitch, Benjamin Van Durme, and Chris Callison-Burch. PPDB 2.0: Better paraphrase ranking, fine-grained entailment relations, word embeddings, and style classification. In *Proc. of the 53rd Annual Meeting of the Association for Computational Linguistics and the 7th International Joint Conference on Natural Language Processing—(Volume 2: Short Papers)*, pages 425–430. Association for Computational Linguistics, 2015. http://aclweb.org/anthology/P15-2070 DOI: 10.3115/v1/P15-2070.

Wenzhe Pei, Tao Ge, and Baobao Chang. An effective neural network model for graph-based dependency parsing. In *Proc. of the 53rd Annual Meeting of the Association for Computational Linguistics and the 7th International Joint Conference on Natural Language Processing—(Volume 1: Long Papers)*, pages 313–322, Beijing, China, July 2015. DOI: 10.3115/v1/p15-1031.

Joris Pelemans, Noam Shazeer, and Ciprian Chelba. Sparse non-negative matrix language modeling. *Transactions of the Association of Computational Linguistics*, 4(1):329–342, 2016. http://aclweb.org/anthology/Q16-1024

Jian Peng, Liefeng Bo, and Jinbo Xu. Conditional neural fields. In Y. Bengio, D. Schuurmans, J. D. Lafferty, C. K. I. Williams, and A. Culotta, Eds., *Advances in Neural Information Processing Systems 22*, pages 1419–1427. Curran Associates, Inc., 2009.

Jeffrey Pennington, Richard Socher, and Christopher Manning. GloVe: global vectors for word representation. In *Proc. of the Conference on Empirical Methods in Natural Language Processing (EMNLP)*, pages 1532–1543, Doha, Qatar. Association for Computational Linguistics, October 2014. DOI: 10.3115/v1/d14-1162.

Vu Pham, Christopher Kermorvant, and Jérôme Louradour. Dropout improves recurrent neural networks for handwriting recognition. *CoRR*, abs/1312.4569, 2013. http://arxiv.org/abs/1312.4569 DOI: 10.1109/icfhr.2014.55.

Barbara Plank, Anders Søgaard, and Yoav Goldberg. Multilingual part-of-speech tagging with bidirectional long short-term memory models and auxiliary loss. In *Proc. of the 54th Annual Meeting of the Association for Computational Linguistics—(Volume 2: Short Papers)*, pages 412–418. Association for Computational Linguistics, 2016. http://aclweb.org/anthology/P16-2067 DOI: 10.18653/v1/P16-2067.

Jordan B. Pollack. Recursive distributed representations. *Artificial Intelligence*, 46:77–105, 1990. DOI: 10.1016/0004-3702(90)90005-k.

B. T. Polyak. Some methods of speeding up the convergence of iteration methods. *USSR Computational Mathematics and Mathematical Physics*, 4(5):1–17, 1964. ISSN 0041-5553. DOI: 10.1016/0041-5553(64)90137-5.

Qiao Qian, Bo Tian, Minlie Huang, Yang Liu, Xuan Zhu, and Xiaoyan Zhu. Learning tag embeddings and tag-specific composition functions in recursive neural network. In *Proc. of the 53rd Annual Meeting of the Association for Computational Linguistics and the 7th International Joint Conference on Natural Language Processing—(Volume 1: Long Papers)*, pages 1365–1374, Beijing, China, July 2015. DOI: 10.3115/v1/p15-1132.

Lev Ratinov and Dan Roth. *Proc. of the 13th Conference on Computational Natural Language Learning (CoNLL-2009)*, chapter Design Challenges and Misconceptions in Named Entity Recognition, pages 147–155. Association for Computational Linguistics, 2009. http://aclweb.org/anthology/W09-1119

Ronald Rosenfeld. A maximum entropy approach to adaptive statistical language modeling. *Computer, Speech and Language*, 10:187–228, 1996. Longe version: Carnegie Mellon Technical Report CMU-CS-94-138. DOI: 10.1006/csla.1996.0011.

Stéphane Ross and J. Andrew Bagnell. Efficient reductions for imitation learning. In *Proc. of the 13th International Conference on Artificial Intelligence and Statistics*, pages 661–668, 2010.

Stéphane Ross, Geoffrey J. Gordon, and J. Andrew Bagnell. A reduction of imitation learning and structured prediction to no-regret online learning. In *Proc. of the 14th International Conference on Artificial Intelligence and Statistics*, pages 627–635, 2011.

David E. Rumelhart, Geoffrey E. Hinton, and Ronald J. Williams. Learning representations by back-propagating errors. *Nature*, 323(6088):533–536, October 1986. DOI: 10.1038/323533a0.

Ivan A. Sag, Thomas Wasow, and Emily M. Bender. *Syntactic Theory*, 2nd ed., CSLI Lecture Note 152, 2003.

Magnus Sahlgren. The distributional hypothesis. *Italian Journal of Linguistics*, 20(1):33–54, 2008.

Nathan Schneider, Vivek Srikumar, Jena D. Hwang, and Martha Palmer. A hierarchy with, of, and for preposition supersenses. In *Proc. of the 9th Linguistic Annotation Workshop*, pages 112–123, 2015. DOI: 10.3115/v1/w15-1612.

Nathan Schneider, Jena D. Hwang, Vivek Srikumar, Meredith Green, Abhijit Suresh, Kathryn Conger, Tim O'Gorman, and Martha Palmer. A corpus of preposition supersenses. In *Proc. of the 10th Linguistic Annotation Workshop*, 2016. DOI: 10.18653/v1/w16-1712.

Bernhard Schölkopf. The kernel trick for distances. In T. K. Leen, T. G. Dietterich, and V. Tresp, Eds., *Advances in Neural Information Processing Systems 13*, pages 301–307. MIT Press, 2001. http://papers.nips.cc/paper/1862-the-kernel-trick-for-distances.pdf

M. Schuster and Kuldip K. Paliwal. Bidirectional recurrent neural networks. *IEEE Transactions on Signal Processing*, 45(11):2673–2681, November 1997. ISSN 1053-587X. DOI: 10.1109/78.650093.

Holger Schwenk, Daniel Dchelotte, and Jean-Luc Gauvain. Continuous space language models for statistical machine translation. In *Proc. of the COLING/ACL on Main Conference Poster Sessions*, pages 723–730. Association for Computational Linguistics, 2006. DOI: 10.3115/1273073.1273166.

Rico Sennrich and Barry Haddow. *Proc. of the 1st Conference on Machine Translation: Volume 1, Research Papers*, chapter Linguistic Input Features Improve Neural Machine Translation, pages 83–91. Association for Computational Linguistics, 2016. http://aclweb.org/anthology/W16-2209 DOI: 10.18653/v1/W16-2209.

Rico Sennrich, Barry Haddow, and Alexandra Birch. Neural machine translation of rare words with subword units. In *Proc. of the 54th Annual Meeting of the Association for Computational Linguistics—(Volume 1: Long Papers)*, pages 1715–1725, 2016a. http://aclweb.org/anthology/P16-1162 DOI: 10.18653/v1/P16-1162.

Rico Sennrich, Barry Haddow, and Alexandra Birch. Improving neural machine translation models with monolingual data. In *Proc. of the 54th Annual Meeting of the Association for Computational Linguistics—(Volume 1: Long Papers)*, pages 86–96. Association for Computational Linguistics, 2016b. http://aclweb.org/anthology/P16-1009 DOI: 10.18653/v1/P16-1009.

Shai Shalev-Shwartz and Shai Ben-David. *Understanding Machine Learning: From Theory to Algorithms*. Cambridge University Press, 2014. DOI: 10.1017/cbo9781107298019.

John Shawe-Taylor and Nello Cristianini. *Kernel Methods for Pattern Analysis*. Cambridge

University Press, Cambridge, UK, June 2004. DOI: 10.4018/9781599040424.ch001.

Q. Shi, J. Petterson, G. Dror, J. Langford, A. J. Smola, A. Strehl, and V. Vishwanathan. Hash kernels. In *Artificial Intelligence and Statistics AISTATS'09*, Florida, April 2009.

Karen Simonyan and Andrew Zisserman. Very deep convolutional networks for large-scale image recognition. In *ICLR*, 2015.

Noah A. Smith. *Linguistic Structure Prediction*. Synthesis Lectures on Human Language Technologies. Morgan & Claypool, May 2011. DOI: 10.2200/s00361ed1v01y201105hlt013.

Richard Socher. *Recursive Deep Learning For Natural Language Processing and Computer Vision*. Ph.D. thesis, Stanford University, August 2014.

Richard Socher, Christopher Manning, and Andrew Ng. Learning continuous phrase representations and syntactic parsing with recursive neural networks. In *Proc. of the Deep Learning and Unsupervised Feature Learning Workshop of {NIPS}*, pages 1–9, 2010.

Richard Socher, Cliff Chiung-Yu Lin, Andrew Y. Ng, and Christopher D. Manning. Parsing natural scenes and natural language with recursive neural networks. In Lise Getoor and Tobias Scheffer, Eds., *Proc. of the 28th International Conference on Machine Learning, ICML*, pages 129–136, Bellevue, Washington, June 28–July 2, Omnipress, 2011.

Richard Socher, Brody Huval, Christopher D. Manning, and Andrew Y. Ng. Semantic compositionality through recursive matrix-vector spaces. In *Proc. of the Joint Conference on Empirical Methods in Natural Language Processing and Computational Natural Language Learning*, pages 1201–1211, Jeju Island, Korea. Association for Computational Linguistics, July 2012.

Richard Socher, John Bauer, Christopher D. Manning, and Andrew Y. Ng. Parsing with compositional vector grammars. In *Proc. of the 51st Annual Meeting of the Association for Computational Linguistics—(Volume 1: Long Papers)*, pages 455–465, Sofia, Bulgaria, August 2013a.

Richard Socher, Alex Perelygin, Jean Wu, Jason Chuang, Christopher D. Manning, Andrew Ng, and Christopher Potts. Recursive deep models for semantic compositionality over a sentiment treebank. In *Proc. of the 2013 Conference on Empirical Methods in Natural Language Processing*, pages 1631–1642, Seattle, Washington. Association for Computational Linguistics, October 2013b.

Anders Søgaard. *Semi-Supervised Learning and Domain Adaptation in Natural Language Processing*. Synthesis Lectures on Human Language Technologies. Morgan & Claypool Publishers, 2013. DOI: 10.2200/s00497ed1v01y201304hlt021.

Anders Søgaard and Yoav Goldberg. Deep multi-task learning with low level tasks supervised at lower layers. In *Proc. of the 54th Annual Meeting of the Association for Computational Linguistics—(Volume 2: Short Papers)*, pages 231–235, 2016.
`http://aclweb.org/anthology/P16-2038` DOI: 10.18653/v1/P16-2038.

Alessandro Sordoni, Michel Galley, Michael Auli, Chris Brockett, Yangfeng Ji, Margaret Mitchell, Jian-Yun Nie, Jianfeng Gao, and Bill Dolan. A neural network approach to context-sensitive generation of conversational responses. In *Proc. of the Conference of the North American Chapter of the Association for Computational Linguistics: Human Language Technologies*, pages 196–205, Denver, Colorado, 2015. DOI: 10.3115/v1/n15-1020.

Vivek Srikumar and Dan Roth. An inventory of preposition relations. *arXiv:1305.5785*, 2013a.

Nitish Srivastava, Geoffrey Hinton, Alex Krizhevsky, Ilya Sutskever, and Ruslan Salakhutdinov. Dropout: A simple way to prevent neural networks from overfitting. *Journal of Machine Learning Research*, 15:1929–1958, 2014. http://jmlr.org/papers/v15/srivastava14a.html

E. Strubell, P. Verga, D. Belanger, and A. McCallum. Fast and accurate sequence labeling with iterated dilated convolutions. *ArXiv e-prints*, February 2017.

Martin Sundermeyer, Ralf Schlüter, and Hermann Ney. LSTM neural networks for language modeling. In *INTERSPEECH*, 2012.

Martin Sundermeyer, Tamer Alkhouli, Joern Wuebker, and Hermann Ney. Translation modeling with bidirectional recurrent neural networks. In *Proc. of the Conference on Empirical Methods in Natural Language Processing (EMNLP)*, pages 14–25, Doha, Qatar. Association for Computational Linguistics, October 2014. DOI: 10.3115/v1/d14-1003.

Ilya Sutskever, James Martens, and Geoffrey E. Hinton. Generating text with recurrent neural networks. In *Proc. of the 28th International Conference on Machine Learning (ICML-11)*, pages 1017–1024, 2011. DOI: 10.1109/icnn.1993.298658.

Ilya Sutskever, James Martens, George Dahl, and Geoffrey Hinton. On the importance of initialization and momentum in deep learning. In *Proc. of the 30th International Conference on Machine Learning (ICML-13)*, pages 1139–1147, 2013.

Ilya Sutskever, Oriol Vinyals, and Quoc V. V Le. Sequence to sequence learning with neural networks. In Z. Ghahramani, M. Welling, C. Cortes, N. D. Lawrence, and K. Q. Weinberger, Eds., *Advances in Neural Information Processing Systems 27*, pages 3104–3112. Curran Associates, Inc., 2014.

Kai Sheng Tai, Richard Socher, and Christopher D. Manning. Improved semantic representations from tree-structured long short-term memory networks. In *Proc. of the 53rd Annual Meeting of the Association for Computational Linguistics and the 7th International Joint Conference on Natural Language Processing—(Volume 1: Long Papers)*, pages 1556–1566, Beijing, China, July 2015. DOI: 10.3115/v1/p15-1150.

Akihiro Tamura, Taro Watanabe, and Eiichiro Sumita. Recurrent neural networks for word alignment model. In *Proc. of the 52nd Annual Meeting of the Association for Computational Linguistics—(Volume 1: Long Papers)*, pages 1470–1480, Baltimore, Maryland, June 2014. DOI: 10.3115/v1/p14-1138.

Duyu Tang, Bing Qin, and Ting Liu. Document modeling with gated recurrent neural network for sentiment classification. In *Proc. of the Conference on Empirical Methods in Natural Language Processing*, pages 1422–1432. Association for Computational Linguistics, 2015. http://aclweb.org/anthology/D15-1167 DOI: 10.18653/v1/D15-1167.

Matus Telgarsky. Benefits of depth in neural networks. *arXiv:1602.04485 [cs, stat]*, February 2016.

Robert Tibshirani. Regression shrinkage and selection via the lasso. *Journal of the Royal Statistical Society, Series B*, 58:267–288, 1994. DOI: 10.1111/j.1467-9868.2011.00771.x.

T. Tieleman and G. Hinton. Lecture 6.5—RmsProp: Divide the gradient by a running average of its recent magnitude. *COURSERA: Neural Networks for Machine Learning*, 2012.

Joseph Turian, Lev-Arie Ratinov, and Yoshua Bengio. Word representations: A simple and general method for semi-supervised learning. In *Proc. of the 48th Annual Meeting of the Association for Computational Linguistics*, pages 384–394, 2010.

http://aclweb.org/anthology/P10-1040

Peter D. Turney. Mining the web for synonyms: PMI-IR vs. LSA on TOEFL. In *ECML*, 2001. DOI: 10.1007/3-540-44795-4_42.

Peter D. Turney and Patrick Pantel. From frequency to meaning: Vector space models of semantics. *Journal of Artificial Intelligence Research*, 37(1):141–188, 2010.

Jakob Uszkoreit, Jay Ponte, Ashok Popat, and Moshe Dubiner. Large scale parallel document mining for machine translation. In *Proc. of the 23rd International Conference on Computational Linguistics (Coling 2010)*, pages 1101–1109, Organizing Committee, 2010. http://aclweb.org/anthology/C10-1124

Tim Van de Cruys. A neural network approach to selectional preference acquisition. In *Proc. of the Conference on Empirical Methods in Natural Language Processing (EMNLP)*, pages 26–35, Doha, Qatar. Association for Computational Linguistics, October 2014. DOI: 10.3115/v1/d14-1004.

Ashish Vaswani, Yinggong Zhao, Victoria Fossum, and David Chiang. Decoding with large-scale neural language models improves translation. In *Proc. of the Conference on Empirical Methods in Natural Language Processing*, pages 1387–1392, Seattle, Washington. Association for Computational Linguistics, October 2013.

Ashish Vaswani, Yinggong Zhao, Victoria Fossum, and David Chiang. Decoding with large-scale neural language models improves translation. In *Proc. of the Conference on Empirical Methods in Natural Language Processing*, pages 1387–1392. Association for Computational Linguistics, 2013. http://aclweb.org/anthology/D13-1140

Ashish Vaswani, Yonatan Bisk, Kenji Sagae, and Ryan Musa. Supertagging with LSTMs. In *Proc. of the Conference of the North American Chapter of the Association for Computational Linguistics: Human Language Technologies*, pages 232–237. Association for Computational Linguistics, 2016. http://aclweb.org/anthology/N16-1027 DOI: 10.18653/v1/N16-1027.

Oriol Vinyals, Lukasz Kaiser, Terry Koo, Slav Petrov, Ilya Sutskever, and Geoffrey Hinton. Grammar as a foreign language. *arXiv:1412.7449 [cs, stat]*, December 2014.

Oriol Vinyals, Alexander Toshev, Samy Bengio, and Dumitru Erhan. Show and tell: A neural image caption generator. In *IEEE Conference on Computer Vision and Pattern Recognition, CVPR*, pages 3156–3164, Boston, MA, June 7–12, 2015. DOI: 10.1109/cvpr.2015.7298935.

Stefan Wager, Sida Wang, and Percy S Liang. Dropout training as adaptive regularization. In C. J. C. Burges, L. Bottou, M. Welling, Z. Ghahramani, and K. Q. Weinberger, Eds., *Advances in Neural Information Processing Systems 26*, pages 351–359. Curran Associates, Inc., 2013.

Mengqiu Wang and Christopher D. Manning. Effect of non-linear deep architecture in sequence labeling. In *IJCNLP*, pages 1285–1291, 2013.

Peng Wang, Jiaming Xu, Bo Xu, Chenglin Liu, Heng Zhang, Fangyuan Wang, and Hongwei Hao. Semantic clustering and convolutional neural network for short text categorization. In *Proc. of the 53rd Annual Meeting of the Association for Computational Linguistics and the 7th International Joint Conference on Natural Language Processing—(Volume 2: Short Papers)*, pages 352–357, Beijing, China, July 2015a. DOI: 10.3115/v1/p15-2058.

Xin Wang, Yuanchao Liu, Chengjie Sun, Baoxun Wang, and Xiaolong Wang. Predicting polarities of tweets by composing word embeddings with long short-term memory. In *Proc. of the 53rd Annual Meeting of the Association for Computational Linguistics and the 7th In-*

ternational Joint Conference on Natural Language Processing—(Volume 1: Long Papers), pages 1343–1353, Beijing, China, July 2015b. DOI: 10.3115/v1/p15-1130.

Taro Watanabe and Eiichiro Sumita. Transition-based neural constituent parsing. In *Proc. of the 53rd Annual Meeting of the Association for Computational Linguistics and the 7th International Joint Conference on Natural Language Processing—(Volume 1: Long Papers)*, pages 1169–1179, Beijing, China, July 2015. DOI: 10.3115/v1/p15-1113.

K. Weinberger, A. Dasgupta, J. Attenberg, J. Langford, and A. J. Smola. Feature hashing for large scale multitask learning. In *International Conference on Machine Learning*, 2009. DOI: 10.1145/1553374.1553516.

David Weiss, Chris Alberti, Michael Collins, and Slav Petrov. Structured training for neural network transition-based parsing. In *Proc. of the 53rd Annual Meeting of the Association for Computational Linguistics and the 7th International Joint Conference on Natural Language Processing—(Volume 1: Long Papers)*, pages 323–333, Beijing, China, July 2015. DOI: 10.3115/v1/p15-1032.

P. J. Werbos. Backpropagation through time: What it does and how to do it. *Proc. of the IEEE*, 78(10):1550–1560, 1990. ISSN 0018-9219. DOI: 10.1109/5.58337.

Jason Weston, Antoine Bordes, Oksana Yakhnenko, and Nicolas Usunier. Connecting language and knowledge bases with embedding models for relation extraction. In *Proc. of the Conference on Empirical Methods in Natural Language Processing*, pages 1366–1371, Seattle, Washington. Association for Computational Linguistics, October 2013.

Philip Williams, Rico Sennrich, Matt Post, and Philipp Koehn. *Syntax-based Statistical Machine Translation*. Synthesis Lectures on Human Language Technologies. Morgan & Claypool Publishers, 2016. DOI: 10.2200/s00716ed1v04y201604hlt033.

Sam Wiseman and Alexander M. Rush. Sequence-to-sequence learning as beam-search optimization. In *Proc. of the Conference on Empirical Methods in Natural Language Processing (EMNLP)*. Association for Computational Linguistics, 2016. DOI: 10.18653/v1/d16-1137.

Sam Wiseman, M. Alexander Rush, and M. Stuart Shieber. Learning global features for coreference resolution. In *Proc. of the Conference of the North American Chapter of the Association for Computational Linguistics: Human Language Technologies*, pages 994–1004, 2016. http://aclweb.org/anthology/N16-1114 DOI: 10.18653/v1/N16-1114.

Yijun Xiao and Kyunghyun Cho. Efficient character-level document classification by combining convolution and recurrent layers. *CoRR*, abs/1602.00367, 2016. http://arxiv.org/abs/1602.00367

Wenduan Xu, Michael Auli, and Stephen Clark. CCG supertagging with a recurrent neural network. In *Proc. of the 53rd Annual Meeting of the Association for Computational Linguistics and the 7th International Joint Conference on Natural Language Processing—(Volume 2: Short Papers)*, pages 250–255, Beijing, China, July 2015. DOI: 10.3115/v1/p15-2041.

Wenpeng Yin and Hinrich Schütze. Convolutional neural network for paraphrase identification. In *Proc. of the Conference of the North American Chapter of the Association for Computational Linguistics: Human Language Technologies*, pages 901–911, Denver, Colorado, 2015. DOI: 10.3115/v1/n15-1091.

Fisher Yu and Vladlen Koltun. Multi-scale context aggregation by dilated convolutions. In *ICLR*, 2016.

Wojciech Zaremba, Ilya Sutskever, and Oriol Vinyals. Recurrent neural network regularization. *arXiv:1409.2329 [cs]*, September 2014.

Matthew D. Zeiler. ADADELTA: An adaptive learning rate method. *arXiv:1212.5701 [cs]*, December 2012.

Daojian Zeng, Kang Liu, Siwei Lai, Guangyou Zhou, and Jun Zhao. Relation classification via convolutional deep neural network. In *Proc. of COLING, the 25th International Conference on Computational Linguistics: Technical Papers*, pages 2335–2344, Dublin, Ireland, Dublin City University and Association for Computational Linguistics, August 2014.

Hao Zhang and Ryan McDonald. Generalized higher-order dependency parsing with cube pruning. In *Proc. of the Joint Conference on Empirical Methods in Natural Language Processing and Computational Natural Language Learning*, pages 320–331. Association for Computational Linguistics, 2012. http://aclweb.org/anthology/D12-1030

Tong Zhang. Statistical behavior and consistency of classification methods based on convex risk minimization. *The Annals of Statistics*, 32:56–85, 2004. DOI: 10.1214/aos/1079120130.

Xiang Zhang, Junbo Zhao, and Yann LeCun. Character-level convolutional networks for text classification. In C. Cortes, N. D. Lawrence, D. D. Lee, M. Sugiyama, and R. Garnett, Eds., *Advances in Neural Information Processing Systems 28*, pages 649–657. Curran Associates, Inc., 2015.
http://papers.nips.cc/paper/5782-character-level-convolutional-networks-for-text-classification.pdf

Xingxing Zhang, Jianpeng Cheng, and Mirella Lapata. Dependency parsing as head selection. *CoRR*, abs/1606.01280, 2016. http://arxiv.org/abs/1606.01280

Yuan Zhang and David Weiss. Stack-propagation: Improved representation learning for syntax. In *Proc. of the 54th Annual Meeting of the Association for Computational Linguistics—(Volume 1: Long Papers)*, pages 1557–1566, 2016. http://aclweb.org/anthology/P16-1147 DOI: 10.18653/v1/P16-1147.

Hao Zhou, Yue Zhang, Shujian Huang, and Jiajun Chen. A neural probabilistic structured-prediction model for transition-based dependency parsing. In *Proc. of the 53rd Annual Meeting of the Association for Computational Linguistics and the 7th International Joint Conference on Natural Language Processing—(Volume 1: Long Papers)*, pages 1213–1222, Beijing, China, July 2015. DOI: 10.3115/v1/p15-1117.

Chenxi Zhu, Xipeng Qiu, Xinchi Chen, and Xuanjing Huang. A re-ranking model for dependency parser with recursive convolutional neural network. In *Proc. of the 53rd Annual Meeting of the Association for Computational Linguistics and the 7th International Joint Conference on Natural Language Processing—(Volume 1: Long Papers)*, pages 1159–1168, Beijing, China, July 2015a. DOI: 10.3115/v1/p15-1112.

Xiaodan Zhu, Parinaz Sobhani, and Hongyu Guo. Long short-term memory over tree structures. March 2015b.

Hui Zou and Trevor Hastie. Regularization and variable selection via the elastic net. *Journal of the Royal Statistical Society, Series B*, 67:301–320, 2005. DOI: 10.1111/j.1467-9868.2005.00503.x.

訳者あとがき

　本書は，Yoav Goldberg 著，*Neural Network Methods for Natural Language Processing* の全訳である．ニューラルネットワーク技術についてその基礎から説き起こされ，自然言語が持つ特徴をニューラルネットワークで扱う方法など，自然言語処理における実践論が続く．その後，系列としての言語を扱うためのアーキテクチャが解説され，末尾では，構造予測など，高度な話題がカバーされている．

　2012 年，画像認識において画期的な性能向上を実現したことを契機とし，多くの分野で積極的に利用されるようなったニューラルネットワーク技術は，特に深層学習と呼ばれ，人工知能技術全般の代名詞ともなった感がある．自然言語処理分野ももちろんその例外ではなく，ニューラルネットワーク技術がこの分野を席巻しているといっても過言ではない．書店の本棚にも人工知能，深層学習の書籍が溢れ，自然言語処理と絡めたものもいくつか見受けられる．そのような中で，本書を特徴付けるのは，ニューラルネットワークまずありきという記述ではなく，ニューラルネットワークをこれまでの様々な方法論と比較し，それらとの位置関係を丁寧に説明している書き振りである．このため，むしろ，これまでも自然言語処理に従事し，あるいは関心を持ち，その背景の中でニューラルネットワーク技術を理解しようとする人たちが，本書を高く評価するのではないかと感じている．私もその一人で，本書によって，ニューラルネットワーク技術や単語埋め込みなどの関連技術が，自分の中に「収まった」という印象を持っている．

　そもそも線形モデルに長めの一章が割かれていることに驚く方も多いかもしれないが，今更線形モデルでもないだろうと，そこを読み飛ばして，フィードフォワードニューラルネットワークに進み，その重要な構成要素である損失関数を学ぼうとした気の短い読者は，「線形モデルのための損失関数は，ニューラルネットワークにおいても用いることができ，実際，広く用いられている」と 10 行にも満たない記述で説明が終わ

訳者あとがき

っていることに啞然とすることになる．もちろん，線形モデルを正しく理解していれば何の問題もない．ニューラルネットワーク技術と既存技術との相違の本質はそこにはないということである．では，どこにあるのか．それをしっかりと述べているのが本書である．

単語の分散表現，単語埋め込みは，ニューラルネットワーク技術と密接に絡まり昨今の自然言語処理における基本技術となっているが，その議論をニューラルネットワークによる言語モデルから語り始め，さらにその言語モデルにおけるニューラルネットワークの得失を従来の計数に基づく言語モデルと比較している．単語埋め込みそのものについても，分布意味論に基づく表現との関係が述べられ，ニューラルネットワークの文脈を離れた利用方法についても一章が割かれている．分類問題と構造予測問題という軸で自然言語処理全体を切り分ける視点も私には新鮮であった．このように様々な事項を相互に関連づけて一枚の地図として示してくれている．

一方，本書のそこここで述べられているように，この分野の進展は目覚ましい．その地図は広がっていく一方である．原著刊行後の動向の一つに，アテンション機構の活用がある．本書では自然言語推論（NLI）タスクで，アテンションを用いて，対となった系列（文）と関係づけられた単語の表現を得る手法が紹介されているが，それと関連する，それ自身が含まれている系列を文脈としてそこに含まれている単語の表現を得るというセルフアテンションが注目されている．このアテンションを複数とすることで，系列全体を窓とした複数のフィルタを持つ CNN のような仕組み（ただし，系列全体の表現に加えて，その中の単語や部分の表現が重要となる）が可能となる．これを用いて，機械翻訳であれば，原文と翻訳文の対を訓練における入力として，翻訳文の確率を予測する系列-系列モデルを作成できる（この仕組みは Transformer と呼ばれる）．本書では系列-系列モデルは RNN と切り離せなかったが，違った地平が広がりつつある．

単語埋め込みについても多くの進展がある．深い biRNN を変換器として用い，言語モデルを学習することを通じて獲得された，系列の文脈を反映した単語の表現（ELMoと呼ばれる）の有効性が示され，さらには，前述の Transformer の符号化器部分を用いて，ある種の言語モデルや，系列の連接可否を教師として（訓練データの作成に注釈は不要であるので，教師なし学習となる），系列や系列の対，そしてもちろん，そこに含まれる単語の表現を得る仕組み（BERT と呼ばれる．次は Cookie Monster に違いない）が獲得できる．本書での単語埋め込みや ELMo はタスクの入力となる系列やその構成要素の素性として用いられ，その上にタスク固有の分類器なりが構築されるが，BERT はそれ自体が RNN による受理器や変換器のように用いられ，簡単な分類器を加えて，ファインチューニングするだけで，系列や系列の対を対象とした分類や系列タグ付けのタスクを実現できる．事前学習であり，マルチタスク学習とも捉えられるが，これまでとはそのバランスを異にし，景色は大きく変わりつつある．

訳者あとがき

タスクに目を向けると，本書で取り上げられている感情極性分類，統語パージング，NLI などに加えて，質問応答（文章理解）が定番となっている．この質問応答は，本書で触れられているオープンドメイン質問応答とは異なり，パラグラフと質問を入力し，パラグラフの中から，その質問の回答となる部分を抜き出すものである．回答の先頭位置と末尾位置を選び出す分類問題であるが，両者の間に制約があるので構造予測の側面も有している．SNLI データセットを作成した Stanford 大学による SQuAD というデータセットがよく用いられる．

このような，そしてこれら以外にもさまざまな展開があり，これからも続くだろうが，それらはすべて，本書で描かれている地図からの広がりである．多くの方にお読みいただき，良書を共有できればと，周りの方々と力を合わせ，翻訳をさせていただくことにした．自然言語処理に関心を持たれている方々がニューラルネットワーク技術を理解し活用していただくことの一助となれば幸いである．

翻訳は，第 1 編を中林明子，第 2 編を加藤恒昭，第 3 編を鷲尾光樹，第 4 編を林良彦が担当した．全ての箇所を複数人が目を通し，用語の統一や疑問点の解消に努めている．索引は翻訳にあたって新たに作成した．項目の選択，参照箇所の選択ともに悩ましい作業であったが，これを通して本書活用の幅が広がれば嬉しい限りである．最後に訳書タイトルである．原著名は「自然言語処理のためのニューラルネットワークによる方法論」であり，「深層学習」の用語はない．原著著者が「深層学習は…ニューラルネットワークの新しいブランド名である（1.2 節）」と述べていることに力を得て，ブランド力に便乗させていただくこととした．お目こぼしいただければありがたい．

今回も共立出版の日比野元氏には大変お世話になった．語句や多くの表現について，読みやすさのための数多くのご指導に深く感謝したい．そして，我々をいつも見守り，手を差し伸べてくださっている多くの皆様に改めて御礼を申し上げる．

銀杏並木の黄金色と晩秋の青空に目を奪われつつ，共訳者の一人として記す．

加藤　恒昭

略語一覧

略語	原語	和訳
biRNN	bidirectional RNN	双方向 RNN
BOW	Bag of Words	単語バッグ
BPE	Byte-Pair Encoding	バイト対符号化
BPTS	Back-Propagation through Structure	構造を通じた逆伝播
BPTT	Back-Propagation through Time	時系列逆伝播
CBOW	Continuous Bag of Words	連続的単語バッグ
CCG	Combinatory Categorial Grammar	組み合わせ範疇文法
CNN	Convolutional Neural Network	畳み込みニューラルネットワーク
CRF	Conditional Random field	条件付き確率場
DAG	Directed Acyclic Graph	有向非巡回グラフ
GRU	Gated Recurrent Unit	ゲート付き再帰ユニット
IDF	Inverse Document Frequency	逆文書頻度
LSTM	Long Short-Term Memory	長短期記憶ユニット
MLE	Maximum Likelihood Estimation	最尤推定
MLP	Multi-Layer Perceptron	多層パーセプトロン
MLP1	MLP with one hidden-layer	一つの隠れ層を持つ MLP
MTL	Multi-Task Learning	マルチタスク学習
NCE	Noise-Contrastive Estimation	ノイズと対比した推定
NER	Named Entity Recognition	固有表現認識
NLP	Natural Language Processing	自然言語処理
NS	Negative-Sampling	ネガティヴサンプリング
OOV	Out of Vocabulary	語彙に含まれない
PMI	Pointwise Mutual Information	自己相互情報量
POS	Part of Speech	品詞
PPDB	The Paraphrase Database	The Paraphrase Database
PPMI	Positive PMI	正値 PMI
RecNN	Recursive Neural Network	木構造ニューラルネットワーク
RNN	Recurrent Neural Network	再帰的ニューラルネットワーク
RTE	Recognizing Textual Entailment	テキスト含意認識
S-RNN	Simple-RNN	単純 RNN
SGD	Stochastic Gradient Descent	確率的勾配降下法
SGNS	Skip-Gram Negative-Sampling	スキップグラム・ネガティヴサンプリング
SNLI	Stanford Natural Language Inference dataset	Stanford 自然言語推論データセット
SVD	Singular Value Decomposition	特異値分解
SVM	Support Vector Machine	サポートベクトルマシン
TF	Term Frequency	単語頻度

索　引

■ 英字

α 加算平滑化　122
BIO タグ　94
biRNN　194
BOW　27, 78
B<small>PE</small>　150
BPTS　245
BPTT　191
CBOW　27, 106, 142, 143
CCG スーパータグ付け　6, 193, 218, 277
CNN　170
Collobert と Weston　140
CRF　253, 255
CRF 目的関数　261
DAG　58
DyNet　61
Eckart-Young の定理　139
Eisner アルゴリズム　258
Elastic-Net　34
Elman RNN　9, 187, 202
FrameNet　78
G<small>LOVE</small>　8, 145
GRU　9, 188, 201, 206
Jelineck Mercer 補間平滑化　122
k-最大プーリング　179
K 平均法　156
L_1 正則化　34

L_2 正則化　34
lasso　34
LSTM　9, 187, 201, 204
MLE　121
MLP　4, 5, 7, 8, 44, 47
MLP1　49
MTL　5, 265
n-グラム　8, 9, 79, 86
NCE　126, 145
NER　93, 259
NLP　iii, 1
NS　142
OOV　92, 109
PMI　136
POS　83
PPDB　78
PPMI　137
RecNN　241
ReLU 関数　51
RNN　iv, 4, 8, 9, 170, 187
RNN 生成器　194
RTE　164
S-RNN　201, 202
SGD　35, 36
SGNS　144
sign 関数　19
skip-thought ベクトル　230
SNLI データセット　10, 163

索引

Stanford 自然言語推論データセット　9, 163
SVD　138
SVM　43
SVM 損失　30
synset　77
TensorFlow　63
TF-IDF の重み付け　79
The Paraphrase Database　78
VerbNet　78
WORD2VEC　8, 142
WordNet　77
WordNet に基づく素性　97
xavier 初期化　66, 131

■ あ

アークへのラベル付け　278
アークを単位とした依存構造パージング　98, 115, 219, 255, 258
アテンション　8, 166, 168
アテンションあり条件付き生成　194, 231
アテンション機構　166, 231
アテンションに基づくアーキテクチャ　226
アフィン層　46, 48
アフィン変換　106
誤りの伝播　255
アライメントベクトル　165

■ い

依存構造木　7, 82, 181, 258
依存構造パーザ　96
依存構造パージング　98, 256, 258
位置　80, 108
位置情報付き文脈　146
一個抜き交差検定　17
一致　214
一般化 Jaccard 類似度　136
一般化パーセプトロン　251
意味関係分類　7, 244
意味推論　163
意味役割　82, 83
意味役割ラベル付け　6, 82, 175
意味ラベル　279

■ う

後向き計算　59
後向き状態　194
内側状態ベクトル　243
埋め込み行列　27
埋め込み層　3, 54, 107
埋め込みに基づく手法　87

■ え

永続スタックデータ構造　198
エッジ　58
エネルギーに基づく学習　249
エンコーダ　225
エンコーダ・デコーダ・アーキテクチャ　225
エンド・トゥ・エンド　170

■ お

凹関数　35
応答生成　7
重み減衰　34, 52
重み付け　79

■ か

カーネル　177
カーネルサポートベクトルマシン　43
カーネルトリック　43
カーネル法　43, 111
解釈可能　26, 235
階数　139
階層的ソフトマックス　125, 142
階層的畳み込み層　182
開発セット　18
ガウスプライア　34
過学習　29
学習率　35, 68
核素性　85, 103
確率的勾配降下法　35, 36
確率分布　140
隠れ層　48
加算平滑化　122
仮説クラス　16
画像からの物語生成　229
画像キャプション生成　229

索　引

活性化関数　　47
カテゴリ素性　　54, 101
カテゴリ的交差エントロピー損失　　31
含意　　164
関係抽出　　180
感情極性分類　　173, 175, 180, 212
感情分類　　6, 7, 212

■ き

機械翻訳　　7, 207, 225, 230, 236, 280
木構造アーキテクチャ　　7
木構造型 LSTM　　245
木構造ニューラルネットワーク　　4, 5, 7-9, 241
機能語　　91
機能的な類似性　　147
帰納的バイアス　　16
逆伝播アルゴリズム　　8, 57
ギャップあり n-グラム　　183
共参照解決　　83, 108
教師あり機械学習　　1, 7, 8, 15
教師による強制　　222, 257
行ベクトル　　11, 16
共有　　265
共有化された符号化器　　274
行列畳み込み　　177
距離　　53, 80, 99, 108, 116
近似推論　　254

■ く

句構造解析　　255
句構造木　　81
句構造統語パージング　　231
屈折　　151
組み合わせ素性　　85, 111
組み合わせ範疇文法　　6
クラスタリング　　156
クラスタリングに基づく手法　　87
クリークポテンシャル　　253
訓練　　8, 28
訓練可能な関数　　43, 54
訓練セット　　17, 28

■ け

計算グラフ　　7, 57, 58, 191
計数　　76
計数に基づく手法　　140
形態論的屈折　　227, 238
系列-系列モデル　　5, 225
系列生成　　221
系列生成モデル　　170
系列セグメント分割タスク　　94
系列タグ付け　　6, 7, 193, 196, 202, 216, 255, 259
系列ラベリング　　185, 255
ゲート付きアーキテクチャ　　9, 187, 202
ゲート付き再帰ユニット　　9, 187, 201, 206
言語学的注釈　　237
言語同定　　89
言語モデリング　　5-8, 119, 193, 202, 207, 273
言語モデル　　119, 188, 205, 237
検証セット　　18
限定された系列の履歴　　255

■ こ

語彙資源　　77
語彙に含まれない　　92, 109
項　　82
交差エントロピー損失　　125
交差のある　　258
交差のない　　258
合成関数　　242
構成的　　2
構成要素木　　7, 81
構造問題　　75
構造予測　　5, 6, 8, 9, 249
構造を通じた誤差逆伝播アルゴリズム　　245
勾配　　29
勾配計算　　8, 57
勾配消失　　51, 67, 205
勾配に基づく訓練　　7, 8
勾配に基づく最適化　　34, 57
勾配爆発　　67
コサイン類似度　　136, 156

317

コストにより強化された訓練 251
固有表現認識 93, 228, 259

■ さ

再帰的アーキテクチャ 7, 9
再帰的行列・ベクトルモデル 245
再帰的ニューラルテンソルネットワーク 245
再帰的ニューラルネットワーク iii, 4, 7, 170, 187
最大プーリング 178
最尤推定 121
再ランキング 254
削除による文圧縮 228, 276
サブワード 150, 236
サポートベクトルマシン 43
参照層 55, 107
三分割 18

■ し

シーケンス・トゥ・シーケンス 225
シグモイド関数 23, 50
時系列逆伝播 191
次元 48, 112
次元削減 138
自己訓練 276
自己正規化手法 126
自己相互情報量 136
自己符号化 230
事象抽出タスク 108
事象同定 6
事前学習された単語埋め込み 5, 104, 274
自然言語処理 iii, 1
自然言語推論タスク 9, 164
事前並び替え 6
視線予測 277
質問応答 6, 7
質問文タイプ分類 175
自動返信 226
支配要素 96
指標素性 76
事物間の関係分類 6
死亡ニューロン 68

射影 160
シャッフリング 68
修飾関係 82
修飾語 82, 99, 258
修正 Kneser Ney 平滑化 122
主辞 82, 99, 258
出力層 48
受容野 175, 183
受理器 191
照応 83
照応解決 83
条件付き確率場 253
条件付き生成 8, 9, 194, 221, 223, 274
条件付き生成モデル 5, 170, 188
状態遷移に基づくパーザ 255
状態遷移に基づくパージング 197, 199, 220, 255
深層学習 3, 25, 48

■ す

スーパーセンス 97
スキップグラム 126, 142, 143, 146
スキップグラム・ネガティヴサンプリング 144
スキップ接続 185, 267
スケジュールされたサンプリング 257
スタック伝播 273
ステミング 77
ステム 76
ストライド 183
スパース 2
スパースネス 2
スパースプライア 34

■ せ

正解の履歴 257
正規直交 138
生成器 221
生成規則 242
正則化 8, 33, 52, 111, 274
正則化項 29, 33
正値 PMI 137
静的なグラフ構築 63
精度 17

整流関数　51
接頭辞　76, 92, 97
接尾辞　76, 92, 97
狭い畳み込み　176
線形写像　161
線形分離可能　19
線形分離不可能　20
線形モデル　8, 19
全結合層　46, 48
線条化　246
選択的共有化　272
前置詞意味曖昧性解消　95, 279

■ そ

層　48
早期更新　254
双曲線正接関数　50
双線形形式　54
双方向RNN　194
素性　8, 11, 21
素性エンジニアリング　21
素性関数　73
素性抽出　21, 73
素性抽出器　170
素性ハッシュ　181
素性表現　21, 73
外側状態ベクトル　244
ソフトアテンション機構　231
ソフトアライメント　168, 233
ソフトマックス関数　28, 125
損失関数　8, 24, 28, 52
損失強化推論　251

■ た

対数加算　262
対数線形モデル　8, 24
対数損失　30
対話状態追跡　6, 7
多義性　154
多クラスヒンジ損失　30
多クラス分類　5, 19, 24, 113
多項式写像　43
多層RNN　196
多層ニューラルネットワーク　8

多層パーセプトロン　4, 44, 47
畳み込み・プーリングアーキテクチャ　170, 174
畳み込み・プーリング層　6
畳み込みアーキテクチャ　9
畳み込み層　48
畳み込みニューラルネットワーク　4, 8, 9, 174
単言語データ　236
単語　74-76
単語埋め込み　7-9, 133, 134
単語クラスタ　97
単語シグネチャ　110
単語ドロップアウト　110
単語バイグラムバッグ　90
単語バッグ　27, 78, 90
単語表現　129, 131
単語文脈行列　135
単純RNN　9, 187, 201, 202
短文テキストの分類　6
談話関係　83
談話パージング　7

■ ち

チャートパーザ　181
チャンネル　175, 177
中間表現　265
注視機構　231
抽出型文書要約システム　192
注目語　146
中立　164
長短期記憶ユニット　9, 187, 201, 204
超平面　20
著者特定　91

■ つ

繋がり　82
積み上げRNN　196

■ て

データ注釈　10
適応型学習率アルゴリズム　39
適合性　53
テキスト　74

319

テキスト含意認識　164
適切な評価　10
デコーダ　225
テストセット　18
展開　189

■ と
同義語集合　77
統計的機械学習　iii
統語　80
統語的依存構造木　83, 98
統語的チャンキング　270
統語的チャンク　81
統語パージング　5-7, 229, 238, 256
同時学習　132, 281
同時ネットワーク　279
動的なグラフ構築　63
動的プーリング　180
トークン　75, 76
トークン化　75
特異値分解　138
凸関数　35
凸性　35
ドット積　54
トピック分類　90, 180
トライグラム　86
ドロップアウト　34, 51, 52, 208
貪欲的予測　257
貪欲法　255

■ な
長さ　78
生のテキスト　129

■ に
二クラス交差エントロピー損失　31
二クラスヒンジ損失　30
二クラス分類　5, 19
二値分類　19
ニューラルチューリングマシン　208
入力ベクトル　11
入力ベクトル項目　11

■ ね
根　82
ネガティヴサンプリング　142

■ の
ノイズと対比した推定　126, 145
ノード　58
ノルム　33

■ は
パーセプトロン　47
ハード双曲線正接関数　50
パープレキシティ　121
バイアス項　47
バイグラム　21, 86
排他的論理和　41
バイト対符号化　150
ハイパーパラメータ　33
パイプライン　265
外れ値　20, 33
バックオフ　122
ハッシュカーネル　9, 182
ハッシュ関数　181
バッチ正規化　68
パディング　109
パディング記号　109
パラフレーズ同定　6
パラメータ　16, 49
パラメータ拘束　185
半教師あり学習　5, 9, 266, 275, 279
万能近似器　16, 49
万能近似定理　50

■ ひ
ビーム探索　6, 128, 254, 257, 264
非線形ニューラルネットワーク　iii
非線形要素　47
微分可能ゲート　204
微分可能スタック　208
表現　3, 21, 25
表層形　97
広い畳み込み　176
品詞　81, 83, 97
品詞タグ付け　91, 113, 216

■ ふ

ファインチューニング　268
ファクトイド型質問応答　6
フィードフォワードニューラルネットワーク
　　　4, 5, 8, 16, 46
フィルタ　175
プーリング　175, 178
プーリング層　48
深いRNN　196
復号化　128, 225
復号化器　225
符号化　3, 8, 190, 225
符号化器　192, 225, 274
符号化器復号化器アーキテクチャ　185, 225
符号化器復号化器モデル　5, 194
物体検出　175
負の対数尤度　31
負例　142
分散表現　134, 140
分散ベクトル　97
文書分類　6, 74, 90, 185, 218
分配関数　253
分布意味論　8, 135
分布仮説　8, 87, 132, 135
分布論的　78
分布論的素性　78, 87
文脈　74, 146

■ へ

平滑化手法　122
平均単語バッグ　27
平均バイグラムバッグ　27
平均プーリング　179
ベクトル共有　112
別名法　128
ヘルドアウト・セット　17
変換器　193
変分RNN　209

■ ほ

方向　116
膨張畳み込みアーキテクチャ　184
飽和ニューロン　68
翻訳モデル　237

■ ま

マージン　30
マージン損失　30
マージンに基づくランキング損失　32
前向き計算　59
前向き状態　194
マスキングベクトル　53
窓　79, 146
疎ら　2
マルコフ仮定　4, 120
マルチタスク学習　5, 8, 9, 265, 270
稀な単語　92

■ み

未知語　109, 150
密度　91
密な符号化　102
密ベクトル　101, 104, 107
密ベクトル表現　104
ミニバッチ　69
ミニバッチSGD　36

■ む

無作為初期化　131
矛盾　164

■ も

目的語　96
文字　76
文字バイグラム　21
文字バイグラムバッグ　89
文字符号化方式同定　90
文字レベル　218, 222
モデルアンサンブル　67
モデルのカスケード接続　265, 266

■ ゆ

ユークリッド距離　54
有向非巡回グラフ　58
ユーザ埋め込み　229

■ よ

容易なもの優先アプローチ　256
予測された履歴　257

■ ら

ラベル埋め込み　244
ラベルなしパーザ　278
ラベルバイアス　128, 257
ランキング損失　32
ランダムリスタート　67

■ り

離散的　2

■ る

類義語　157
類似度　53, 156, 157, 230

類推解決　159

■ れ

レトロフィッティング　160
連結　11
連語　151
連続的単語バッグ　27, 106
レンマ　76, 97
レンマ化　77

■ ろ

ロジスティック損失　31

■ わ

ワンホット表現　104
ワンホット符号化　101
ワンホットベクトル　27, 102, 107

〈訳者紹介〉

加藤恒昭（かとう　つねあき）　　東京大学　大学院総合文化研究科
林　良彦（はやし　よしひこ）　　早稲田大学　理工学術院
鷲尾光樹（わしお　こうき）　　　東京大学　大学院総合文化研究科
中林明子（なかばやし　あきこ）　東京大学　大学院総合文化研究科

自然言語処理のための深層学習

Neural Network Methods
for Natural Language Processing

2019 年 1 月 30 日　初版 1 刷発行
2019 年 9 月 10 日　初版 3 刷発行

著　者　Yoav Goldberg（ヨアヴ ゴールドバーグ）
訳　者　加藤恒昭・林　良彦　　　　Ⓒ 2019
　　　　鷲尾光樹・中林明子
発行者　南條光章
発行所　共立出版株式会社
　　　　〒112-0006
　　　　東京都文京区小日向 4-6-19
　　　　電話番号　03-3947-2511（代表）
　　　　振替口座　00110-2-57035
　　　　www.kyoritsu-pub.co.jp

印　刷　大日本法令印刷
製　本　加藤製本

検印廃止
NDC 007.636
ISBN 978-4-320-12446-2

NSPA　一般社団法人
　　　自然科学書協会
　　　会員

Printed in Japan

JCOPY ＜出版者著作権管理機構委託出版物＞
本書の無断複製は著作権法上での例外を除き禁じられています．複製される場合は，そのつど事前に，出版者著作権管理機構（ＴＥＬ：03-5244-5088，ＦＡＸ：03-5244-5089，e-mail：info@jcopy.or.jp）の許諾を得てください．

統計的自然言語処理の基礎

Christopher D. Manning
Hinrich Schütze [著]

加藤恒昭・菊井玄一郎・林　良彦・森　辰則 [訳]

統計的自然言語処理を徹底的に論じた教科書

学問的基礎の記述の豊かさに加えて，マルコフモデルや確率文脈自由文法など，統計的自然言語処理の基盤となる概念について，丁寧な式の導出を含めたわかりやすい説明がなされている。「今」の自然言語処理研究に，新たな積み上げを行うための基盤を提供してくれる良書となっている。

B5判・640頁・定価（本体11,000円＋税）
ISBN978-4-320-12421-9

目次

I編　前提知識

1章　導入
言語に対する合理主義的方法論と経験主義的方法論／科学的意義／汚れ仕事／他

2章　数学的基礎
確率論の基礎／情報理論の要点

3章　言語学の要点
品詞と形態論／句構造／意味論と語用論／その他の分野

4章　コーパスに基づく研究
準備／テキストの観察／データのマークアップ

II編　語

5章　連語
頻度／平均と分散／仮説検定／相互情報量／連語とは何か

6章　統計的推論：スパースなデータ上のn-グラムモデル
ビン：同値類の形成／統計的推定／推定値を組み合わせる／結論

7章　語義の曖昧性解消
方法論に関する準備／教師あり曖昧性解消／辞書に基づく曖昧性解消／教師なし曖昧性解消／他

8章　語彙獲得
評価指標／動詞の下位範疇化／付加の曖昧性／選択選好／意味的類似性／他

III編　文法

9章　マルコフモデル
マルコフモデル／隠れマルコフモデル／HMMについての三つの基本的な問題／他

10章　品詞のタグ付け
タグ付けのための情報源／マルコフモデルによるタグ付け器／変換に基づくタグの学習／他

11章　確率文脈自由文法
PCFGのいくつかの特徴／PCFGの三つの基本的な問題／内側外側アルゴリズムの問題点／他

12章　確率的構文解析
いくつかの概念／いくつかのアプローチ

IV編　応用と技法

13章　統計的アライメントと機械翻訳
テキストアライメント／語のアライメント／統計的機械翻訳／他

14章　クラスタリング
階層的クラスタリング／非階層的クラスタリング

15章　情報検索におけるいくつかの話題
情報検索に関する背景知識／ベクトル空間モデル／タームの分布のモデル／他

16章　テキスト分類
決定木／最大エントロピーモデル／パーセプトロン／k最近傍分類

（価格は変更される場合がございます）

共立出版

https://www.kyoritsu-pub.co.jp/
https://www.facebook.com/kyoritsu.pub